알기 쉽고 이해하기 편리한

집적회로 공정기술

공학박사 **연 규 호** 저

Integrated Circuit Process Technology

우용출판사
1997
www.choolpansa.com

머리말

집적회로 공학은 전자, 전자통신공학과 일체가 되어 정보의 전달, 과학분야의 발전, 문화생활의 향상, 이동통신, 컴퓨터, 우주개발, 사무처리 능률화 등 인류과학의 모든 분야에 공헌하는 바가 지대하다. 현재 전자, 전자통신, 컴퓨터, 이동통신, 정보통신 분야의 공업이 활발하게 진행되고 있어서 이에 수반되는 집적회로 분야의 교과서나 참고서가 절실히 요구되고 있다.

현장에서 근무하는 중견기술자나 학생들을 위해 날로 발전하는 전자통신 분야에 알맞은 새로운 집적회로 교재가 필요하게 되었다. 따라서 이 책은 저자가 여러 해 동안 전자통신 실무분야에 근무하면서 절실히 필요했던 부분과 국내외 여러 종류의 교재로 강의하면서 중요하다고 생각된 분야를 정리하여, 집적회로 전반에 대하여 가장 알기 쉽고 이해하기 편리하도록 편집하였다. 그러므로 이 책은 대학에서의 전자공학 및 전자통신공학의 교재는 물론 현장에서 실무에 종사하는 중견기술자에게 참고서로 적합하리라 생각된다. 편집 과정 중 저자의 철학으로 본의 아닌 잘못이 있으리라 생각되므로 이해가 잘되지 않는 부분은 기탄없이 지적해 주면 보완할 것을 약속드립니다.

끝으로 이 책의 출판을 위하여 수고를 아끼지 않으신 우용출판사 사장님을 비롯하여 사원 여러분께 심심한 사의를 표합니다.

2007. 12

지은이

목차

Part Ⅰ 공정기술

Part II 프로세스 체크

Part I

공정기술

Chapter 1
반도체산업

인류는 손가락을 인식하게 되면서부터 셈을 하고 또 도표화 해왔다. 열손가락이 문명시작의 체계였지만, 인간의 계산 욕구를 만족시키지는 못했다. 계산하고 정보를 관리하려는 우리의 요구에 맞추어, 수 년 동안 새로운 체계와 기계가 개발되어 왔다. 오늘날의 디지털 전자계산기와 그 외 많은 소산들은 세고, 계산하고, 도표화하는데 필수가 되고 있으며, 컴퓨터와 많은 지능을 갖는 기계의 심장부는 대부분 반도체(혹은 집적회로)로 구성되어 있고, 반도체 제작자나 첨단 기술 재료의 공급자나 혹은 그들에 대한 용역, 장비들이 반도체 산업을 만들어왔다.

이 산업은 1947년경부터 시작됐는데, 그 후 20여년 동안 수십억 달러의 산업으로 성장하였고, 1970년경에는 너무나도 유명한 산업이 되었다.

오늘날, 이 산업은 규모와 기술면에서 성장을 거듭하고 있으며, 더욱더 많은 사람들이 이 산업과 관련이 깊어지고, 그것을 생산하는 방법과 그 생산품을 이해할 필요가 커지고 있다. 이 산업에서 제조 공정을 패브리케이션(Fabrication)이라고 부른다.

이 단원은 이와 같이 흥미 있는 산업을 소개할 것이며 나아가 미세칩을 만들기 위한 과정들을 검토하고자 한다.

1. 초기의 반도체

오늘날에 있어서 문명의 욕구는 19세기에 자료처리를 할 때보다 더욱 커졌다. 1890년 미국의 센서스에서 자료를 모으고 모아진 자료와 연관을 짓는데 10여년이 걸렸다. 그러므로 정리가 끝나면 시대에 뒤떨어진 결과를 낳곤 하였다. 따라서 그들은 자료의 결과를 좀 더 빨리 얻고자 하는 관심 속에 자료를 빨리 정리하는 대회를 열었는데 이때 그 승자는 Herman Hollerith라는 사람이었으며, 그가 사용했던 도표화하는 기계는 놀랍게도 6주일 만에 도표화를 끝냈다. Hollerith는 훗날 International Business Machines Coorporation(IBM)으로 성장한 도표화 기계회사를 설립하였다.

Hollerith는 계산기의 새로운 작동 요소인 전동기를 소개하기도 하였고, 계산기의 기술은 그 후 기계/전기 스위치를 사용하는 가운데 계속 발전해 갔다. 세계 제2차 대전은 더 빠르고 더 용량이 큰 기계의 개발에 박차를 가한 결과 1947년경에 팬실베니아의 Moore 대학에서 최초의 전자계산기가 나오게 되었다. 이름이 ENIAC(Electronic Numerical Intergrator and Calculator)인 이 시스템은 진공관을 사용하였는데, 무게가 50톤이고, 3,000평방 피트의 면적을 차지하며, 19,000개의 진공관을 사용함으로써 작은 발전소를 필요로 하는 엄청난 열을 발생하고, 가격은 1940년경 싯가 백만 달러를 호가했다. 수많은 진공관 외에도 ENIAC은 수천 개의 저항과 콘덴서를 필요로 했다. 진공관은 크고 깨지기 쉬웠으며 또한 열을 많이 내고, 전력소모가 크며, 전류의 누설과 필라멘트의 마멸로 수명이 짧았다.

이러한 문제 때문에 진공관을 대체하는 물건을 찾게 되었는데, 1947년 12월 23일 Bell 연구소의 세 과학자-Shockley, Brattin, Bardeen이 전류를 증폭할 수 있는 고체 소자를 개발하게 되었다.

이것은 Transfer Resistor라는 단어에서 곧 바로 트랜지스터라고 알려지게 되었으며 이 발견에서 마이크로엘렉트로닉스가 시작되었고, 발명자는 노벨상을 받았다.

이 발견은 ENIAC과 같은 계산능력을 3/8평방인치의 실리콘위에 전구보다 적은 전력손실로 20달러 이하의 가격에 실현시킬 수 있게 했다.

그림 1.1 진공관의 모형

2. 개발단계(1951-1960)

향후 20여년간 전자소자의 소형화는 그다지 관심 밖이었지만 고체소자 트랜지스터의 장점은 곧 인식되었다.

1950년대에 오늘날의 VLSI 칩에 사용되는 대부분의 재료와 공정이 개발되었고, 트랜지스터 동작 원리의 기본도 밝혀졌다.

트랜지스터의 동작은 여러 가지 반 도전성 재료에서의 PN접합을 지나는 전류의 통과에 기인한다. Bell 연구소의 첫 번째 트랜지스터는 게르마늄으로 만들었는데, 게르마늄과 합금된 어떤 금속과의 사이에 접합을 만들었다. 이러한 형태의 트랜지스터를 얼로이 접합 트랜지스터(Alloy Junction Transistor)라고 부른다.

당시의 또 다른 접합 형성기술에는 성장접합(Grown Junction)이 있다. 이 방법에서는 게르마늄이 단결정으로 성장할 때 불순물을 첨가한다. 적절한 주입물(Dopant)를 선택함으로써 접합이 단결정에 형성된다.

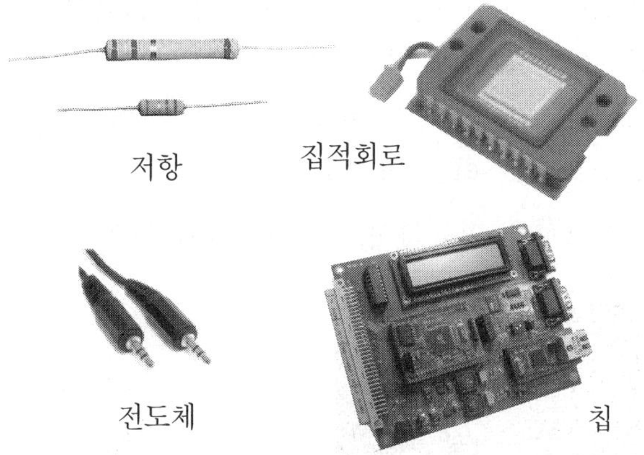

그림 1.2 고체전기소자

1954년에 TI에서 처음으로 실리콘 트랜지스터를 개발하였고, 1956년과 1957년에 Bell연구소에서 확산 접합과 산화막 마스킹의 방법을 개발했다. 이 방법을 사용해서 실리콘 및 게르마늄 트랜지스터, 다이오드, 저항 등을 대량 생산해냈다. 이러한 한 가지 전기적 기능을 하는 소자를 디스크릿 소자(Discrete Device) 라고 한다.

확산 접합은 웨이퍼에 정해진 양의 주입물(불순물이라고도 부른다)을 넣음으로써 형성된다.

웨이퍼에 전체 막을 확산시킴으로써 얇은 접합이 형성되어, 향상된 전기적 기능을 수행한다.

Philco는 확산층을 사용해서 Mesa 트랜지스터를 고안했다.

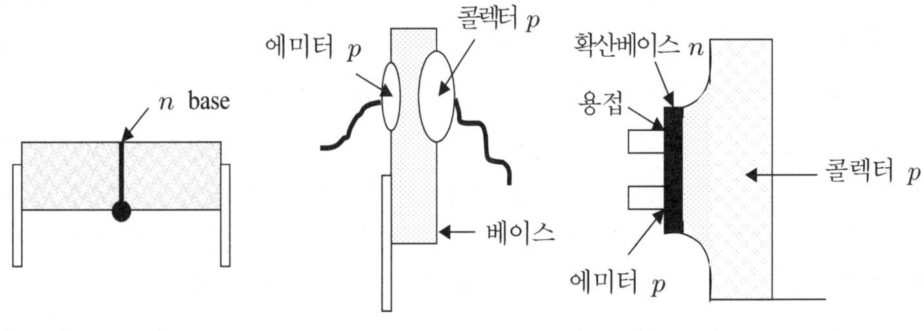

그림 1.3 접합 트랜지스터

1958년까지, 반도체소자(트랜지스터, 다이오드, 커패시터, 저항)는 따로따로 만들어졌었다.

1958년 RCA에서 모노리틱 회로를 만들었는데, 이것은 얇은 세라믹 기판에 도체 혹은 저항선로를 사용해서 개별적으로 소자를 연결한 것이다.

선로는 기판 가장자리를 핀으로 연결시켜 하이브리드 회로를 구성하였다. IBN 360 컴퓨터계열이 하이브리드 회로를 사용하였다.

1959년에는 Jack Kilby가 TI에서 IC를 개발했는데, 이것은 동일한 게르마늄 기판위에 박막 커패시터와 Mesa트랜지스터를 연결한 것이었다.

또한 기판 자체의 저항성을 이용하여, 하나의 칩에 몇몇 회로를 만들었다.

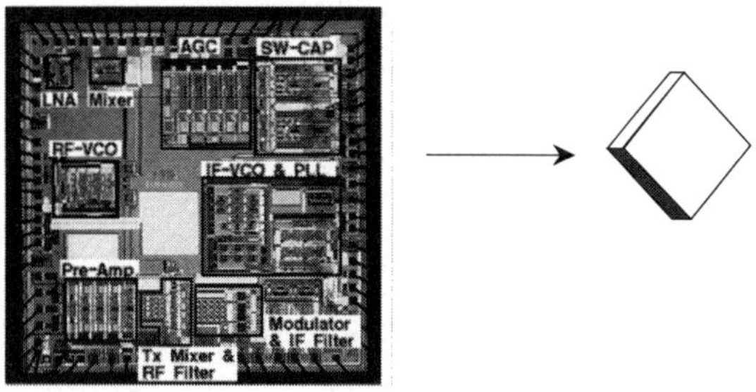

그림 1.4 하이브리드 IC

3. 공정단계(1961-1970)

1960년대는 공정기술자의 해였다. 실리콘 밸리에서, 텍사스평원에서, 보스톤의 128번가에서 공정향상, 신소자, 새로운 회로설계가 쏟아져 나왔다.

1963년 RCA에서 절연 게이트 전계효과 트랜지스터(혹은 MOS 트랜지스터)가 발표되었는데, 이는 20년 후 크기에서 바이폴라 트랜지스터보다 줄어들었다. RCA는 또한 한 개의 칩 위에 N채널과 P채널이 공존하는 CMOS를 설계하여 발표하였다.

새로운 MOS 소자는 저전력과 고집적도 때문에 컴퓨터 기억장치에 사용하게 되었다.

한편 반도체 가격은 수율과 생산성의 향상으로 끊임없이 내려갔다. 1950년대에는 웨이퍼에서 완성되는 칩의 수효는 적고 또 예측불허였으나 오늘날의 IC는 40%에 달하고 있다. 수율향상과 생산성 향상은 반도체 공정 연구의 두 가지 목표다. 이러한 가격의 하락은 수많은 기업들을 고체전자회로로 바꾸게 한 요인이 되었다.

300달러에 해당하는 차량용 반도체 회로가 1970년대에는 수천달러에 해당했었다. 또한 가정용 컴퓨터의 가격이 약 500달러인 것이 15년 전에는 같은 속도와 용량이 수백만 달러를 호가했다.

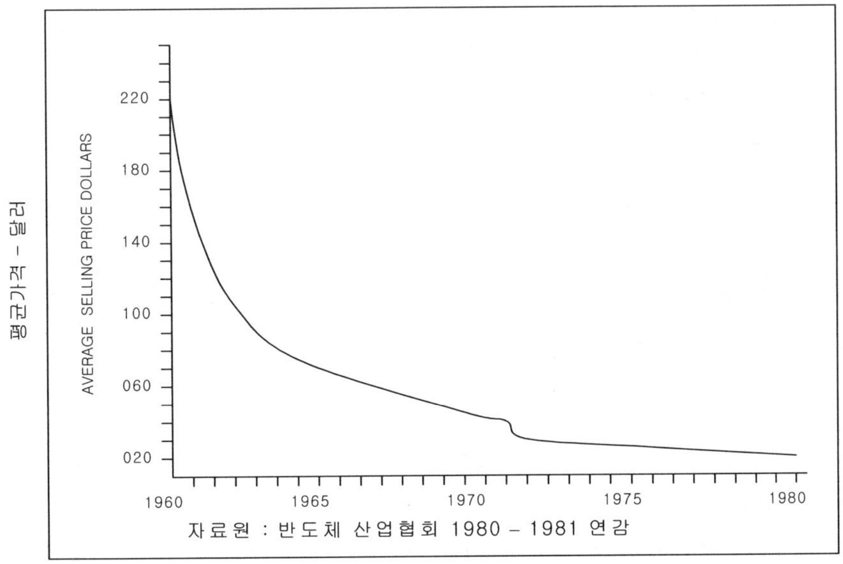

그림 1.5 반도체 가격

60년대의 또 다른 특징으로서 다음과 같은 것이 있다.

i) 작은 크기
ii) 회로당 소자가 많은 것
iii) 회로의 기능이 큰 것

예를 들어 어떤 회사가 특정한 소자나 IC값을 10% 내리려면 생산성을 올리거나 칩 크기를 줄여 웨이퍼당 더 많은 칩을 생산하면 된다.

따라서 회로설계는 작은 면적에 더 많은 기능을 넣을 것을 요구받게 된다. 이렇게 하면 서로 연결할 일이 줄어듦으로써 수율이 향상되게 된다.

향상의 제3단계는 회로의 기능을 더 크게 하는 일이다. 사실, 회로당 소자의 개수는 계속 늘어났고, 결과적으로 컴퓨터는 더 빠르고, 신뢰성 있고, 더 콤팩트하고, 값이 싸지게 된다.

정리하면, 소자설계와 생산의 발달 단계는 다음과 같다.

i) 가격의 저하
ii) 향상된 공정과 전기적 수율
iii) 회로당 소자 개수의 증가
iv) 크기의 축소
v) 회로 기능의 확대
vi) 속도의 증가
vii) 전력회로의 고성능화

4. 생산단계(1971-1980)

1970년대 초까지 실험실에서도 현재의 공정이 개발되었다. 플라즈마 에칭, 스트리핑, 스핀/베이크, 디벨롭/베이키(Develop/Bake)시스템도 나왔고, 네거티브 리지스트, 프로젝션 얼라이먼트(Projection Alignment), 자동 얼라인먼트, 이온 주입자(Ion Implanter), E-beam, X-ray 등도 나왔다.

또한 웨이퍼도 뱃치로 작업을 하고 또 인라인 공정(Inline Process)으로 하게 되었다.

또한 재료 측에서도, 일정한 기압, 순수한 약품, 높은 분해도, 양질의 PR(Photo- resist)를 공급하게 되었다.

70년대에는 회로도 더 높은 수준으로 집적되었다. 그리하여, 다음과 같은 스케일을 채택하게 되었다.

즉 S.S.I.(저밀도 집적회로)부터 V.L.S.I.(초고밀도 집적회로)까지 발달했다.

또한, 그 번성도 실리콘 밸리(캘리포니아, 텍사스, 보스톤)를 벗어나 세계적인 산업으로 늘어났다.

플로리다, 텍사스, 아리조나, 콜로라도, 오리곤, 아이다호, 유럽 및 일본이 80년대의 번성기를 맞이한 것이다. 즉 1970년대는 MSI기술로 시작해서 1980년대의 VLSI 산업을 가져오게 한 것이다.

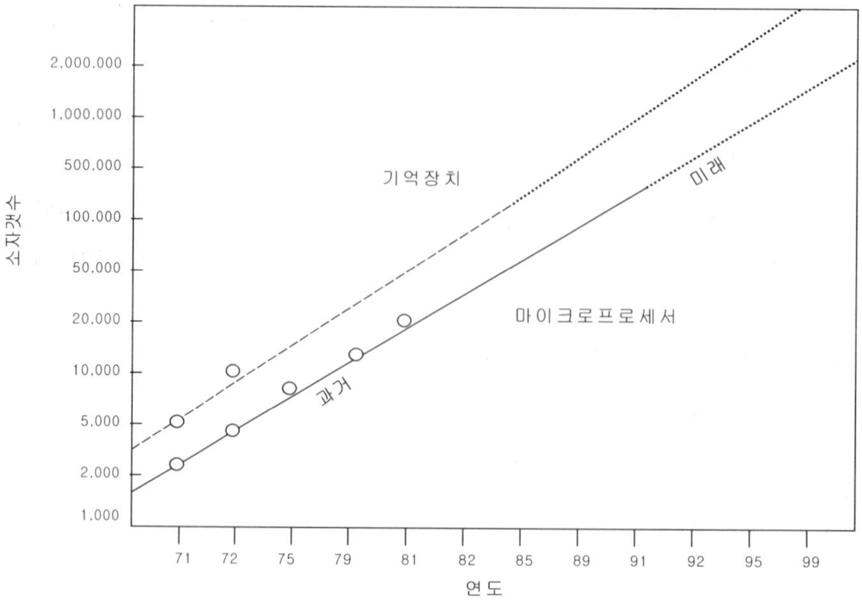

그림 1.6 소자 갯수의 변화

표 1.1 집적도

집적도	약자	칩 당 소자 개수
저밀도 집적회로	SSI	2-50
중간밀도 집적회로	MSI	50-5000
고밀도 집적회로	LSI	5000-100,000
초고밀도 집적회로	VLSI	Over 100,000-1000,000
극초고밀도 집적회로	ULSI	>1,000,000

산화막 마스킹의 개발은 실리콘의 시대를 열었고, 실리콘/산화실리콘 구조는 반도체소자 소형화의 완전한 시스템이 되었다.

산화실리콘은 실리콘에 고르게 형성되며, 팽창계수가 비슷하고, 고은 공정이 가능하다.

산화실리콘은 실리콘에서보다 확산속도가 훨씬 느리다는 점을 이용해 확산 장벽으로 사용된다.

이 구조의 또 다른 장점은 밑의 실리콘에 영향을 주지 않고 산화실리콘을 선택적으로 제거할 수 있다는 점이다.

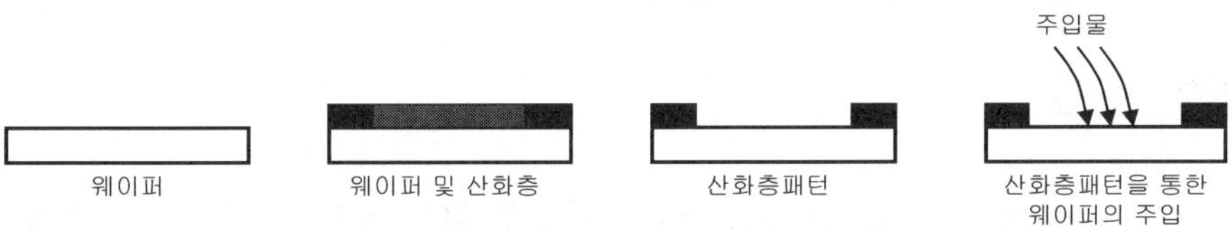

그림 1.7 실리콘 공정

산화층을 미세하게 제거하고, 웨이퍼에 미세한 전기 기능을 부여함으로써 오늘날의 집적회로가 나왔다. 이러한 장점으로 1980년까지 90%의 고체소자를 실리콘이 차지하게 되었다.

페어차일드에서는 플레이너 공정을 개발했다. 이 경우 모든 접합과 박막이 웨이퍼의 상층부에서만 형성된다. 평평하므로 알루미늄을 증착시켜 회로의 배선을 할 수 있다. 이렇게 해서 오늘날의 밀도 높은 회로가 나오게 되었다.

Bell 연구소에서는 또 웨이퍼 위에 고순도의 실리콘을 적층하는 방법을 개발했는데 이를 에피탁시층 (Epitaxi Layer)이라고 한다.

이 방법은 속도와 밀도가 높은 바이폴라 회로에 사용하게 된다.

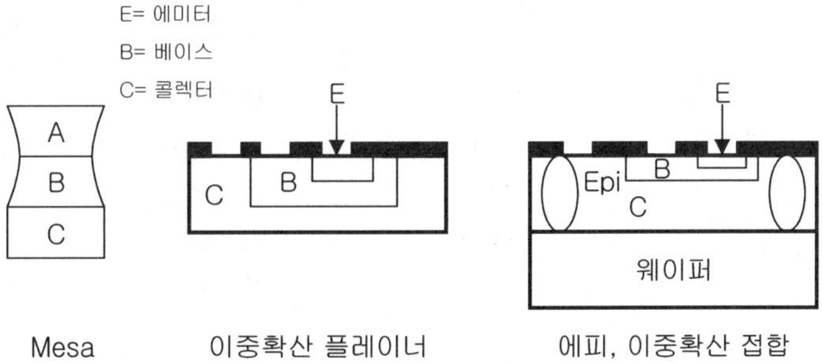

그림 1.8 고체소자 트랜지스터

5. 자동화의 시대(1981-1990)

반도체 생산의 모든 방향은 자동 생산 공정으로 향하게 되었다. 80년대의 시작과 함께 각 공정은 자체 자동화(Self-automated)되었다. 오늘날 조작자의 할 일은 시스템을 로딩하고, 체크하고, 공정을 선택하고, 시작 스위치를 누르는 일이다. 기술적 향상을 알기 위해서는 새로운 공정과 재료와 기계를 알지 않으면 안 된다. 새로운 소자와 공정은 과거의 것을 즉시 교체하지는 않는데, 예를 들어 다이오드와 트랜지스터는 LSI소자만큼의 기능이 필요 없는 만큼 공정도 LSI만큼은 필요 없다. 경제적으로 다이오드 라인(ASP가 5센트 이하) VSI라인(ASP=5달러)으로 바꾸는(다이오드를 만들기 위해) 일은 효과적인 일이 아니다.

6. 반도체 생산물

1960년대에 개발된 반도체 생산물이 지금 만들어지고 있다는 사실은 흥미로운 일이다. 예를 들어 개별소자, 집적회로 등이 있다.

7. 개별 소자

개별소자는 반도체 재료로 생산되는 단일 기능소자다. 저항, 커패시터, 다이오드 및 트랜지스터가 있다.

I.C 생산과 같은 기본 기술로 생산되는데, 이는 I.C보다 엄격성이 덜해서 더 낮은 수준의 기술로 생산이 가능하다. 개별 소자의 시장점유율은 전체 반도체 산업의 30-40%에 해당한다.

8. 집적 회로

표 1.2 반도체 산업의 정리

	개별소자		회 로
집적도	0	하이브리 낮다	집적회로 SSI MSI LSI VLSI
소자갯수	1	10-100	2-50 50- 5,000- 100,000 50,000 100,000
기술	메자 플라이너 VMOS	싱글레벨 더블레벨 박 막 후 막	바이폴라 MOS 접합분리 금속게이트 유전체 분리 실리콘게이트 사파이어와 실리콘 CMOS I^2L EET LEET VMOS

집적 회로는 반도체 산업의 기본 생산품이며, 여러 가지 기능, 형태, 크기가 있다. 정의하자면 I.C는 하나의 반도체 재료에 2개 이상의 소자가 만들어지는 회로를 말한다.

하나의 특정한 I.C가 만들어지는 방법은 그 I.C의 최종 사용에 달려있다. 바이폴라 혹은 MOS기술을 사용해서 서로 다른 I.C를 만드는데 이 큰 두 가지 범주 속에 수많은 다양함이 있다.

9. 반도체 소자의 패키지(Semiconductor Package)

생산 공정의 마무리로서 반도체 소자는 '칩'의 형태를 갖추게 되는데, 이러한 형태로서 칩이 오염되기 쉽다. 사용되기 전에 칩은 패키지가 되고 또 패키지 배선에 의해 바깥 세계로 연결되게 된다. 작은 칩은 세 개 혹은 다섯 개의 다리를 가지는 금속깡통 형태를 갖추게 되고, 큰 칩은 DIP(Dual Inline) 패키지를 하게 된다. 이러한 패키지 작업을 '어셈블리'라고 한다.

생산 공정이 기술적이라 하면 어셈블리 공정은 노동집약적이라 할 수 있다. 따라서 대부분의 어셈블리 공장은 임금이 싼 지역에 위치했는데 제 3세계의 경제수준 상승으로 미국에서는 자동 어셈블리를 추진하고 있다.

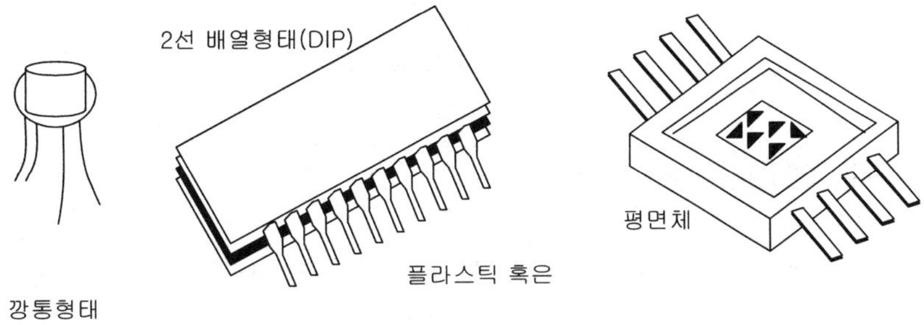

그림 1.9 반도체 패키지

10. 하이브리드 회로(Hybrid Circuits)

때때로 모노리틱 칩(Monolithic chip)이라 불리는 하이브리드 회로는 칩의 개별적인 패키지와는 다른 또 하나의 방법이다. 이 모노리틱 회로는 세라믹 기판위에 저항이나 커패시터가 형성되어 있는 형태다. 도체는 기판 주위의 핀에 연결되어 있다.

11. 프린티드 서킷 보드(Printed Circuit Boards)

PC보드는 큰 회로를 만드는 또 다른 방법이다. 구리 도선이 형성된 플라스틱판에 반도체 소자와 전기소자(저항, 콘덴서, 인덕터 등) 가 땜질 되어 있는 형태이다. 오늘날에는 패키지가 안 된 칩을 판에 직접 부착하기도 한다. 이 기술은 마이크로 칩 제작과는 다르며, 또 다른 산업을 형성하기도 한다.

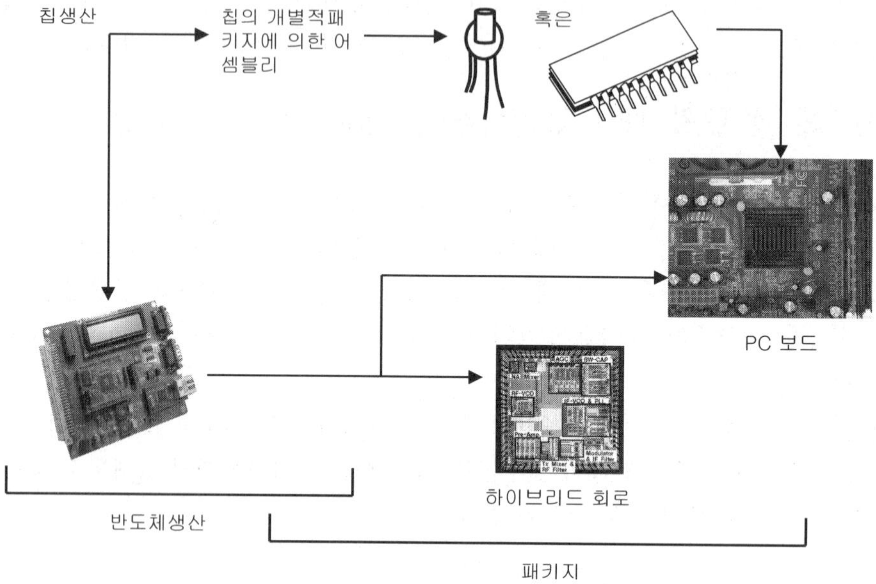

그림 1.10 반도체와 하이브리드, PC보드의 관계

12. 반도체 생산품의 사용

1947년에 새로 발견된 트랜지스터가 컴퓨터에서 진공관을 대체하리라는 것은 명확했다. 불확실했던 점은 과연 이 작은 소자와 집적회로가 당시 공상과학처럼 보였던 회로 및 장비를 구현할 수 있을까 하는 것이었다. 엄청난 수효의 칩이 컴퓨터는 물론 소비시장에서도 그 수요가 엄청나게 증가하고 있었다. 표 2.3은 1950년대부터 칩의 사용내력을 보여주고 있다. 지난 20년간의 역사를 기반으로 1990년대에는 또 다른 수요가 남아있음을 예상할 수 있다.

표 1.3. 1950년부터의 반도체 사용

1950년대	1960년대	1970년대	1980년대	1990년대
라디오 군용, 항해 및 통신 컴퓨터 본체	TV 미니 컴퓨터	TV게임 소형계산기 시계 자동엔진조정 개인용 컴퓨터 원거리 통신	인공지능 자동차 시스템 집적 가정용 전자기기 군수산업	전산화 생산 전자은행 시스템 세계적TV/정보화 전산화 과정 ?? ??

Chapter 2 반도체제조

이 장에서는 원료에서 완제품까지의 반도체제조 전 공정을 살펴본다. 실리콘이 소자의 90% 이상을 차지하기 때문에 공정 스텝의 대부분은 실리콘에 관한 기술을 적용하여 설명하였다.

이 장에서는 각 공정 단계에서 무엇을 왜 하는지를 이해해야 하고, 각 단계에서의 용어를 알아야하며 마이크로 칩의 고급 기술을 수행하기 위한 반도체 라인이 어떻게 구성되어 있는지를 이해할 것이다.

1. 모래에서 회로까지의 실리콘 제조공정

실리콘은 지구상에 존재하고 있는 원소들 중 가장 풍부한 원소의 하나이다. 모래로서의 실리콘은 결국 반도체 소자나 회로가 되는 것이다.

그 변환과정에서 실리콘은 다음과 같은 네 가지의 개별적인 제조단계를 거친다.

i) 재료 형성과정
ii) 웨이퍼 형성과정
iii) 웨이퍼 공정과정
iv) 어셈블리 과정

표 2.5에 이들 사이의 관계와 각 공정단위를 나타내었다.

2. 재료형성

실리콘 반도체 소자 생산의 첫 단계는 천연 산화 실리콘으로부터 실리콘을 추출하는 일이다. 단순히 추출만 하는 것이 아니고, 극히 고순도로 만들어야 한다. 몇 PPM (백만분의

1) 이하의 순도를 가지는 실리콘을 전자 혹은 반도체급이라고 부른다. 이러한 고급 실리콘을 만드는 데는 두 가지 방법이 있다. 즉, 수소환원과 실리콘 함유가스의 열분해이다.

화학 반응은 사염화규소나 삼염화 사일렌으로 시작한다.

사염화 실리콘 : $SiCl_4+2H_2 \rightarrow 4HCl+Si$

삼염화 사일렌 : $2SiHCl_3+2H_2 \rightarrow 6HCl+2Si$

추출된 실리콘은 다결정 구조를 가지는 로드로 만들어진다. 이러한 형태의 실리콘은 폴리실리콘 혹은 폴리라고 부른다.

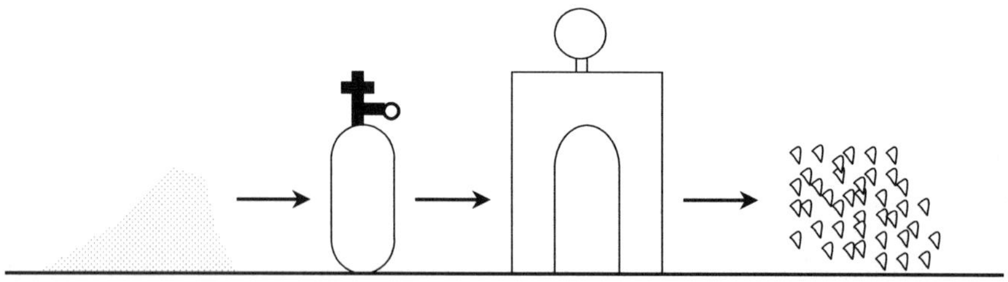

그림 2.1 산화실리콘에서 반도체급 실리콘으로의 변환

3. 결정 성장 및 웨이퍼 형성

개별소자 및 I.C는 반도체 물질 웨이퍼 표면에 형성한다. 실리콘 웨이퍼는 폴리로부터 만들어진 결정에서 잘라낸 것이다. 결정을 형성하는 동안 특정한 전기적 성질을 얻기 위해 도펀트(Dopant)가 첨가되기도 하고, 한편으로는 실리콘이 단결정 형태를 갖추게 된다. 완성된 결정은 필요한 크기로 연마한 후 톱질을 해서 웨이퍼로 만든다.

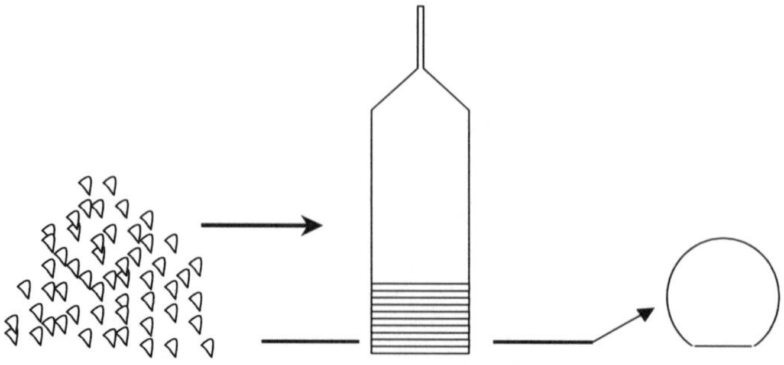

그림 2.2 다결정실리콘 웨이퍼

이 웨이퍼는 전기적 측정과 무결함 포장을 하기 전에 편평도와 두께를 조절하기 위해 연마된다.

이 웨이퍼 생산은 별도의 회사에서 하기도 하고, 또 큰 회사에서는 자체 생산을 하기도 한다. 대부분은 웨이퍼 그 자체도 상품이 된다.

4. 웨이퍼 가공

웨이퍼 가공은 웨이퍼 표면에 반도체 소자나 I.C를 형성하는 제조공정을 일컫는다. 제조 혹은 전 공정을 가공(Fabrication) 또는 Fab이라 한다. 초기의 웨이퍼는 Fab에 들어가 여러 공정을 거친 후에 같은 개별소자나 I.C가 수백 개가 나오게 된다.

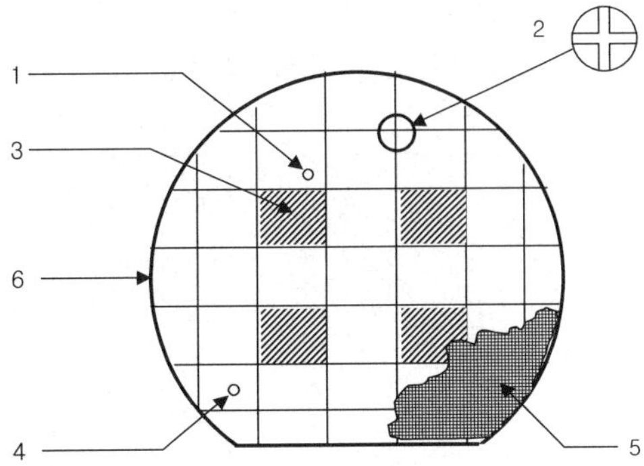

그림 2.3 웨이퍼 용어

(1) 웨이퍼 용어

전형적인 반도체 웨이퍼를 그림 2.3에 나타내었다. 웨이퍼의 직경은 다양하다.

① 칩, 다이(Die), 소자, 회로, 마이크로 칩, 바(Bar)

웨이퍼 표면에 같은 패턴이 완성되었을 때, 각 패턴은 개별 반도체 소자일 수도 있고, I.C일 수도 있다. 위의 용어는 개개의 단위로 쓰인다.

② 스크라이브 라인(Scribe line)

아무런 유닛이나 회로가 없는 지역에 의해 다이는 서로 분리된다. 이 지역은 웨이퍼를 개개의 칩으로 나누기 위해 톱질이 된다.

③ 엔지니어링 테스트 다이(Engineering Test Die)

각 웨이퍼는 특이한 패턴의 칩 혹은 다이가 몇 개 있다. 현미경으로 보면 다르다는 것을 확실히 알 수 있다. 이는 정상적인 다이와 같은 공정으로 형성된 특별한 테스트 소자가 들어있다. I.C의 트랜지스터, 다이오드, 저항 및 커패시터는 너무 작아서, 공정 중에 테스트하기 어려우므로, 이 테스트 다이는 공정중의 품질관리를 위해 크게 만들어진다. 또한 테스트 다이는 수율을 높이는 데도 기여하는데, 완성된 웨이퍼의 패턴이 여러 공정의 질을 보여주기 때문이다.

④ 변두리의 다이(Edge Die)

각 웨이퍼는 변두리 부분에 미완성의 다이를 가진다. 이들은 미완성이기 때문에 결국 웨이퍼의 손실이 된다. 작은 Wafer에 큰 다이를 넣는다면 웨이퍼의 손실율도 그만큼 커진다. 따라서 이러한 이유로 보다 큰 직경의 웨이퍼를 생산하는 요인을 가져오게 되었다.

⑤ 결정면

그림 2.4의 단면도에 웨이퍼의 결정구조를 나타내었다. 다이가 웨이퍼 결정구조와 특정한 배열을 하고 있어야 한다는 것은 중요한 사실이다. 웨이퍼의 방향성은 웨이퍼가 개개의 다이로 나뉠 때 다이 경계선에서의 거칠음을 막기 위해 필요하다.

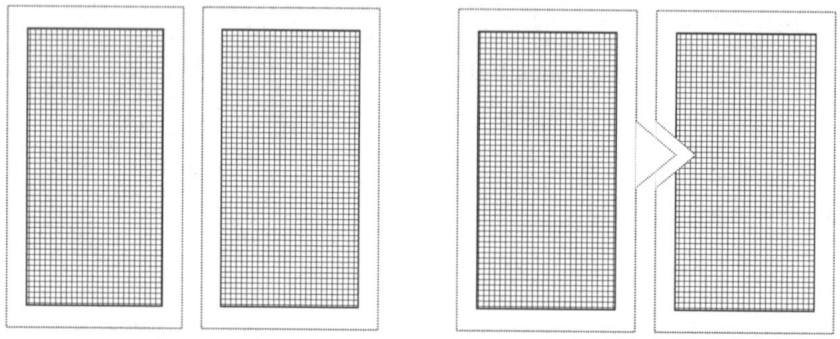

그림 2.4 다이 분할 때 방향성의 영향

⑥ 웨이퍼의 플랫(flats)

웨이퍼의 결정구조는 나안으로서는 식별 불가능하다. 따라서 웨이퍼의 구조를 알려주기 위해 결정에 기본을 둔 플랫을 만들어 준다. 스크라이브 라인중의 하나는 플랫에 수직이 되도록 패턴이 형성되어야 한다.

플랫 중 짧은 플랫은 특정한 결정 구조와 전기적 형태(N 혹은 P)를 알려주기 위한 것이다.

(2) 기본적 웨이퍼 가공조작

웨이퍼를 가공할 때 웨이퍼에 회로를 형성하는 데는 많은 복잡한 공정이 필요하다. 공정 단계는 형태와 회로의 복잡도에 따라 다르다. 공정의 전 단계는 30스텝정도의 주 스텝과 주 스텝마다 15스텝의 보조스텝을 가지기도 한다. 그중에서 다음 세 가지 기본 동작이 웨이퍼에 적용된다.

① 적층(Layering)

여러 가지 물질의 박막을 웨이퍼 표면에 성장시키거나 더한다.

② 패턴

웨이퍼로부터 박막을 선택적으로 제거한다.

③ 주입

웨이퍼의 선택된 지역의 저항성과 전도성이 도펀트의 첨가에 따라 변화한다.

(3) 적층

실리콘 마이크로칩을 만드는 첫 과정은 실리콘 웨이퍼 표면에 이산화실리콘의 박막을 성장시키는 일이다. 공정 중에도 이산화실리콘 막을 형성시키기도 하고 또 다른 물질이 얹히기도 하는데 이 층은 부도체, 반도체, 도체의 역할을 한다.

그림 2.5는 실제의 스케일이 아닌데, 사실 보통 적층은 0.75[μ] 두께를 가지며 10[mm] 웨이퍼는 20mils 두께이므로 그 비가 1:700이 된다. 표 2.1은 실리콘 기술에서 사용하는 층과, 회로 기능과, 웨이퍼 표면에 형성하는 기술을 보여준다.

표 2.1 반도체 층과 층 형성 기술

층	열산화	화학증착	증착	스펏터
절연제	이산화규소	이산화규소 질화규소		이산화규소 일산화규소
반도체		에피실리콘 폴리실리콘		
도체			알루미늄 알루미늄/실리콘 알루미늄/구리 니크롬 금	

(4) 패턴 형성

웨이퍼에 층이 형성된 후 부분적으로 제거되어, 패턴을 남긴다.(에피층만은 다르다) 이러한 패턴형성공정은 포토마스킹(Photomasking), 마스킹(Maskin), 포토리도그래피(Photoresist) 공정을 통해 처음에는 유리판에 형성된다. 유리마스크의 패턴은 웨이퍼 표면에 옮겨진다.

초기페이퍼 　　　　 층 : 절연체 반도체 도체

그림 2.5. 적층

층에 형성된 구멍이나 남은 물질인 분리체는 그 다음의 주입이나 금속 배선공정을 위해 빛을 노출시킨다.

패턴형성은 수율 면에서 볼 때 세 가지 기본 조작 중 가장 민감한 공정이다. 웨이퍼의 오염도 이때 일어나며 또한 공정관리에서 패턴의 크기 변화를 초래하기도 한다. 즉 저항 등의 전기소자를 변화시켜 회로 동작을 바꾸기도 한다. 따라서 이런 문제들을 없애는 일이 중요한 과제다. 소형화는 보통 포토마스킹에서 뚫을 수 있는 구멍의 크기에서 한계를 맞는다.

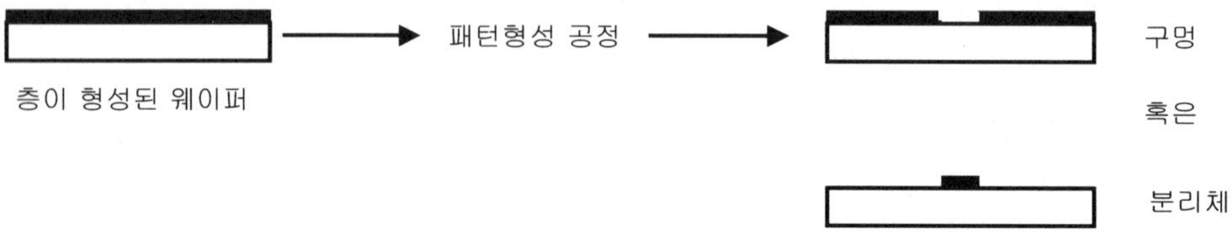

그림 2.6 패턴형성

(5) 도핑(Doping)

I.C의 동작부는 실리콘 웨이퍼에 형성된 트랜지스터, 다이오드, 저항이다. 이러한 요소들은 웨이퍼 표면에, 전도형태와 저항성을 바꾸기 위한 도펀트가 더해진 부분으로 형성되어 있다.

도핑은 표면층에 형성된 구멍을 통해 일어난다. 이러한 도핑 방법 중 두 가지 방법은:

i) 열적 확산

ii) 이온주입(Ion implantation)

열적 확산은 웨이퍼를 1000[℃] 가까이 가열하고 도펀트를 함유한 가스에 노출시킴으로써 이루어진다.

도펀트 원자는 웨이퍼 표면으로 들어가 도펀트 원자로 채워진 부분을 형성한다.

이온 주입은 도펀트 원자가 고속으로 가속되어 웨이퍼 표면에 박히게 되는 기술이다. 이온 주입은 훨씬 낮은 온도(200℃~400℃)에서 일어난다.

완성된 회로의 제조는 여러 번의 도핑 공정을 거쳐야 한다.

표 2.2는 세 가지 기본 웨이퍼 가공 공정의 개관이며 그 기술도 보여준다.

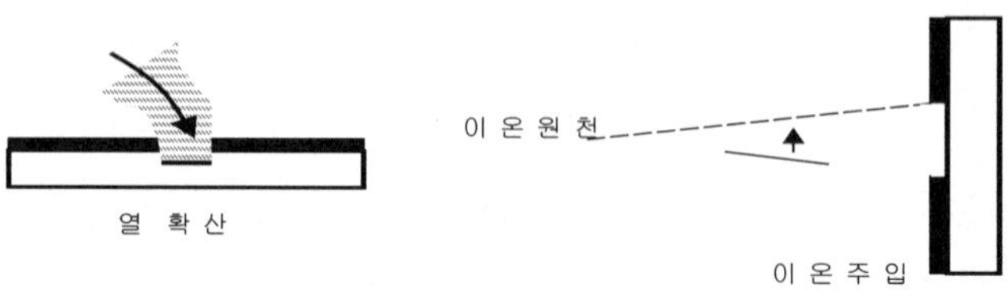

그림 2.7 가공절차

5. 가공절차

각 웨이퍼는 여러 가지 공정을 거치게 되는데, 사용된 기술(MOS, 바이폴라 등)과 소자나 회로의 복잡도와 관련이 있다. 간단한 금속게이트 MOS 소자는 5마스크와 1번의 확산을 하는 반면, 기본적인 바이폴라 웨이퍼는 네 번의 확산과 7번의 마스킹을 하게 된다. 그림 2.8에 바이폴라 공정 흐름도를 나타내었다.

그 조작은 다음과 같이 세 개의 기본적 단계로 묶어진다.

i) 불순물 주입단계(Doping)
ii) 금속 배선 단계(Metallization)
iii) 보호막 단계(Passivation)

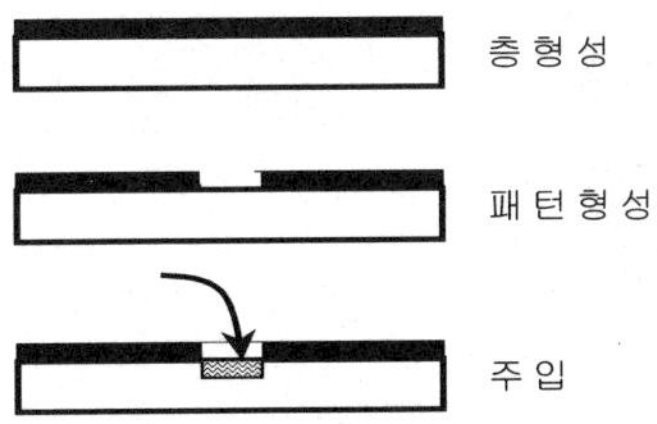

그림 2.8 도핑순서

(1) 불순물 주입단계(Doping Sequence)

이 세 스텝 단계는 부분적인 N 혹은 P지역을 웨이퍼 표면에 형성하게 된다.

i) 층 형성
ii) 패턴 형성
iii) 불순물 주입

이것은 반도체 소자 제조에 가장 많이 쓰이는 단계다. 도핑 단계가 두 번 필요하면 먼저 번의 층은 그 전단의 확산 공정으로서 키워진다. 도핑 다음에 이온 주입이 계속되면 산화스텝이 또 필요하다.

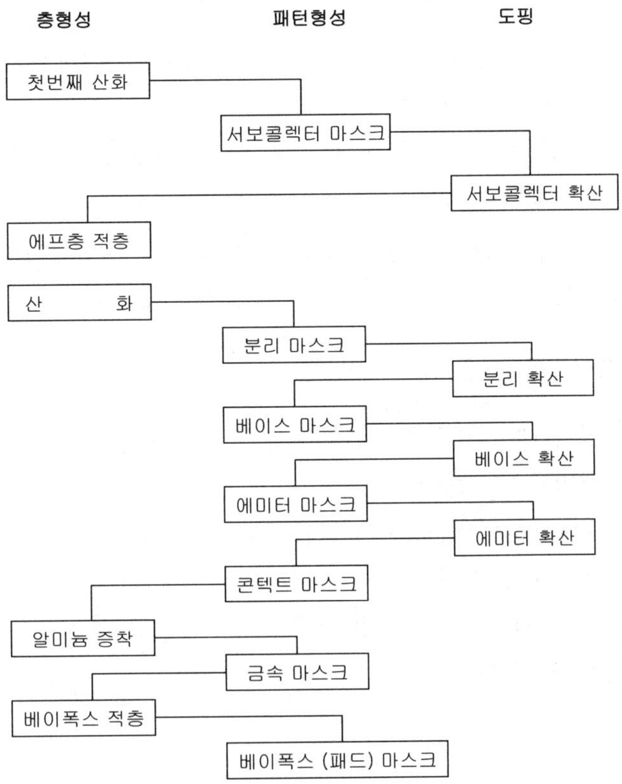

그림 2.9 바이폴라 공정 흐름도

표 2.2 웨이퍼 가공 공정

분류	목적	기술
층형성	웨이퍼 표면에 박막을 키우거나 적층시킴.	산화 : 대기압 CVD : EPI, 저압, 플라즈마촉진 증착 : 금속 스퍼터 : 금속, 절연체
패턴형성	웨이퍼 위의 층의 선택적 제거	리지스터 : 정(+), 부(-), 특수 조사 : 콘텍트 프로젝션 디렉트 스텝 U.V 깊은 UV E-Beam X-Ray 에치 : 습식, 건식(플라즈마)융기이온밀링, 활성 이온 밀링
도핑	전도도 변화 웨이퍼의 선택지역의 저항성 및 형태	열확산 : 개관식 폐관식 도핑된 막 이온주입 :

(2) 금속배선단계

웨이퍼 표면에 도핑단계를 통해 전기적 활성 영역이 형성되면, 그 지역 혹은 소자는 배선이 되어야 한다.

반도체 기술에서의 배선은 산화실리콘이나 질화실리콘 위에 적층된 알루미늄 박막으로 형성된다. 그 아래의 웨이퍼 표면의 지역과 콘택트를 만들기 위해, 절연막에 구멍을 내서 알루미늄이 통하게 하는데, 이때 마스킹 스텝이 필요하다. 이 마스킹 스텝의 이름이 '콘택트 마스크'다.

이 단계는 웨이퍼 표면의 여러 소자를 연결하는 선을 형성하는 마스킹 스텝으로 끝이 난다.

(3) 보호막 단계

도핑 단계와 금속배선단계가 끝나면 소자나 회로의 제조는 끝나지만, 다음과 같은 문제점이 남게 된다.

i) 완성된 회로가 오염의 영향을 받기 쉽다.

ii) 얇고 깨지기 쉬운 금속배선이 긁힐 수 있다.

이 두 문제는 오염에 대한 장벽과 금속 보호를 해주는 얇은 막을 웨이퍼에 씌워줌으로써 해결할 수 있다.

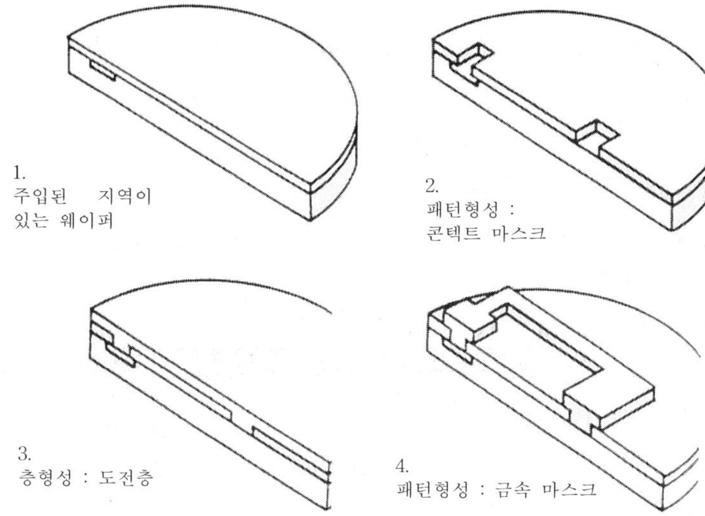

그림 2.10

불행하게도, 웨이퍼를 덮으면 메탈 콘택트(패드)도 덮어 버린다. 따라서 어셈블리 조작에서 칩 패키지 때 연결을 할 수 있도록 본딩 패드에 구멍을 내는 또 다른 패턴형성 스텝이 필요하다. 표 2.3에 바이폴라 공정 흐름도와 금속 게이트 MOS공정 흐름도를 비교하였다.

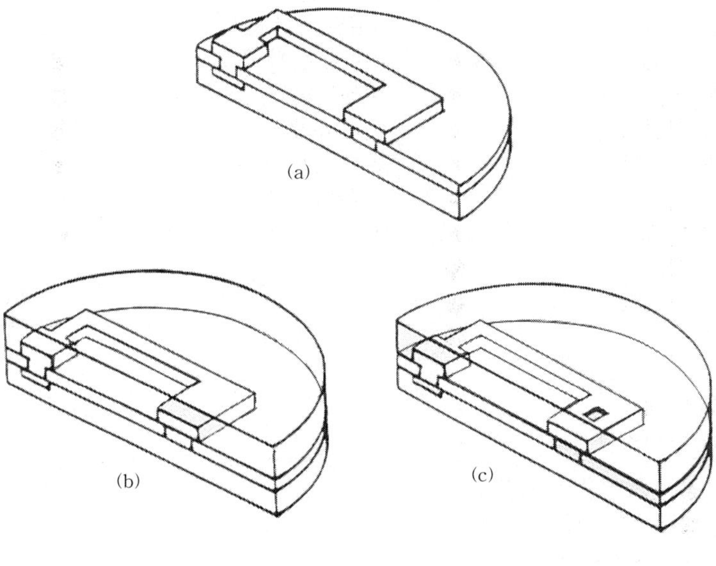

그림 2.11. 보호막 단계

(4) 반도체 형성 기술

세 가지의 기본적인 Fab조작과 세 가지 기본적인 단계가 서로 다른 트랜지스터 형성에 사용될 수 있다. 두 가지의 주요 구조는 바이폴라와 MOS가 있다. 그들은 전력면이나 속도, 집적도 등에서 서로가 매우 다르다.

바이폴라가 먼저 개발된 기술인데, 이제는 MOS소자가 몇 가지 중대한 이유로 우월한 기술이 되고 있다. 그러나 바이폴라 회로(바이폴라 트랜지스터로 구성된 회로)는 높은 전력을 제어할 수 있고 속도가 빠르며, 오염에 강하므로 아직 시장 점유율이 높다. 주로 논리회로에 많이 쓰인다. MOS회로는 공정 스텝이 적으므로 단가가 적게 들고, 집적도가 높고, 컴퓨터 기억소자나 소비재로 많이 쓰인다.

표 2.3 바이폴라와 MOS소자의 구분

바이폴라	MOS
접합 분리형 유전체 분리형 실리콘 온 사파이어 I^2L	금속게이트 실리콘게이트 CMOS FET JFET VMOS

표 2.4 바이폴라와 MOS공정의 비교

바이폴라	단계	MOS금속 게이트	단계
산화	■	산화	■
서브콜렉터 마스크	■	소스/드레인 마스크	■
서브콜렉터 확산		소스/드레인 확산	
에피층 적층		게이트 마스크	
에피층 산화	■	게이트 산화	●
분리화 마스크	■	콘택트 마스크	●
분리화 확산	■	금속 증착	●
베이스 마스크	■	금속 배선 마스크	●
베이스 확산	■	사일록스 적층	•
에미터 마스크	■	사일록스 마스크	•
에미터 확산	●		
콘택트 마스크	●		
금속증착	●		
금속 배선 마스크			
사일록스 적층	•		
사일록스 마스크	•		

※ 보기 ■ = 불순물 주입단계
● = 금속 배선 단계
• = 보호막 단계

(5) 웨이퍼 가공 단가

웨이퍼 가공의 단가는 재료와 장비, 집적도와 공정 스텝 수에 따라 다르다. 공정 중에 행하는 웨이퍼의 수도 단가에 영향을 준다. 노동, 장비, 그리고 기술의 세 요인에 의해 거의 좌우된다. 웨이퍼 하나를 가공하는데 소요되는 경비는 집적도에 비례해서 돈이 더 들기도 한다.

6. 웨이퍼 선별

공정 중에 회로는 웨이퍼 형태로 가공된다. 이러한 뱃치(Batch) 공정은 효율이 높아, 100~500달러 정도 소요된다.

공정 후에 웨이퍼는 개개의 칩으로 나뉘어 겉을 싸고 패키지로 연결한다. 이것을 어셈블리라고 하는데, 마운팅과 커넥팅 스텝은 노동집약적 공정이고 또 패키지 재료도 비싸다. 사실, 어셈블리 하는데 소요되는 경비는 칩 제조 단가와 비슷하다.

칩중의 상당수는 작동을 하지 않기 때문에 이를 어셈블리하는 것은 낭비이다. 칩의 기능을 살피는 일을 웨이퍼 선별(Die Sort, Electrical Sort)이라고 한다.

이 시험을 위해 웨이퍼는 진공척에 고정되고, 다이의 각 본딩 패드는 금속 프루브로 연결이 된다. 접촉되면 다이의 D.C 파라미터와 기능을 검사한다. 실제 테스트는 컴퓨터로 하며 1초에서 수분정도의 시간이 소요된다. 기능을 수행 못하거나 스펙을 벗어나는 칩은 점이 찍히게 된다.

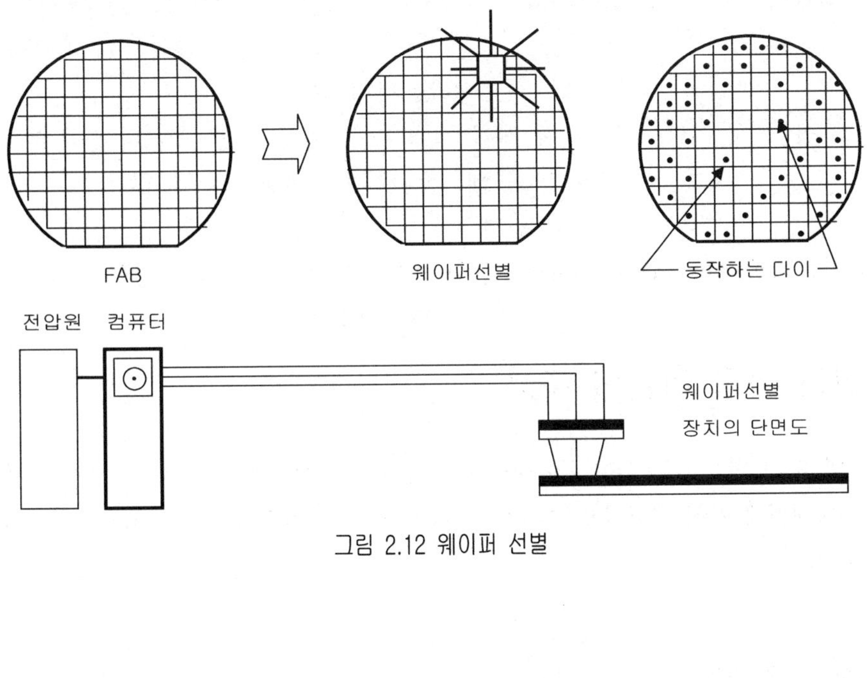

그림 2.12 웨이퍼 선별

(1) 칩용어

그림 2.13은 MSI회로의 현미경 사진이다.

i) 금속배선(보통 A1)은 그늘에서도 밝게 보이며 알맹이의 형태를 가진다.

ii) 회로 표시 : 회로 번호 표시는 좌측 상단에 표시한다. 보통 Fab을 위한 회로번호는 팔릴 때의 회로 번호와는 다르다.

iii) 본딩패드(Bonding Pad) : 회로의 입력과 출력 단자는 패키지에 연결하기 쉽도록 칩의 가장자리에 위치한다.

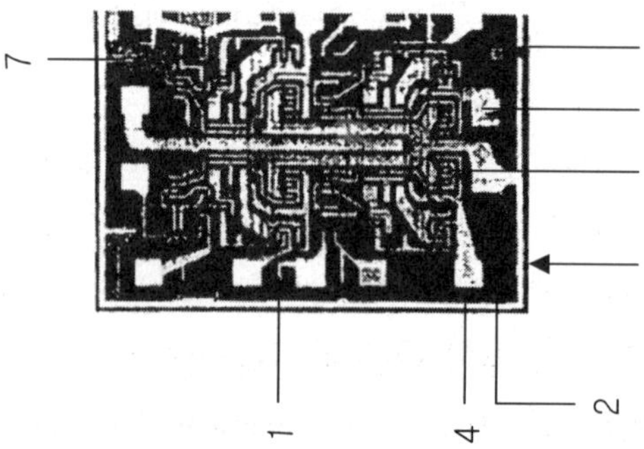

그림 2.13 칩용어

iv) 오염 발견되는 오염물 조각은 일반적인 실내 먼지보다 훨씬 작다.

v) 바이폴라 트랜지스터 : 전형적인 바이폴라 트랜지스터가 보인다.

vi) 스크라이브 라인(Scribe Line) : 회로 부분은 어떤 라인으로 둘러싸여 있다. 라인 바깥쪽은 칩이 절단되기 위해 아무것도 없는 지역이다.

vii) 연결 안 된 소자 : 보통 몇 개의 서로 다른 회로를 만들기 위해 개별소자를 만들어두는데 완성된 회로에도 쓰이지 않은 회로가 남아 있기도 한다.

viii) 정준마크(Alignment Marks) : 정준은 칩 바깥 가장자리에 있는 정준 마크의 도움으로 행해진다.

7. 웨이퍼 가공 라인의 구성

대부분의 초기 반도체 생산은 하나의 가공 라인으로 시작했다. 회사가 커지고 새로운 회로가 필요해짐에 따라 다른 라인이 더해졌다. 그리하여 생산 라인은 항공기 격납고만큼 커지게 되었다.

이러한 방법의 문제점은 수율이 낮아진다는 점이다. 각 소자나 회로는 그 나름대로의 얼라인 및 도핑 양식이 있다. 예를 들어, 선형소자는 디지털 소자보다 저항의 콘트롤이 정확해야 하며, MOS 소자는 바이폴라 소자보다 오염에 민감하다. 같은 장소에서 공정을 하면 조작자의 관심의 분산과 전용 장비 부족, 오염 증가로 인해 수율이 떨어진다.

또 다른 문제는 공장이 완전히 다운(Down)될 위험성이 있다는 점이다. 각 공정 스텝은 점차 기능이 떨어지는데, 이는 전 공정을 마비시킬 위험성이 있다.

따라서 확장은 공장 면적을 넓히고, 장비가 많이 필요하며, 웨이퍼 가공 시간이 많이 걸리게 한다. 이 모든 요인은 수율과 생산성에 악영향을 끼친다.

생산 라인에서는 이들 문제를 극복하기 위해, 비슷한 공정의 회로를 한곳에서 제조하도록 했다. 이러한 분할제조의 장점은:

i) 스탭(Staff)의 집중적 훈련
ii) 조작자의 높은 수준의 기술 습득
iii) 빠른 웨이퍼 공정
iv) 높은 수율
v) 다운(Down)될 위험의 저하

각 생산 라인은 그 자체에 생산과 엔지니어링 스탭(Staff)을 가진다. 장비 관리 스탭과 회로 설계 스탭은 생산라인 관리자에게 매일 보고를 한다. 물론 회사에서는 장비관리 및 회로설계가 모든 Tab 라인에 적용되기도 한다.

물론 관리는 전 공정의 협조 하에 이루어진다. Fab 안에서는 도핑 포토마스킹, CVD 및 증착 등이 다른 장소에서 행해진다. 웨이퍼는 지역에서 지역으로 옮겨 다니며 필요한 공정을 하게 된다.

표 2.5에 전형적인

표 2.5 전형적인 반도체 생산라인 구조

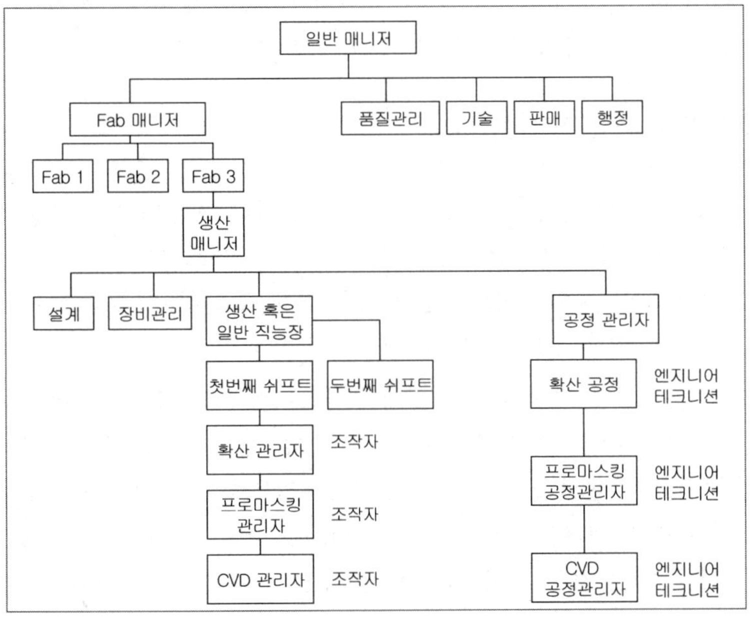

생산라인을 나타내었다. 엔지니어링 스텝은 제조에 쓰일 공정과 재료를 선택하고, 제조 스탭은 그 공정의 실행과 단가 조절을 책임진다. 실제, 공정은 엔지니어, 제조, 장비 부문으로 구성된 하나의 팀(Team)의 관리를 받게 된다.

이러한 그룹(Group)은 특정한 공정에 전문화되어 있다. 반도체 공정은 품질 향상에 이상적으로 맞게 그룹을 전문화시켜야 한다.

여러 산업에서 반도체 소자를 널리 사용하게 됨에 따라 칩을 자체 생산할 필요가 생겼다. 반도체 사용에서 어느 정도의 수준에서는 경제적 그리고 확실한 공급을 위해 자체 Fab 라인을 갖추게 되었다. 이는 지난 20년간 꾸준히 계속되어왔는데 사실, IBM 등의 정상 기업도 자체공급을 하는 회사이다. 그러므로 자체 공급은 다음과 같은 이점이 있다.

i) 기능의 확실성
ii) 빠른 전환
iii) 확실한 공급
iv) 운반의 조절 가능

Fab 라인을 세팅하는데 드는 비용으로 인해 자체 생산은 큰 회사에서만 하게 된다. 장비 및 공정의 선택은 기술, 효율, 수율 면에서 같은 관점으로 이루어진다. 자체 공급은 거래 공급과 목적은 같으나 우선순위가 다르다. 상업적인 공급은 시장에서 경쟁력을 확보하기 위해 수율과 생산 효율에 관심을 가지는데, 자체 공급은 최종 생산품이 팔릴 때까지는 비용에는 관심이 없다. 자체 공급 라인은 확실한 신뢰도로 정상적인 공급을 해야 한다. 아무튼, 칩 생산이 성공적이려면 모든 요인이 만족되어야 한다.

8. 가변배선 칩(Silicon Foundries)

칩 제조의 높은 단가로 인해 상용회로(혹은 Silicon Foundry) 회사가 늘어났다. 회로 혹은 시스템 설계자는 표준 회로를 선택해서 설계한다. 회로와 마스크의 설계, 칩 제조의 단가로 인해 칩의 소규모 사용이나 실험 칩 제작은 어렵게 된다. 따라서 가변 배선 칩은 소규모 혹은 실험적 사용자를 위한 것이다.

가변 배선 칩은 두 가지 역할을 한다. 우선 외부의 설계와 마스크에 의해 칩을 생산한다. 그리하여 표준화된 소자 기능을 가지는 마스터 칩을 만든다. 고객은 필요한 입력/출력 기능을 정하게 되고, 회사는 금속 배선 공정에서 그 기능에 맞도록 배선을 한다. 또 다른 역할을 보면, 같은 웨이퍼 위에 여러 가지 회로를 만드는 것이다. 이는 소규모 생산에 적합한데, 수율은 서로 다른 칩 크기와 서로 다른 공정 스텝 때문에 낮아진다.

9. 어셈블리(Assembly)

웨이퍼는 검사를 마친 후, 패키지를 위해 어셈블리 부문으로 넘어간다. 어셈블리 단계는 노동집약적이므로 임금이 싼 곳에서 행하는 게 보통이다. 그러나 제3세계의 개발로 인해 자동 공정이 필요하게 되었다. Fab처럼 어셈블리도 그 자체의 공정과 엔지니어링 구조를 갖추게 된다.

(1) 어셈블리 공정 흐름

웨이퍼 선별 후 거치는 주요 스텝은 다음과 같다.

① 뒷면처리

페이퍼는 패키지에 맞도록 기계적으로 얇게 하거나 패키지 다이에 붙도록 금속 박막을 증착한다.

② 다이 분리(Die Separate)

웨이퍼는 스크라이빙이나 톱질에 의해 분할된다.

③ 픽(Pick)

잉크가 없는 다이(전기적으로 동작한다)가 선택되어, 어셈블리 공정으로 보내진다.

④ 다이 어탯치(Die Attatch)

다이는 땜질이나 아교로 패키지에 붙는다.

⑤ 와이어 본딩(Wire Bonding)

금이나 알루미늄의 가는 선으로 다이의 본딩 패드와 패키지의 접속 단자를 연결한다.

⑥ 밀봉(Lid Sealing)

다이를 밀봉해서 보호하기 위해 패키지에 껍질을 씌운다.

⑦ 환경 및 기계적 시험

회로와 패키지의 고온, 습도, 기계충격 등에 대한 저항을 시험한다. 고신뢰도 회로 소자(Hi Rel.)는 더 엄격한 시험을 받는다.

⑧ 최종시험

다이는 웨이퍼 선별처럼 최종 전기적 시험을 받는다.

표 2.6 집적회로 제조과정

다결정 실리콘	가공	전기전테스트 (Die Sort)	어셈블리
모래에서 실리콘으로 결정 성장. 웨이퍼 형성	웨이퍼 위에 개개 회로를 제조	각 회로를 전기적으로 테스트 한다.	좋은 다이는 패키지로 어셈블되고 또 테스트 된다.

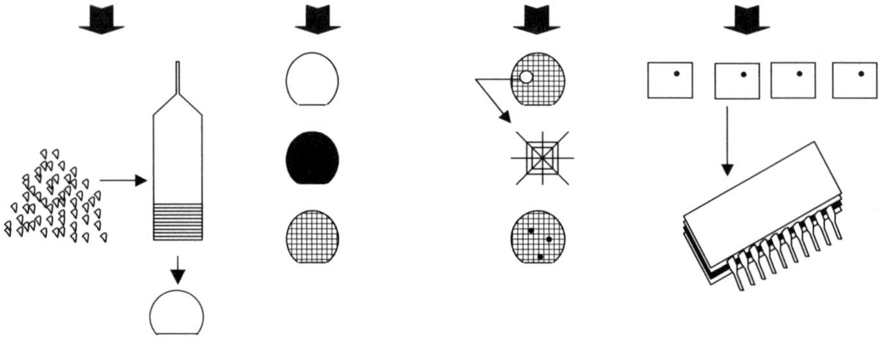

Chapter 3
반도체공정의 수율

수율(Yield)이라는 말은 아마도 다른 단일 개념보다는 반도체 산업에 대한 말일 것이다. 높은 수율을 보장하는 생산, 용역, 공정의 향상을 위해서는 Fab 엔지니어의 말을 들을 필요가 있다. 마찬가지로, 수율을 유지하지 못하는 엔지니어는 즉시 신뢰를 잃기 마련이다. 이처럼 수율을 강조하는 이유는 제조공정에서 부딪히는 실수나 문제점은 치명적, 즉 복구불가능하기 때문이다.

반도체 제조와 자동차 제조의 비교로 돌아가 본다. 차량이 최종검사 장소에 왔을 때 라디오에 결함이 있으면 라디오를 수리하거나 교체한다. 차량의 다른 부분에 대해서도 마찬가지다. 어떤 경우에도 차량을 버리는 일은 없다. 그러나 반도체는 그처럼 결함이 있는 부분을 수리하거나 교체할 수가 없다. 사실, 결함이나 공정상의 문제로 인하여 보통 I.C는 시작할 때의 25~30%만이 실제로 완성될 수 있다.

수율은 다음과 같이 공정의 세부분에서 계산한다.

i) Fab 후에 계산
ii) 웨이퍼 선별할 때에 계산
iii) 어셈블리 후에 계산

1. 제조수율(Fabrication Yield)

제조(혹은 웨이퍼) 수율은 웨이퍼 선별 부분에 대한 웨이퍼 수와 공정을 부가한 웨이퍼의 수와의 비교로 계산한다.

i) 웨이퍼 파손
ii) 공정의 변동
iii) 공정의 결함

(1) 웨이퍼의 파손(Wafer Breakage)

위의 수율을 제한하는 모든 요인은 웨이퍼가 최종검사까지 오는 동안의 스텝 수가 많을수록 더 커진다. 전형적인 바이폴라 제조 라인은 일곱 번의 마스킹 스텝, 다섯 번의 확산, 세 번의 CVD공정, 그리고 웨이퍼 선별 및 어셈블리를 포함한다. 그리고 각 스텝은 5~10회의 개별적인 취급을 받는다. 예를 들어, 하나의 간단한 공정스텝인 산화를 보자. 표 3.1에 그 흐름을 나타내었다.

표 3.1 산화공정 흐름도

산화공정	취급횟수
웨이퍼를 캐리어에서 꺼내 세척 보트에 놓는다.	1
웨이퍼는 회전린스건조를 포함한, 세척작용을 받는다.	1
웨이퍼를 세척보트에서 꺼내 청결도를 검사하고, 산화 수정보트에 로딩 한다.	1
산화공정	
보트가 로에서 꺼내진다.	
웨이퍼를 보트에 제거해 캐리어에 넣는다.	
테스팅 웨이퍼를 캐리어에서 꺼내 산화막 두께와 청결도를 검사한다.	1
웨이퍼를 여러 번 셈하는 로그 스테이션(Log station)으로 보내진다.	1
	총 5회

웨이퍼가 취급될 때마다 웨이퍼가 긁히거나 깨지거나 혹은 가장자리가 마모될 위험이 따른다. 자동장비를 쓰려는 것은 웨이퍼 파손을 줄이기 위한 노력이다.

(2) 공정변동(Process Variation)

완성된 웨이퍼가 웨이퍼 선별 부문에 도달할 때까지 웨이퍼는 몇 차례의 층 형성, 패턴형성, 도핑의 단계를 거친다. 각 공정은 두께, 크기 혹은 비저항 등의 물리적 파라미터를 조절하게 된다. 회로의 전기적 기능은 공정 파라미터가 얼마나 스펙에 맞게 되어있는가에 달려있다. 그러나 나날이 같은 동작을 하도록 정밀하게 된 장비도 부분적으로 어쩔 수 없이 변동이 생기기 마련이다. 따라서 산업에서는 이러한 변동을 최소한으로 줄여 생산성을 높이는데 관심이 모아지고 있다.

(3) 공정결함(Process Defect)

결함은 동작을 안 하는 소자의 가장 큰 원인이 된다. 환경 및 취급에서 발생하는 결함의 원인과 원천은 오염 조절의 장에서 다루기로 한다. 웨이퍼가 취급되고, 화학물질에 노출되고, 건조되고, 또 기계에 로딩될때마다 결함이 유발될 수 있는 것이다. 그중 포토마스킹이 가장 심각하다. 그 이유는 이 공정이 다른 공정보다 더 화학물질에 노출이 많이 되기 때문이다. 포토리지스트 층은 약하고 또 구멍이나 파열부분은 계속해서 웨이퍼에 영향을 주기 때문에 리지스트 작업이 가장 문제가 크다. 원치 않는 크롬의 얼룩이나 크롬의 구멍, 유리 결함 및 오염 등이 웨이퍼에 결함을 주기 때문에 이 결함은 주로 포토마스크에서 온다.

비 접촉 정준 시스템(프로젝션, 다이렉트 웨이퍼 스텝)과 포지티브 리지스트 공정(두꺼운 리지스트층)의 개발은 마스킹 결함을 줄이기 위한 두 가지 방법이다.

공정 결함은 눈으로 보이게 되는데 어느 정도의 한계를 넘으면 웨이퍼는 반려되어야 한다.

2. 누적되는 공정 수율의 계산

표 3.2에 누적되는 공정 수율의 계산을 다섯 스텝에 대해 나타내었다. 여기서 각 스텝에 대한 수율은 높으나, 첫 공정에서 시작한 1000장의 웨이퍼가 980장만 둘째 공정으로 넘어가듯이 전체 공정에 대한 수율은 다섯 스텝만으로도 78%에 불과하게 된다. Fab에서는 보통 10~20 스텝을 가지는데, 전형적인 I.C라인에서는 70~80%의 수율을 가지게 된다. 90% 정도의 수율을 내기 위해서는 자동화가 바람직하다.

표 3.2 다섯 스텝의 공정에 대한 누적되는 수율의 계산

스텝	시작하는 웨이퍼의 수	스텝 수율	성공한 웨어퍼의 수
1	1000	0.98	980
2	980	0.96	941
3	941	0.97	913
4	913	0.95	867
5	867	0.90	780

$$\text{누적수율} = \frac{\text{성공한웨이퍼의수}}{\text{시작한웨이퍼의수}} = \frac{780}{1000} = 78[\%]$$

3. 웨이퍼 선별(전기적 테스트)의 수율

각 웨이퍼의 각 회로를 기능과 D.C 파라미터에 대해서 전기적으로 측정하게 된다. 웨이퍼 선별 수율(전체 다이에 대한 성공한 다이의 수)은 I.C에 대해서 1%~50%에 달하는 가장 낮은 수율이다. 개별 소자나 SSI에 대한 선별 수율은 90%가 넘는다.

웨이퍼 선별 수율은 다음을 포함한 많은 요인에 영향을 받는다.

i) 웨이퍼 직경
ii) 다이의 면적
iii) 공정 스텝의 수

iv) 회로 밀도

v) 결함 밀도

vi) 결정 결함의 밀도

(1) 웨이퍼 직경

웨이퍼의 직경이 늘어나면 에지 다이로 인한 손실이 줄고, 부분적 에지 다이의 비도 줄게 된다.

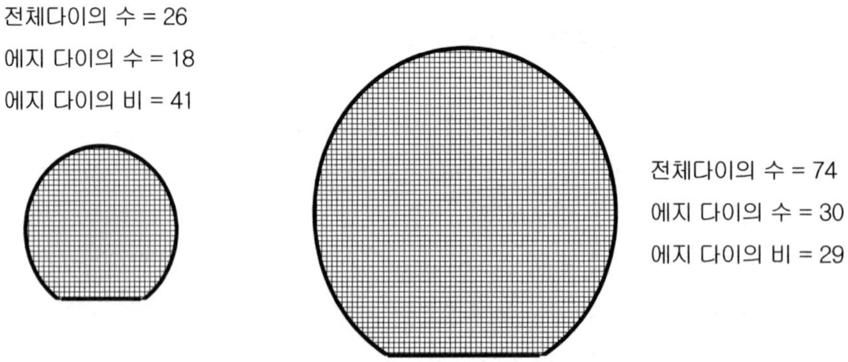

그림 3.1 웨이퍼 직경과 에지 다이의 관계

(2) 다이 면적

다이 크기가 다르면 주어진 결함 밀도에 대한 선별 수율도 달라진다.

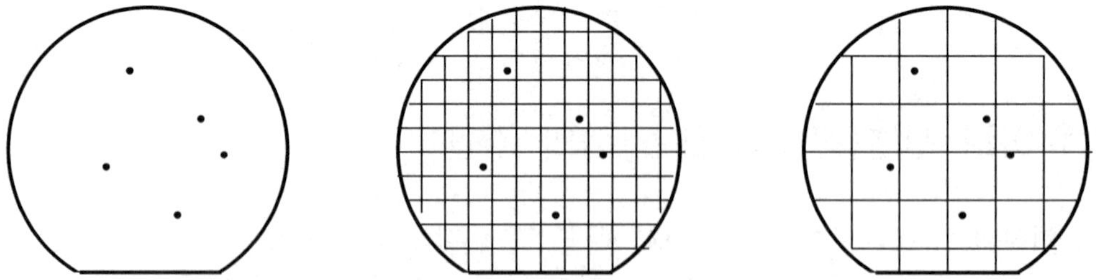

$$수율 = \frac{138-5}{138} = 96\% \qquad 수율 = \frac{16-5}{16} = 69\%$$

그림 3.2 다이 크기가 선별 수율에 미치는 영향

같은 수율을 유지하기 위해서는 다이 크기가 증가하면 결함 밀도는 줄어야 한다.

(3) 공정 스텝의 수

공정스텝(특히 마스킹스텝)의 수가 증가하면, 당연히 웨이퍼가 결함이 생길 기회도 늘어난다. 더 많은 공정 스텝이 필요한 CMOS웨이퍼는 금속 게이트 MOS보다 수율이 낮다.

(4) 회로 밀도

웨이퍼 표면에 더 작은 패턴을 형성하면서 수율이 낮아졌다. 이 수율 감소의 원인은 회로의 능동부에 마스킹이나 공정, 결함 등이 생길 확률이 커졌기 때문이다. 수율 공식은 일정한 다이 면적을 가정한 것이다.

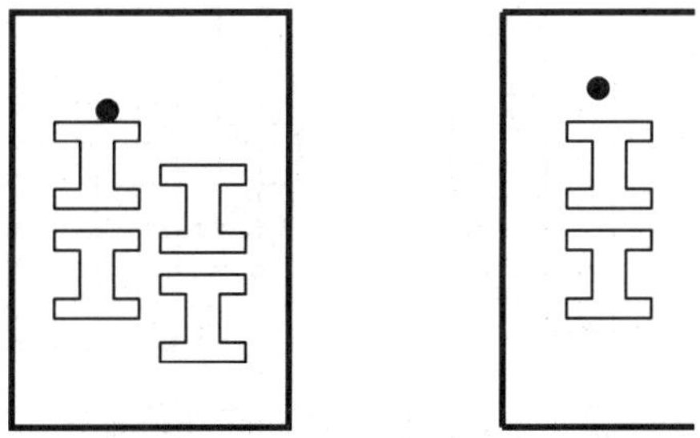

실패　　　　성공

그림 3.3 회로 밀도와 결함의 관계

(5) 결함 밀도

공정을 하는 동안 웨이퍼는 대기나 공정 화학약품으로부터의 미립자 오염에 노출되게 된다. 이 오염은 표면의 막을 파괴하고, 회로 패턴을 왜곡시킨다. 어떤 때는 이 결함이 산화막에 구멍을 내 원치 않는 곳에 도핑을 시키기도 한다.

이러한 결함은 막 두께의 부적합 등의 공정 관리 불량과 구별하기 위해 점 결함이라고 부르기도 한다. 이 결함 밀도 수율은 공정과 환경으로부터의 모든 점 결함과 관련이 있다.

공정 중에는 육안 검사를 하며, 표본검사를 하기 때문에 많은 결함이 그냥 지나간다. 각 Fab 라인이나 공정은 공정장비의 사용, 청결도, 마스크의 품질 등으로 인해 기본적인 결함을 가지게 된다.

(6) 결정 결함

실리콘, 게르마늄 그리고 3,5족 화합물은 결정물질이다. 이런 물질로부터 완벽한 결정이나 웨이퍼를 만들어내는 것은 불가능하다. 결정에는 회로기능에 영향을 주는 여러 가지 결함이 있다. 원자가 있어야 할 곳에 없는 '공동(Vacancy)' 라는 결함도 잇다. 결정 성장 후에는 모든 결정은 이러한 공동을 가진다. 온도와 가열, 냉각률 때문에, 열처리(도핑 등)가 늘수록 이 수도 늘어난다. 다른 형태의 결함은 결정격자의 불연속으로 인한 '변위(Dislocation)'이다.

변위도 열처리 횟수에 따라 늘어난다. 주변 결함으로 인한 변위가 큰 문제가 된다. 웨이퍼 에지에 있는 칩은 웨이퍼 중심으로 향하는 결정 결함을 받아, 전체적인 수율이 낮아진다.

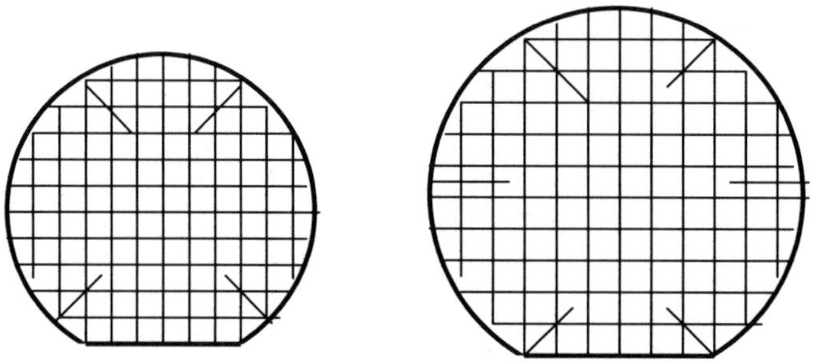

그림 3.4 크기가 다른 웨이퍼에서 변위

직경이 큰 웨이퍼의 이점의 하나는 작은 웨이퍼보다 결함이 미치는 퍼센티지가 작다는 점이다.

4. 웨이퍼선별 수율공식

웨이퍼 선별 수율에는 두 가지 공식이 있다. 웨이퍼에 다이가 300개 이상이 있을 때에는:

$$Y = 1/(e^{ADn})$$

여기서 A=다이 면적(인치 제곱)

D=제곱인치당 결합

n=마스킹 스텝의 횟수

r=웨이퍼의 반경(인치)

Y=불량에 대한 양호한 다이의 비

이 공식은 경험에 의한 것이다. 결함은 마스킹에서 주로 일어나기 때문에 전 공정

수는 마스킹 스텝의 수로 표시한다.

관계식이 지수관계가 됨으로써 다이 크기가 늘거나 결함 밀도가 커지면 수율은 급격히 떨어진다.

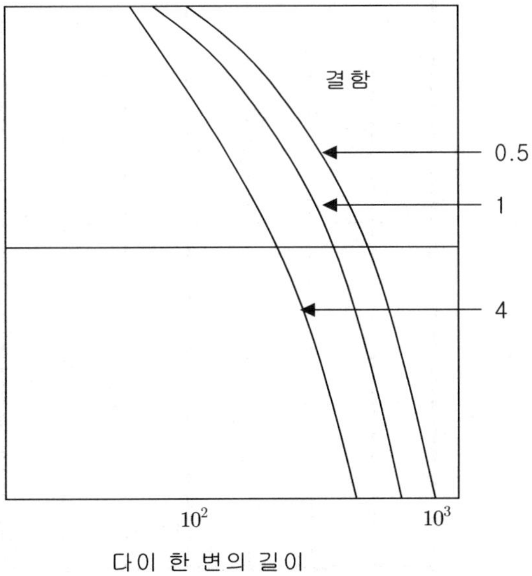

그림 3.5 수율 공식의 그래픽 풀이

에지 다이가 상당한 양이 될 만큼 다이 크기가 증가하면 다음 근사식이 더 정확하다

$$. Y = l/(l + DA)^n \times [(r - A)/A]^2$$

실제로 변수(Y, n, A, r)을 공식에 대입해서 전체 결함 밀도를 계산할 수 있다. 계산된 D값은 공정과 결함을 포함하는 다이 손실 결함이다.

다이 크기가 웨이퍼 선별 수율에 미치는 영향을 그림 3.7에 나타내었다. 그림 에서 4소자 중 3소자가 결함 밀도곡선에 위치한다. 네 번째는 곡선 아래에 있는데, 이는 잘못된 디자인이거나 회로 밀도가 높기 때문이다.

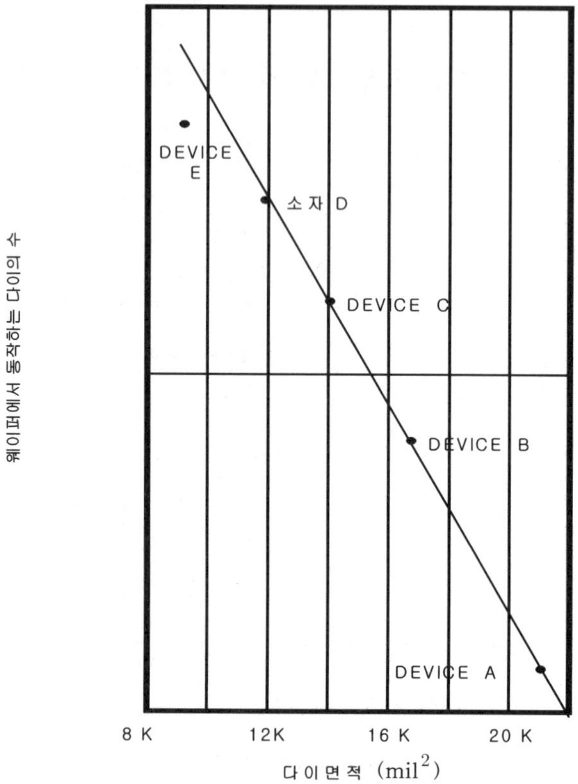

그림 3.6 다이 크기와 수율

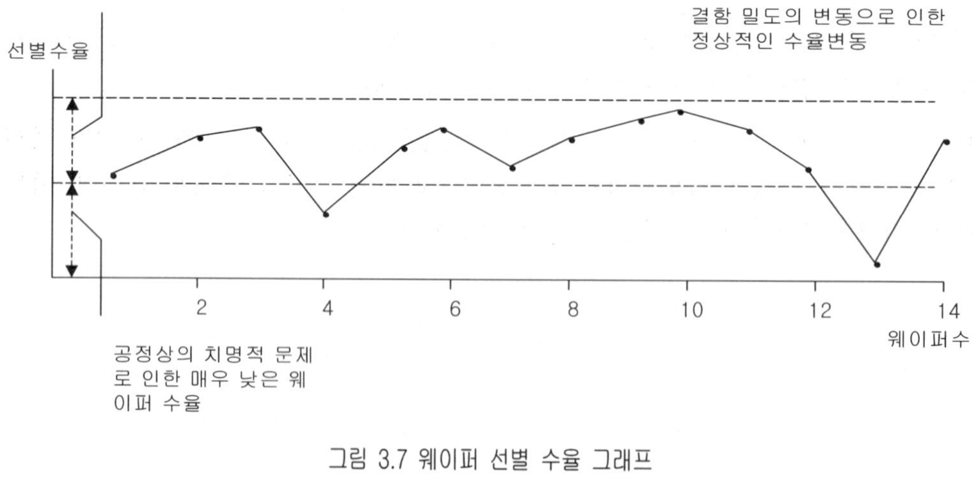

그림 3.7 웨이퍼 선별 수율 그래프

보통 I.C는 면적의 60%가 액티브 소자다. 소자 밀도가 높으면 결함에 대한 노출기회도 높아져 선별 수율이 낮아진다.

5. 웨이퍼 선별 수율의 변동

전형적인 설별 수율은 다음 그림 과 같다. 웨이퍼 별, 날짜별의 변동은 불안정에 의한 것이다. 확산 깊이의 잘못, 게이트 산화막 두께의 잘못 등 공정상의 실수가 웨이퍼를 정상에서 벗어나게 한다.

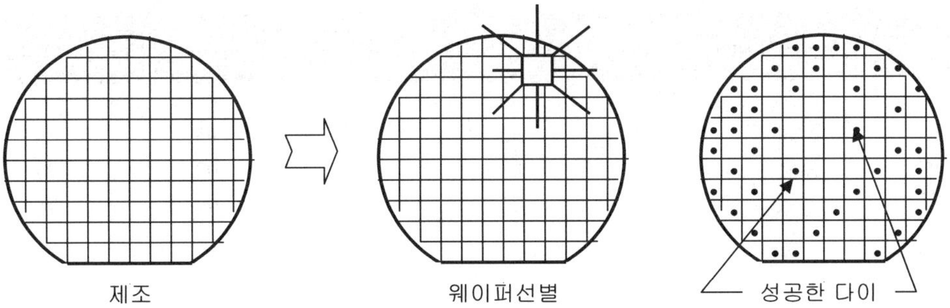

그림 3.8 웨이퍼 선별

보통 대부분 양호한 다이는 웨이퍼의 중앙에 있다.

그 이유는:

i) 부분적인 다이가 없다.
ii) 리지스트, 웨이퍼의 결함은 가장자리에 있다.
iii) 중앙이 노광이 균일하다.
iv) 확산과 CVD 공정에서 온도 변동이 중앙이 적다.
v) 변위는 에지 다이에서 일어난다.

6. 어셈블리 수율

웨이퍼 선별에 합격한, 동작하는 다이는 패키지되고, 최종 검사를 한다. 어셈블리는 수율이 98%인 양호한 공정이다. 최종검사수율은 웨이퍼 선별이 정확하다 할 때, 매우 높게 된다. 고신뢰도 소자는 약간 낮아진다. 두 수율을 곱하면 보통 85%~95%가 된다.

7. 전체적인 수율 공식

전체적인 수율은 세 개의 주요 수율의 수학적 곱이 된다.

(공정수율)×(선별수율)×(어셈블리 및 테스트 수율)=전체수율

다이가 점점 커지고, 웨이퍼가 커지고, 패턴이 작아지고, 공정 관리가 향상됨에 따라, 수율 향상에 대한 관심이 점차 높아지고 있다. 실질적인 수율은 시작한 웨이퍼에 대한 완성된 칩의 개수다. 선별 수율이나 최종 검사 수율은 공정관리를 잘 함으로써 향상된다. 그러나 실제로 공정이 향상되지 않으면 수율은 증가하지 않는다. 아래의 표에 생산에서의 여러 가지 경우에 대한 전형적인 수율을 나타내었다.

표 3.3 여러 가지 제품에 대한 전형적인 수율

제품	집적도	생산수준	제조수율 (%)	선별수율 (%)	어셈블리 및 최종검사수율(%)	전체수율 (%)
IC	VLSI	처음	60	2	85	1
IC	LSI	숙련	80	50	95	38
IC	MSI	숙련	85	60	97	49
개별소자	-	숙련	95	80	98	74

Chapter 4
반도체 재료

반도체 소자 및 회로의 독특한 기능은 반도체 물질의 전기적, 그리고 물리적 특성의 직접적인 결과다. 이들 물질은 도체나 유전체(절연체)와는 다른 특성을 갖는다. 반도체 기판으로 쓰기 위해서는 이 물질은 초기 웨이퍼부터 그리고 공정 중에도 전기적으로(주입) 바뀌어야 한다.

이 장에서는 진성(Intrinsic) 반도체와 도핑된 반도체의 전기적 특성을 논한다. 이 물질을 반도체로 사용하기 위해 필요한 물리적 특성은 제5장에서도 계속된다.

1. 원자 구조

반도체 재료를 이해하기 위해서는 원소와 원자의 구조에 대한 기본적인 지식이 필요하다.

원자는 원자 입자라고 불리는 세 부분으로 되어 있다. 즉 전자, 양성자 및 중성자이다. 전자는 원자의 핵의 주위를 궤도를 따라 움직이는 음전하를 띈 것이다. 핵은 양전하를 띈 양성자와 전기적 중성인 중성자의 두 가지 입자를 가지고 있다.

니일스 보어(Niels Bohr)에 의해 처음 제안된 보어 원자 모델은 원소의 전기적, 기계적, 화학적, 그리고 물리적 특성을 가장 잘 설명한다.

모든 물리 세계는 96종의 안정된 원소와 20종의 불안정 요소로 되어 있다. 각 원소는 세 가지 원자 입자의 각종 조합으로 되어 있다.

다행히도 원자 입자는 규칙적으로 배열되어 있다. 원자가 형성되는 두 가지 법칙은:

i) 어느 원자나 양성자 및 전자의 수는 같다.
ii) 전자는 포함될 수 있는 전자가 제한된 특정한 궤도를 따라 움직인다.

각 원소에는 양성자의 수(즉 전자의 수)가 지정되어 있다. 원자 번호(칼슘)는 20개의 양성자와 20개의 전자를 가진다. 그림 4.2에 번호 1에서 3가지의 원자 구조를 양성자 및 전자와 함께 나타내었다.

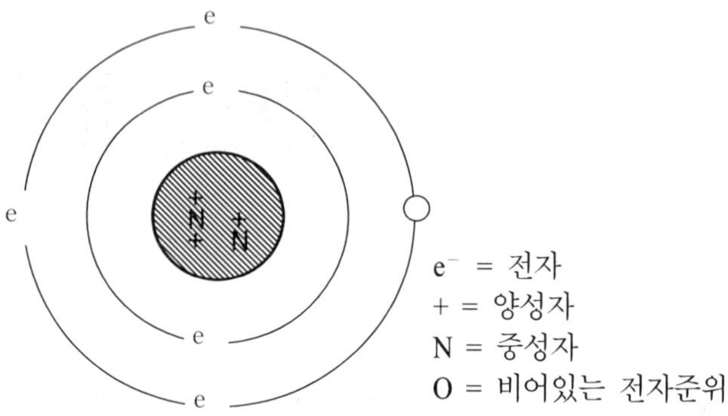

그림 4.1 원자의 입자와 보어(Bohr) 원자 모델

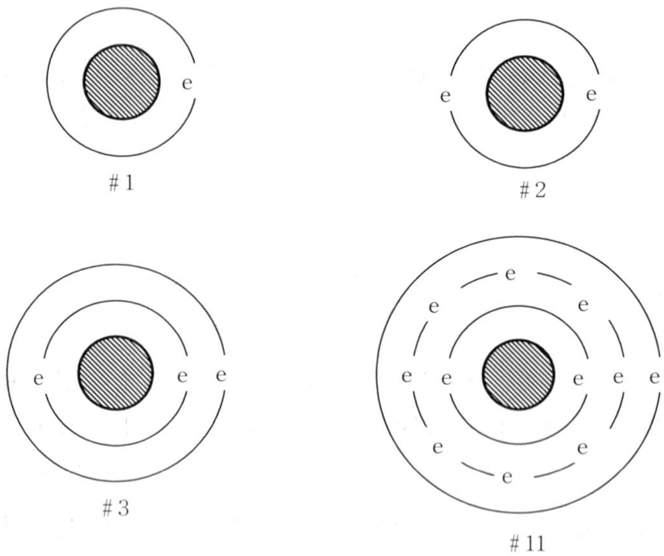

그림 4.2 원소 1, 2, 3 및 11

원은 각 궤도에 부과된 전자의 최대 개수를 보여준다. 첫째 궤도는 두 개의 전자, 두 번째 궤도는 여덟 개의 전자를 가질 수 있다는 것을 알 수 있다. 또한, #1의 외곽 궤도는 하나의 전자, #3의 외곽 궤도도 하나의 원자를 가지고 있음을 알 수 있다.

원소 #11에서 외곽 궤도는 또한 단지 하나의 전자밖에 가지고 있지 않다. 여기에서 세 개의 부가적인 원자구조의 법칙을 말할 수 있다.

iii) 외곽 궤도 전자의 수가 같은 원소는 비슷한 특성을 가진다.

iv) 원소는 최외곽 궤도에 8개의 전자가 있어야 한정하다.(첫째 궤도는 예외)

v) 원자는 외곽 궤도에 8개의 전자를 채우기 위해 다른 원자와 결합하려 한다.

#3법칙은 원소의 주기율표의 근간이 된다. 그 표는 원소의 특성이 밝혀진 후에 만들어졌다. 외곽 전자수가 같은 원소는 같은 열에 속한다.

예를 들어 4번열("족"이라 부른다)의 모든 원소는 외곽 궤도에 5개의 전자를 가져서 비슷한 성질을 가진다.

	1	2	3	4	5	6	7	8	9	10	11	12	13	14	15	16	17	18
1	1 H																	2 He
2	3 Li	4 Be											5 B	6 C	7 N	8 O	9 F	10 Ne
3	11 Na	12 Mg											13 Al	14 Si	15 P	16 S	17 Cl	18 Ar
4	19 K	20 Ca	21 Sc	22 Ti	23 V	24 Cr	25 Mn	26 Fe	27 Co	28 Ni	29 Cu	30 Zn	31 Ga	32 Ge	33 As	34 Se	35 Br	36 Kr
5	37 Rb	38 Sr	39 Y	40 Zr	41 Nb	42 Mo	43 Tc	44 Ru	45 Rh	46 Pd	47 Ag	48 Cd	49 In	50 Sn	51 Sb	52 Te	53 I	54 Xe
6	55 Cs	56 Ba	57 La	72 Hf	73 Ta	74 W	75 Re	76 Os	77 Ir	78 Pt	79 Au	80 Hg	81 Tl	82 Pb	83 Bi	84 Po	85 At	86 Rn
7	87 Fr	88 Ra	89 Ac	104 Rf	105 Db	106 Sg	107 Bh	108 Hs	109 Mt	110 Uun	111 Uuu	112 Uub						
	Lanthanides				58 Ce	59 Pr	60 Nd	61 Pm	62 Sm	63 Eu	64 Gd	65 Tb	66 Dy	67 Ho	68 Er	69 Tm	70 Yb	71 Lu
	Actinides				90 Th	91 Pa	92 U	93 Np	94 Pu	95 Am	96 Cm	97 Bk	98 Cf	99 Es	100 Fm	101 Md	102 No	103 Lr

그림 4.3 원소의 주기율 표

2. 전기 전도

전류는 단순한 전자의 흐름인데, 어떤 원자에서는 핵의 양성자에 대한 전자의 인력이 약해서 전자를 쉽게 움직이게 한다. 이 상태가 금속이다. 실제로, 세 개의 가장 좋은 전도체는 구리, 은, 금이다. 놀랍게도 그들은 주기율표의 같은 족에 속한다.

모든 물질의 전도 능력은 물질의 전도도로서 측정된다. 가장 좋은 전도체인 금은 높은 전도도를 갖는다. 전도도를 나타내는 또 다른 방법은 전류에 대한 저항성, 즉 비저항을 재는 것이다. 그러므로 전도도와 비저항은 서로 역수관계에 있다.

전기적 비저항은 양성자에 대한 외곽 전자의 인력의 함수다. 인력이 강한 물질은 절연체(높은 비저항)라 하고, 인력이 약한 물질은 도체(낮은 비저항)라 한다.

반도체는 그 이름이 나타내듯이 좋지 않은 도체이거나 비저항의 견지에서는 도체와 부도체의 중간층에 속한다.

3. 진성 반도체(intrinsic semiconductor)

금속 중에 반도체는 외곽전자가 4개인 원소 혹은 3, 5족 화합금속이 해당된다.

단 원소로 사용되는 것은 실리콘과 게르마늄이 대부분을 차지한다. 가장 보편적인 화합물 반도체는 갈륨-비소와 갈륨-비소-인이다. 진성(순수한) 상태로는 반도체 물질은 반도체 소자에 사용되지 않는다.

4. 도핑된 반도체

반도체 물질의 전기소자로서, 쓰임새는 두 가지 독특한 특성으로 결정된다.

i) 비저항의 정확한 조절

ii) 전자와 정공의 흐름

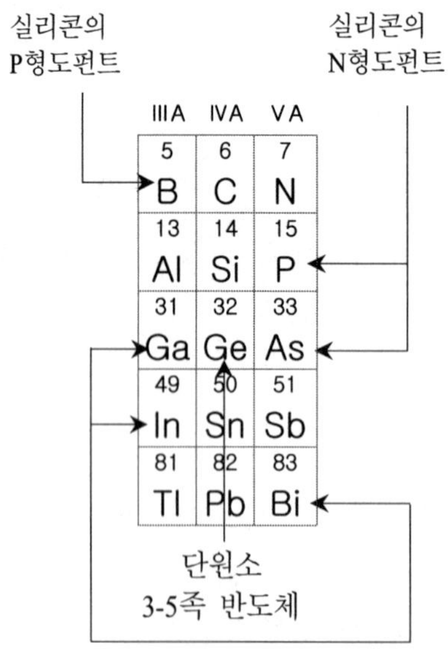

그림 4.5 반도체 물질과 실리콘 도펀트

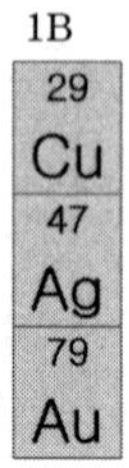

그림 4.4 반도체

반도체 물질에서 비저항은 도펀트라고 하는 소량의 특성 원소의 함유로써 정확하게 조절된다. 금속은 전도도가 $10^4 \sim 10^6 / \Omega - \mathrm{cm}$ 인데 반해, 반도체의 전도도는 도펀트의 주입량에 따라 $10^{-3} \sim 10^{3}/\Omega - \mathrm{cm}$까지 변할 수 있다.

전도도의 정확한 콘트롤은 저항 값을 들어 설명한다. 저항의 저항 값은 크기와 물질의 비저항에 관계된다.

$$R = P\frac{L}{A}$$

R=저항값　　L=길이

ρ=비저항　　A=단면적

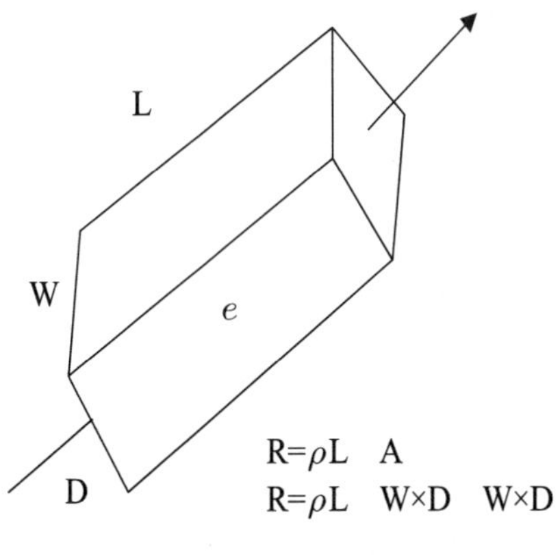

그림 4.6 비저항과 크기에 대한 저항의 관계

저항값은 어느 파라미터를 바꿔도 변한다. 금속으로 만든 저항은 정해진 비저항을 가진다. 반도체 소자의 비저항은 비저항을 변화시키거나(도핑을 통해서) 크기를 변화시킴으로써 변화시킬 수 있다.

금속은 전자에 의해서만 전류를 전도한다. 반도체 물질은 전자와 정공에 의해서 전기를 전도한다. 비저항을 얻기 위해서는 소량의 도펀트만이 필요하기 때문에 반도체에서는 전자와 정공이 생성된다.

0.1%에서 0.000001%의 도펀트만으로도 저항값이 얻어진다. 이는 각 도펀트 원자가 반도체 원자로 둘러싸여짐을 의미한다.

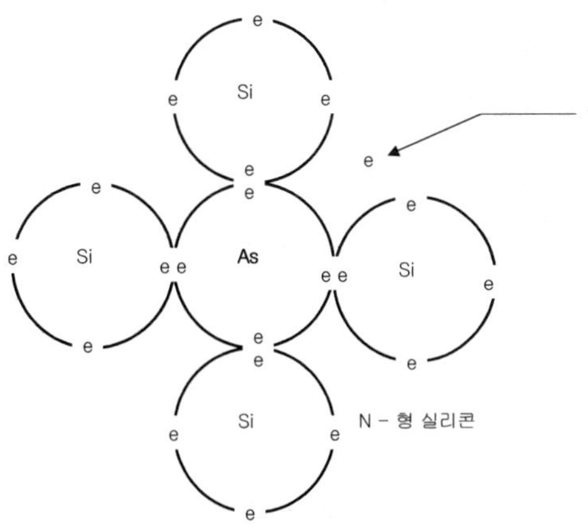

그림 4.7 실리콘의 N-형 도핑

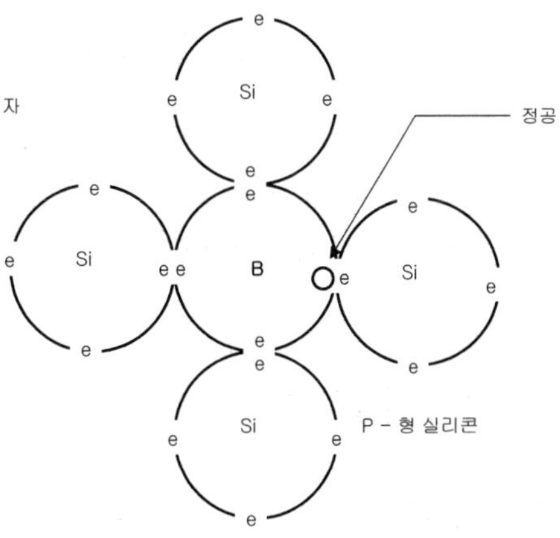

그림 4.8 실리콘의 P-형 도핑

#5 법칙으로 되돌아가면-원자는 인접한 원자와 전자를 빌리거나 공유함으로써 8전자의 필요성을 만족시키려 한다. 실리콘에 5족 원소(As 등)를 첨가함으로써 과잉전자(9번째)가 얻어진다.

이 “과잉.” 전자는 그 물질의 다른 “과잉” 전자와 함께 쉽게 움직여 “전도”를 한다. 전자가 음전하로 움직이기 때문에 그렇게 도핑된 반도체를 N-형이라 한다. 실리콘에 과잉전자를 주는 도펀스를 도너(Donor)라 한다.

보론(Boron) 등의 3족 원소를 실리콘에 넣는 경우를 보자. 보론을 둘러싼 실리콘은 4개의 전자를 제공해서, 한 자리가 비게 된다. 빈자리를 정공(Hole)이라 부른다. 반도체 물질 가운데는 수많은 정공이 있다. 이웃한 원자의 전자는 그 자리를 벗어나 정공을 채우려고 한다. 그러나 전자가 떠나온 자리는 비게 된다. 전자에 의한 정공의 소멸은 물질에서는 불규칙적이다. 그러나 도핑된 물질이 반도체 소자부분이고, 거기에 전압이 걸리면 전압은 전자 흐름에 방향을 주게 된다. 전기적 관점에서는 정공이 흐르게 되고, 실은 반대 방향으로 전자가 흐르게 되는 것이다.

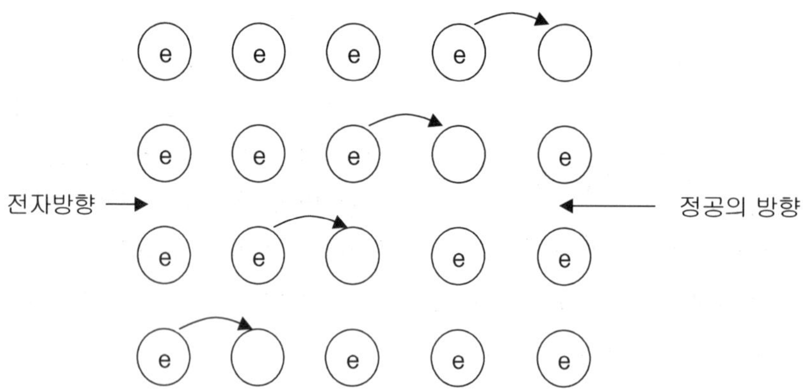

실리콘에서의 정공과 전자의 흐름

그림 4.9 반도체에서의 정공의 흐름

정공은 정(正)으로 충전된 입자 성질을 띠기 때문에 이 반도체 물질은 P형이라 불리고, 이러한 도펀트를 억셉터(Acceptor)라 부른다. 실리콘 도핑에 사용되는 도펀트가 표 2.2에 있다.

5. 반도체 재료의 쓰임새

종합하면, 반도체 회로는 반도전성 물질로 만들어진다. 이 물질은 순수 상태로는 전도도가 낮다.

도핑 공정을 통해 전도성이 정확하게 바뀐다. 반도체는 음성(전자) 및 양성(정공) 전류를 흘릴 수 있다.

표 4.1 전기적 구분

구분	전자	예	전도도
1. 도체	움직이기 쉽다	금 구리 은	$10^4 \sim 10^6 (\Omega - \text{cm})$
2. 부도체 (유전체)	결합	유리 플라스틱	$10^{22} \sim 10^{-10} (\Omega - \text{cm})$
3. 반도체 a. 진성 b. 도핑됨	약간 움직인다. 조절가능량	게르마늄 실리콘 3-5족 N형 반도체 P형 반도체	$10^{-9} \sim 10^{10} (\Omega - \text{cm})$

표 4.2 도핑된 반도체의 특성

	디포지션	드라이브-인
목적	도펀트의 함유	1. 도펀트의 지배치 2. 재산화
변수		1. 표면 농도 2. 접합 깊이 3. 시간 4. 확산계수 5. 온도 6. 원자의 양

가장 많이 사용되는 반 도전성 재료는 게르마늄, 실리콘, 갈륨-비소갈륨-비소-인인데 초기의 고체소자 개발은 게르마늄을 써서 이루어졌다. 특히 개별 소자에서는 아직도 게르마늄을 사용하고 있다. 그러나 천연 산화실리콘의 발견과 장점으로 인해 점차 실리콘으로 옮아가고 있다.

실리콘은 그의 산화물과 함께 몇 가지 공정 및 소자 구조상의 장점을 지니고 있다. 산화 실리콘의 발견은 평면 기술을 써서 패턴을 형성하게 했다. 실리콘은 게르마늄보다 융점이 높아 고온 공정이 가능해서 확산 시간이 얼마 들지 않는다. 또한 산화규소는 실리콘 표면의 오염을 막아주고, 표면 누설전류를 최소화시킨다. 산화 실리콘은 모든 실리콘 도펀트를 막기 때문에 실리콘 표면에 정확한 선택적 도핑을 시킬 수 있다.

1952년에 Ⅲ족과 Ⅴ족의 화합물의 반도체 성질을 갖고 있다는 것을 알게 되었다. 실리콘처럼 천연 산화물이 있거나 전기 소자로서의 장점은 부족하지만 3-5족 화합물은 음향소자나 광소자에 사용될 수 있다.

아래 표에 세 가지 주요 물질과 산화 실리콘의 물리적, 전기적 특성을 비교하였다.

표 4.3 반도체 물질의 비교

	Ge	Si	GaAs	SiO_2
원자량	72.6	28.09	144.63	60.08
원자/㎤ $2-3\times10^{22}$ 또는 분자	4.42×10^{22}	5.00×10^{22}	2.21×10^{22}	
결정구조	다이아몬드	다이아몬드	징크-블렌드	비정질
유닛셀당 원자수	8	8	8	-
밀도	5.32	2.33	5.65	2.27
에너지 갭	0.67	1.11	1.40	8(근사치)
유전률	16.3	11.7	12.0	3.9
융점	937。	1415°	1238°	1700°
항복 전장	8(근사치)	30(근사치)	35(근사치)	600(근사치)
선형 열팽창 계수 AL 1 0.5×10^{6} LT C	5.8×10^{-6}	2.5×10^{-6}	5.9×10^{-6}	

Chapter 5

결정성장 및 웨이퍼 형성

결정 성장 및 웨이퍼 형성은 실리콘 다결정을 웨이퍼로 변형하는데 사용되는 공정이다. 결정이 성장되는 동안 폴리실리콘은 적당한 도펀트를 함유한 단결정으로 바뀌게 된다.

웨이퍼 형성은 결정에서 웨이퍼를 잘라내는데 필요한 스텝과 표면을 연마하는 스텝이 포함된다. 실리콘 결정 성장에는 두 가지 방법이 사용되는데 CZ(Czochralski)와 평판영역법이 있다. 갈륨-비소와 다른 3-5족 화합물 결정도 비슷한 방법으로 성장시킨다.

1. 결정방향

어떤 물질에서는, 원자가 스스로 단위 셀이라는 구조를 이룬다. 이런 상태의 원자배열을 가지는 물질을 결정이라고 부른다. 한편 원자의 정확한 배열을 가지지 않는 물질을 비정질(Amorphouse)라고 한다. 플라스틱은 비정질이다. 결정은 반도체소자의 일정한 공정과 동작에 필요한 물리적 성질의 균등성이 특징이다. 모든 반도체 재료는 결정물질이다.

결정은 한 셀이 다른 셀과 두 가지 배열을 할 수 있다. 마치 아무렇게나 쌓여있는 벽돌더미처럼 단위 셀이 모여 다결정(Polycrystalline) 물질을 이룰 수 있다. 다결정은 마치 질서 있게 쌓은 벽돌처럼 정확하고 반복된 형태로 모든 셀이 배열된다. 단결정을 설명하는 공통 용어는 격자(lattice)이다. 실리콘은 금강석(Diamond)같은 단위 셀을 가지므로 금강석 격자를 가진다.

단결정 내에는 자연히 단위 셀 사이에 벽을 생각할 수 있다. 이러한 판 혹은 "사이"는 각기 서로 다른 개수의 원자가 있다. 이러한 원자 개수와 결합력의 다양성으로 인해,

각 면에 대해 다양한 물리적, 화학적, 그리고 전기적 특성을 주게 된다. 반도체 웨이퍼는 단결정으로부터 특정한 결정면을 따라 잘리어진다.

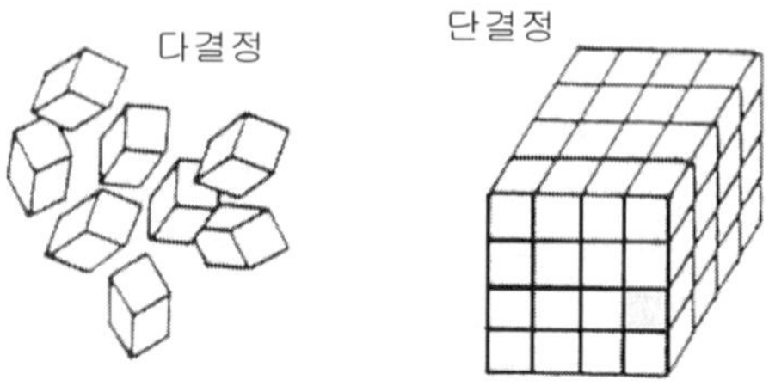

그림 5.1 다결정 및 단결정 구조

두 가지 가장 많이 쓰이는 면을 그림 5.2에 나타내었다. 밀러지수(Miller Indices)라고 불리는 세 가지 숫자가 각 면을 정의하는데 사용된다.

그림 5.2의 세모꼴{111} 웨이퍼는 바이폴라 웨이퍼로 사용되고, {100} 웨이퍼는 MOS 기술에서 사용된다.

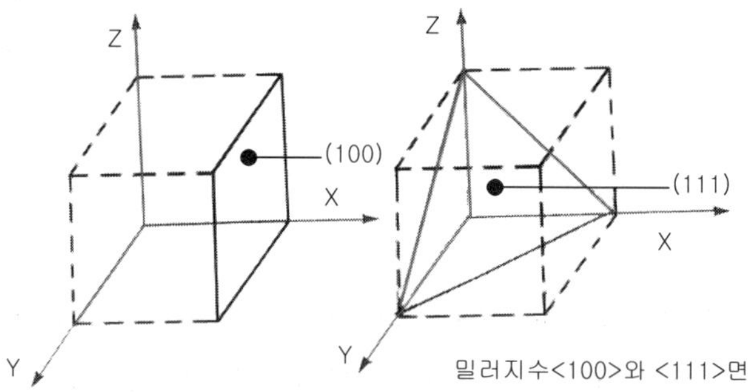

그림 5.2 결정 면

2. CZOCHRALSKI(CZ) 방법

CZ방법에서는 결정이 성장 될 때 다결정 실리콘 덩어리와 도펀트가 흑연로에서 녹는다. RF가열을 해서 1425℃의 융점온도를 얻는다.

{111}이나 {100}의 결정핵(Seed Crystal)을 녹은 표면에 접촉시킨 후 천천히 끌어올린다. 결정핵과 녹은 실리콘 사이의 표면장력에 의해 작은 양의 액체가 올라와서 냉각된다. 냉각되는 동안 녹아있던 원자는 스스로 결정핵과 같은 격자구조로 배열된다.

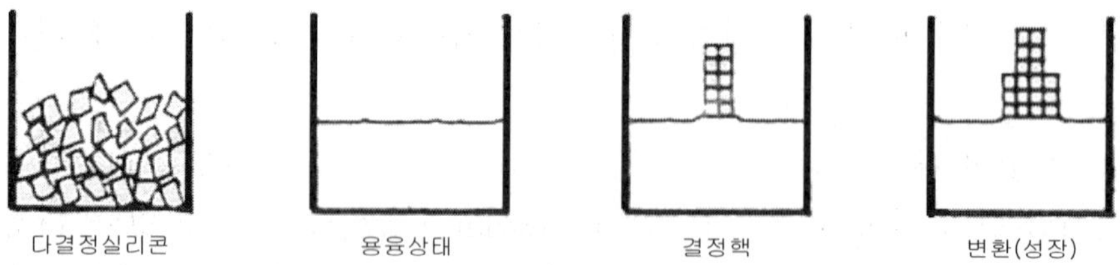

그림 5.3 결정핵으로부터의 결정 성장

도핑을 일정하게 하고 지름을 조절하기 위해, 결정과 로는 서로 반대 방향으로 회전시킨다. 이러한 방법으로는 길이가 4피이트, 직경이 6인치 은 그 이상을 키울 수 있다. 실리콘 결정 성장에는 거의 이 방법이 사용된다.

3. 평판 영역법

결정을 성장하는 동안 소량의 산소는 결정에 필연적으로 들어가기 마련이다. 어떤 반도체소자는 CZ방법에 의해 낮출 수 있는 것 보다 더 낮은 산소함량을 요구할 수도 있다. 이러한 저산소 요구에 부응하기 위해서는 평판영역법에 의해 결정이 성장되어야 한다. 이 공정은 끝에 붙은 결정핵과 다결정 물질의 막대(Bar)로부터 시작된다. RF코일의 막대를 조금씩 용융시키며 막대를 따라 천천히 움직인다. CZ방법에서처럼 녹아있는 원자는 결정핵과 같은 구조로 고형화 된다.

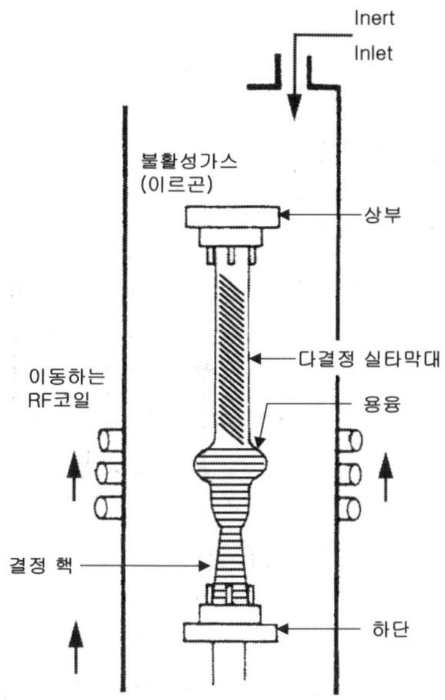

그림 5.4 평판 영역 성장 시스템

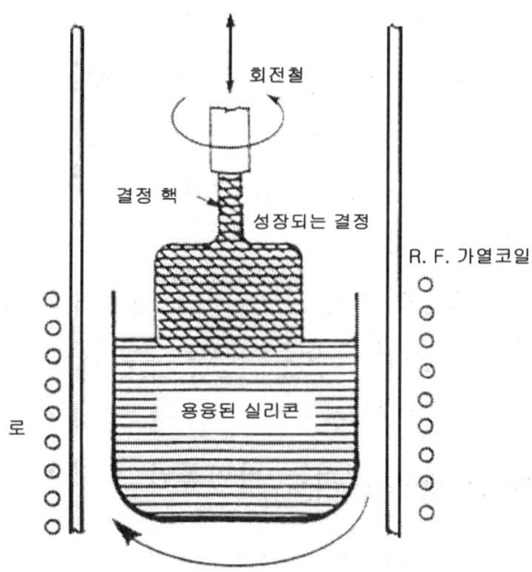

그림 5.5 CZOCHRALSKI 결정 성장 시스템

RF코일이 움직일 때 그 부분은 다시 냉각 굳어지며 원자는 새로 배열된 위치에 있게 된다.

표 5.1 CZ방법과 평판 영역의 비교

파라미터	CZ 방법	평판영역법
크기의 결정	쉽다	어렵다
가격	싸다	
변위(Dislocation)	$0-10^4$/㎠	10^3-10^5/㎠
비저항	최대 10 Ω-cm	최대 2000 Ω-cm
비저항의 정확도	5-10%	5-10%
산소함량	$10^{16}-10^{18}$ 원자/㎤	0~극히 적다

4. 결정의 품질

반도체 소자는 매우 높은 수준의 결정의 완벽성을 필요로 한다. 아무리 고도의 기술이라도 완벽한 결정은 얻을 수 없는데, 그 결정 결함은 세 가지 종류가 있다.

i) 점 결함(Point Defects)

ii) 변위(Dislocations)

iii) 성장 결함(Growth Defects)

이들 결함은 불균일한 산화막 성장, 에피층 성장의 불량, 불균일한 확산 등으로 공정 스텝에 영향을 준다. 또한 누설 접합, 이상항복(Premature Breakdown)등으로 소자 기능에도 영향을 준다.

(1) 점 결함(Point Defects)

점 결함은 두 가지, 오염으로 인한 격자상의 과잉 원자, 격자 위치의 원자의 상실 등이 있다. 후자의 점 결함은 동공(Vacancy)이라고 한다. 동공은 어느 결정이나 다 있다.

불행하게도, 이 동공은 열처리 횟수에 따라 기하급수로 늘어난다. 이를 줄이는 방법은 저온 공정을 하는 것이다.

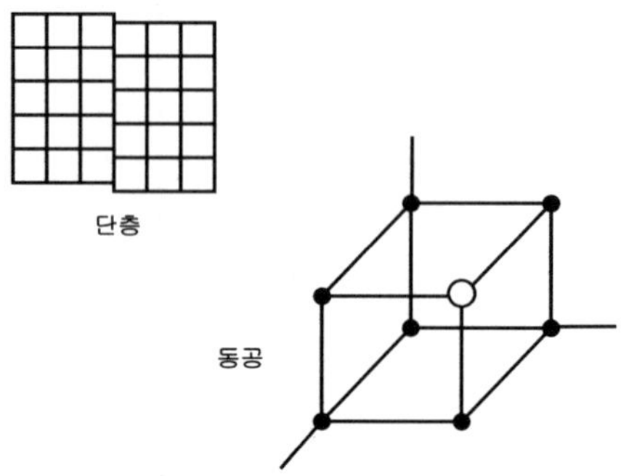

그림 5.6 결정 결함

(2) 변위(dislocation)

결정성장 때 원자는 스스로 단위 셀을 이루고, 단위 셀은 스스로 단결정을 이룬다. 때때로 단위 셀은 위치를 벗어나, 격자의 변위를 일으킨다. 비틀어진 벽돌구조를 생각하면 쉽게 이해가 간다.

변위는 성장 조건과 격자 응력에서 비롯된다. 또한 공정중의 과다한 열처리에서도 생긴다. 웨이퍼의 마멸은 격자 응력을 제공하며 변위는 열처리에서 내부로 전달된다. 변위는 웨이퍼를 엣치에서 결함을 셈으로써 밝혀진다. 아무리 좋은 웨이퍼도 400~1000 [㎠]의 변위를 가진다.

(3) 성장 결함

결정 성장중, 어떤 상황에서는 큰 구조적 결함이 생기는 수가 있다. 하나는 슬립(Slip)인데, 원자가 결정면을 따라 미끌어지는 경우에 생긴다. 다른 하나는 튀닝(Twining)인데,

결정이 두 방향으로 성장할 때 생긴다.

표 5.2 웨이퍼 형성

스텝	공정 혹은 방법
결정연마 특정직경으로 연마한다. 자동 장비에서 사용하기 위해서는 직경이 정해야 한다.	중심이 없는 연마기
결정방위(Crystal Orientation) 필요한 방위로 자르기 위해 결정을 적당한 위치로 고정시킨다.	X-선 회절, 평행 광굴절
평삭(Flat grind) 비저항 형태와 비저항을 나타내기 위해 플랫(Flat)을 형성한다.	연마기
웨이퍼 절삭 결정이 각 웨이퍼로 잘라진다.	내경 다이아몬드 톱
거친 다듬질(Rough Polish) 상층부의 톱자국을 없앤다.	연마기
화학/기계 다듬질 화학적 엣치와 기계적 다듬질을 통해 상단 표면이 다듬어진다.	화학/기계 다듬질
테두리 연마(Edge Grinding) 테두리의 결함과 공정주의 마멸을 줄이기 위해 웨이퍼의 가장자리를 둥글게 한다.	테두리 연마기
뒷면 결함 어떤 경우에는 뒷면의 결함은 남겨두거나 의도적으로 만들어준다. 이 결정 결함은 웨이퍼의 이동성 이온에 대한 오염을 제거한다. 웨이퍼 평가 / 비저항 / 방위 / 청정도 / 결정의 품질 / 직경 두께 / 편평도	

5. 웨이퍼 형성

결정 성장 후, 완성된 웨이퍼를 만들기 위해 몇 가지 가공을 한다.

6. 플랫(flat)에 대한 웨이퍼의 표시.

웨이퍼 방위는 두 가지 파괴검사로 밝혀진다. 즉 깨뜨림 및 선택적 에칭이다. 웨이퍼는 결정면을 따라 깨진다. 선택적 엣치에서는 {111}에서는 삼각형, {100}에서는 사각형으로 나타난다.

웨이퍼 전도 형태 (N 혹은 P)는 열점 (Hot Point)프루브나 비접촉 방법을 웨이퍼 표면에 직접 적용함으로써 알 수 있다. 그러나 공정 중에는 웨이퍼 표면의 각종 막으로 인해 전도 형태를 확인할 수 없다.

공정을 적절히 하기 위해서는 방위와 전도형태는 반드시 확인되어야 한다. 결정을 따라 잘라진 플랫(Flat)에 의해 두 변수가 표시된다. SEMI(Semiconductor Equipment and Materials Institute)는 그림 5.8처럼 웨이퍼를 표준화했다.

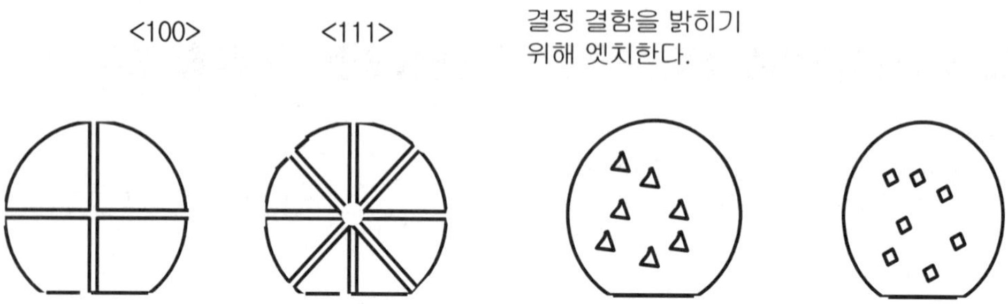

그림 5.7 웨이퍼 방위 표시

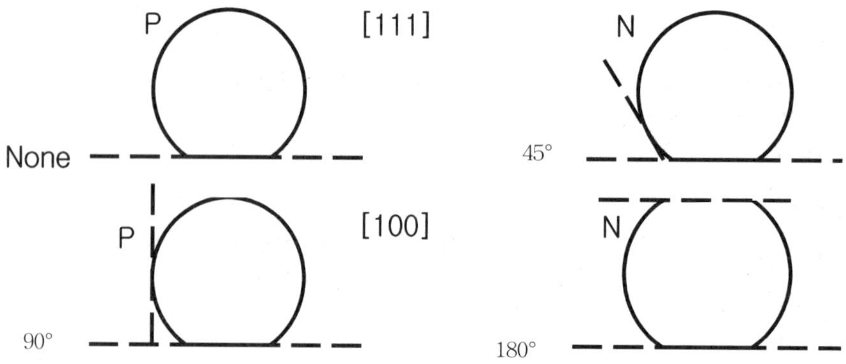

그림 5.8 웨이퍼 플랫(flat) 위치

7. 비저항 대 도핑수준

웨이퍼의 비저항은 도핑수준(농도)에 따라 변화한다. 그런데, 같은 N혹은 P농도수준도 같은 비저항을 갖지는 않는다. 그 이유는 전자는 실리콘 격자구조에서 정공보다 적은 에너지론 움직이기 때문이다. 같은 도펀트 농도에서도 N형 실리콘은 P실리콘보다 낮은 비저항을 보인다. 그 관계를 그림 5.9에 나타내었다.

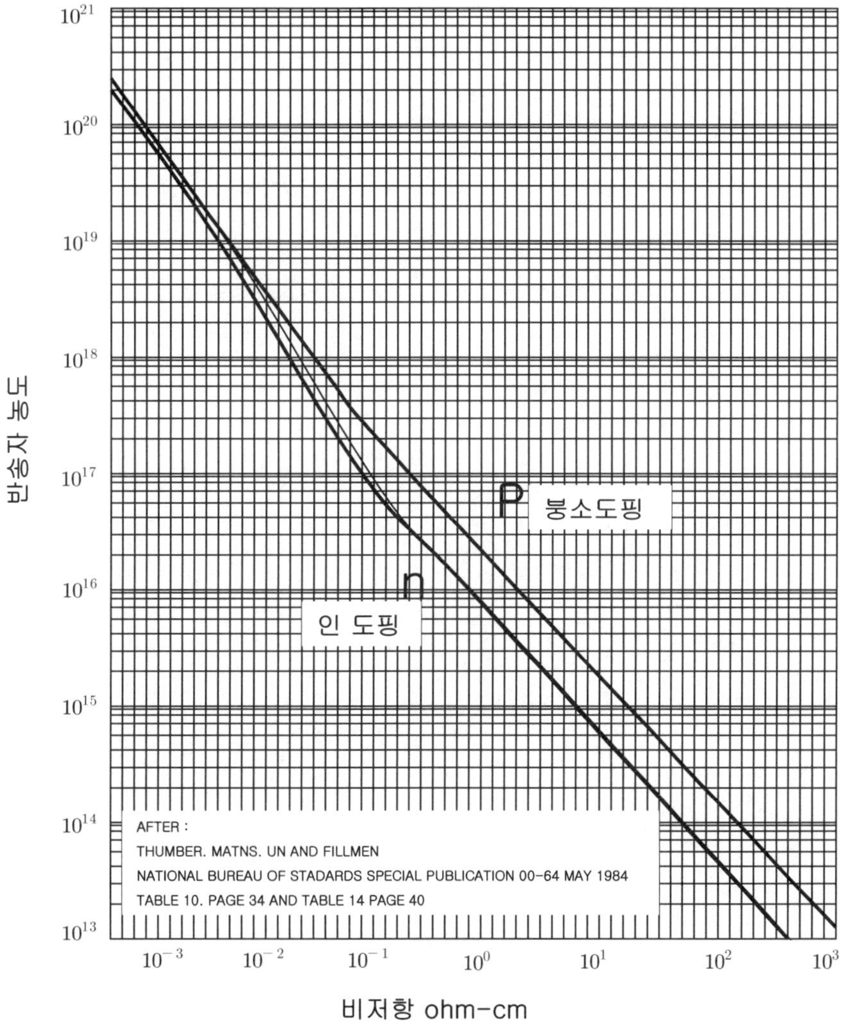

그림 5.9 비저항 대 실리콘 반송자 농도

Chapter 6

N/P접합 (Junction)

반도체 소자에서 전기적 활성요소는 웨이퍼가 서로 다른 N형 및 P형 지역으로 형성된다. 소자의 동작 중에 전류는 N형 혹은 P형 지역으로 국한되나, 그 접합을 넘는 것도 있다. N형지역과 P형 지역으로 나누는 부분을 접합이라고 한다. 이 장에서는 접합의 기본개념과 그 특성을 고찰한다.

1. 접합의 정의

그림 6.1에 한쪽은 과잉전자(N-type) 한쪽은 과잉 정공(P-type)을 가지는 반도체 물질 막대를 나타내었다.

두 지역 사이를 가르는 선을 접합으로 정의한다. 접합 그 자체는 N형도 P형도 아니며 전기적 중성이다. 접합은 두 가지, N/P, P/N이 있다. 첫 번째 문자가 더 높은 농도를 나타낸다.

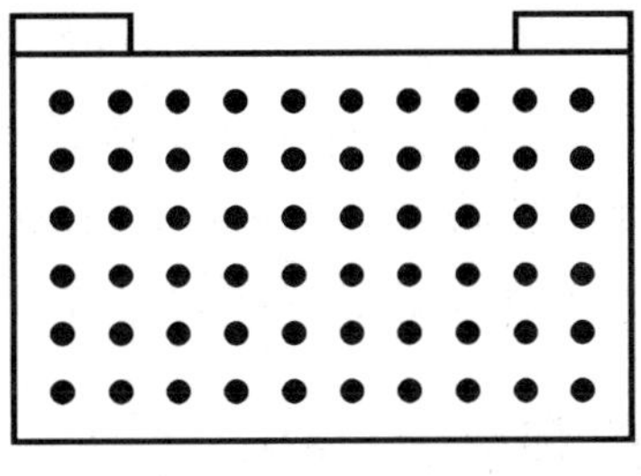

그림 6.1 확산을 위한 P형 웨이퍼

2. 확산 접합의 형성

도핑 과정의 세 번째 스텝은 도펀트를 웨이퍼에 넣는 것이다. 도핑의 목적은 웨이퍼에 접합을 형성시키는 것이다. 접합은 확산 공정에 의해 형성하는 것을 이해하면 된다.

그림 6.1에 단면도를 보인 웨이퍼는 확산을 위해 산화 및 패턴형성이 된 것이다. "P"는 결정성장때 균일하게 P형 도펀트가 섞인 것임을 의미한다.

확산로 안에서는 웨이퍼가 N형 도펀트를 함유한 증기에 노출된다. 로 안의 상황이 적절하면 N형 원자가 노출된 실리콘으로 확산된다. 그 결과, 도펀트 원자는 표면에 모여 있게 된다.

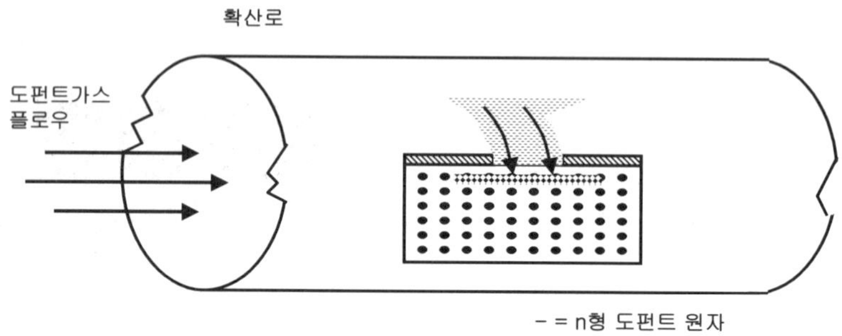

그림 6.2 확산 공정의 초기

상대적 농도는 그림 6.3에 나타내었다. #1층에는 P원자보다 N원자가 많기 때문에

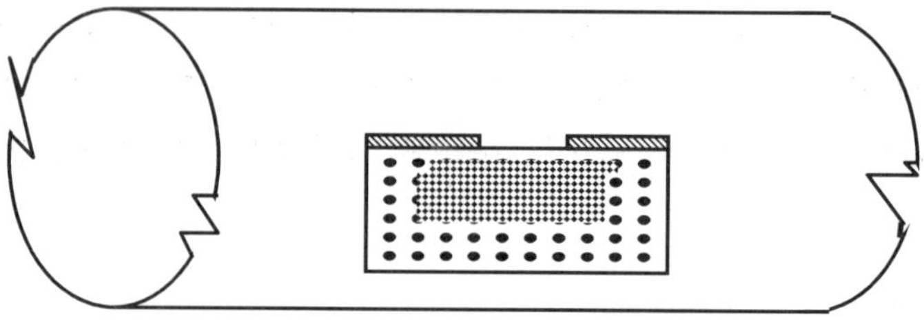

그림 6.3 확산이 끝났을 때의 웨이퍼 단면도

#1층은 N형이다. 웨이퍼 속으로 확산이 계속되어 #4층은 N수와 P수가 같아진다. 이러한 N/P접합은 이온주입(Ion inplautation)에 의해서도 형성된다. 도펀트 원자의 분포는 확산 때와는 다르나 접합상태는 같다.

3. 접합의 도면 설명

(1) 단면

그림 6.4에 나타낸 것처럼 접합은 반도체 소자 단면에서 사각형으로 표시된다. 확산접합의 경우 접합모양은 옆쪽에는 실제로는 곡선이 된다. 접합은 측면확산(Side Diffusion) 때문에 산화막 마스크 밑으로 확대된다. 각 지역의 전도형태를 표시하는 방법은 직접 써주는 수밖에 없다.

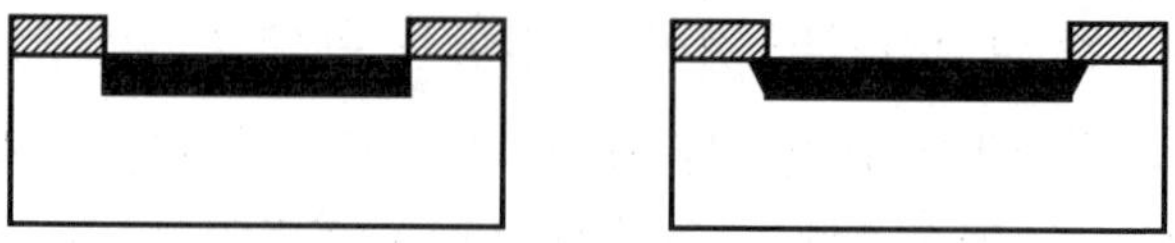

그림 6.4 확산 접합의 단면 표시

(2) 농도 대 깊이의 그래프

단면 표시는 접합의 위치나 도펀트 농도에 관해 주는 정보가 없다. 대부분의 접합은 아주 얇기 때문에 단면도에서는 실 스케일로도 못 나타낸다.

20milliinch(20mil)두께를 웨이퍼에 확산된 2[μm]깊이의 접합은 전체 웨이퍼 두께의 0.4%를 차지한다. 만일 웨이퍼 두께가 8피트의 벽에 표시된다면 접합은 단지 0.4인치를 차지할 뿐이다.

소자의 공학자는 접합의 깊이와 도펀트 농도, 그리고 접합에서의 농도의 기울기를 알고 싶어 한다. 이는 농도 대 깊이의 곡선에 나타낸다. 예를 들어 그림 6.3의 데이터로 곡선을 만들어 본다. 그래프는 X축의 깊이와 Y축의 농도로 구성된다. 웨이퍼는 두 가지 형태가 있다. 일정하게 분포된 P형과 일정치 않는 N형이다.

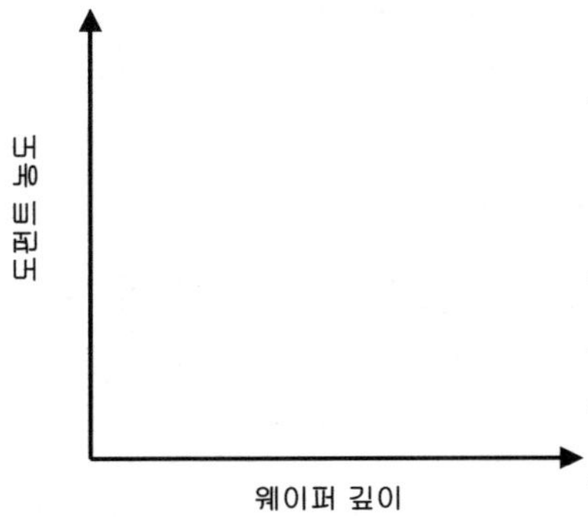

그림 6.5 농도 대 깊이 곡선의 층

농도대 깊이의 그래프에서, 모든 도펀트는 그대로 나타내준다.

P형 도펀트부터 보면 전 층에서 농도가 5다. 그리면 그림 6.7과 같다. 이제는 같은 축에 N형 도펀트를 그린다. 그래프를 보면 두 곡선이 4째 층에서 만난다. 여기가 곧 접합이다. 접합 위에는 N원자가 많고, 밑에는 P원자가 많다.

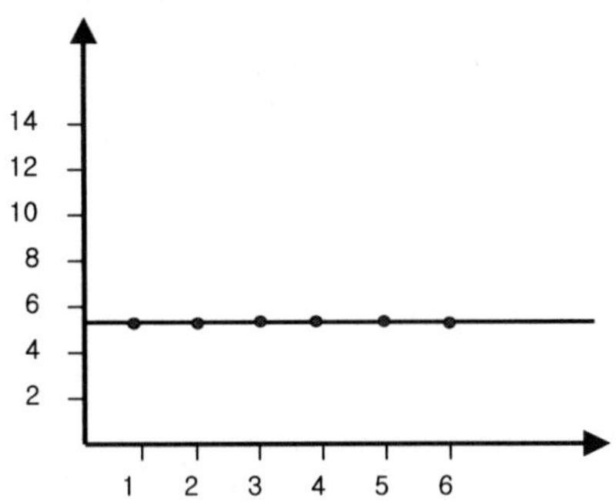

그림 6.6 P형 원자의 농도

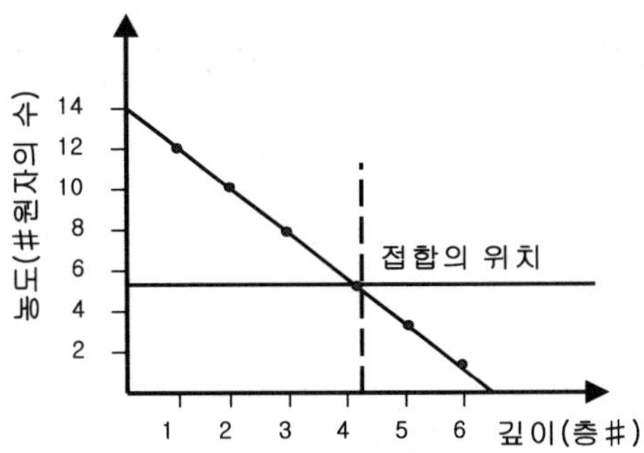

그림 6.7 P, N원자의 농도

실제 농도 대 깊이 곡선은 확산의 물리적 법칙에 따른다. 그림 6.8은 깊이를 micron으로, 농도를 로그스케일로 그린 전형적인 그래프다.

첫 번째 확산 층에 두 번째로 도펀트를 확산할 수도 있다. 바이폴라 트랜지스터 등에서 그런 일이 일어나면 세 지역과 두 접합이 그래프에 그려진다. 소자 동작의 중요요소는 그림 6.8에 표시된 표면의 도펀트 농도다.

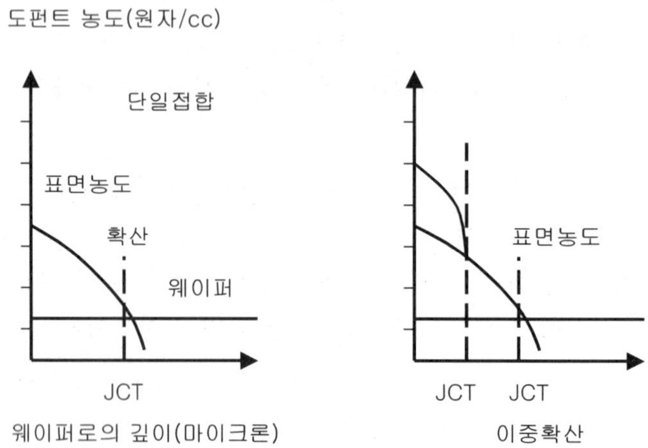

그림 6.8 단일, 이중으로 확산된 농도 대 깊이 그래프

어떤 소자는 이미 웨이퍼에 있는 도펀트와 같은 형의 도펀트를 넣을 필요가 있다. 이러한 경우 확산지역의 비저항이 바뀌며 형의 변화와 접합은 생기지 않는다.

4. 접합의 전기적 특성

접합은 독특한 전기적 특성을 가진다. 즉 한쪽으로만 전류를 흘릴 수가 있다. 이 성질을 다이오드 동작이라 하며 사실, 모든 N/P 접합은 반도체 다이오드다.

웨이퍼에서 조그맣게 도핑된 지역은 실은 N이나 P의 섬이 된다.

Chapter 7

오염조절

1. 오염

각 항은 대표적 오염원이며, 전부 특별한 기술에 의해 깨끗이 유지해야 한다. 오염이란 그것이 있으므로 해서 실패하게 하는 상황을 말한다. 어떤 스텝에서 필요한 요소가 다른 스텝에서는 오염물이 될 수 있는 것이다.

2. 청정실

(1) 공기로부터의 오염

조절되어야 할 가장 주된 오염원은 제조설비의 공기(Air)다. 보통의 공기는 지저분하다. 대기에는 광화학적 연기와 함께 많은 양의 입자와 수분증기를 가지고 있다.

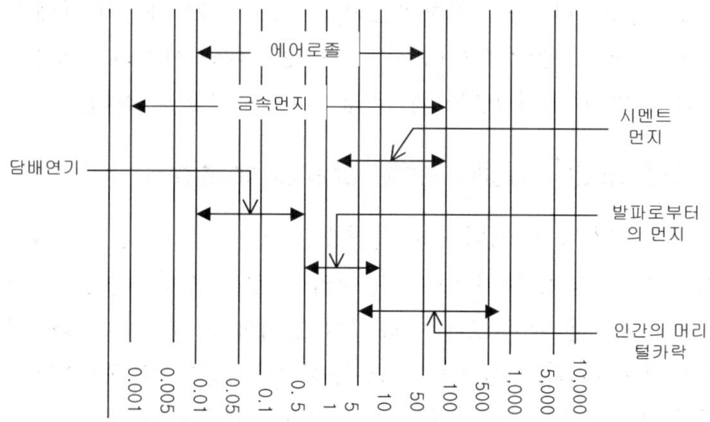

표 7.1 공기로부터의 입자의 상대적 크기(마이크론)

포토마스킹에서 다루는 입자들의 미세한 크기는 공기 중에 있는 보통의 입자보다 더 작다.

표 7.1은 전형적인 입자크기를 보인 것이며, 그림 7.1은 상대적 크기를 비교하였다. 1[μ]의 PR이 있는 웨이퍼에 2[μ] 직경 먼지가 미치는 영향을 쉽게 볼 수 있다.

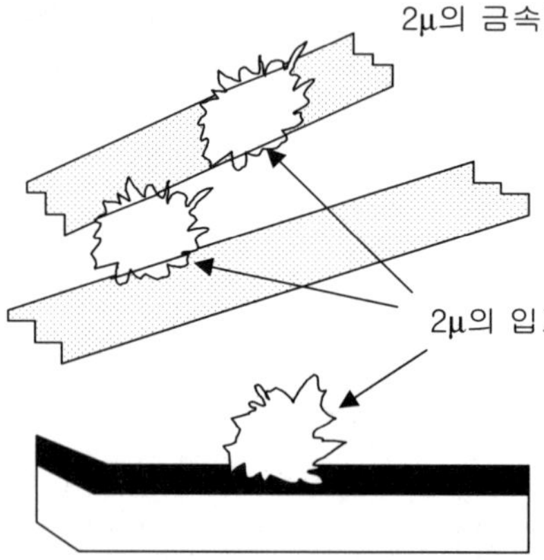

그림 7.1 웨이퍼 크기에 대한 공기 속 입자의 상대적 크기

(2) 에어 클래스 지수(air class number)

공기 청정도를 나타내기 위해 다음의 두 인자가 사용된다.

i) 허용된 입자의 최대 크기

ii) 허용된 최대량

LSI 반도체 작업장은 0.5[μ] 수준까지 공기를 여과해야 한다. 입자의 양은 공정실의 공기의 흐름으로 측정된다. 분당 입방피트 속의 입자 수가 환경의 클래스 지수가 된다. VLF 후드(Hood)는 클래스 100은 되어야 한다. 표 7.2는 여러 환경의 클래스 수를 나타낸다. VLSI공정은 최대 입자 크기 0.3[μ]에 클래스 10을 필요로 한다.

(3) 활성 이온 오염(mobile ionic contamination)

반도체 소자는 공정 중에 웨이퍼에 들어오는 어떤 금속이온에 특히 민감하다. 이 책에서는 많은 참고사항이 들어 있다. 문제의 금속은 많다. 높은 이동도(Mobility)의 나트륨과 함께, 그것들은 이동도에 비례해서 소자에 악영향을 준다. 나트륨이 약품, 물질, 그리고 사람 등에 다른 물질보다 더 많이 들어 있기 때문에 나트륨 조절문제와 다른 모든 금속이온 오염에 대한 문제는 나트륨 조절에 포함된다.

한 번 웨이퍼에(표면의 금속 이온은 열처리 때 안으로 확산해 들어간다) 이온이 활성 접합지역에 들어가면 소자 기능에 여러 가지 문제를 일으킨다. 회로의 누설과 높은 문턱전압(Threshold Voltage, MOS)의 두 가지 문제다. 동작하는 회로에서 생기는 전장으로 인하여 웨이퍼를 옮겨 다니기 때문에 소자의 신뢰도에도 문제를 야기한다.

(4) 초기의 청정실 설계

고순도로 여과된 공기의 필요성은 제일 먼저 우주산업에서 나타났다. 인공위성은 깨끗한 환경에서 조립되어야 할 필요가 있다. 천장과 벽에 필터를 달고, 몇몇 공정을 적은 수의 사람이 작업을 하는 작은 방이 만들어졌다.

다른 청정실과 함께 이들 방은 높은 수준의 청정도를 얻을 수 있었다.

표 7.2 클래스 지수

환경	클래스 수	입자크기 마이크론
VLSI 부문	10	0.3
VLF 후드	10	0.5
보통생산부문	10,000	-
집안	100,000	-
바깥	>100,000	-

그러나 반도체 생산을 위해 청정실을 만들 경우, 그 방은 많은 사람과 장비를 수용하기 위해서 커야 한다.

우주산업은 잠깐만 들어가서 작업하면 됐었지만 반도체 생산 라인은 많은 출입이 뒤따른다. 방을 확장한 결과 청정도가 급격히 떨어졌다.

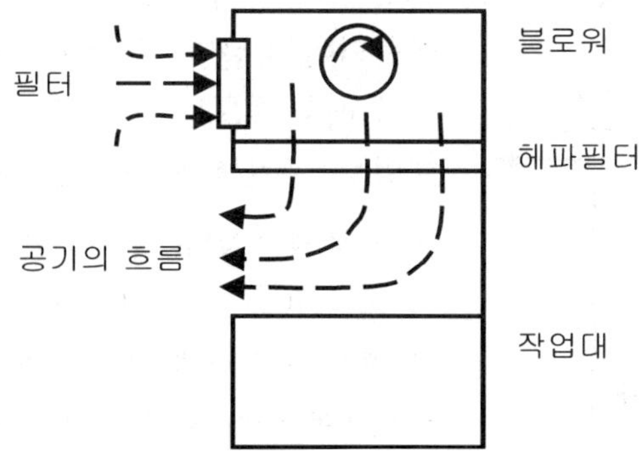

그림 7.2 VLF 후드의 단면

그림 7.3 헤파 필터 설계

(5) 깨끗한 작업대

큰 공간의 오염을 줄이기 위해 깨끗한 작업대의 개념을 생각했다. 전체 방보다는 작은 작업대를 깨끗이 하는 것이 더 쉽다. 웨이퍼는 공정 작업대에서만 노출된다. 각 작업대의 청정도를 유지하기 위해서는 별도의 청정실 기술이 있어야 하는데 본 장에서 다루기로 한다.

(6) Vertical Laminar Flow Stations(수직 래미나 유통 작업대)

깨끗한 작업대 중에 수직 래미나 유통 작업대가 있다. VLF 후드라고 알려진 이 장치는 청정실의 기본 장비다.

실내 공기는 프리필터를 통해 후드 상단으로 들어와 특별한 필터를 통해 작업대로 흘러나온다. 그림 7.4의 화살표가 공기 흐름을 보여준다.

VLF 후드는 두 가지가 유용하다. 후드 속의 웨이퍼는 항상 청결한 공기와 접촉한다. 공기 흐름에 양의 압력이 가해지기 때문에 실내나 사람으로부터의 오염이 후드로 들어오는 것을 막는다. VLF에 쓰이는 마지막 필터는 고효율 입자 공기필터(High Efficiency Particulate Air Fillter ; Hepa Filter)라고 한다. 미세한 섬유로 만들어져 아코디언처럼 생겼는데 여과면적은 넓으면서도 공기의 속도는 낮도록 되어 있다. 헤파 필터는 99.99%의 여과 효율을 가진다.

화학적 혹은 습식 공정을 하는 도중 웨이퍼의 청결도를 유지하기 위해서는 여러 가지 문제를 해결해야 한다. 안전을 위해, 여러 가지 약품으로부터의 증기는 방밖으로 배출되어야 한다. 옛날의 화학실험실에서 쓰이는 증기 배출 후드는 안전 문제를 해결하지만 방안의 오염된 공기를 웨이퍼에 끌어들인다.

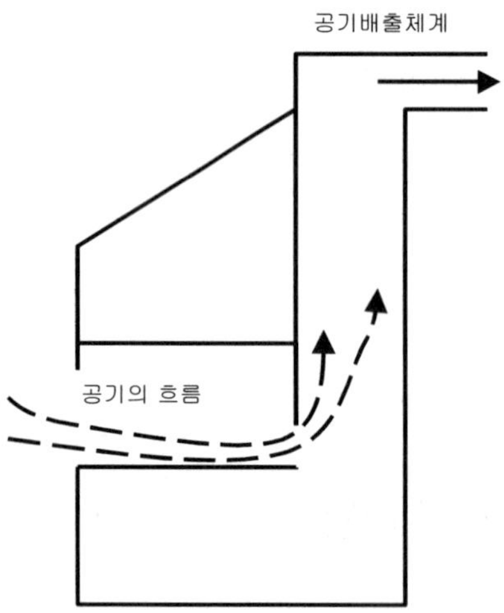

그림 7.4 Fume Exhaust Hood의 단면

이 문제는 VLF 장치를 후드상단에 부착함으로써 해결된다. 이와 함께 안전도와 청결도도 해결된다. 후드는 작업대 전면을 커버하는 깨끗한 래미나 플로우와 함께 산성 증기가 뒤로 빠지게 설계되어 있다.

(7) 턴널 개념

청정실 설계에서 턴널 방식은 사람으로부터의 입자 오염을 막기 위한 것이다. 조작자, 기술자,

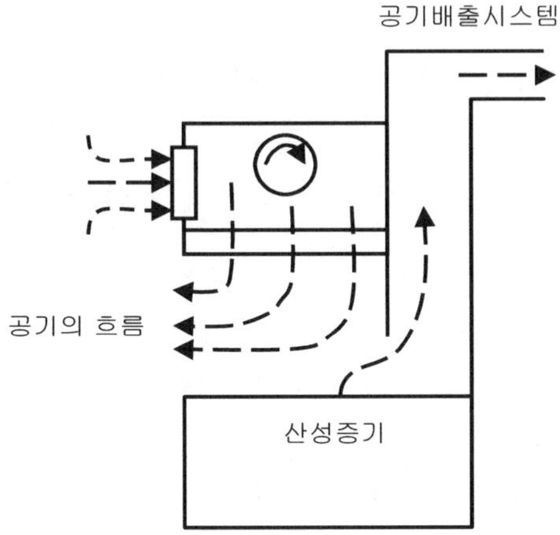

그림 7.5 VLF배출 후드의 단면

관리자 및 기타 엔지니어는 입자의 주요 공급원이 된다. 또한 그 움직임으로 인해 입자를 휘저어 후드나 웨이퍼에 내려앉게 한다. 턴넬 개념의 목적은 Fab 라인을 그 자신의 턴널 속으로 고립시키는 것이다. 라인을 조작할 사람만 접근하면, 턴넬 벽은 웨이퍼와 Fab 라인의 다른 부분사이를 격리시킨다. 턴넬은 VLF와 헤파필터가 장착되어 있다.

청정실과 공기여과 기술의 발달로 다시 개방된 청정실 생산라인을 가능케 했다.

방은 천장의 헤파필터와 바닥에 창살을 대서 깨끗한 공기가 작업실 아래쪽으로 보내버린다. 청정실의 책상 윗면은 공기가 흐르도록 구멍이 나 있다.

방은 바깥 오염이 들어오지 않도록 깨끗이 하고, 모든 과정이 완비되면 청정실은 클래스 10이하로 깨끗해 질 수 있다.

3. 청정실 형성(Clean Room Procedure)

청정실을 제대로 하기 위해서는 모든 오염원이 조절되어야 한다. 그 오염원은 위험도가 각기 다르며, 조절하기 위해서는 특별한 과정이 필요하다.

(1) 구조(Facility Construction)

청정실의 구조는 청정도와 비용의 타협이 있어야 한다. 그러나 각 설비는 기본 원칙하에 준비된다. 벽, 바닥, 천장은 모두 먼지 없는 재료로 만들며 부드러운 표면을 가져야 한다. 방음판으로 되어 있을 경우 공극이 없는 물질로 표면이 커버되어야 한다.(Mylar 등). 벽과 천장의 파이프 구멍은 코르크 등으로 밀봉되어야 한다. 진공 펌프, 기계 펌프 등을 방밖에 설치한다. 먼지가 쌓이는 것을 막기 위해 래미나 프롤우 밖의 평면은 최소로 줄인다.

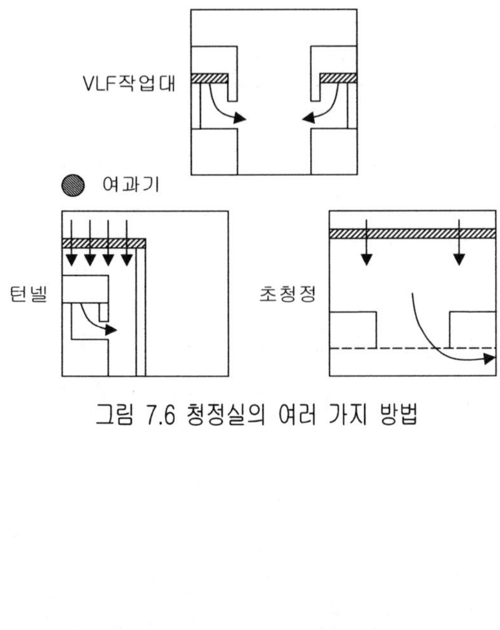

그림 7.6 청정실의 여러 가지 방법

전구로부터의 먼지를 막기 위해 등은 고형

질로 커버되어야 한다. 항상 먼지 없는 수건을 준비하며, 세척액은 가능한 한 금속 이온이 없어야 한다. VLF 후드에는 래미나 프롤우를 방해하는 큰 물건이 없어야 한다. Fab 지역에서는 연필은 사용금지이며, 종이는 먼지 없는 종이나 비닐종이를 써야한다.

Fab 지역을 오염으로부터 격리시키기 위해서는 다음 몇몇 기술이 필요하다.

i) 공기 압력 균형
ii) 이중 출입문
iii) 에어 샤워(Air Shower)
iv) 점착성 바닥

공기 여과기는 그 사용에 비례해서 수명이 정해진다. 더러운 방에서는 수명이 짧아지며, 웨이퍼나 VLF 후드 내부에 오염을 시킬 기회가 늘어난다. 생산실의 공기는 실내 압력을 적절히 함으로써 클래스 10000 이하로 좋게 할 수 있다.

클래스 10000 이하에서는 VLF 작업대는 더러운 방에 있을 때보다 더 효율이 좋다. 다른 곳보다 방의 압력을 높임으로써 공기 중의 오염을 감소시킬 수도 있다. 더 좋게 하려면 이중문을 사용하거나 점착성 바닥을 쓰는 방법도 있다. $P_1 > P_2 > P_3$로 함으로써 생산 라인을 공장으로부터 보호할 수 있다. 바깥의 오염물이 못 들어오므로 VLF는 실내 공기를 재순환시키기만 하면 된다. 또 부수적인 과정은 Fab에 들어올 때 사람 몸에 붙은 입자를 털어내기 위한 에어샤워를 하는 것이다.

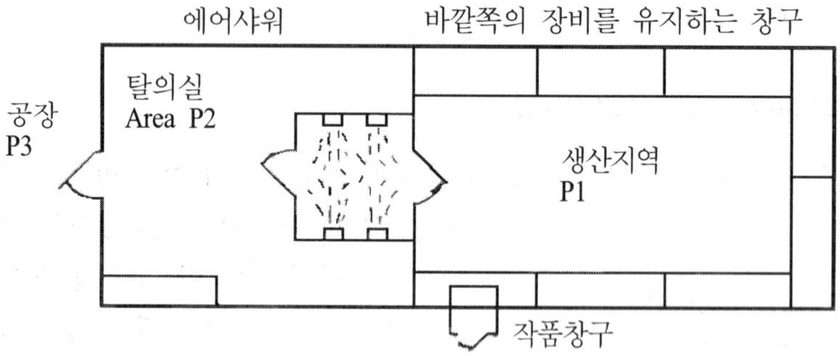

그림 7.7 Fab 지역의 단면도

(2) 온도, 습도, 연기

대부분의 포토마스킹은 작업온도에 민감하다. 사람의 안락은 물론 공정을 위해서도 22℃±2℃로 온도를 조절하는 것은 필수적이다. 습도도 조절을 해야 하는데, 다습이면

PR이 웨이퍼에 붙지 않는다. 건조하면 정전현상을 유발시킨다. 전형적인 습도 범위는 15%-50% 정도이다. 프로젝션 얼라이너(Projection Aligner)는 특히 온·습도에 민감하다. ±1℃의 온도를 조절할 수 있는 특별한 작업대가 필요하다. 그런데, 연기가 없는 지역에 있는 반도체 회사는 거의 없다. 연기는 PR현상을 할 때 예측할 수 없는 결과를 낳는다. 이 문제는 공기정화장치에서 목탄 필터를 씀으로써 줄일 수 있다.

(3) Fab의 사람 복장

가장 큰 오염원인 사람은 계속 증기와 입자를 방출한다. 이 문제는, 화장품, 머리털, 그리고 옷의 먼지로 인해 복잡해진다. 사람이 단 몇 분이라도 청결하다고는 볼 수 없다. 따라서 해결책은, 될 수 있는 한 가리는 수밖에 없다.

그림 7.8 청정 실에서의 복장

보통의 설비로는 탈의실로 인해 이중문을 설치한다. 그리고 들어가는 사람은 깨끗이 보관되는 각종 의복을 입어야 한다. 기본적인 옷이 먼지 안 나고 정전현상이 없는 작업복이다. 모자나 신발도 신어야 한다. 장갑은 특별한 작업에만 필요하다. 얼굴도 마스크 등으로 가려야 한다.

포토마스크실로 들어서기 전에 먼지를 털어내기 위해 에어샤워를 해야 한다. 입구에는 신발이나 커버에 묻은 먼지를 털기 위해 점착성 매트가 깔려있다.

(4) 웨이퍼 취급

웨이퍼에 대한 가장 큰 위험은 조작자의 손이나 손가락이다. 피부에 항상 존재하는 염분과 지방분은 나트륨 오염으로 소자를 못 쓰게 한다. 따라서 스테인리스 퓌저를 쓰고 있었으나 이는 웨이퍼 중앙을 잡아 PR막이 찢어지는 결과를 초래한다. 한정되게 잡게하는 튀저(Limited Grasp Tweezer)는 가장자리만 잡게 함으로써 접촉을 최소한으로 줄일 수 있다. 그러나 이 역시 웨이퍼에 상처를 주어 결정 결함의 원인이 되게 한다. 공정중에 그 결함이 웨이퍼 속으로 전파되기도 한다.

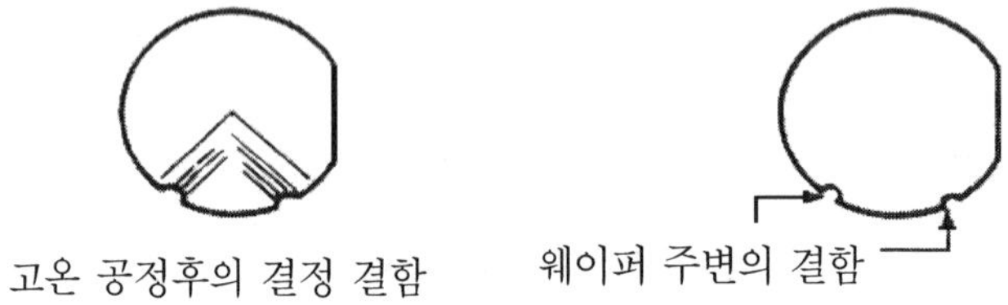

그림 7.9 튀저(Tweezer)로 인한 결정결함

진공막대는 웨이퍼 표면과 가장자리 결함문제를 해결해준다. 웨이퍼는 작은 막대의 진공에 의해 뒤가 잡힌다. 또한 다른 장비와는 달리 위치가 고정되어서 가지고 다닐 필요가 없다.

어떤 경우에는 웨이퍼가 평면에서 집어져야 할 경우가 있다. 이때는 베르누이 픽업(Bernouli Pickup)이 유용하다. 여과된 질소가 기구 밖으로 흘러나와 음압을 형성한다. 그 이론은 바람이 굴뚝에 음압을 형성하는 것과 같다.

웨이퍼가 음압지역으로 들어온다. 베르누이 픽엎을 쓸 때는 웨이퍼는 직접적인 접촉 없이 질소에 의해 뜬다. 질소가 옆의 웨이퍼에 오염물을 싣고 가지 않도록 주의해야 한다.

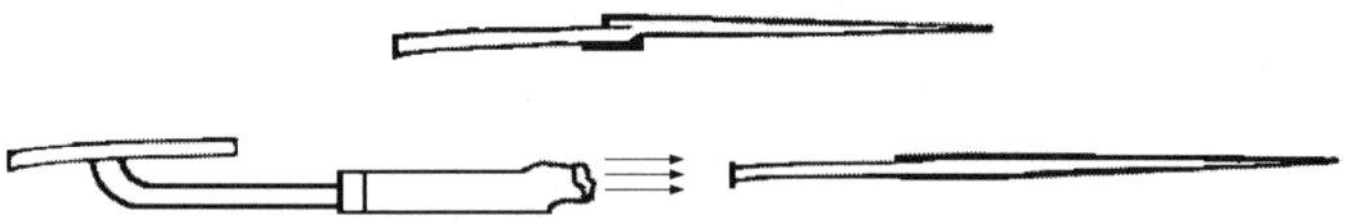

그림 7.10 웨이퍼 취급 기구

(5) 웨이퍼의 저장 및 운반

공정 중에 웨이퍼는 청결한 작업대를 옮겨 다닌다. 오염을 막기 위해 항상 밀폐용기를 사용해야 한다. 가정에서 쓰는 플라스틱 상자는 증기를 낼 우려가 있으므로 피해야 한다. 폴리프로필렌 등의 경화수지는 웨이퍼를 마모할 우려가 있으므로 피해야 한다.(자동으로 옮기는 기계에

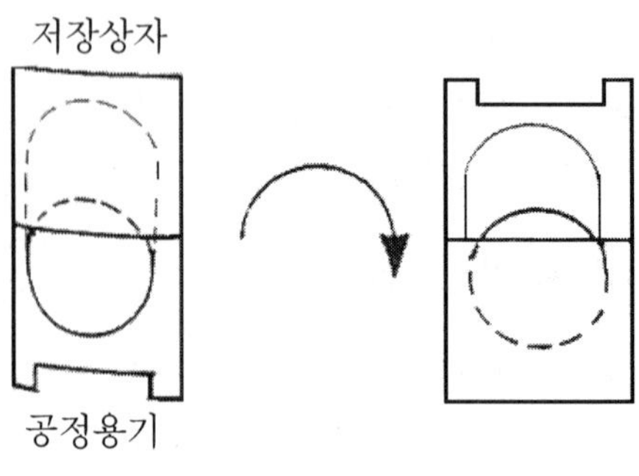

그림 7.11 웨이퍼의 이동

서는 괜찮다) 웨이퍼 상자는 잘 검사해야 하고 정기적으로 세척을 해야 한다. 웨이퍼를 넣기 전에 여과된 질소를 불어주는 것이 가장 좋다.

또한 정전현상이 없는 물질로 상자를 만들어야 오염이 줄어든다.

4. 고순도의 물

공정중의 웨이퍼는 물속에서 린스(Rinse) 도중 여러 시간을 물에서 지낸다. 이것은 공기 이외에 단일 공정으로는 가장 많은 노출이 된다. 공기처럼 물에도 상당한 오염물질이 들어있다. 열거해 보면:

i) 수용성 광물
ii) 입자
iii) 박테리아

각 오염물은 특별한 기술에 의해 물에서 제거된다.

상수도의 물은 상당한 양의 수용성 광물염을 포함한다. 이 염은 물속에서는 이온 상태로 존재하며 (NaCl 등은 Na^+ 와 Cl^-) 반도체에서는 전기적으로 활성화될 수 있다. 이온은 두 가지 방법으로 제거된다. 첫째, 역삼투압 공정이다. 둘째, 이온교환을 이용한 디이온 방법이다. 물이 공정실에 넘어가기 전에 순도검사를 한다.

광물제거(이온제거)는 그것을 도전성에서 저항성으로 바꾼다. 사실, 순수한 물은 18[MΩ-㎝]를 상온에서 나타낸다. 따라서 저항을 잼으로써 이온제거정도를 측정할 수 있다. 반도체 장비는 18의 물이 좋으나 보통 15[MΩ-㎝]도 허용된다. 고형 물질은 여러 가지 방법으로 마이크론 이하까지 제거된다. 이 기술에는 모래여과, 규조토 여과, 0.1[μ] 구멍을 가진 막에 의한 여과 등이 포함된다.

표 7.3 물의 저항 대 용해고형물

비저항 Ω-㎝ 25℃	용해고형물(PPM)
18,000,000	0.0277
15,000,000	0,0333
10,000,000	0.0500
1,000,000	0.500
100,000	5.00
10,000	50.00

박테리아와 곰팡이도 물에 많이 서식하며 그대로두면 오염원으로 작용한다. 그들은 자외선 살균 후 여과를 통해 제거된다.

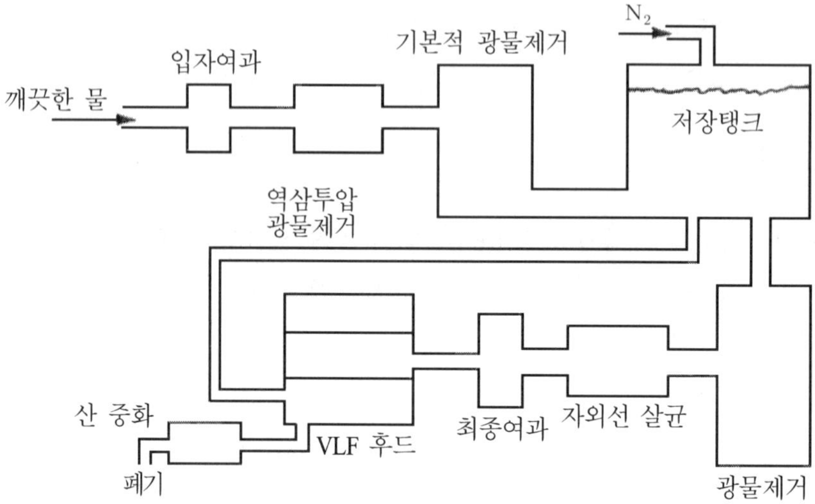

그림 7.12 전형적인 DI워터 시스템

물의 순화에 드는 돈 때문에, 새 물 (또는 부수적인 과정은 Fab에 들어올 때 사람 몸에 붙은 입자를 털어내기 위해 에어샤워를 하는 것이다.)을 여과하는 것보다 쓴 물을 재순환하는 것이 좋다. 보통 재순환 시스템을 갖추고 있으며, 특별히 더러운 물만 버리고 있다. 생태학적인 고려에서 모든 폐수는 중성(pH:7)을 만들어 내보낸다.

그림 7.12에 세정, 재검사 및 중화의 단계를 보이는 전형적인 시스템이 나와 있다. 저장 탱크의 물은 질소층에 의해 CO_2의 흡수를 막고 있다.

5. 화학 약품

공정 도중 웨이퍼는 여러 가지 산과 용매에 담겨진다. 물처럼 이들 약품도 반도체에 오염물로 작용하는 다른 요소를 포함하고 있다. 대부분의 산과 용매는 반도체 제조에서 필요로 하는 청결도에 못 미친다. 이들은 상용등급이라 한다. 더 청결한 것을 Reagent, electronic 혹은 반도체 등급이라 한다. 반도체 산업에서 약품에 대한 청결도의 표준은 없다.

SEMI(상인연합)에서 모든 Fab재료의 청결도를 정하고 있기는 하지만 상인마다 서로 다르다. 가장 확실한 방법은 불순물에 대한 화학적 분석을 읽고

표 7.4 Burmar 712D PR 스트리퍼의 재료

불순물	백만분의 일단위
Na	0.20
Pb	0.20
Zn	2.00
Cr	0.20
Ni	0.25
Na	0.10
Si	0.07
Ca	0.12
Al	0.05
Mo	0.03
Cu	0.02
Mn	0.015

테스트하는 방법이다. 주로 나트륨이나 실리콘에서 움직일 수 있는 금속이온이 문제가 된다. 최대 양은 각 금속 이온의 1PPM(백만분의 일)이다.

화학약품도 마이크론 이하로 여과할 필요가 있다. VLSI의 요구량은 0.2[Ω]이다.

웨이퍼가 다른 화학적 불순물과 반응하지 않게 하기 위해서는 화학적 순도가 매우 높아야 한다. 청정실 밀폐도 오염 없는 웨이퍼를 위해서 필요하다.

경제적인 이유로 보통 큰 단위로 약품을 팔고 있는데, 약품의 청결도를 유지하기 위해서는 주의가 필요하다. 가능하면 깨끗한 곳에 보관하고, 용기는 주기적으로 청소해 주어야 한다. 용기는 한 약품만 써야 한다.(Cross contamination)

6. 개스(Gases)

반도체 웨이퍼는 공정 때마다 가스에 노출된다. 가스는 약품처럼 극히 순수하게 공급해야 한다.

가스순도는 다음 네 가지로 정해진다.

i) 순도
ii) 수분 증기함량
iii) 입자
iv) 금속 이온

고순도는 산화, 확산, 플라즈마 에치, CVD, 반응성 이온 에치 등에 쓰이는 반응성 가스에서 필요하다.

가스가 다른 가스나 탄화수소 등에 오염되면 예기치 않은 반응이 일어나거나 반응속도가 변한다. 가스 순도는 보통 99.99%~99.9999%에 달한다.

건식 가스(수분 증기가 없는)는 용이한 산화력 때문에 반도체 공정에 필수적이다. 모든 공정 온도에서 H_2O는 SiO_2를 키워 확산을 막거나 균일하지 않은 에피층을 성장시킨다. 수분증기 한계는 5ppm이다.

약품처럼 공급가스도 0.2마이크론 이하의 입자만 있어야 한다. 이온 주입에서는 아무 입자나 도펀트와 함께 주입되기 때문에 특히 민감한 공정이다. 가스입자 오염의 한 원인은 파이프에서 생긴다. 건물을 짓거나 유지할 때는 주의를 많이 해야 한다.

7. 정전현상(Static Charge)

산업이 점차 미세화해지고, 고밀도화가 됨에 따라 클래스 100은 안되고, 클래스

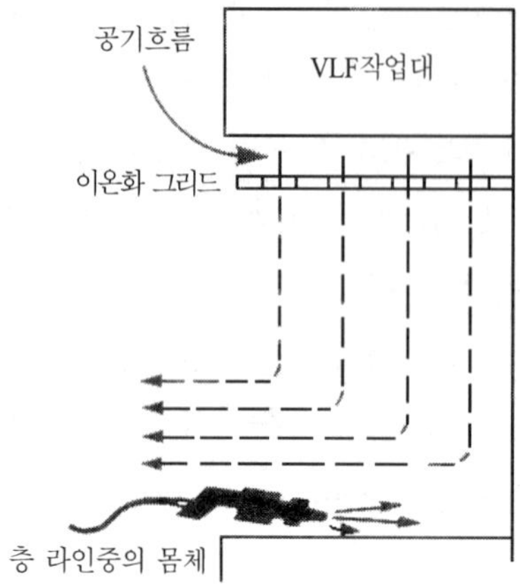

그림 7.13 정전 이오나이저(ionizer)

10을 요구하게 되어 공정후드나 장비의 정전 현상을 줄일 필요가 생겼다. 웨이퍼가 정전 현상을 띠게 되면 대기로부터 각종 입자를 끌어 들이게 된다.

정전현상은 50000볼트에 달할 수 있으며, 여러 가지 오염의근원이 있다. 플라스틱 용기는 높은 정전현상을 유발한다. 공기나 질소의 움직임으로 인한 정전현상도 큰 문제가 된다.

그 조절은 다음 두 가지 방법이 있다.

i) 전하가 생기는 것을 방지한다.

ii) 전하를 방전시킨다.

정전 유도를 방지하기 위해서는 주로 비정전 용기나 의복을 사용한다. 비정전 용제를 벽과 작업대에 처리하면 생기는 전하를 계속 중화시켜 정전 현상을 막게 된다. 물리적으로 제거되지 않는다면 표면의 비정전 용제는 1년간은 유효하다.

VLF 후드와 질소 Blow-offs에서의 움직이는 공기는 정전현상의 두 가지 원천이다.

그 해결 방안은 움직이는 공기나 질소의 길목에 이오나이저(Ionizer)를 설치하는 것이다. 이오나이저는 가스 속의 정전하를 중화시킨다. 그림 7.13에 후드와 질소 건(Gun)에 이오나이저를 설치한 VLF를 나타내었다.

표 7.6 공정상의 오염도와 조절

원 천	사 양
공기	클래스 100@ 0.5마이크론
입자 LSI	클래스 10@ 0.3마이크론
VLSI	15-50%
습도	68-74F
온도	2 PPHM(일억분의 일)
광화학적 스모그(Smog)	
DI water	15-18 megΩ-㎝
비저항	0.5μ여과 후 센티리터당 100개 이하
입자	0.5μ여과 후 ml당 100마리이하
박테리아	
약품	1ppm 이하
금속 불순물	0.2μ까지
여과	
개스	
순도	99.9%이상
수분 증기	5ppm이하
여과	0.3μ까지
정전	50V 이하

표 7.5 반도체 청결도 요구정도

원 천	형 태	검 지	조 절
대기	입자 가스 수증기(습기) 열	입자를 잰다. 오존검지기 습도계 온도계	래미나 후드 청정실 Air locks 양압 Rms N_2 건조실 Aireconditioning 목탄여과 Airconditioning 〃
물	다른 액체 중금속 박테리아 전해질	저항계 〃 Culture count 저항계	DI 워터 〃 자외선 DI 워터
사람	입자, 먼자, 비듬, 화장품, 땀	입자를 세고, 본다.	VLF 후드, 청정실, 작업복, 후드, 신발, 장갑, 튀저
약품	입자 금속, 나트륨	본다. 화학분석	여과 전자등급약품 청정실, VlF 후드
실내/작업대	입자	입자를 센다, 본다.	밀폐표면
개스	입자, 다른 가스	본다, 가스분석	라인 필터

Chapter 8

산화 (Oxidation)

반도체 재료로서 사용되는 실리콘의 장점중 하나는 천연 산화물 즉 산화 실리콘(SiO_2)이다. 산화층은 반도체 소자에 있어서 다음과 같은 세 가지 주요 기능을 한다. 즉,

i) 표면보호
ii) 확산 장벽
iii) 표면 유전체

1. 산화 실리콘의 쓰임새

(1) 표면보호(Surface Passivation)

실리콘의 비저항과 전도도는 0.001%의 도펀트로도 변화한다. 그런데, 공정 중에 생긴 오염으로 인해 저항과 전도의 형태가 바뀌고, 소자의 동작이 바뀌게 된다.

산화 실리콘의 층은 두 가지 방법으로 오염을 방지한다. 첫째, 오염물이 실리콘에 닿는 것을 막아 준다. 둘째, 산화층이 아래로 성장해감에 따라 새로운 표면이 형성된다. 원래 표면에 있던 오염물이 산화층 위로 올라가 덜 위험하게 된다.

(2) 확산 장벽(Diffusion Barrier)

기본 도핑의 제3단계는 산화막에 형성된 구멍을 통해 도펀트를 확산시키거나 임플랜드(implant)시키는 것이다. 도핑중 도펀트는 실제로는 산화층 내로 확산된다. 그러나 실리콘보다는 산화막에서 천천히 움직인다. 산화막 두께를 적절히 함으로써 도펀트가 웨이퍼 표면에 닿는 것을 막을 수 있다. 실리콘에서의 보통 도펀트의 움직이는 율(확산계수)이 확산 편에 나와 있다.

(3) 표면 유전체

공정이 끝난 후 웨이퍼의 엑티브 지역은 산화막 위로 달리는 알루미늄 배선에 의해 연결된다. 산화막의 절연성으로 인해 금속배선이 실리콘과 닿는 것을 막아준다. 단락은 산화막이 너무 얇거나 금속배선의 전압이 웨이퍼 표면에 전하를 유기시키면 일어난다. 그러한 구조가 산화막을 유전체로 쓰는 커패시터가 된다. 산화막이 이러한 기능을 하는 지역을 필드(Field) 산화막이라 한다.

MOS 트랜지스터에서는 소오스와 드레인 지역을 연결하는 채널을 형성하는 전하를 유기시키기 위해 의도적으로 게이트지역에 충분히 얇은 산화막을 기른다. 이러한 산화막을 게이트산화막 또는 Gate ox라고 한다.

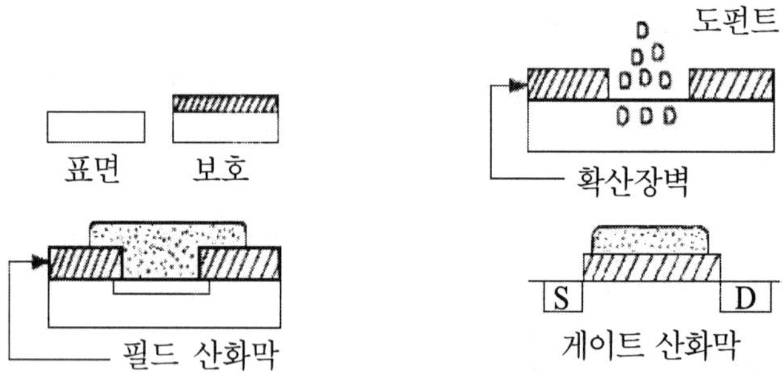

그림 8.1 산화 실리콘의 쓰임새

2. 산화 이론

실리콘은 공기나 약품에서 산소와 접촉하면 쉽게 산화된다. 이 천연산화막은 50~100[Å]정도 성장한다. 그런데, 반도체 구조에서 쓰이는 산화막 두께는 MOS 게이트의 1000[Å]에서 MOS필드 산화막인 15000[Å]까지이다. 보통의 바이폴라 산화막은 5000-8000[Å] 범위이다.

적당한 시간에 이러한 두께를 얻으려면 900[℃]에서 1200[℃]정도의 산화온도가 필요하다. 온도는 적당한 시간에 공정할 만큼 높아야 하며 결정 결함을 주지 않은 만큼 낮아야 한다. 상한선인 1200[℃]는 최댓값인데, 이 온도에서는 웨이퍼가 뒤틀리고 수정 용기가 휘게 된다. 열 산화의 화학식은 다음과 같이 간단하다.

$$Si + O_2 \rightarrow SiO_2$$
$$900℃ \sim 1200℃$$

실리콘이 산소에 노출되면 언제나 산화실리콘이 형성되는데, 이 공식이 성장 메커니즘을 나타내는 것은 아니다. 산화 실리콘 성장의 메커니즘을 이해하려면 산소노출직후의 실리콘 웨이퍼를 고려해야 한다.

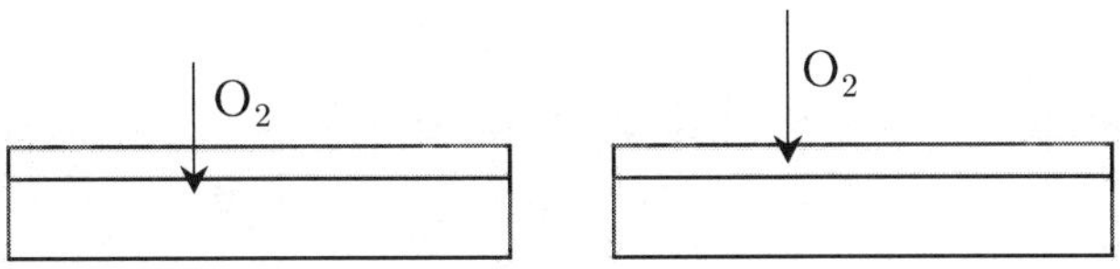

그림 8.2 실리콘 산화의 메카니즘(mechanism)

실리콘과 산소는 새로 형성된 산화막에 의해 분리된다. 산화막이 더 자라려면 실리콘이 산소로 가던지 그 반대가 일어나야 한다. 실제로, 산소가 산화막을 뚫고 실리콘으로 확산되어 들어간다.

산화막이 두꺼워짐에 따라 산소가 산화막을 지나는데 시간이 걸리고, 산화율이 낮아진다. 따라서 산화실리콘의 성장률은 선형이 아니고 포물선 형태를 이룬다.

R=성장률

x=산화막 두께

t=산화 시간

$$R = \frac{x}{t}$$

이 관계식의 영향으로 시간이 지남에 따라 더해지는 두께가 점차 줄어든다. 대부분의 화학 반응처럼 R은 온도에 따라 증가한다.

산화 곡선을 보면 1200[℃]에서 7000[Å]의 산화막을 얻으려면 10시간이라는 과다한 시간이 걸린다.

900~1200[℃]의 온도에서 실리콘이 수증기에 접하면 물분자가 수소(H)와 수산 이온(OH^-)로 나누어진다. OH^- 이온이 산소보다 훨씬 빨리 산화실리콘을 확산해서 짧은 시간에 산확막이 성장한다.

$$Si + 2H_2O \rightarrow SiO_2 + 2H_2$$

수증기에서 7000[Å]을 기르는데 1200[℃]에서 0.65 시간이 소요된다.

생산에서는 대부분의 산화막은 수증기나 스팀(100℃ 이상의 H_2O=스팀) 대기압에서 키운다. 수증기로 키운 산화막은 산소로 키운 것보다 덜 밀한데, 그 이유는 산화막에 위의 공식처럼 수소가 함유되어서 그렇다. 그러나 다음 열처리(확산 등)에서 수소를 날려 보내 산화막을 밀하게 한다.

3. 열 산화(Thermal Oxidation) 방법

실리콘의 산화에는 몇 가지 방법이 있다. 대기압에서도 하며, 또 밀폐된 로에서 고압으로 할 수도 있다. 각 방법은 장단점이 있는데, 보통 대기압에서 한다.

(1) 대기압 산화(Atmospheric Oxidation)

상압 열 산화에 사용되는 장비는 열 확산에 사용되는 장비와 같다. 시스템은 다음과 같은 네 가지 부분으로 되어 있다.

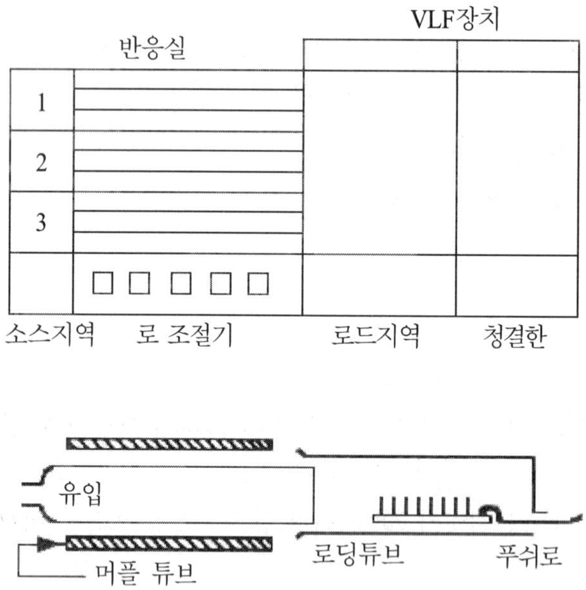

그림 8.3 산화/확산 장비

i) 반응 소스 캐비닛
ii) 반응실
iii) 가열방법
iv) 웨이퍼 홀더(Wafer Holder)

(2) 반응 소스 캐비닛

산화로의 뒤에 있는 소스 캐비닛은 가스 플로우 조절기와 산화 소스를 포함하고 있다. 산소나 질소 등의 공정가스가 파이프를 통해 캐비닛으로 들어온다.

모든 반도체 공정은 가스 사이클을 행하는데 산화는 세 사이클, 에피성장은 열 사이클이 필요하다. 이는 가스 플로우 조절기로 조절되는데 간단한 경우 밸브와 타이머로 구성된다. 조작자는 각 사이클의 시간을 조절하고, 필요한 밸브를 여닫는다.

물론 여기에는 에러와 불균일성이 있다. 완전 자동 가스 조절기는 솔레노이드와 매스 플로우 콘트롤러로 구성되는데, 조작자는 해당되는 프로그램을 선택하며, 마이크로프로세서는 적절한 유량과 시간으로 필요한 가스를 튜브로 흘려준다.

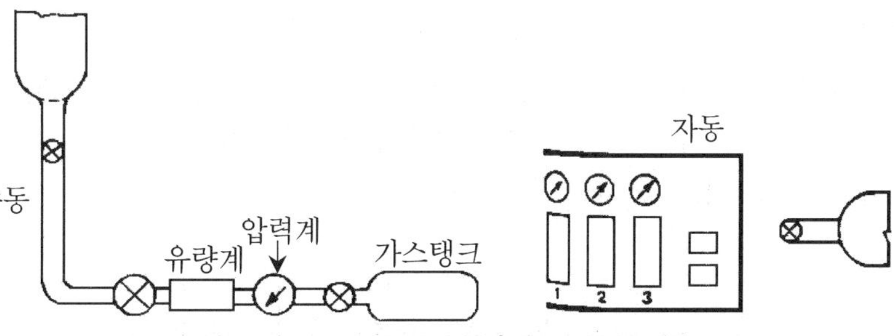

그림 8.4 전형적인 가스 플로우 시스템

가스 플로우 조절기는 수정튜브 반응실에 연결되어 있다. 웨이퍼를 필요한 온도로 올려주는 저항가열 코일이 수정 튜브를 감고 있다. 웨이퍼는 수정 튜브의 한 가운데 놓인 보트(Boat)라고 불리는 흠이 있는 수정 홀더에 놓여진다. 가스가 반응실에 들어가 웨이퍼를 산화시킨다.

(3) 반응실

수정 튜브는 열저항과 순도 때문에 산화 반응실에 많이 쓰인다. 강도와 수명 때문에 실리콘 카바이드 튜브를 쓰기도 하지만 더 비싸다. 고압 산화공정은 스테인리스 반응실을 사용하기도 한다.

(4) 가열방법

산화 튜브는 세 개의 저항 코일이 있다. 전류가 코일을 가열하고, 그것이 전도에 의해 수정 튜브를 가열하고, 웨이퍼는 복사에 의해 가열된다. 분리된 코일을 웨이퍼 보트의 전 지역을 ±2℃로 엄격하게 유지하기 위해 필요하다.

각 지역은 온도가 정해진 점에서 벗어남에 비례하여 전력을 공급하는 조절기로 조절된다. 양단지역이 가운데에 영향을 주지 않도록 세 조절기는 서로 데이터를 주고 받는다. 산화가 일어나는 고온지역을 플랫존(Flat zone)이라고 한다.

(5) 웨이퍼 홀더(wafer holder)

반응 튜브처럼 웨이퍼 보트도 수정이 좋다. 웨이퍼는 수직으로 세워서 플로우에 직각 또는 평행으로 로딩 한다.

평행한 로딩이 더 균일하며 확산 스텝에서 선호된다. 수직 로딩은 일반적으로 균일한 산화에 적합하며 플랫존에 더 밀도 높게 웨이퍼를 넣을 수 있다. 이 방법으로 300장의 웨이퍼까지 한 번에 산화된다.

보트의 슬롯은 너무 꽉 죄어서 변위를 주지 않는 범위에서 충분히 좁아야 한다. 그러나 보트를 HF로 세척하면 슬롯을 넓혀 산화도중 웨이퍼끼리 서로 닿게 하는 수가 있다.

실리콘 카바이드 보트를 씀으로써 두 가지가 모두 해결된다. 실리콘 카바이드는 웨이퍼와 팽창계수가 같아서 변위 문제를 해결해 준다. 또한 이는 HF에 강하기 때문에 슬롯 크기가 세척에 의해 변하지 않는다.

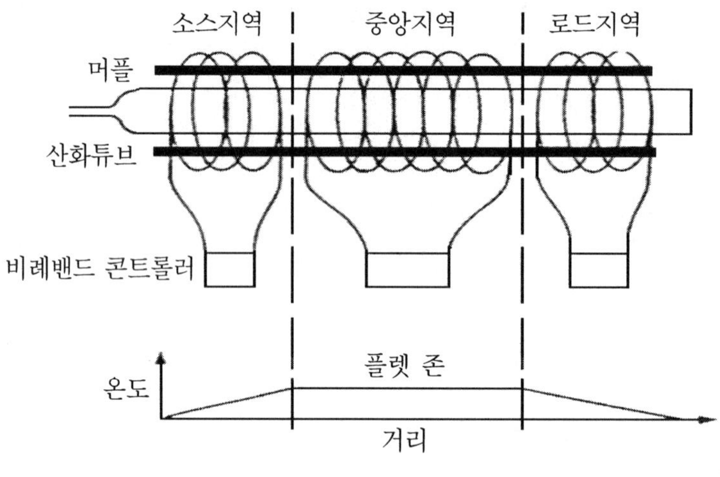

그림 8.5 지역 가열과 온도 분포

(6) 웨이퍼 보트 로딩(Wafer boat loading)

웨이퍼 보트는 결정 결함을 줄이기 위해 서서히 로딩 되어야 한다. 온도가 높거나 웨이퍼가 많을수록 웨이퍼 보트는 천천히 밀어 넣어야 한다. 전형적인 출입 속도는 분당 1인치다.

균일성과 편리를 위해 이 작업은 자동으로 하기도 한다.

(7) 산화 작업장

열산화는 몇 가지 스텝이 있으므로 작업대는 웨이퍼가 클래스 100의 환경을 벗어나지 않도록 설계되어야 한다. 산화로는 VLF작업대로 열려야하며 또한 웨이퍼 세척을 위한 습식 싱크(Sink)가 위치해 있어야 한다.

웨이퍼는 검사한 후 보트에 로딩하는데, 보트는 수정 홀더에 있으며 이는 수정 산화튜브에 연결되어야 한다. 이를 Elephant 혹은 White elephant라고 부른다. Elephant 입구의 배출구는 뜨거운 가스가 배출시스템으로 나가도록 해야 한다.

(8) 산소 공급

산소가 산화제로 쓰이는 경우 압축 산소 탱크나 건물의 시스템에서 소스 캐비닛으로 공급해야 한다.

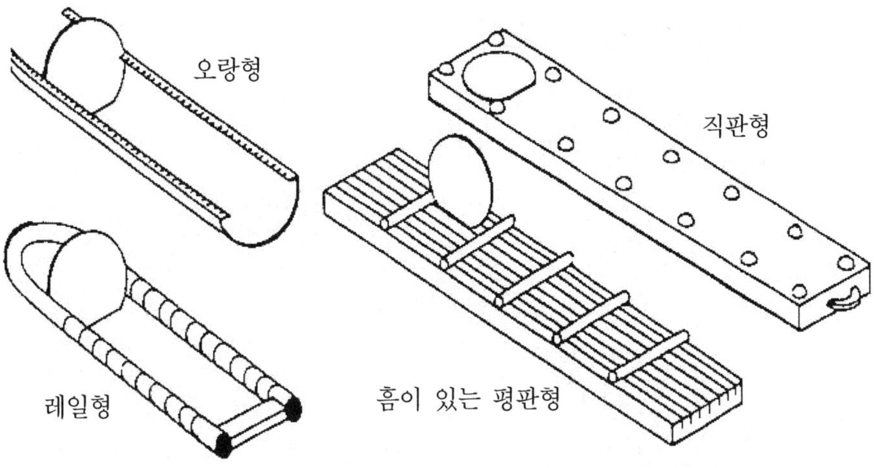

그림 8.6 산화/확산 보트

(9) 수증기 공급

① 버블러(bubblers)

수증기(스팀)를 산화 튜브에 공급하는 데는 몇 가지 방법이 있다. 가장 보편적인 방법이 수정 플라스크에 DI워터를 98～99[℃]까지 가열하는 것이다. 운반 가스(O_2 혹은 N_2)가 가열된 물을 버블(Bubble)해서 산화튜브로 가져간다.

② 플래쉬 시스템(flash system)

여기에서는 작은 수정 튜브 속의 열판에 물방울을 떨어뜨린다. 물방울은 즉시 증기로 변해 운반 가스에 의해 튜브로 옮겨진다.

③ 건식산화 혹은 건식 시스템

산화온도에서는 산소와 수소는 수증기를 만든다. 이러한 산화는 다른 수증기 시스템보다 약간의 향상이 있다. 가스를 씀으로써 DI워터나 수정용기로부터의 오염을 없앤다. 반응물의 흐름을 정확히 조절해서 일정한 산화막을 성장시킨다.

이 시스템의 결점은 수소의 폭발 위험성이다. 가스가 항상 가열된 튜브에서만 섞이고, 산소를 더 많이 넣어서 수소는 전부 물이 되게 함으로써 위험이 최소화된다. 튜브의 배기구에 가열소자를 설치해 남은 수소를 태워버리고, 수소검지기를 붙이면 더 안전하다.

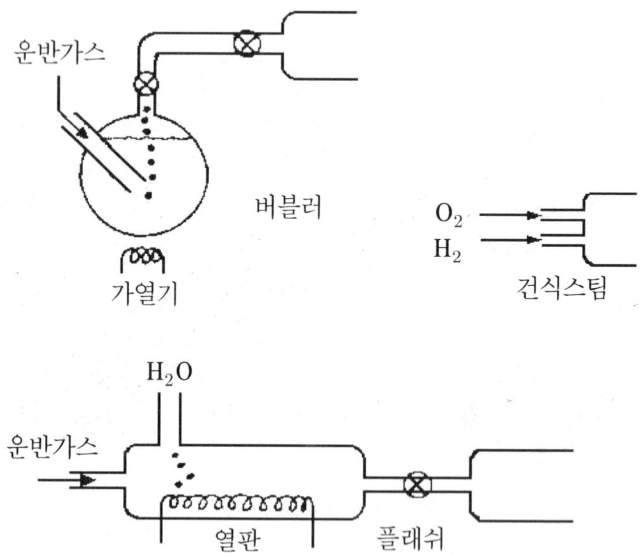

그림 8.7 수증기 형성

4. 고압 산화

공정의 온도를 줄이기 위해서는 대기압보다 높은 압력에서 산화를 해야 한다. 1기압 증가에 30[℃]의 온도하강이 허용된다. 같은 온도에서는 산화 시간이 줄어든다.

전형적인 압력은 10기압이다. 반응실은 스테인리스스틸로 만들어 압력을 지탱한다.

산화제는 대기압 산화에서와 같다.

5. 산화공정 시스템

(1) 세척

웨이퍼 표면의 오염은 비정상적인 산화막 성장, 얼룩이나 엣치된 웨이퍼 표면 등을 일으키며, 금속이온이 있으면 소자 신뢰도에도 문제가 있다.

세척 공정은 웨이퍼 상태나 오염물에 대한 소자의 민감도에 따라 여러 가지가 있다. 예를 들어, 게이트 산화막을 키우기 전의 MOS 웨이퍼는 매우 깨끗해야 한다.

웨이퍼를 오염시키는 것에는 다음 네 가지 형태의 오염물이 있다.

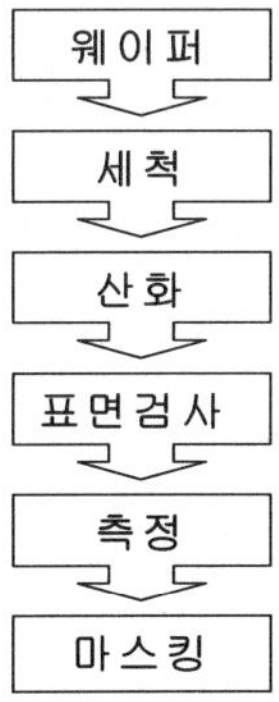

그림 8.8 산화공정 시스템

i) 입자
ii) 유기물(기름 지문 등)
iii) 무기 오염물
iv) 산화층

입자는 기계적 세척이나 산 세척으로 없앤다. 산 세척은 고온의 황산에 산화제로 한다. 이 세척제는 PR 스트리핑과 같다. 유기물은 용제(TCE나 알코올)나 황산/산화제로 없앨 수 있다.

용제 세척은 린스(Rinse)하기 어려우므로 가급적 피해야 한다. 유기오염은 수산화암모늄이나 물 그리고 과산화수소수 등으로도 제거된다.

무기오염물은 고온 황산세척이나 염산, 과산화수소수, 물 등으로 없앤다. 세척조에서, 얇은 산화막(100~200Å)이 생겨 다음 산화를 방해할 수 있다. 균일도와 두께 조절은 이 산화막을 불산/물에서 없애야 가능하다. 표 8.1에 사용되는 스텝을 나타내었다. 이 과정은 그 스텝 공정(공정A)과 많은 스텝공정(공정B)이 있다.

공정B는 이 공정을 개발한 회사이름을 따 RCA세척이라 한다. 산화 직전의 세척은 열확산 직전에도 필요하다.

표 8.1 세척(산화, 확산 세척 공정)

표면문제	공정 A	공정 B
입자	고온황산+산화제	기계적 세척
유기물	산	수산화암모늄
혼합물		
무기오염		불산
산화층	HF/물	HF/물

(2) 산화 사이클

로에서의 실제 산화는 세 사이클로 일어난다. 한 사이클만 하는 경우 맨 끝의 웨이퍼는 나중에 들어와 먼저 나가기 때문에 산화막이 얇아진다. 그래서 보트를 넣고 뺄때는 질소 등의 불활성 가스를 넣어준다.

산화제를 넣기 전에 온도가 안정성이 된다. 산화가 끝나면 다시 질소를 넣어 주어 꺼내는 사이클로 돌아간다. 수백 Å정도의 두께 조절은 이 공정으로 가능하다.

산화막 두께가 두껍다면(5000Å) 넣고 빼는 사이클은 산소 속에서 한다. 이는 습식 때보다 건식 때 일어나는 산화는 극히 적기 때문이다.

(3) 표면 검사

산화공정의 목적은 균일하고 오염 없는 산화막을 웨이퍼 표면에 기르는 것이다. 층의 물리적인 불균형은 평행한 백색광이나 UV광을 통해 쉽게 보인다. 빛은 얼룩, 입자, 그리고 비정상적인 것을 금방 드러낸다.

(4) 산화막 측정

① SiO_2 두께

SiO_2 두께는 웨이퍼를 추출해서 검사한다. 웨이퍼의 전체 산화막 두께는 각 산화스텝 때마다 늘어난다. 각 공정마다 증가하는 두께가 중요하기 때문에 테스트 웨이퍼를 보트에 넣어 두께를 잰다.

② 유전체 응력

산화막이 회로의 절연체로 쓰이기 때문에 유전체 응력도 중요하다. 유전체 응력은 불순물 함량에만 관계되기 때문에 산화 중에는 잘 일어나지 않는다. 유전체 응력 측정은 Run때마다가 아니라 주기적으로 측정한다.

유전체 응력 검사는 산화막의 파괴전압을 재야한다. 이는 파괴검사이므로 테스트 웨이퍼로 한다.

③ 굴절 률

산화막의 밀도와 구성의 변화는 굴절률을 바꿔, 두께 측정에 에러를 주게 된다. 유전체응력처럼 굴절률도 테스트 웨이퍼를 추출해서 검사한다.

④ 산화막 청결도

산화시스템(수정, 웨이퍼, 가스)에 있는 이동성 이온 오염물이 산화막에도 있게 된다. 테스트 웨이퍼의 C-V곡선으로 그 양을 알 수 있게 된다. 이 테스트는 웨이퍼의 오염과 시스템 자체의 청결도를 평가하는데도 사용된다.

6. 열 산화의 정리

가. 산화제	산소, 수증기				
나. 반응실	수정 혹은 실리콘 카바이드 튜브				
다. 웨이퍼 홀더	수정 혹은 실리콘 카바이드 슬롯 보트				
라. 로딩 방향	플로우에 수직으로				
마. 온도범위	900℃～1200℃				
바. 온도 균일성	±2℃				
사. 두께 범위	250Å～15000Å				
아. 산화공정	두께	사이클분위기	목적		
	5000Å-15000Å	1. N_2 혹은 O_2	온도안정		
		2. 산화제	산화막 성장		
		3. N_2 혹은 O_2	배출 사이클		
자. 두께 5000Å	사이클분위기	목적			
	1. N_2	온도안정, 산화막 성장방지			
	2. O_2 혹은 H_2	산화제 산화막 성장			
	3. N_2	배출 사이클, 산화막성장방지			
차. 측정	파라미터	방법	대상	빈번도	
				웨이퍼	런(Run)
	i) 두께	색 간섭현상 Ellipsometry	테스트 웨이퍼	샘플	100%
	ii) 유전체응력	산화막파괴	테스트 혹은 소자웨이퍼	샘플	
	iii) 굴절률	간섭	텍스트 혹은 소자웨이퍼	샘플	
	iv) 청결도	나안	테스트	샘플	100%
		C-V 곡선	소자	샘플	

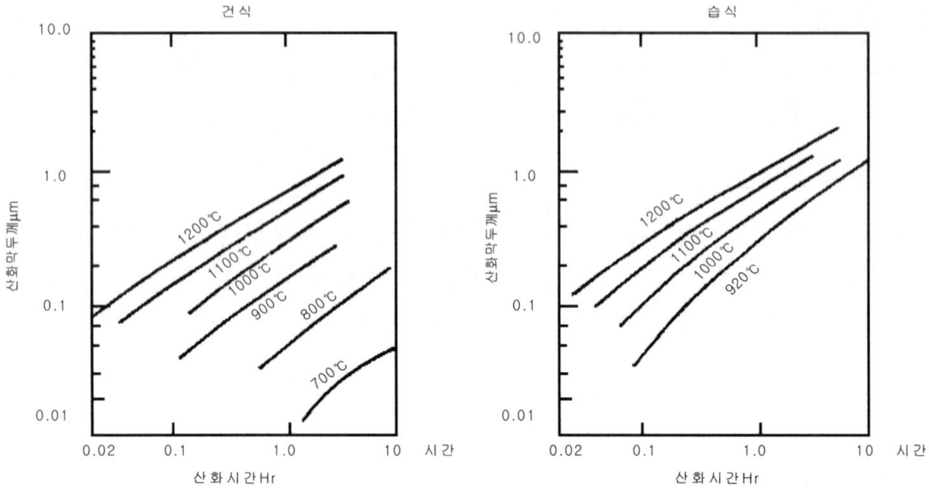

그림 8.9 습식 및 건식 산화에서의 산화막 성장

Chapter 9

포토마스킹 개관 (Photomasking)

포토마스킹 공정은 웨이퍼의 최상층을 선택적으로 제거하거나 패턴을 형성하는 기술이다. 여기서는 10-스텝의 공정과 기타를 설명 하고자한다.

포토마스킹 작업 중에 포토마스크로부터 패턴이 웨이퍼 표면으로 옮겨진다. 포토마스크의 설계와 제작은 반도체 공정의 중요한 분야다.

1. 포토마스크의 회로 설계

포토마스크 제작은 회로설계부터 시작한다. 포토마스크를 만들기 위한 중요 스텝을 그림 9.1에 나타내었다.

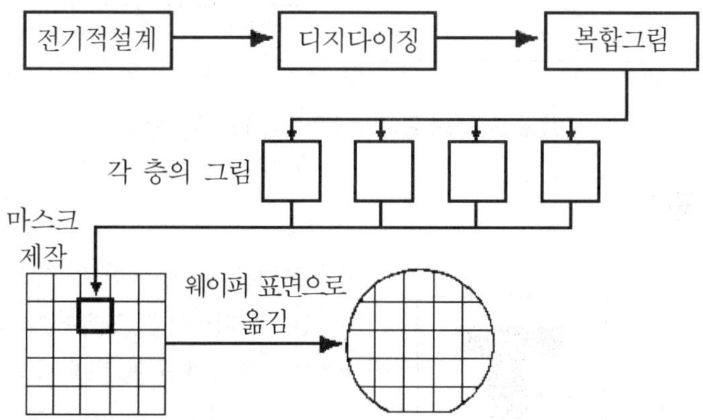

그림 9.1 패턴설계순서

2. 기능 다이아그램 및 회로설계

회로 설계는 회로 기능의 블록 다이아그램으로부터 시작한다. 이 다이아그램은 회로의 스펙이 없이 회로의 동작을 나타내고 있다. 회로 설계자는 최종 소자나 회로의 전기적 기능을 살핀다. 그 다음에, 설계자는 회로 파라미터를 정하고, 원하는 회로 기능에 필요한 반도체 요소를 설계한다.

회로 설계는 그림 9.2에 나타낸 것처럼 스키매틱(Schematic) 다이아그램이라 한다.

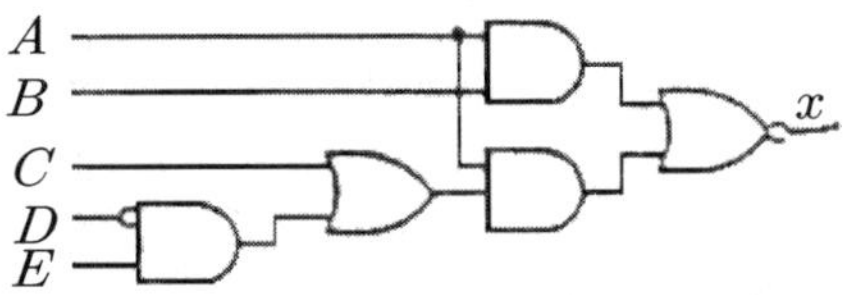

그림 9.2 회로기능 다이아그램의 예

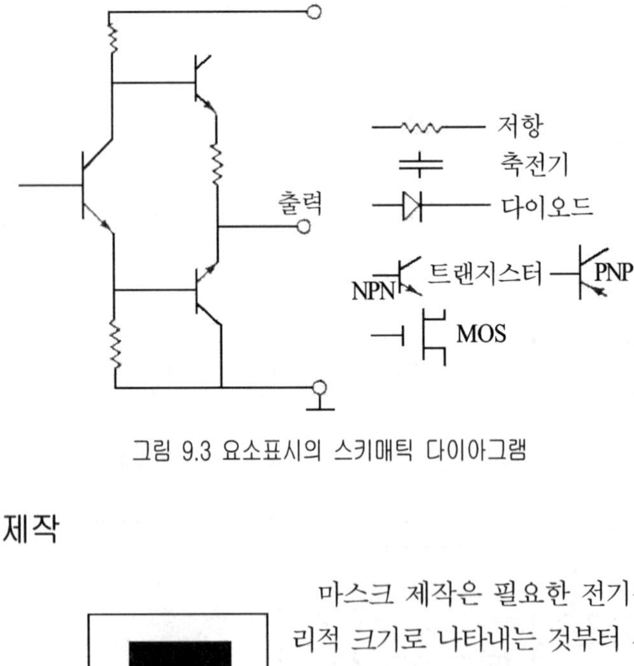

그림 9.3 요소표시의 스키매틱 다이아그램

3. 마스크 제작

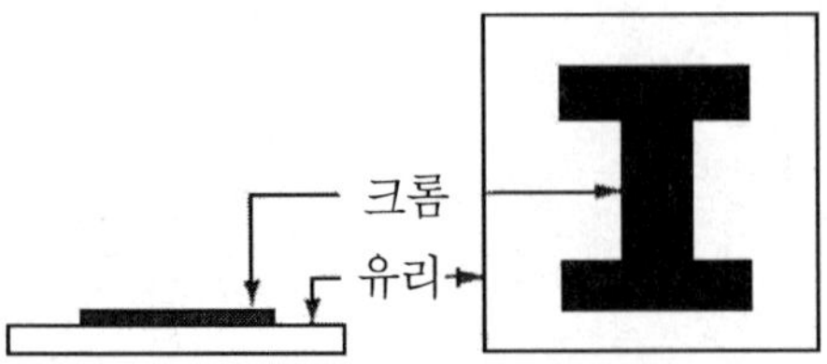

그림 9.4 포토 마스크

마스크 제작은 필요한 전기적 파라미터를 물리적 크기로 나타내는 것부터 시작한다. 그 다음에 패턴이 유리판의 표면에 옮겨진다. 포토마스크 표면은 에멀션(emulsion), 크롬, 산화철, 일산화실리콘 등으로 만든다. 보통 유리위에 크롬으로 만든다. 포토마스크 제작에는 두 가지 방법이 있다. 레티클(Reticle) 및 E-빔(Beam) 기술이다. 레티클 방법은 2~3 마이크론 패턴까지의 포토마스크를 만든다. E-Beam 기술은 패턴이 마이크론 이하인 포토마스크를 제작하는 데 사용된다. 그 공정을 그림 9.4에 나타내었다.

(1) 회로의 레이아웃(layout)

회로 레이아웃의 첫 스텝은 요구되는 전기적 파라미터를 내는 물리적인 소자 크기를 계산하는 일이다. 수직 방향의 크기는 CVD와 도핑 두께를 결정한다. 수평 방향의 크기는 웨이퍼 패턴 크기를 결정하며 복합 도면이라 불리는 최종 회로의 축소된 도면의 기초가 된다. 복잡한 복합 도면은 CAD 컴퓨터를 사용해서 레이아웃하고 제작된다.

회로는 한 번에 한 층씩 만들어지기 때문에 공정의 다음 스텝은 복합도면을 각 층으로 나누는 일이다. 그림 9.5에 금속 게이트 MOS트랜지스터의 복합 도면과 각 층의 도면을 나타내었다.

(2) 디지타이징(Digitizing)

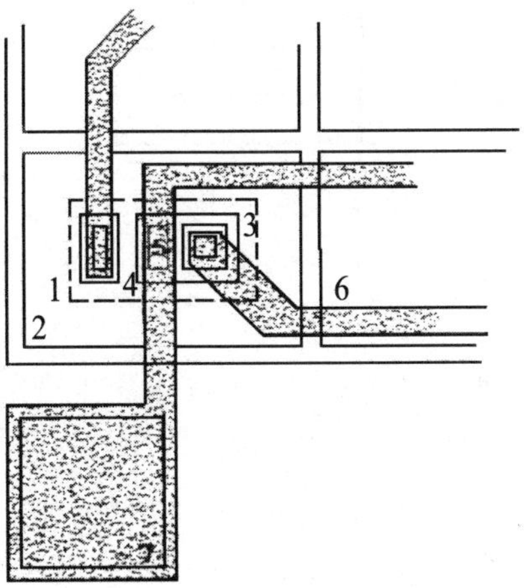

그림 9.5 바이폴라 트랜지스터

LSI나 VLSI급 회로 도면은 한 변이 10피트가 되기도 한다. 결국 도면은 칩의 최종 크기로 축소되어야 한다. 디지타이징이 축소의 첫 스텝이다.

도면은 커서(Cursor)가 컴퓨터에 연결된 X-Y보드에 위치한다. 도면에는 커서가 따라다니며 각 패턴의 크기 및 모양과 위치를 컴퓨터 기억소자에 기억시킨다. 이 정보는 테이프에 담겨져 레티클 제작이나 E-beam구동 시스템에 사용된다.

(3) 패턴(레티클) 형성(generation)

축소 공정의 두 번째 스텝은 패턴을 정확하게 복사하는 것이다.(레티클이라 불린다). 레티클 상의 패턴의 실제 크기는 보통 웨이퍼 패턴의 10배가 된다.

레티클은 패턴 형성기의 빛에 의해 선택적으로 노출된 에멀션이나 크롬의 광판이다. 형성기는 광원과 컴퓨터로 조절되는 고속 셔터로 구성되었다. 즉, 광원과 셔터가 옮겨

다니며 선택적으로 빛을 투사한다. 디지타이징한 컴퓨터 테이프가 셔터의 개폐를 명하여 정확한 패턴을 형성한다. 패턴은 사진 현상처럼 레티클 표면에 투명지역과 불투명지역으로 현상된다. 크롬 레티클은 웨이퍼 패턴형성과 같은 스텝으로 공정을 한다. 레티클은 회로의 한 층을 축소 복사한 것이다.

(4) 스텝 앤드 리피트(step and repeat)

레티클의 패턴은 스텝 앤드 리피트 조작으로 마스크로 옮겨진다. PR이 입혀진 마스크(크롬, 에멀션, 산화철)이 X-Y스테이지에 놓이고, 레티클이 마스크의 구석에 위치한다. 광원이 레티클의 패턴을 PR에 옮긴다. 첫 번째 패턴이 복사된 후 기계는 레티클을 다음 위치로 옮기고(Steop), 그 위치에 패턴을 형성한다(Repeat). 전체 마스크가 레티클 패턴으로 채워질 때까지 이 공정이 계속된다.

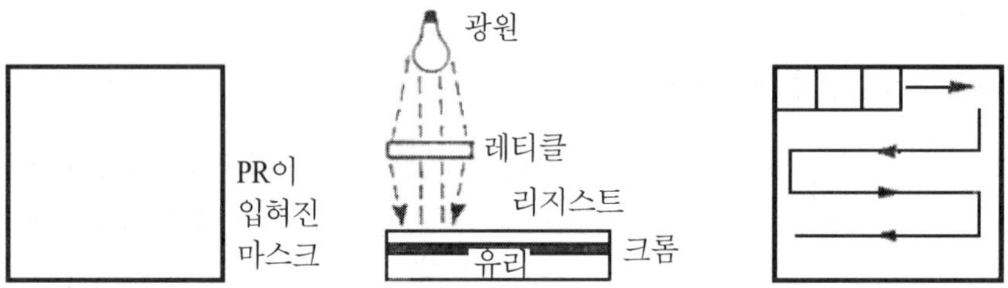

그림 9.6 레티클 패턴을 마스크에 옮기는 스텝 앤드 리피트

(5) 평판 공정(plate processing)

스텝 앤드 리피트 동작은 레티클 패턴을 평판의 PR에 옮겨놓는다. 그 다음에 평판은 현상되고 에치되어 패턴을 마스크 평판 표면에 옮기게 되는 것이다.

경화판(크롬이나 산화철 등, Hard surface plate)는 기본적 포토마스킹과 비슷하게 일련의 화학적 공정을 거친다. 에멀젼 마스크는 사진 공정과 비슷한 스텝을 거친다.

(6) 마스트 플레이트와 워킹 플레이트

위와 같이 만들어진 포토마스크를 마스터 플레이트(master plate)이라한다. 보통, 마스크의 품질을 떨어뜨리는 콘택트 얼라이너(Contact aligner)를 쓰기 때문에 마스크가 많이 필요하다. 마스크를 만드는 공정은 돈이 많이 들기 때문에 최초의 플레이트는 마스터로 보관된다. 서브마스터(Submaster)가 마스터에서 복사된다.

서브마스터와 워킹 플레이트를 복사하는 기술은 콘택트 프린팅(Contact printing)이라 한다. 마스터(혹은 서브마스터)는 리지스트가 입혀진 마스크에 진공 밀착되어 패턴이 빛에 의해 옮겨진다.

콘택트 프린팅에서 물리적으로 밀착되기 때문에 두 장 모두 상처가 나기 쉽고, 나중에 더 큰 결함을 초래할 수 있다. 따라서 가장 결함이 적어야 하는 것은 마스터이다. 더 낮은 결함이 있는 패턴을 형성하기 위해서는 프로젝션 얼라이너(Projection aligner)나 "Direct wafer step reticle" 이 사용되기도 한다.

(7) E-빔 마스크 제작

레티클에 의해 포토마스크를 만들 때 스텝 앤드 리피트 공정은 두 가지 문제를 낳는다. 레티클에서 플레이트로 전달하면서 상의 왜곡(결함, 크기)이 있다. 사실, 패턴이 옮겨질 때마다 질이 저하된다. 또 다른 문제는 각 패턴을 원하는 위치에 정렬시킬 때의 문제다. 스텝 앤드 리피트 기계는 회전이나 X-Y방향으로 약간의 에러가 발생한다.

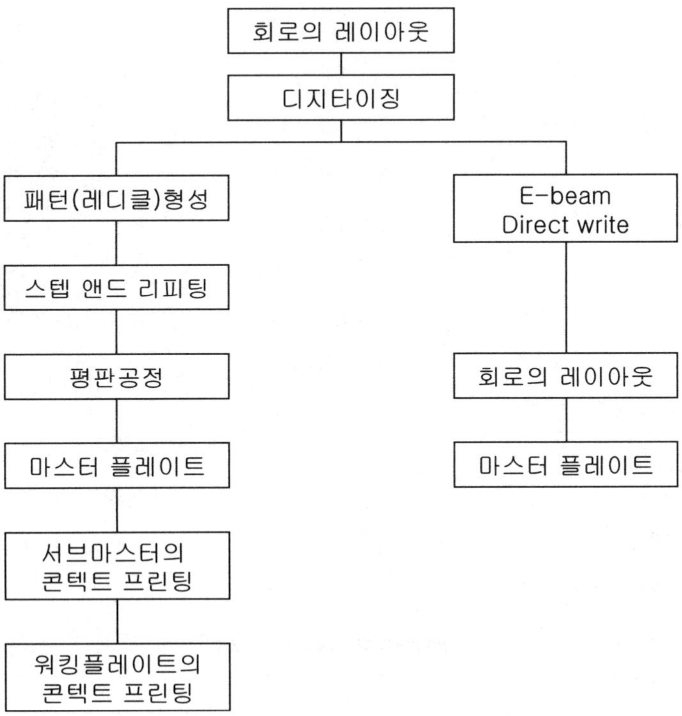

그림 9.7 마스크 제작 계통도

4. 기본적 포토마스킹

포토마스킹은 PR층을 사용해서 패턴을 마스크로부터 웨이퍼 표면으로 옮기는 일이다.

우선 마스크가 PR층에 옮겨진다. 그 다음에 PR층에서 웨이퍼 표면으로 옮겨진다. 사진의 이중 이동의 본보기다. 카메라에서 상이 카메라에 의해 필름에 옮겨진다. 다음 공정에서 필름과 상이 프린트 용지에 옮겨진다.

(1) 포토마스킹 결과

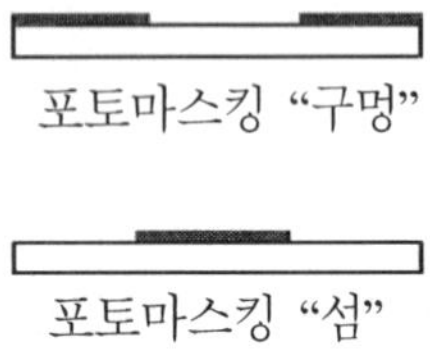

그림 9.8 포토마스킹 결과

반도체 기술에서 웨이퍼 웨어는 여러 가지 표면층이 있다. 포토마스킹 공정에 의해 마스크의 패턴이 이들 층에 옮겨져 어떤 결과를 나타낸다. 층에 "구멍" 을 내거나 웨이퍼에 "섬" 이 남거나 한다. 콘텍트(Contact) 마스크는 금속이 실리콘에 닿도록 웨이퍼에 구멍을 내는 예다. 금속 배선 마스크는 웨이퍼 면에 남기는 섬의 예가 된다. 섬을 남기는 것을 "Subtract etch" 라고도 한다.

E-빔 기술은 위의 두 문제를 동시에 해결한다. E-빔 기계는 전자 주사 현미경(SEM)과 비슷하다.

코팅된 마스크가 진공실에 위치하며, 전자 빔이 거기에 투사된다. PR을 노광시키기 위해 테이프에 있는 패턴 정보가 E-빔의 위치를 잡는데 사용된다. 패턴은 레티클 없이 직접 마스크에 그려진다.

E-빔 마스크는 값은 비싸나 품질이 더 좋다. E-빔에 의해 만들어진 대부분의 마스크는 프로젝션이나 웨이퍼 스테퍼 조사장치에 쓰인다.

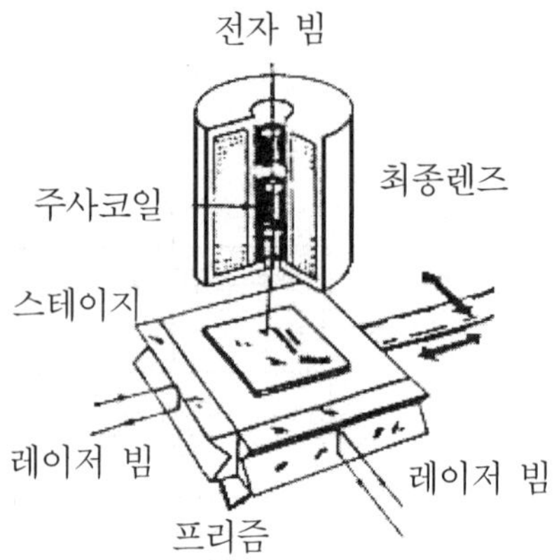

그림 9.9 E-beam direct Write Apparatus

(2) PR극성

구멍과 섬을 만들기 위해서는 PR과 마스크의 극성이 맞아야 한다. 음성 PR은 빛에 의해 반응해서 분자 사이에 체인을 형성함으로서, 다중체(Polymer)를 형성한다. 빛이 조사되지 않은 양성 PR은 다중체화되어 있으나 조사 중에 다중체가 끊어진다.

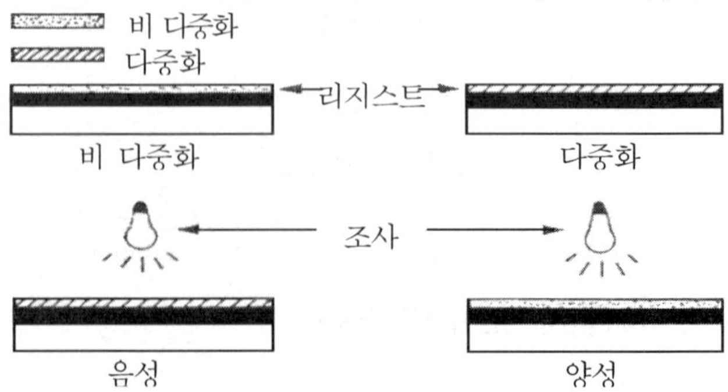

그림 9.10 빛에 의한 음성 및 양성 PR반응

(3) 마스크 극성

마스크에 마스크 패턴이 불투명한 지역으로 표시되면 마스크는 "Light" 필드 마스크라 한다. 마스크 패턴이 아무것도 없는 투명부일 때는 "Dark" 필드 마스크라 한다.

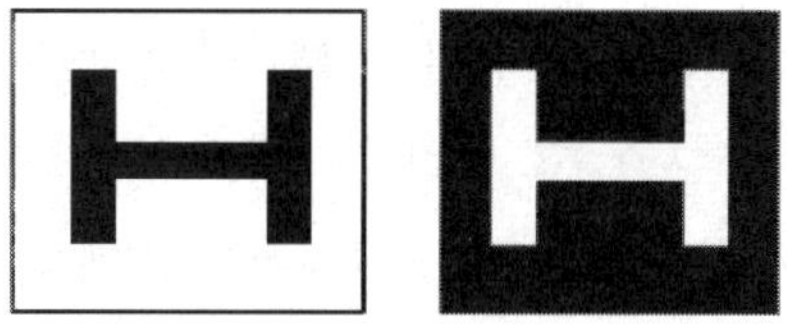

그림 9.11 "Light"와 "Dark" 필드 마스크

(4) 기본적인 포토마스킹 흐름, 첫 번째 옮김(Transfer)

패턴을 마스크에서 웨이퍼로 옮기는 데는 두 번의 옮김이 있어야 한다. 그 첫 번째 마스크에서 PR층으로의 이동이다. 그 과정을 "Clear" 필드 마스크와 음성 PR을 예를 들어 설명한다.

Hard baking은 현상(Develop) 검사 이전에 실시된다. 보통의 자동기계는 베이크 오븐에 붙어 있으므로 두 스텝이 한 동작으로 실행된다.

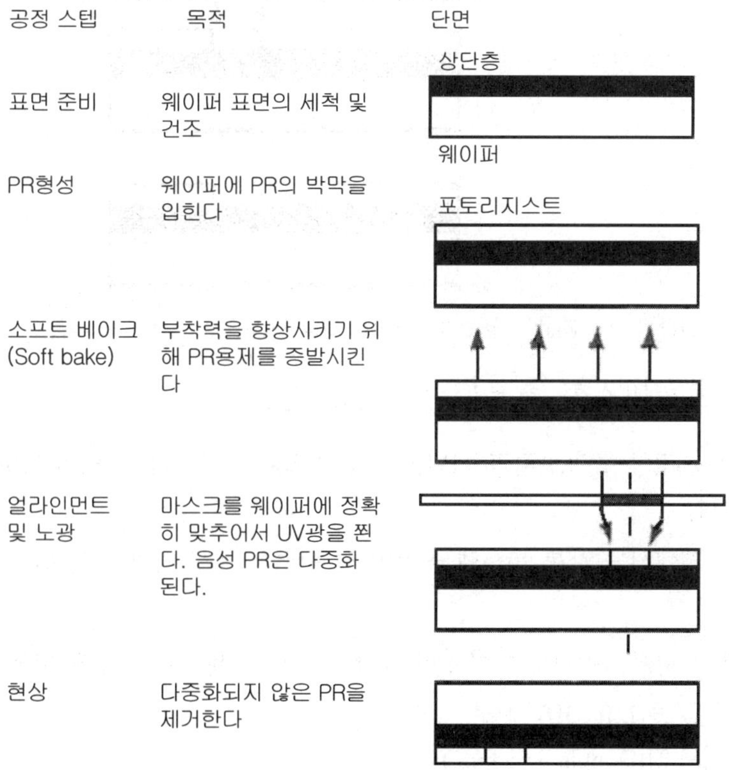

그림 9.12 "Light" 필드 마스크로부터 음성 PR층으로의 첫 번째 옮김

수동 장비가 쓰인다면 Hard bake 동작은 현상 검사와 에치 사이에 실행된다.

이렇게 해서 마스크의 불투명 부분이 PR층으로 옮겨졌다. 같은 결과가 "Dark" 필드 마스크와 양성 PR에 의해 얻어진다.

스텝 ②, ④, ⑤를 다음에 예로 들었다.

(5) 리지스트 및 마스크 극성 조합

적당한 PR과 마스크 극성을 선택함으로써 두 가지 결과 구멍 혹은 섬이 얻어질 수 있다.

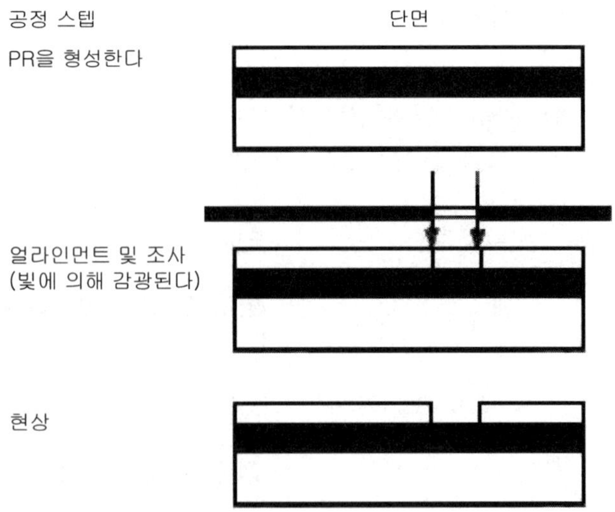

그림 9.13 "Dark" 필드 마스크에서 양성 PR층으로의 첫 번째 옮김

(6) 기본적 포토마스킹 흐름도-두 번째 옮김

구멍 혹은 섬이 PR층에 형성되면 패턴이 표면층으로 옮겨진다. 스텝 8~10이 이러한 공정을 보여준다.

포토마스킹 스텝에서는 보통 10스텝 공정이 사용된다. 각 스텝의 파라미터는 Fab라인마다 다르다.

어떤 경우에는 기본 공정이 부적합한 경우도 있다. 세 가지 다른 방법이 있다.

i) 리프트 오프(Lift Off) 공정
ii) 이중 마스킹(Double Masking)
iii) 이중층 PR(Double layer PR)

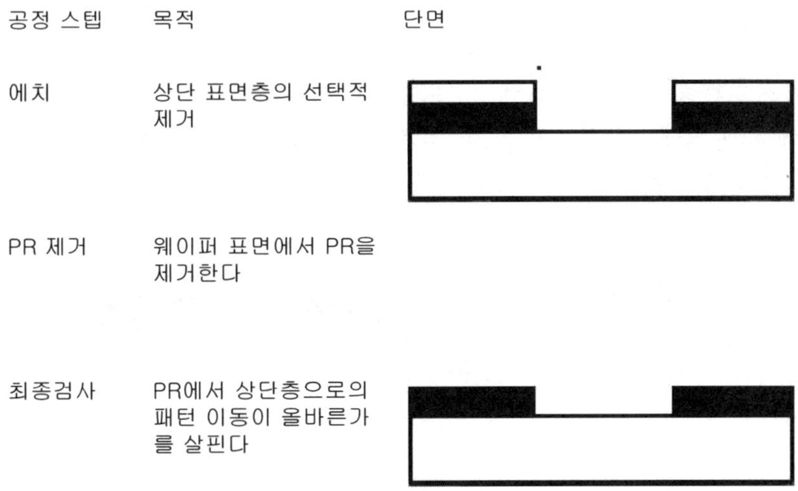

그림 9.14 상의 두 번째 옮김

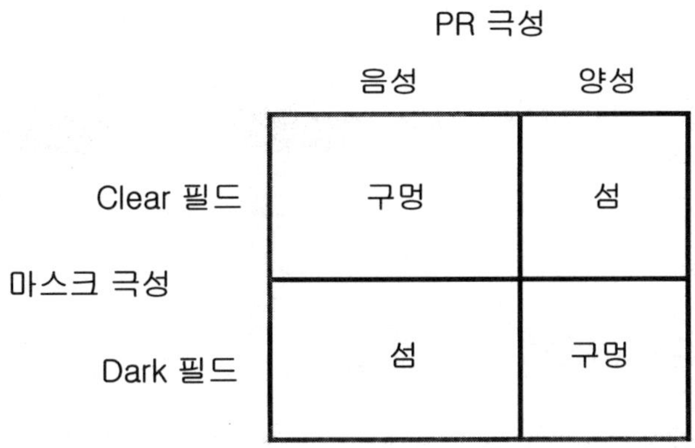

그림 9.15. 마스크 및 PR극성

5. 리프트 오프(lift off) 공정

기본 포토마스킹 공정 중에는 웨이퍼의 패턴 크기가 변할 수 있는 세 스텝이 있다. 노광, 현상, 에치가 그것이다. 리프트 오프 공정은 크기에 변화를 주는 스텝을 노광과 현상, 두 스텝으로 줄인 것이다. 이 방법은 금속 배선 등의 적층에 패턴을 뜨는데 사용된다.

이 기술은 현상 스텝까지는 기본 10스텝 공정과 같다. 노광 및 현상 사이클을 변화시킴으로써 리지스트의 변두리는 음의 기울기를 가진다. 곧이어 금속 박막이 웨이퍼에 적층된다.

리지스트가 현상되어 없어진 부분은 금속이 직접 웨이퍼 표면에 닿게 된다. 기울기가 거꾸로 된 리지스트 섬 때문에 금속 층은 훨씬 얇아진다. 웨이퍼가 PR 스트리퍼에 담기면(보통 초음파 교반을 시킨다) 섬 위의 금속은 "life off" 되어 웨이퍼에서 들춰지게 된다.

웨이퍼에 남은 금속 층의 폭은 PR이 열려있는 폭과 정확히 같다. 에치 스텝에 의한 크기 변화가 없어진다.

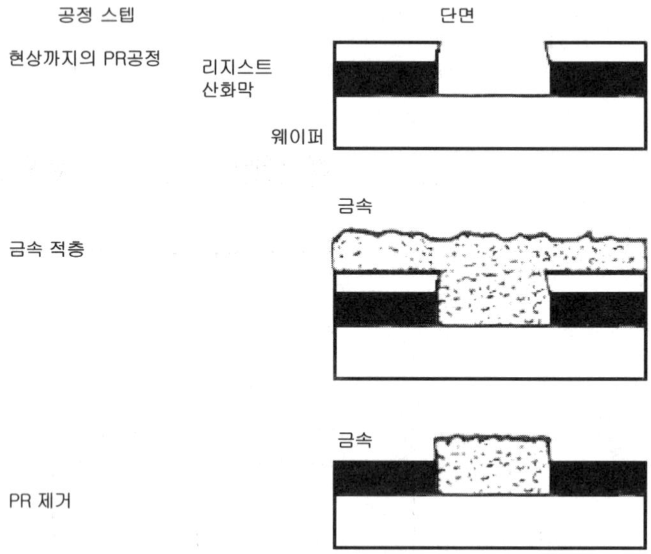

그림 9.16 Lift off

6. 이중 마스킹(double masking)

작은 규모의 패턴(예를 들어 콘텍트 마스크)을 형성할 때는 보통 얇은 리지스트 막과 짧은 조사시간으로 해야 한다. 그러나 얇은 막은 구멍이 나기 쉽고, 특히 콘텍트 마스크의 경우 구멍이 있으면 금속과 기판이 직접적으로 단락(Short)되기 쉽다.

이러한 문제를 해결하는 것이 이중 마스킹이다. 리지스트의 얇은 첫째 층이 형성되고, 현상까지 공정한다. 다음에 두 번째 층이 형성된다. 두 번째 층의 노광은 얼라인먼트 에러를 줄이기 위해 오버사이즈(Over size) 마스크를 쓴다. 두 번째 층의 효과는 첫 층의 구멍을 메우기 위한 것이다. 두 번째 층에 구멍이 있다 하더라도, 첫 층의 구멍과 정확히 맞을 가능성은 희박하다.

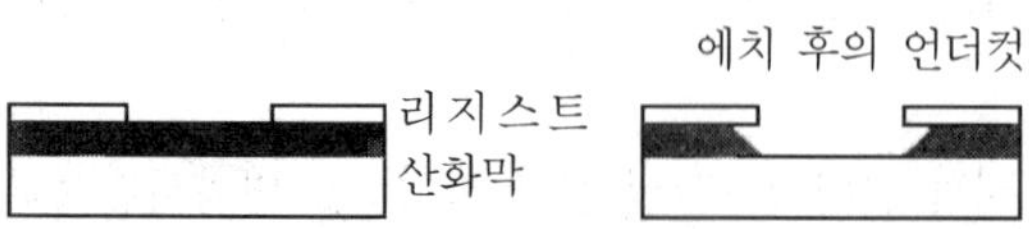

그림 9.17 얇은 리지스트의 언더 컷(undercut)

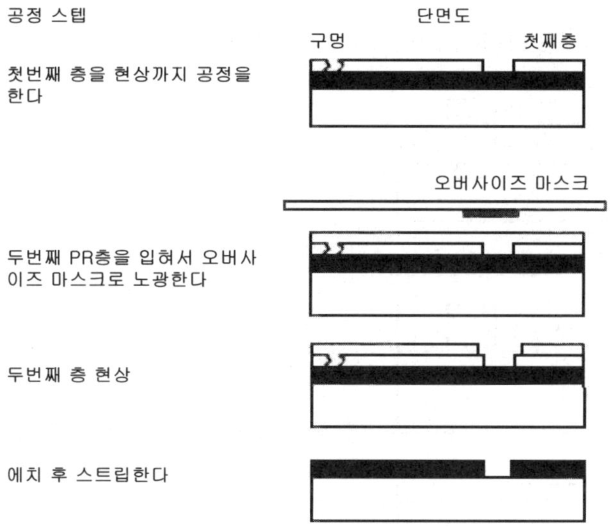

그림 9.18 이중 마스킹

7. 이중 층 PR(Dual Layer Photoresist)

복잡한 회로의 VLSI는 더 많은 공정스텝이 필요해서, 층도 많고 표면의 굴곡도 심해진다. 이런 경우 포토마스킹에 문제가 생기는데, 노광하는 빛이 마스크 패턴 주위로 확산해서 웨이퍼 표면의 패턴 크기를 바꾼다. 깊은 곳에 있는 패턴의 경우 더욱 더 영향을 받는다.

이 문제는 두 가지 극성의 리지스트를 이중으로 형성함으로써 없앨 수 있다. 우선, 비교적 두꺼운 첫 층을 입혀 베이크하는데 약간 흘러서 표면이 평탄해질 정도로 한다. 그 다음에 얇은 두 번째 층이 그 위에 입혀져 현상된다. 첫 번째 층은 아래층의 노광

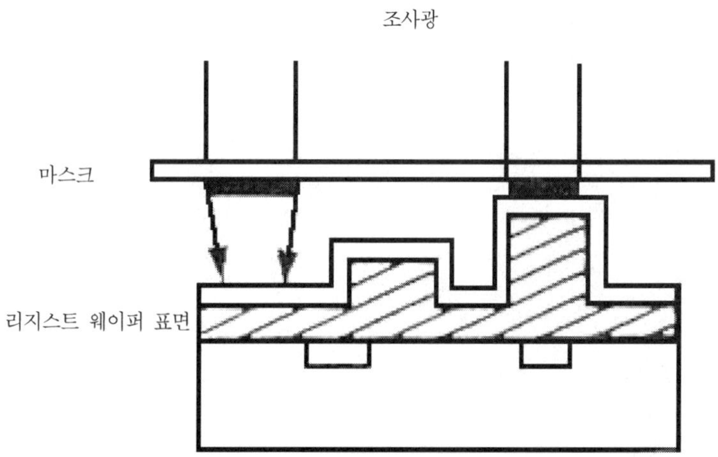

그림 9.19 패턴 해상도에 표면 기복이 미치는 영향

의 마스크가 된다. 마스크 없이 노광해서 아래층을 현상하고 웨이퍼를 에치해서 스트립한다. 첫 층은 PR이나 폴리마이드(Polymide)가 된다.

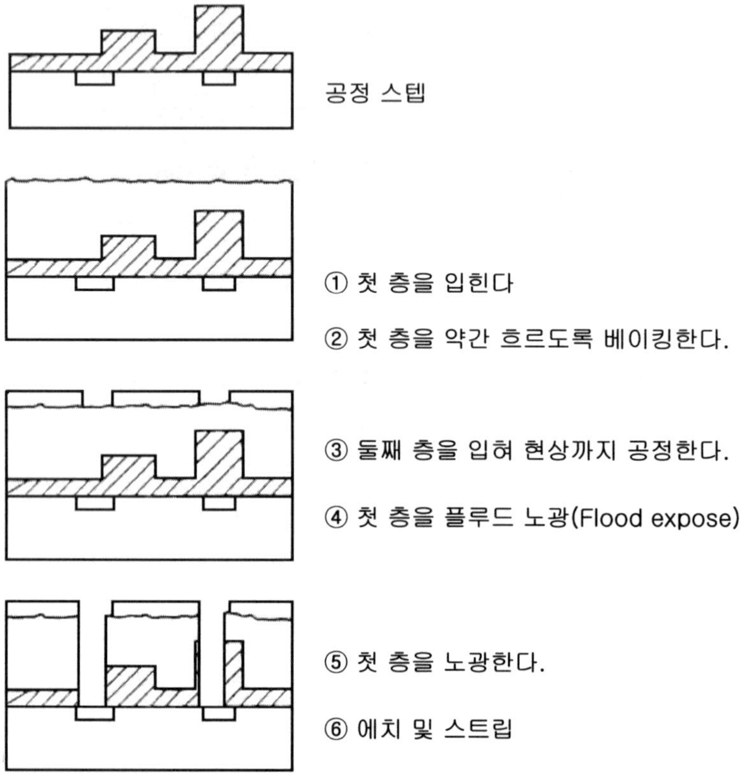

그림 9.20 이중 층 PR공정(Dual Layer PR Processing

Chapter 10 포토리지스트 화학 (Photoresist Chemistry)

이 장에서는 화학적, 물리적 그리고 공정상의 관점에서 포토리지스트(Photoresist; PR) 자체에 대해 논한다.

1. 포토리지스트(PR)

포토마스킹의 심장부는 포토리지스트(이하 PR)이다.

PR은 빛이나 방사, 열 등의 여러 형태의 에너지에 노출되었을 때 내부 구조가 바뀌는 특성을 가진 화학적 혼합물이다.

반도체에 적용되는 PR의 구조 변화는 현상 가능에서 현상 불능 혹은 그 역으로 바꾸어진다.

PR은 복사업계에서 사용되어 왔는데, 1920년에 인쇄회로기판업계에서 먼저 응용하기 시작했다. 반도체 산업은 1950년대에 웨이퍼에 이 기술을 적용시켰다. 반도체에 사용되는 PR은 Eastman Kodak 회사에서 처음 개발되었다.

50년대 말, KPR과 KMER 음성 PR을 만들었다. 비슷한 시기에 Shipley회사에서도 양성 PR을 만들었다. 그 뒤로 많은 회사들이 더 미세한 패턴을 균일성 있고 공정에 너무 민감하지 않게 하면서 시장에 뛰어들었다.

PR은 이미지 크기나 공정을 생각지 않고는 선택할 수 없다. 한 번 공정이 설정되었으면 PR을 바꿀 때는 충분한 테스트가 선행되어야 한다.

2. PR구성

음성이나 양성 PR은 세 가지 기본 요소로 되어있다. PR의 "Photo" 요소는 적당한 용제에 녹아있는, 빛에 민감한 고분자다. 용제는 PR이 웨이퍼에 극히 얇은 막(0.5에서 1.5마이크론)을 형성하도록 한다. PR의 화학적 특성을 조절하고 수정하기 위해서 여러 가지 센시타이저(Sensitizer)가 포함된다.

표 10.1 PR 화합물

화 합 물	기 능
다중체(Polymer)	에너지에 반응하여 구조를 바꾼다. (고분자화 또는 광분해)
용제(Solvent)	박막을 스핀으로 입힐 수 있게 한다.
센시타이저 (sensitizer)	노광되었을 때 화학적 반응을 조절하고 수정한다.
첨가물	특별한 용도

3. 음성 PR화학(Negative Photoresist Chemistry)

PR의 "Photo" 부분은 빛에 민감한 고분자다. 고분자 화학은 끝없이 다양한 플라스틱을 다루는 매력적인 분야다. 화학자가 아니라도, 고분자는 반복된 패턴으로 형성된 크고 무거운 분자의 집합이라는 것을 알고 있다. PR의 고분자도 유기물이어서 탄소, 수소, 산소로 되어있다. 고무는 폴리이소프림(Polyisopreme)이라 불리는 천연 고분자다. 음성 PR의 기본은 이 고분자다. 사실 초기의 Kodak 회사도 고분자 원료로서 천연고무를 사용했다. 고분자 화학에서는 고무의 구조를 재생할 수 있다. 최근의 음성 PR은 합성 폴리이소프림 고분자에 기반을 둔다.

(1) 센시타이저(Sensitizer)

시간, 온도, 에너지 등의 화학 시스템 파라미터가 고분자화 과정을 얼마나 빨리, 완전하게 하는가를 결정한다. 그 반응은 센시타이저를 첨가함으로써 수정될 수 있다. 예를 들어 음성 PR은 주로 자외선에 민감하게 반응한다. 고분자화는 얼라인 기계의 자외선의 극히 일부에 대해서만 일어난다. 센시타이저는 PR이 반응하는 파장범위를 늘이거나 줄이는데 사용된다. 이러한 범위의 파장을 스펙트랄(Spectral) 반응이라 한다.

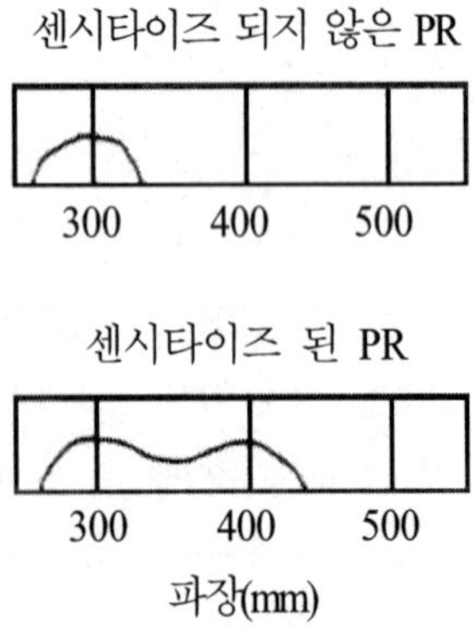

그림 10.1 센시타이즈 된 PR과 안된 PR의 스펙트랄 반응

(2) 용제(Solvent)

용제는 광반응 고분자의 운반체이다. PR용제는 페인트의 액체성분과 같은 역할을 한다. 실제로 음성 PR의 함량은 고형분이 10%이하다.

용제는 두 분류 "aromatic" 과 "aliphatic" 으로 나눌 수 있다. 아르마틱 용제는 케로센(Kerosene)과 같은 체인형 화합물이다. 알리파틱화합물 속에는 탄소 원자가 열린 체인형으로 연결되어 있다. 보통의 음성 PR용제, 크실텐(Xylene)은 아로마틱 형이다.

(3) 첨가물(Additives)

음성PR의 스펙트럼 반응을 향상시키기 위해 여러 가지가 첨가된다.

(4) 산화(Oxygenation)

음성PR은 노광 중에 산화가 일어난다. PR의 탄소가 공기 중의 산소와 결합해서 CO_2를 형성하기 때문에 막이 얇아진다. 질소 속에서 노광하면 해결되는데, 프로젝션 얼라인에서는 노광 구멍이 크기 때문에 어렵다. 따라서 산화를 최소한으로 줄인 PR이 개발되었다. 산화에 의한 막 두께의 감소는 40%까지 일어난다.

4. 양성 PR화학(Positive Photoresist Chemistry)

(1) 고분자화합물(polymer)

phenol-formal dehyde 고분자 화합물이 보통 양성 PR의 근본이다. 이는 또한 phenol-formal dehyde novalak resin이라고도 한다. 공정을 하기 전에 폴리머(polymer)가 고분자화 된다. Naphthoquinone diazides와 함께 풀리머를 공정하면 풀리머가 빛에 민감해진다. 에너지(빛)에 노출될 때, resin이 불용성에서 용해성으로 바뀐다. 이러한 반응을 광분해(photosolubiliztion)라고 부른다. 실제, 폴리머의 구조가 phenol-formaldehyde에서 carbolic산으로 바뀐다. 이 산은 용해된다. 폴리머는 보통 어두운색인데, 양성 PR에 자체적인 광 필터 기능이 생겨서 이미지 축소가 향상된다. 그러나 노광후 PR의 점착성이 나빠진다.

(2) 센시타이저(Sensitizers)

양성 PR의 센시타이저의 기능은 음성 PR과는 다르다. 양성 PR의 센시타이저는 리지스트의 노광 메카니즘에는 관여하지 않는다. 광분해로 인해서 용제에만 녹는 부산물이 만들어진다. 센시타이저는 용제에 용해되는 것을 물에 용해되도록 해준다. 이러한 변화를 위해서는 폴리머/센시타이저의 비가 4:1이 필요하다.(음성 PR은 이 비가 약 60:1이다)

(3) 용제(Solvent)

음성 PR처럼 용제는 폴리머와 센시타이저를 섞어주는 역할을 한다. 기본적인 용제로서 ethoxyethyl acetate와 2 methoxyethyl acetate가 쓰인다. 어떤 양성 PR에서는 건조와 응용 특성을 위해 크실렌이나 부틸아세테이트를 섞기도 한다.

5. 특수한 용도의 PR

점점 작은 패턴을 다루게 됨에 따라 고해성 PR을 개발하고, 또 E-빔이나 X-Ray 등의 색다른 노출방사(radiation)에 반응하는 리지스트를 개발할 필요가 생겼다. 폴리이소프림이나 novolak폴리머를 쓰는 리지스트와 또 다른 폴리머를 쓰는 리지스트도 개발되었다. 표 2.3에 현재의 리지스트와 극성 그리고 노출 방사를 나열한다.

6. PR기능에 영향을 주는 인자

분해도에 따라 특정한 PR이 선택된다. 또 다른 PR의 기능 인자로서 점착성, 노출속도 및 핀홀의 개수 등이다. 포토마스킹 공정에서의 모든 공정은 서로 연관되어 있다.

표 10.2 음성 및 양성 PR의 화학

파라미터	음성	양성
폴리머	폴리이소프렌	페놀-포름알데히드
빛에 대한 반응	고분자화	광 분해
센시타이저 역할	스펙트랄 반응조절	솔벤트에 녹는 막을 수용성으로 만듦
폴리머/센시타이머	60:1	4:1
용재	크실렌	Ethoxyethyl Acetate 혹은 2-methoxyethyl acetate
첨가물	Dyes	건조용제

(1) 분해도(Resolution)

PR에서 구현할 수 있는 가장 작은 구멍이나 면적을 분해능(resolution capability)이라고 한다. 그런데, PR층은 에치 때의 강도, 그리고 구멍(pinhole)이 안날 정도의 두께는 있어야 한다.

표 10.3 리지스트 비교표

Resist	Polymer	Polarity	Sensitivity (coul/㎠)	Exposure Radiation
Positive	Novolak(M-Cresolformaldehyde)	+	3-5 × 10^{-5}	UV
Negative	Poly isoprene	−	5 × 10^{-5}	UV
PMMA	Poly-(Methyl Methacrylate)	+		E-Beam
PMIPK	Pole(Methyl isopropenyl Ketone)	+	1 × 10^{-5}	E-beam/Deep UV
PBS	Poly-(Butene-1Sulfone)	+	1 × 10^{-6}	E-Beam
TFECA	Poly-(Trifluoroethyl Chloroacrylate)		8 × 10^{-7}	E-Beam
COP (PCA)	Copolymer-(α-Cyano Ethyl Acrylate-α -Amido Ethyl Acrylate)	−	5 × 10^{-7}	E-Beam X-Ray
PMPS	Poly-(2-Methyl Pentene-1-Sulfone)	+	2 × 10^{-7}	E-Beam

그래서 분해능이란, 어떤 두께에 대한 가장 작은 면 혹은 구멍이 된다. 분해능은 리지스트의 애스펙트(aspect) 비로 표현되는데 이 비는 리지스트 두께에 대한 이미지의 구멍이다.

양성 PR의 장점중의 하나가 음성 PR보다 높은 애스펙트 비를 갖는다는 점이다.

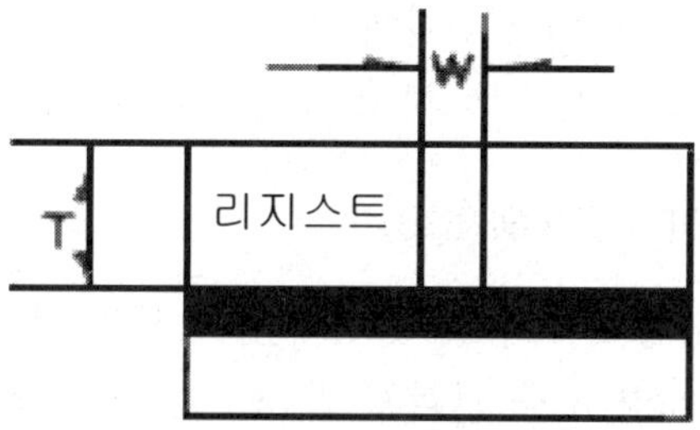

$$\text{에스펙트 비} = \frac{W}{T}$$

그림 10.2 애스펙트 비

(2) 점착성(Adhesion)

반도체 공정에서 PR이 다양한 표면에 잘 붙는 특성도 중요한 파라미터이다. 만일 PR이 에치 하는 동안 일어나 버리면(lift off), 이미지의 크기는 목적보다 더 크거나 작게 된다. PR의 원래의 점착력은 에치 중의 리프트(lift)를 방지하기에는 부족하다. 그래서 탈수 등의 공정이 필요하다. 음성 PR이 양성 PR보다 보통 점착력이 좋다.

(3) 노출속도

특정한 PR이 노출에 반응하는 속도를 노출속도라 한다. 시간적인 메커니즘과 노출기계의 조도 때문에 빨리 반응하는 리지스트를 쓰는 공정이 변화가 크다. 긴 조사시간을 필요로 하는 리지스트가 생산 시간도 길게 된다.

조사 속도는 또한 리지스트가 반응하는 방사의 범위에의 함수이기도 하다. 보통, 폭이 좁을수록 빠른 리지스트다. 양성 PR이 음성보다 3~4배 느리다.

(4) 구멍(Pinhole) 갯수

PR층의 구멍 개수는 리지스트 자체, 스핀상태, 청결도 등의 몇몇 요인의 함수가 된다. 모든 PR층은 얇고, 입자를 포함하고, 스핀 동작에서 리프트가 일어나기 때문에 구멍이 생긴다. PR은 좋은 이미지를 만들 정도로 얇고 구멍이 적을수록 좋다. 두꺼운 막을 형성해도 좋은 패턴을 형성하는 양성 PR은 구멍이 더 작다.

(5) 공정상태

리지스트 공정도중, 몇 가지 공정 변수가 있다. 포토마스킹 스텝의 목적은 일정한 이미지 크기를 만드는 것이므로 이러한 변화에 무관한 것이 리지스트의 중요한 특성이다. 분해도와 공정 상태는 리지스트를 선택하고, 공정 파라미터를 정하는 기준이 된다.

(6) 스텝 커버리지(Step Coverage)

웨이퍼 표면은 여러 가지 층과 패턴을 형성하는 공정을 거침에 따라 층이 생긴다. 이러한 층을 PR이 덮을 때 에치 도중 파괴될 위험이 있다. 스텝 커버리지는 리지스트, 스텝크기, 에치 시간의 함수가 된다.

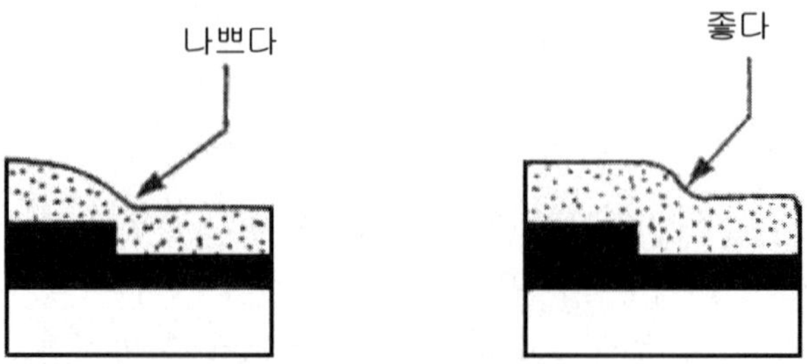

그림 10.3 스텝 커버리지

7. 음성 및 양성 PR의 비교

PR공정은 1960년대에 주로 음성 PR에서 개발되었다. 비록 양성 PR이 좋은 애스펙트 비를 가지는, 얇고, 구멍 없는 층을 형성한다 해도, 이미지 크기(10~15마이크론 이상) 때문에 필요가 없었다. 비싸고, 점착성이 나쁘고, 노출시간이 짧아서 호소력이 없었다. 그러나 이미지 크기가 2~5마이크론 정도로 줄자, 양성 PR이 필요하게 되었다. 크기가 작아져 음성 PR의 두께를 줄인 결과 표면의 스텝에서 균일성이 부족하게 되었다.

현상 및 스트립의 약품에 있어서도 양성 PR이 유리하다. 양성 PR에 쓰이는 수성 현상액은 쓰기에 안전하고 손쉽기 때문에 음성 PR보다 유리하다. 역시 양성 PR용 스트리퍼도 현상액처럼 실온에서 가능하고, 쓰기에 편하고 안전하기 때문에 음성보다 유리하다. 표 4에 그 장단점을 나타내었다.

표 10.4 음성 및 양성 PR의 비교

파라미터	음성	양성
애스펙트 비(분해능)	좋다.	높다.
점착성	빠르다.	
노출속도		
구멍갯수		적다.
공정상태	민감하다.	
스텝 커버리지		좋다.
가격		높다.
현상액	용제	수성
스트리퍼		
산화막 스텝	산	산
금속 스텝	클로린용제 화합물	단순용제

8. PR의 보관과 취급

(1) 빛

빛이나 열의 형태로 에너지가 들어오면 PR의 고분자화 및 광분해가 일어난다. 빛을 막기 위해 PR은 검은 병에 보관한다. 또한, 포토마스킹 지역은 노란색 혹은 금색으로 조명한다. PR은 사진필름처럼 빛에 민감하지는 않기 때문에 적색등에서 작업할 필요는 없다.

(2) 열

PR은 일정한 온도에서 보관해야 한다. 보관실의 온도 변화가 심하면 다른 장소에 보관해야 한다.

표 10.5 PR의 취급 및 저장

1. 검은 병
2. 황색 등(음성 PR)
3. 일정한 저장온도
4. 꽉 닫혀진 병
5. TCE를 세척용으로 쓰지말 것
6. 플라스틱 기구를 피할 것
7. 생산으로 부터의 유효기간 확인
8. 깨끗하게 스핀장비를 유지할 것

(3) 점도(Viscosity)

점도는 막 두께에 있어서 큰 인자가 된다. 보통, 점도는 10%이내로만 변하면 괜찮다. 만일 용제가 증발하면 점도가 크게 변하므로 마개를 잘 닫아 두어야 한다. PR을 손으로 웨이퍼에 인가할 때는 glass eye dropper 혹은 syringe를 써야한다.(PR에 든 용제는 많은 플라스틱 syringe를 녹이므로 점도가 변하게 된다.)

(4) 오염

PR을 인가할 때 쓰는 기구는 TCE로 세척해서는 안 된다. TCE는 씻어내기가 어렵고, 음성 PR에서 거품을 형성한다.

쓸 때 리지스트를 1µ의 필터링을 하면 효과적으로 오염을 없앤다.

(5) 유효기간

화학 약품은 절대온도。K 이상에서는 에너지를 가진다. PR의 내부 에너지 때문에 시간이 흐름에 따라 고분자화 및 광분해가 일어날 수 있다. 이 때문에 PR은 약 1년 정도 유효하다.

9. PR의 물리적 특성

PR 내부의 화학적인 특성을 사용하는 사람이 임의대로 바꿀 수 없다. 리지스트의 물리적 특성이 공정 결과에 직접 영향을 줄 수도 있다. 고형질 함량이나 점도를 잘못 관리하면 해상도가 나빠진다. 물리적 특성이 공정 파라미터를 결정하는데 여기서는 물리적 파라미터를 논한다.

(1) 점 성(Viscosity)

포토리지스트는 용제와 고형분의 현탁액(suspension)이다. 이는 스핀 기술로 웨이퍼에 입힌다. PR이 웨이퍼에 놓이면, 웨이퍼는 고속으로 회전한다. 최종적인 막 두께는 표면장력, 비중, 고형분함량, 점도 등의 PR특성에 영향 받는다. 네 가지 중 PR 기술로는 점도 값만 선택할 수 있다. 다른 세 파라미터는 특정 PR의 특성으로서 상수가 된다.

점도는 액체가 흐르는 특성의 숫자적 측정값이다. 액체가 흐름에 따라 분자는 쉽게 혹은 어렵게 서로 굴러간다. 우리가 점도라고 부르는 것은 이러한 "내부 마찰" 이다. 실제로, 점도 측정은 액체 속으로 물체를 움직이는데 필요한 힘을 재는 것이다. 떨어지는 볼을 쓰는 점도계(viscometer)는 점도를 재는 표준실험 장치이다. Ostwalk-Cannon-Fenske 형으로 알려진 또 다른 형태는 정해진 분량의 액체가 어떤 구멍을 지나는데 걸리는 시간을 잰다. 가장 일반적인 점도계는 토크(torque) 형태이다.

알려진 크기의 패들(paddle)이나 스핀들(spindle)이 액체 속에서 어떤 속도로 도는 것은 액체 점도의 함수가 된다. Synchre-lect-ric 점도계(Brookfield RVT모델)는 직접 읽어내는 토크형이다. 점도계는 깨끗이 유지하도록 극히 주의해야 한다. 어떤 오염물도 더 높은 점도 값을 내도록 한다. 점도 측정에 대해 말할 때는 반드시 그 장비 및 온도를 기록해야 한다. 다른 장비는 다른 점도 값을 내게 된다.

액체는 온도에 따라 흐르는 특성이 바뀐다. 액체의 점성을 연구한 프랑스학자 Poisseulle의 이름을 따서, 점도의 단위는 poise가 된다. 한 poise는 1 dyne-sec/㎝가 된다. PR은 보통 센티포이즈(1/100 poise)나 cps로 나타낸다.

어떤 리지스트는 점도를 센티스톡(centistokes)으로 나타내기도 한다. 이 값은 절대점도(센티포이즈)를 밀도로 나눈 것으로서 기계점도라고 한다.(밀도는 비중으로 구해진다.) 따라서, 비중이 0.8에 65cps인 리지스트는 기계점도=(cps)/s.g.=(81.25)/0.8 센티스톡이 된다.

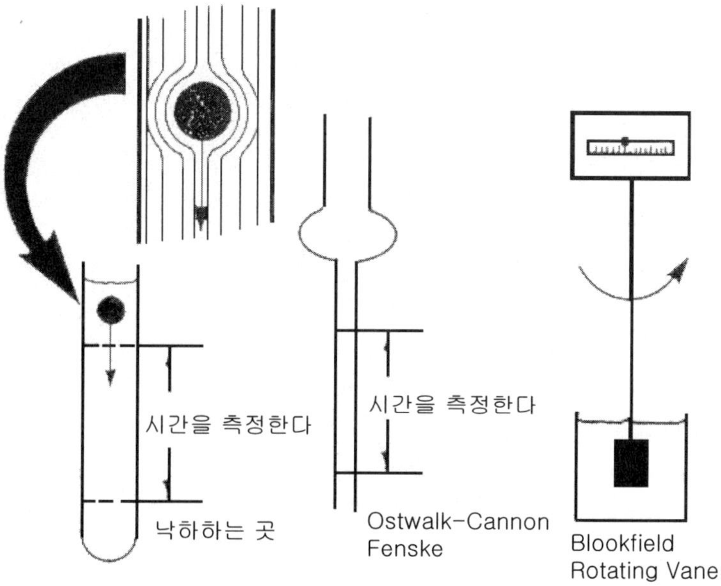

그림 10.4 점도측정 기술

(2) 인화점(Flash point)

PR은 잠재적 화재 위험이 잇는 인화성 용제를 포함한다. 특정한 온도 이상에서는 불이 있으면 용제 증기가 발화한다. 이 온도를 인화점이라고 한다. 보통의 PR 인화점은 30℃, 89°F 부터 시작한다.

(3) 오염

반도체의 다른 약품처럼 PR도 여러 가지 청정도에 맞아야 한다. 오염조절에 있는 필요성 및 측정은 역시 마찬가지로 적용된다.

Chapter 11

포토마스킹기술 1

1. 표면세척

(1) 개요

이 장을 통해, 포토마스킹*의 이해를 돕기 위해 여러 가지 비유를 들었다. 페인팅부터 시작할 것 같으면, 웨이퍼에 PR을 입히는 것은 표면처리부터해서 벽에 페인트를 칠하는 것과 비슷하다. 아마추어라도 표면이 깨끗하고 건조해야 페인트가 잘 붙는다는 것을 알고 있다. 마찬가지로, 웨이퍼도 깨끗하고 건조해야 PR이 잘 붙는다.

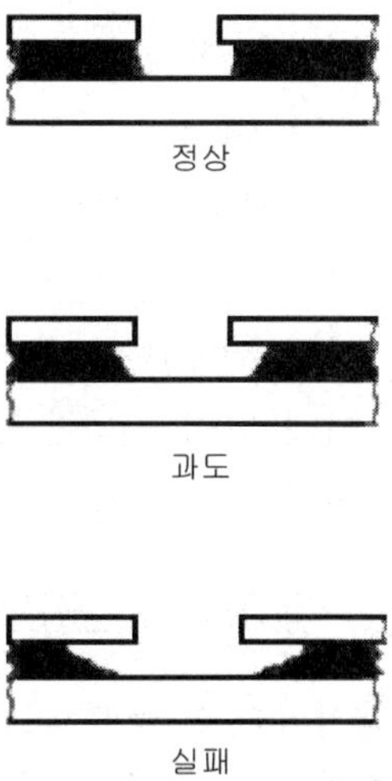

그림 11.1 언더컷의 보기

불량한 점착으로 인한 공정상의 문제는 에치 할 때의 언더컷(undercutting)이다. 에치 도중, 막 제거에는 아래쪽과 옆쪽의 두 방향이 있다.

이것을 등방성(isotropic)에칭이라 한다. 이렇게 해서 구멍이 엷어지는데, 이때 PR이 리프트 되면 문제는 명확해진다. 에치 크기가 넓어지며, 심한 경우 패턴이 변한다. 크기 조절과 집적도가 큰 VLSI의 경우 이런 상황은 전혀 허용되지 않는다. 언더컷과 PR리프트가 일어나는 요인은 공정관리의 불량, 공정환경, 웨이퍼표면, PR의 형태 등이다. 양성 PR은 음성보다 점착 문제가 심하다. 보통의 반도체 Fab라인은 PR의 점착성을 높이기 위해 표면처리공정을 채택하고 있다. 마스킹 공정에 필요한 정확도의 수준과 능력, 그리고 웨이퍼 마스킹스텝에 따라 회사마다

---

* 포토리도그래피(photolithography)라고도 함

그 공정과 특정한 파라미터가 다르다. 보통 공정에서는 입자 없는 표면, 건조한 표면, 그리고 화학적으로 처리된 표면이 필요하다.

(2) 표면입자 제거

확산, 이온주입, 화학증착 및 금속배선 공정은 보통 포토마스킹 스텝이 선행된다. 모든 공정은 깨끗하고 건조한 환경에서 행해진다. 보통 웨이퍼 표면은 PR층이 형성되기에 적당한 상태에 있다. 입자 오염이 많은 반응실에서 나온 웨이퍼나 높은 인 도핑을 한 웨이퍼나 층 형성을 한 웨이퍼는 예외다. 그런데 웨이퍼가 마스킹하는 곳으로 옮겨와야 하므로 그동안 대기, 용기 혹은 취급에서 오염될 가능성이 크다. 이런 경우의 오염은 보통 화학적이 아니고 입자성일 가능성이 크다.

만일 화학 세척이 필요하다면, 고온 황산에 산화제를 넣은, 확산전의 세척에 쓰이는 고온 산세척이 바람직하다. 오염이 주로 입자성이라면 산세척을 제외한 다음 방법이 사용된다.

① 여과된 질소분자

입자 제거의 가장 간단한 방법은 여과된 질소로 웨이퍼를 불어대는 것이다. 이 과정은 PR을 입히기 전에도 한다. 불어내는 것은 대기에서 오는 입자제거에는 효과적이나 정전에 의한 입자는 비효과적이다.

이때 다른 웨이퍼(PR이 입혀진)에로 향하지 않도록 주의해야 한다. 또한 잘못하면 다른 곳의 먼지를 일으켜 다시 웨이퍼에 앉히기도 한다. 자동질소분사장치가 PR스피너에 부착되기도 한다. 이 장치는 PR을 입히기 전에 자동적으로 질소를 불어준다. 이때 먼지가 너무 많거나 정전으로 붙어있는 경우가 있으며 너무 의존해서는 안된다. 또한 이러한 분사는 웨이퍼에서 너무 멀거나 압력이 약할 수도 있다.

(3) 웨이퍼 스크러버(Scrubbers)

웨이퍼층 성장에서의 엄격한 웨이퍼 청결 요구에 따라 웨이퍼를 기계적으로 문지르는 방법이 개발되었다. 이 기계는 스핀 준비를 비롯한 다른 세척공정에도 채택되었다. 이 기계는 진공으로 웨이퍼를 회전척에 고정시킨 다음 회전섬유 브러시로 회전하는 웨이퍼에 접촉시킨다. 웨이퍼와 브러시의 움직임으로 고속세척동작을 할 수 있다.

세척 중, 웨이퍼는 D.I 워터 및 세정제에 담겨진다. 문지른 후에 D.I워터로 린스하고, 고속회전으로 건조시킨다. 공정 파라미터로서 브러시의 압력과 브러시의 청결도가 있다. 웨이퍼가 물리적으로 접촉함에 따라 오염의 기회도 커진다. 잘 조절된 스크러빙 공정은 오염을 줄이는데 매우 효과적이다.

① 고압 물 세척

고압물 세척 공정은 원래 포토마스크를 세척하기 위해 개발되었다. 고압의 물줄기(2,000∼4,0001bs. in2)가 웨이퍼에 뿌려지면 어떤 입자나 제거된다. 공정은 효과적이며 깨끗한 물만 웨이퍼에 닿기 때문에 2차 오염이 없다. 건조는 고속회전으로 실시한다. 또한 정전 현상을 막기 위해 항전제(anti-static agent)를 물에 섞기도 한다.

보통 고압물 세척이나 기계적 스크러버는 별도로 혹은 PR스피너에 설치함으로써 스핀 전에 자동적으로 웨이퍼를 세척하게 된다.

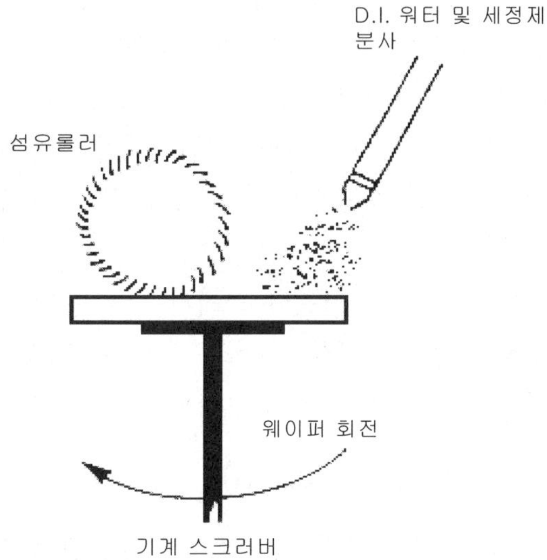

그림 11.2 기계 스크러버

2. 건조(Dehydration)

더욱더 미묘하고도 중요한 웨이퍼 표면 문제는 습기다. 페인트가 젖은 면에 묻지 않는 것처럼 PR도 웨이퍼 표면에 붙지 않는다. “젖은”과 “마른”은 웨이퍼 표면 상태의 양적인 표현이다. 더 기술적인 단어는 “친수론”은 웨이퍼 표면 상태의 양적인 표현이다. 친수성은 웨이퍼에 물이 퍼지는 것을 의미하며, “수착성(Wetted)”라고도 한다.

반대로, 배수성 표면은 물이 묻지 않는 것을 의미한다. 물은 표면에서 물방울을 형성한다. 이러한 표면은 “건성(dewetted)”라고도 한다. 자동차에 왁스(wax)를 칠하면 친수성에서 배수성으로 바뀐다. 건조 공정의 목적은 웨이퍼에 배수성 상태를 만드는 것이다.

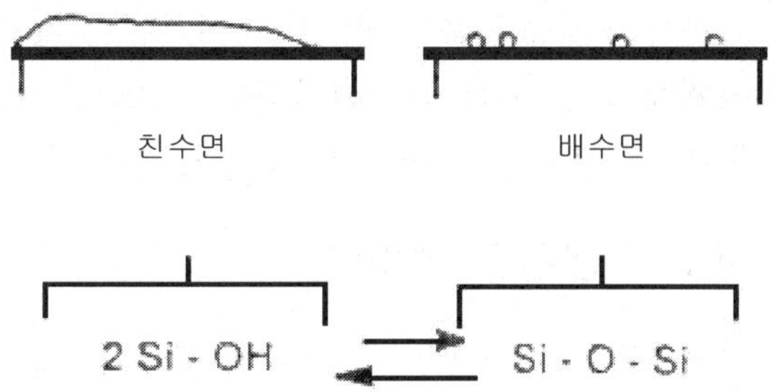

그림 11.3 친수면과 배수면

(1) 수분 흡수의 방지

대부분의 웨이퍼는 고온, 진공에서 마스킹 공정을 한다. 이러한 공정에서 나온 웨이퍼는 강한 배수성이다. 저장해두는 동안 대기로부터 습기가 흡수되어 친수성 상태가 된다. 웨이퍼 표면의 흡수를 막는 몇 가지 방법이 있다. 흡수 상태는 웨이퍼를 습도 50% 이하의 장소에 보관함으로써 최소화할 수 있다. 두 번째 방법은 웨이퍼를 마스킹실에 도착하자마자 스핀시키는 것이다. 웨이퍼를 빨리 스핀 할수록 점착력이 좋다는 보고가 있다. 그러나 어떤 시간까지 리지스트 코팅을 해야 한다는 것은 없다. 인 도핑이나 적층 스텝을 거친 웨이퍼는 특히 점착력 문제가 크다. 이러한 웨이퍼는 마스킹에 들어간지 한 시간 이내에 코팅을 한다. 세 번째 방법은 질소로 불어내는 장소에 보관하는 것이다.

이렇게 습기를 막는다고 해서 안전한 것은 아니다. 포토마스킹 공정은 별도의 건조(bake) 공정을 포함한다. 건조 베이킹(dehydration baking)의 여러 방법을 논하기에 앞서 기본적인 열전달을 다루고자한다. 열전달에는 전도, 대류, 복사의 세 방법이 있다.

(2) 전도(Conduction)

전도에 의한 열전달은 열원과 가열된 물체의 물리적 접촉이 있어야 한다. 상대적 고온의 원자의 진동이 낮은 물체의 진동을 유발시켜 그 물체의 온도를 상승시킨다. 전도 가열에는 전기곤로, 열관, 이머션(immersion) 히터 등이 있다.

(3) 대류(Convection)

대류 가열은 가스의 이동이다. 가스가 한곳에서 가열되어 가열될 물체로 가는 것이다. 가정용 공기 난방 장치나 헤어드라이어 등이 그 예다.

(4) 복사(radiation)

복사는 진공은 물론 공기도 지나가는 전자기파의 다른 이름이다. 전자기파는 부딪히는 고체에 직접 에너지를 전달한다. 가열되는 정도는 파의 파장(적외선, 초고주파, X선 등)과 가열되는 물체에 달려있다. 전열 등이나 태양열 등이 복사다.

(5) 저온건조 베이킹

웨이퍼 표면은 베이킹에 의해 배수성으로 돌아갈 수 있다. 표면의 물은 고온에서는 증발된다. 보통 건조 베이킹 온도는 100℃ 이상이다. 증발율은 시간-온도에 달려있는데 고온, 장시간에서 효과적이다. 보통 공정은 대류오븐에서 150℃, 30분 혹은 IR오븐에서 150[℃] 5~10분이다. 각 오븐에서는 불활성(질소 혹은 아르곤) 분위기로 할 필요가 있다. 베이킹의 이점을 살리기 위해서는 웨이퍼는 가능한 빨리 PR을 입혀야하며, 그렇지 않으면 물이 흡수되게 된다.

(6) 고온 베이킹

웨이퍼 표면의 수증기는 표면 원자와 화학적으로 결합해 있다. 산화실리콘 층에서는 물은 실리콘과 결합한다. 850[℃] 이상에서는 이 실리콘-물 결합이 깨져 표면이 강한 배수성으로 돌아간다. 그러나 850[℃]에서, 접합이 움직이거나 표면의 오염이 안으로 들어갈 수 있다. 따라서 웨이퍼는 이 온도에서는 거의 베이킹하지 않는다.

약 450℃의 표면에서 일어나는 화학적 변화도 있다. 이 온도에서 접합의 이동은 없으나 오염은 역시 심각하다. 고온 공정을 피하는 또 다른 이유는 웨이퍼 온도를 올리는데 시간이 걸린다는 점이다.

(7) 진공 베이킹

진공 베이킹은 웨이퍼 건조의 또 다른 방법이다. 같은 온도 및 시간에서, 기압이 낮으면 건조 효과가 훨씬 좋아진다. 진공 오븐(20-30토르)에서 100~150[℃]의 분위기는 대류 오븐에서의 800[℃]와 건조효과가 같다. 진공 베이킹은, 온도가 낮아 접합이동이 없고, 오염이 페이퍼로 들어가지 않고 웨이퍼가 가스에 의한 오염에 노출되지 않는다는 장점이 있다. 또한 파이핑이나 가스에 의한 오염도 들어오지 않는다. 진공 베이킹에서 문제는 건조 온도까지 웨이퍼를 가열하는 시간과 실내의 온도의 변화다.

3. 프라임 공정(PRIMER PROCESS)

(1) 프라이머 약품(Primer Chemicals)

질 나쁜 표면에 미리 프라이머를 칠하면 페인트가 잘 붙는다. PR 기술에서도 마찬가지다. 웨이퍼에 용제-크실렌 등을 칠하면 웨이퍼를 건조 상태로 만들어 점착성이 좋아진다. 이때 dichlorosilane을 쓰면 크실렌보다 좋다. 이 물질은 실제로 웨이퍼와 PR은 구멍이 많아진다. 게다가 이는 심한 유독성과 부식성이 있다.

이에 따라 선택된 프라이머는 hexamethyldisilizane-보통 HMDS 라고 부른다. HMDS는 웨이퍼 표면과 공정 기술자의 경험으로 크실렌과 섞는다. 보통 100% HMDS를 쓰기도 하는데 이 HMDS는 알루미늄 표면에도 특히 유효하다.

(2) 스핀 프라임(Spin Priming)

프라임을 칠하는 데는 몇 가지 방법이 있는데 스핀 및 증발이 가장 보편적인 방법이다. 스핀 프라임은 보통의 경우 효과적이며, 효율 면에서 장점이 있다. PR도 스핀에 의해 웨이퍼에 칠해지기 때문에, 웨이퍼를 PR직전에 프라임하는 것이 좋다. 보통의 자동생산 PR 스피터는 프라임 공정이 같이 붙어 있다.

웨이퍼는 척에 진공으로 붙는다. 웨이퍼를 전부 덮을만한 프라이머를 웨이퍼에 놓는다. 잠시 후에 웨이퍼를 고속으로 회전시키면 프라이머가 웨이퍼에 퍼진다. 수 옹스트롬(angstrorms) 두께의 HMDS에 의해 프라임 층이 형성된다.

(3) 증기 프라임(Vapor Priming)

증기 상태로 프라이머를 입히는 것은 새로운 기술이다. 웨이퍼를 H-MDS 증기에 쐬면 표면에 필요한 단층막이 생긴다. 따라서 웨이퍼는 액체로 된 HMDS의 경우 가수분해 된 HMDS 입자도 저축하지 않는다. 작은 액체가 많은 증기를 내기 때문에 프라이머 사용량도 줄어든다.

프라임 증기에 웨이퍼를 쐬는 방법은 몇 가지가 있는데, 질소에 의해 운반된 HMDS 증기를 채운 용기를 사용할 수 있고, 또 다른 방법은 HMDS를 채운 증기 디그레이서(degreaser)를 사용하는 것이다. 이 방법에서는 웨이퍼가 증기 속에 놓이게 된다. 이 사용온도에서 HMDS가 폭발성이기 때문에 사용에 주의해야 한다.

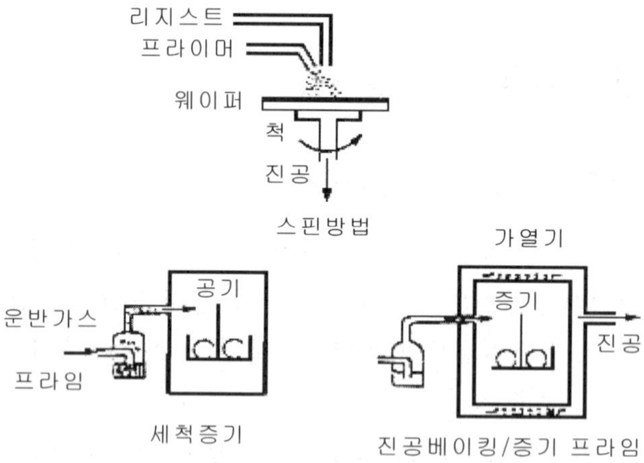

그림 11.4 프라임 방법

(4) 진공 베이킹 증기 프라임(Vacuum baking Vapor priming)

가장 효과적인 방법은 진공건조베이킹과 증기 프라임을 결정하는 것이다. 건조 파트는 진공으로 한다. 웨이퍼가 진공 오븐 속에서 건조 상태에 있을 때 프라임 증기가 격실 속으로 들어온다. 웨이퍼는 가장 좋은 표면 상태로 프라임되고 또 빨리 된다.

테스트결과 1주일을 보관해도 점착성은 나빠지지 않는다. 또한 높은 습도에서도 접착 본드는 질이 저하되지 않는다. 에치 후의 웨이퍼는 리지스트가 잘 붙었었기 때문에 프라임되고 또 빨리된다.

테스트결과 1주일을 보관해도 점착성은 나빠지지 않는다. 또한 높은 습도에서도 점착 본드는 질이 저하되지 않는다. 에치 웨이퍼는 리지스트가 잘 붙었었기 때문에 균일한 선을 나타낸다.

진공 베이킹 증기 프라임은 또 단가와 생산성에서도 이점이 있다. HMDS 사용량은 주당 한 갤런에서 월당 한 파인트로 준다. 진공 오븐을 뱃치(batch)로 쓴 결과 스피너 시간이 PR스핀시간정도로 줄게 되었다.

4. PR 입히기(Photoresist Application)

PR을 입힐 때의 목적은 웨이퍼 표면을 적당한 두께의 PR로 균일하게 입히는데 있다. 액체는 보통 담그거나 뿌리거나 굴리거나 해서 입힌다. 담그는 것(dipping)은 웨이퍼의 양쪽에 묻기 때문에 반도체에서는 불합리하다. 뿌리는 것은 두께 조절이 불가능하고, 뒷면에도 묻을 우려가 있어서 역시 부적합하다. 굴려서 칠하는 것은 PC보드에 PR을 칠할 때 사용하는 방법이다. 역시, 두께 조절이 힘들어서 반도체 산업에는 부적합하다. 그래서 스핀방법이 채택되는데, 웨이퍼의 뒷면에 칠할 때는 뿌리거나 굴려서 칠하기도 한다.

(1) 스핀 코팅(Spin Coating)

스핀코팅(혹은 스핀)은 PR기술의 엄격한 두께조절 요구에 적합한 기술이다. 보통의 PR은 0.5마이크론의 두께에서 10%이내의 오차가 있다. 그 막은 ㎠당 구멍이 2개 이하 이어야 한다. 우선, 웨이퍼가 진공 책에 올려지고 그 위에 몇 cc의 PR을 떨어뜨린다. 그 다음에 웨이퍼가 고속(3,000-9,000RPM)으로 회전한다. PR은 원심력으로 웨이퍼 바깥으로 퍼진다. 과도한 PR은 웨이퍼 바깥으로 나가버리고, 균일한 PR층만 남게 된다.

(2) 수동 스피너

실제로 PR을 입히는 장비(스피너)는 가장 간단한, 헤드가 하나있는 형태로부터, 완전 자동화된, 여러 헤드의 형까지 다양하게 있다. 수동 스피너는 하나에서 네 개의 헤드(헤드란 진공척을 말한다)가 달린 모터와 벨트로 구성되는 척, 타이머와 속도계가 붙은 단순한 기계다. 진공은 외부에서 공급된다. 각 웨이퍼는 여과된 질소로 먼지를 불어내고, 프라임 한다. 시린지(syringe)나 고무병을 써서 PR을 웨이퍼에 떨어뜨린다. 과도한 리지스트가 다른 웨이퍼에 튀지 않도록 캣치컵(catch-cup)을 대기도 한다. PR을 떨어뜨린 다음 웨이퍼를 필요한 속도로 회전시켜 코팅을 끝낸다. 스핀이 끝난 후 웨이퍼를 손으로 제거해 용기에 담는다.

(3) 반자동 스피너

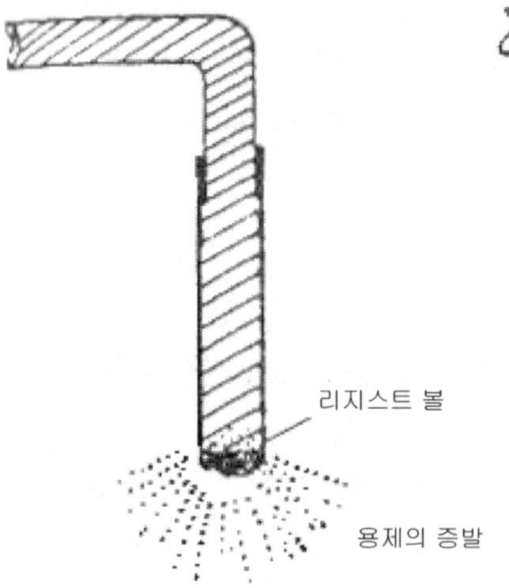

그림 11.5 드로오백(Drawback)에 의한 자동 디스펜스

이러한 형태의 스피터는 손으로 로딩(loading)하지만 자동 디스펜스(dispense)체제를 갖고 있다. 자동 디스펜스에는 두 가지 펌핑(pumping)시스템이 있다. 우선, PR이 압축 용기에 들어있다. 건조한 질소가 들어가 리지스트를 팁(tip)쪽으로 밀어준다. 만일 PR이 고압(5psi)에 장시간 노출되면, 질소가 PR에 흡수된다. 다른 펌핑 방법은 횡경막(diaphragm)형 펌프를 쓰는 것이다. 풀무(bellows)가 리지스트를 압축해서 팁으로 밀어낸다.

리지스트가 디스펜스 팁에서 마르는 것은 자동 시스템의 큰 문제다. 마른 리지스트 볼이 다음 웨이퍼에 떨어져 실패를 유발한다. 이 문제는 PR을 스핀하는 동안 팁 속으로 수축시켜두는 것으로 해결할 수 있다. 이 수축 기능은 액체 PR이 공기와 닿는 것을 막아 마르는 양을 줄이는 것이다. 두 가지 펌핑 시스템에서, 수축은 리지스트 라인에 약간의 음압을 주는 횡경막 메카니즘으로 수행된다. 별도의 디스펜스라인에서 프라임하기전 질소로 웨이퍼를 불어낸다. 붙어내기, 프라임, 리지스트디스펜스 및 스핀 기능은 별도의 솔레노이드와 타이머로 연결되었다. 웨이퍼를 진공척에 올려놓고 스타트 버튼을 누르면 전 공정이 시작된다. 스핀 후에 수동으로 진공척에서 웨이퍼를 제거해서 용기에 넣는다.

(4) 자동 스피너

완전자동 스피너는 자동으로 불어내고, 프라임, 디스펜스, 스핀 단계 외에 자동으로 웨이퍼를 로드하고 언로드하는 기능을 포함한다. 웨이퍼 용기가 기계에 놓이면 웨이퍼가 자동으로 진공 척에 놓이고, 공정되어, 척에서 제거된다. 공정 후에 웨이퍼는 용기에 담기거나 자동으로 소프트베이크를 위한 오븐에 전달된다. 일반적인 공정 단계를 표 1에 나타내었다.

5. 스핀코팅 기술

표 11.1 보통의 자동스피너

동작	RPM	시간
1) 척에 웨이퍼를 로드한다		
2) N_2로 불어내기	500	5
3) 프라이머 떨어뜨리기	500	1
4) 프라이머 스핀	500	2
5)리지스트 떨어뜨리기:정지상태	0	0.7
동작중	500	0.7
6) 리지스트 스핀	2,000-9,000	15
7) 척에서 웨이퍼를 언로드한다.		

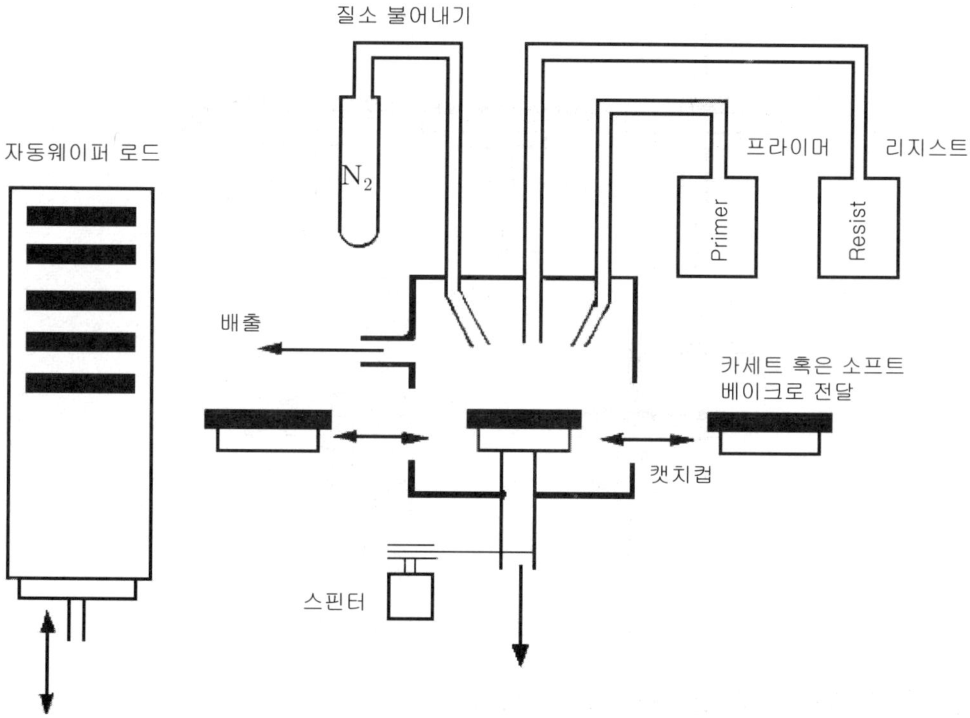

그림 11.6 자동 스피너

6. 리지스트 기술

(1) 리지스트 분량

웨이퍼에 디스펜스하는 리지스트 분량은 특별히 민감하게 조절될 필요는 없다. 사실 웨이퍼에 남는 양보다 훨씬 많은 양이 디스펜스 되는데, 예를 들어 직경 3인치 웨이퍼의 0.5마이크론 리지스트는 0.0023[㎤]밖에 안 된다. 그러나 완벽하고 고른 막을 위해서 5~10[㎤]은 디스펜스 되어야 한다. 양이 모자라면 스피너의 가속력으로 분리되어 전 웨이퍼를 커버하지 못하는 수가 있다. 리지스트가 너무 많은 경우, 스핀이 끝났을 때 웨이퍼 뒷면에도 리지스트가 묻어 얼라인먼트를 방해하기도 한다. 이 두 가지 극한 경우 사이에서는 리지스트 분량은 경제적인 문제가 된다. 이러한 제한 외에는, 리지스트 분량은 필름 두께와 공정 파라미터에 영향을 주지 않는다.

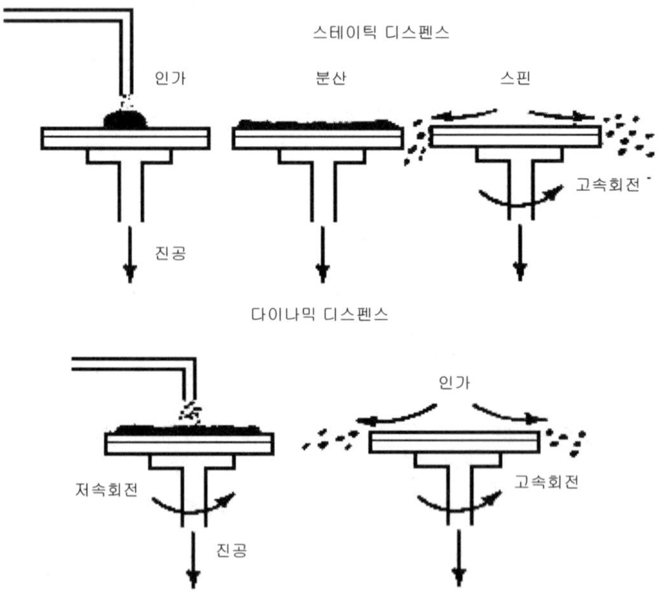

그림 11.7 스핀에 의한 PR 코팅

(2) 디스펜스 사이클(스테이틱/다이나믹/이동)

스핀 기술은 스테이틱 스타트 수동 스피너로 시작되었다. 스테이틱 디스펜스는 웨이퍼 중앙에 리지스트를 떨어뜨릴 때 웨이퍼가 정지해 있는 것이다. 떨어뜨린 후에 리지스트가 퍼지기를 기다려서 최종 스핀 속도로 회전시킨다. 웨이퍼를 완전히 덮기 위해서는 5~

10[㎤]의 리지스트가 필요하다.(그러나 1/100[㎤] 이하의 리지스트만 웨이퍼에 남는다)

대부분의 자동 스피너는 다이나믹 디스펜스 사이클을 채택한다. 웨이퍼가 500RPM정도로 회전하는 동안 리지스트가 디스펜스 된다. 회전이 리지스트가 퍼지는 것을 도와주기 때문에 리지스트 사용량이 적어서 스테이틱 디스펜스보다 더 경제적이다. 다른 디스펜스 기술은 리지스트를 인가할 때, 디스펜스 노즐을 웨이퍼 중앙에서 변두리로 이동시키는 것이다. 필름 두께 조절과 경제성의 향상이 이 방법의 목적이다.

① 스핀속도

필요한 PR두께는 두 파라미터를 조절해야 얻어진다. 즉, 리지스트 점도와 최종 스핀 속도다. 보통 필름 두께는 0.6마이크론에서 수 마이크론에 달한다. 리지스트 점도는 3,000~9,000RPM의 스핀 속도에서 필요한 두께를 얻을 수 있어야 한다. 스핀 속도에서 주의해야 할 점은 기계의 수명이다. 7,000RPM 이상에서는 스피너 모터가 손상을 입게 된다. 각 마스크 단계에서 필요로 하는 두께를 얻기 위해서는 리지스트의 점도보다 스핀 속도를 변화시키는 편이 쉽다. 스핀 속도는 잘 감시해야 하는, 중요한 공정 변수가 된다.

(3) PR두께

PR두께는 리지스트 관련 요인과 스피너관련 요인에 의해 결정된다. PR관련 요인에서는 표면장력, 고형분 함량, 점도가 고속 회전시 리지스트가 퍼지는 정도를 결정한다. 표면 장력과 고형분 함량은 주어진 PR에서는 상수이나 점도는 공정 변수가 된다. 가속도 및 최종속도는 두 가지 스핀 요인이 된다. 일반적으로, 스피너 가속도는 1.5초에 5,000rpm에 도달하는, 상수로 되어있다. PR두께는 PR의 분량과 스핀시간에 의해서도 변화하나, 별로 영향이 적다. 그리고 이 두 변수는 리지스트 두께를 결정하는 데는 사용되지 않는다. 주어진 점도에 대해 막 두께는 스핀속도가 늘어남에 따라 줄어든다. 같은 스피드에서 점도를 높이면 두께가 늘어난다. 세 변수의 조합에 의한 두께의 커브를 그림 11.8에 나타내었다.

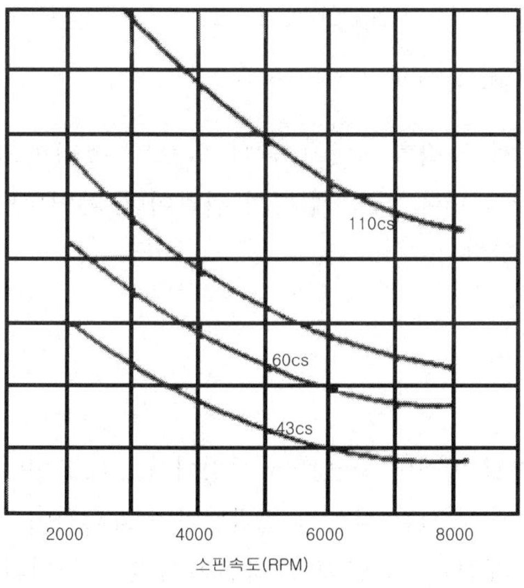

그림 11.8 필름 두께 대 스핀속도

7. 소프트 베이킹(soft baking)

(1) 개요

소프트 베이킹은 리지스트의 용제를 증발시키는 열처리 공정이다. 베이킹 후에도 리지스트가 "소프트"하기 때문에 이러한 명칭이 붙었다.

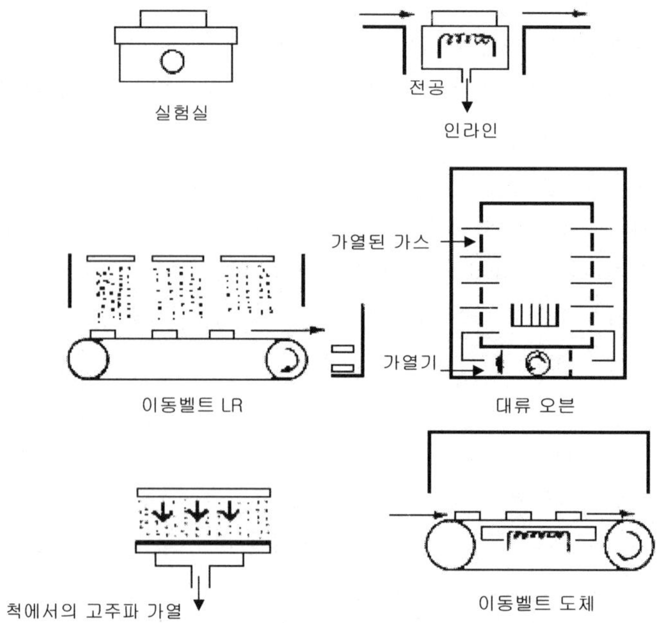

그림 11.9 소프트 베이크 방법

용제를 증발시키는 이유는 두 가지다. 용제가 리지스트에 남아 있으면 폴리머의 노출이 방해를 받는다. 또한 리지스트가 웨이퍼 표면에 잘 붙게 하기 위함이다. 페인트도 마른 후에 표면에 붙게 되는 것과 같은 원리다.

(2) 소프트 베이킹 방법

① 가열판(Hot Plate)

건조에 관한 절에서 설명한 세 가지 열전달 방식이 소프트 베이킹에서도 사용된다. 첫 번째 방법인 가열판에서의 전도 가열은 온도/시간 곡선이 조절된다면 효과적이다. 저조한 생산성(수동공정, 열판의 크기의 제한)으로 인해 실험실에서만 사용된다.

② 대류오븐(Convection Ovens)

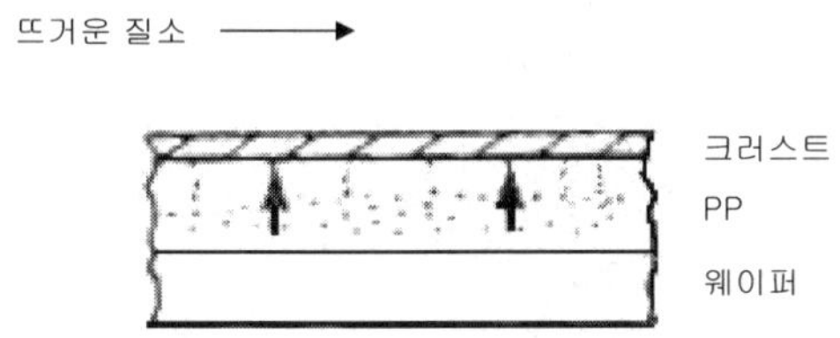

그림 11.10 오븐의 크러스팅 효과 (Crusting Effect)

웨이퍼가 뱃치로 공정되는 큰 대류 오븐은 가열한 베이킹의 문제점을 해결한다. 웨이퍼를 가열하기위해 가열된 질소나 공기가 오븐 속을 순환한다. 균일한 베이킹을 위해서는 일정한 수의 웨이퍼 보트가 들어와야 하며, 온도 균일성을 유지하기 위해서는 가스의 유량을 조절해야 한다. 음성 PR에는 질소가 필요하며 양성 PR은 공기를 사용한다. 대류 베이킹에서의 문제점은, 리지스트가 상층부터 건조해서 (crusting 혹은 skining) 안쪽의 리지스트의 용제를 막는다는 점이다. 이러한 문제는 껍질(crust)이 생기기 전에 충분히 증발 되도록 "천천히" 가열하면 최소한으로 줄일 수 있다. 보통의 대류소프트 베이크는 리지스트 형태와 다른 공정 파라미터에 따라 50℃ ~ 90℃의 온도에서 30분이 소요된다.

③ 진공오븐

진공 소프트 베이킹은 과거에 유행하던 공정이다. 이론적으로, 진공(20-30토르)에서는 더 낮은 온도에서 용제가 증발한다. 크러스팅 문제가 해결되고, 폴리머의 구조변화가 적다. (폴리머는 빛뿐만 아니라 열과 방사에도 반응한다.) 실제는, 약간의 가열이 필요하며, 이것이 문제가 된다. 진공 가열은 복사로 행해지며 이는 곧장 웨이퍼에 가해진다. 오븐 벽으로부터의 가열은 안쪽의 웨이퍼보다 바깥쪽의 웨이퍼를 더 빨리, 더 뜨겁게 가열하며 균일성 문제를 낳는다.

④ 이동벨트 IR오븐(Moving belt IR Oven)

더 균일한 베이킹과 생산성 향상을 위해 IR 오븐이 개발되었는데 이는 직접적인 복사를 이용한다. 웨이퍼를 적외선으로 가열하면 크러스팅 문제 해결을 비롯한 몇몇 장점이 있다. 전자레인지에서 접시는 차게 유지하면서 내용물만 가열하는 것처럼 적외선은 필름을 투과해서 웨이퍼를 가열한다. 가열된 웨이퍼는 전도에 의해 리지스트를 가열하며 필름의 아래쪽부터 용제를 증발시키게 된다.(inside-out 베이킹)

또 다른 장점은 생산성의 향상이다. 공정은, 웨이퍼를 이동벨트에 얹어 턴넬에서 이루어진다. 스피너에서 나오면 자동공정에 의해 기다림 없이 웨이퍼당 5~7분간 베이크하게 된다.

IR 베이킹에서 고려할 점은 온도 조절이다. 웨이퍼의 온도는 수와 그 전의 확산

농도, 웨이퍼 표면 층 등에 따라 달라진다. 또한 크러스트 문제가 있다. 용제 증기가 웨이퍼 표면으로부터 가스 플로우에 의해 제거되어야 하므로 가스가 벽으로부터 가열되어 리지스트 막을 가열해서 크러스트를 형성시킬 수가 있다.

또한 소오스의 변화와 벽의 복사로인해 온도의 균일성을 유지하기 어려울 때도 있다.

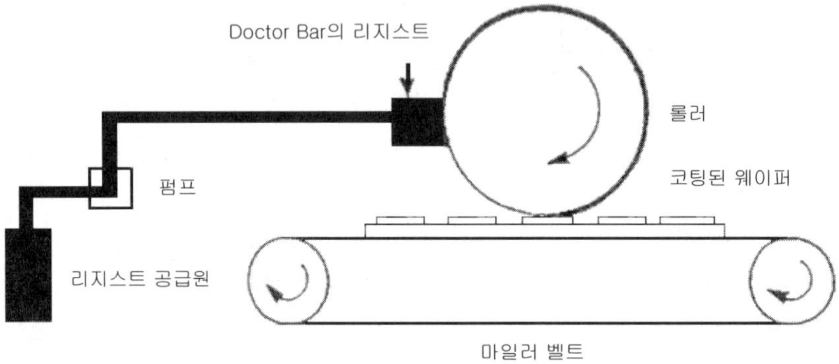

그림 11.11 회전코팅(Roll Coating)

⑤ 초고주파 오븐(Microwave Oven)

가열 소스로서의 초고주파는 IR가열의 장점 외에 빠르다는 장점이 있다(높은 에너지 때문에). 이 기술은 소스의 균일성 문제와 가열 조절 문제 때문에 뱃치 오븐이나 이동 벨트 쪽에서는 빛을 못 보았다. 소프트베이킹에서의 초고주파의 이용은 척에 올린채로 가열하는 것이다. 초고주파 소오스가 웨이퍼 위에 있으면 스핀 후 곧바로 소프트 베이크를 한다.

⑥ 전도벨트 오븐(Conduction belt Oven)

가열 벨트 오븐은 전도가열과 이동 벨트의 생산성을 조합한 것이다. 웨이퍼는 스피너로부터 가열된 이동 벨트로 넘겨진다. 용제의 증기는 크러스팅 없이 가스 배출로 제거된다.

표 11.2 소프트 베이크차트(Soft bake chart)

방법	베이크 시간(분)	온도조절	생산성	베이킹 속도	큐잉
가열판	5-10	양호	하나	웨이퍼/시간	한다
전도오븐			소량의 뱃치	25	
진공오븐	30	평균-양호	뱃치	400	한다
IR이동벨트	30	불량-양호	뱃치	200	한다
전도성이동	5-7	평균-양호	하나	90	안한다
벨트	5-7	양호	하나	90	안한다
초고주파	1-2	평균-양호	하나	60	안한다

Chapter 12
포토마스킹기술 2

얼라인먼트와 노출은 그 말 그대로 두 가지 목적의 공정 스텝이다. 한 목적은 마스크에 웨이퍼를 정확히 얼라인시키는 것이고 또한 목적은 얼라인 후에 웨이퍼의 PR막을 노출시키기 위해 마스크를 통해 방사(radiation)가 쬐어지는 것이다.

이 두 스텝의 결과로 마스크의 패턴이 PR에 옮겨진다. 노출하는 방사는 PR을 리지스트와 마스크의 구성에 따라 고분자화 되지 않는 것을 고분자화 하거나 그 역을 행하게 된다.

얼라인먼트 및 노출은 마스크의 크기에 따라서, 정확한 크기를 PR에 궁극적으로 웨이퍼에 형성한다. 이것은 또한 마이크론 혹은 그 이하의 이미지를 얻기 위한 개발의 대부분을 차지하게 된다.

1970년대에는 단지 한 가지 A&E 방법-접촉노출-밖에 없었다. 이제는 다섯 가지의 방법을 사용할 수 있다. 이 장에서는 얼라인먼트 및 노출의 공정과 각 방법의 장단점을 논한다.

1. 얼라인먼트 및 노출방지

A&E는 기계공정이다. 다섯 가지 방법의 모든 기계는 다음의 세 가지 서브그룹(subgroup)을 가진다.

i) 얼라인먼트 시스템(alignment system)

ii) 마스크/웨이퍼관계(노출방법)

iii) 노출방사(exposure fadiation)

이 서브시스템 중 부수적인 사항을 표 12.1에 나타내었다.

표 12.1 얼라인먼트 및 노출

서브그룹	방법	마스크 없음
얼라인먼트	마스크 사용 수동 자동	직접투사
마스크/웨이퍼	콘택트 프로젝션 디렉트 스텝	직접투사
노출	표준UV 디이프UV X-레이	E-빔

2. 얼라인먼트 공정(Alignment Process)

(1) 첫 번째 마스크

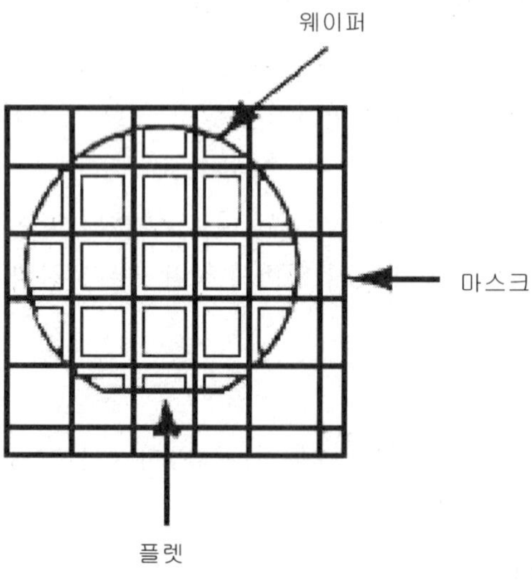

그림 12.1 첫 번째 얼라인

첫 번째 마스크는 당연히 웨이퍼에 얼라인 할 패턴이 없다. 패턴은 웨이퍼의 결정 구조에 얼라인 한다. 결정 구조는 보이는 것이 아니기 때문에 웨이퍼의 플랫(flat)에 맞춘다. 모든 패턴이 플랫에 직각인 것은 이러한 이유 때문이다.

수동 얼라인먼트 시스템에서, 웨이퍼 플랫은 얼라인너 스테이지에 ±2° 이내로 놓아져야 한다. 자동 얼라이너에서는 자동으로 조절된다.

플랫에 얼라인 된 후 웨이퍼는 자동으로 마스크 밑에 놓여지고, 노출 서브시스템이 동작한다. 첫 번째 마스크는 플랫이 정해지면 덜 주의해도 되며, 공정에서 그다지 결정적이지 않다.

(2) 계속되는 마스크

다음부터의 모든 마스크는 웨이퍼의 패턴에 얼라인 해야 한다. 얼라인 공정은 첫 번째 마스크 얼라인과 같은 방법으로 시작한다. 그런데 이 경우 기계적인 웨이퍼 플랫 얼라인먼트는 웨이퍼를 최종 얼라인 위치에 가까이 얼라인해야 한다. 웨이퍼의 위치가 잡히면, 스프릿필드현미경(split field microscope)을 통해 웨이퍼와 마스크를 동시에 본다. 물체의 분리로 인해 조작자는 웨이퍼의 각 측면을 동시에 볼 수 있게 되었다.

이 시스템(2물체를 보는 현미경)은 웨이퍼의 한쪽이 다른 쪽에 대해 미스얼라인(misalign)되는 것을 보여준다. 웨이퍼와 마스크가 약간 회전 미스얼라인 되는 것은 웨이퍼의 한쪽만 보아서는 알 수 없다. 스플릿 필드 물체는 어떤 미스 얼라인먼트도 확실하게 보여준다.

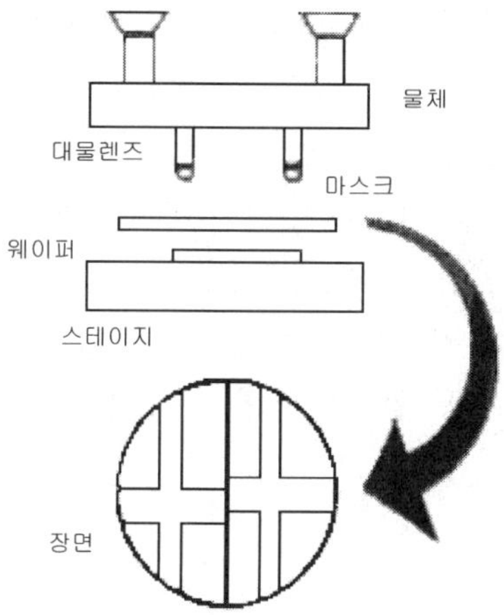

그림 12.2 스플릿 필드 현미경

그림 12.3 회전 미스얼라인먼트

(3) 얼라인먼트 마크(Alignment Mark)

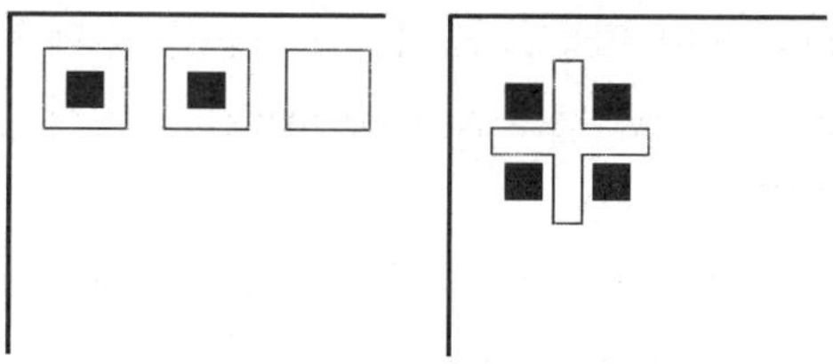

그림 12.4 얼라인먼트 마크

회로 패턴이 복잡하기 때문에 패턴에 의한 얼라인먼트는 불가능하다. 따라서 얼라인먼트 표시(마크)가 각 다이에 있어야 한다. 이 마크는 여러 가지 모양을 하고 있는데 보통 십자형이나 사각형을 갖는다.

(4) 수동 얼라인먼트

보통 웨이퍼-마스크 얼라인먼트는 수동으로 한다. 이러한 형의 얼라이너(aligner)는 조작자가 웨이퍼를 움직일 수 있도록 기계적 혹은 전기기계적 시스템을 갖추게 된다. 좌우(X방향) 또는 전후(Y방향)으로 움직일 수 있고 회전도 가능하다. 이동 시스템은 두 개의 모드-조동(coarse)과 미동(fine)이 있다. 이것은 콘트롤러의 움직임에 대해 웨이퍼가 움직이는 양으로 인해 달라진다. 이 얼라인 공정은 다음과 같다. 조작자가 웨이퍼와 마스크를 본다. 조동 얼라인 모드를 써서 대강의 얼라인을 한다. 패턴이 대략 가까이 오면 미동 얼라인먼트를 써서 최종 얼라인먼트를 끝낸다.

얼라인먼트의 정확도는 회로 설계에 따라 다르다. 이미지 크기가 작을수록 얼라인도 엄격해야 한다. 또한 마스크 레벨에 따라서도 정확도가 다르다. 특정한 마스크 레벨 가운데 얼라인에 더 민감한 회로가 있다.

얼라인먼트에서도 자동화가 일어나는데, 자동 얼라이너 역시 얼라인마크를 쓴다. 단지 조작자의 눈이 레이저나 다른 빔으로 바뀌었을 뿐이다. 빔은 마스크 얼라인 마크를 통해 지나가서 웨이퍼 얼라인 마크에서 반사된다. 복잡한 서보궤환시스템(servo-feedback system)이 얼라인 될 때까지 웨이퍼를 움직인다. 자동 얼라이너의 장점은 쉬프트(Shift)가 일관성 있게 일어난다는 점이다. 따라서, 미스얼라인먼트는 수동 얼라이너의 문제가 된다.

3. 노출방법

(1) 콘택트(Contact)

1980년대 초기까지 콘택트 얼라이너가 주종이었다. 이 시스템에서는 웨이퍼가 물리적으로 마스크에 접촉해야 한다. 목적은 마스크 주변에서의 노출 방사의 회전을 줄여 마스크를 똑같이 웨이퍼에 복사하는 것이다. 그런데, 이 방법에는 수율과 생산성의 문제가 있다. 가장 큰 문제는 마스크와 웨이퍼의 끊임없는 접촉 때문에 마스크와 PR층이 손상을 입는다는 점이다. 부드러운 이멀션(emulsion) 마스크는 심한 손상을 입어서 약 다섯 번밖에 쓸 수가 없다. 크롬 등의 하드 마스크(hard surface mask)는 손상에 더 강해서 약 스무번 정도는 노출시킬 수 있다.

마스크와 PR의 손상은 포토마스킹 공정에서의 결함의 주요원인이다. 제한된 마스크 사용과 마스크 교환 때문에 콘택트 얼라인먼트는 비싸고 속도가 느리다.

콘택트 노출의 또다른 기피요인은 크기 조절에 있다. 마스크의 오염과 콘택트의 압력, 리지스트의 두께 등이 리지스트의 이미지 크기에 영향을 준다. 콘택트 노출은 크기가 5마이크론 이상인 MSI 수준의 회로에 적합하다. 그런데, 더 높은 집적도와 더 작은 크기로 발전해감에 따라 새로운 노출 방법이 개발되었다.

(2) 프록시미티(Proximity)

콘택트 노출의 문제를 줄이는 한 방법으로서 마스크가 웨이퍼에 가까이 가기는 하지만 직접 닿지는 않게 하는 방법이 있다. 프로시미티 노출이라 불리는 이 방법은 마스크 주변에서의 빛의 회절 때문에 5마이크론 이상의 크기 조절만 가능하다.

(3) 프로젝션(projection)

프로젝션 얼라인먼트는 마스크가 웨이퍼에 절대 닿지 않는 노출시스템이다. 이 시스템은 마스크와 PR에 손상이 없고 마스크의 수명이 길며, 동작 중에 마스크를 갈아줄 필요가 없다는 장점이 있다. 또한 마스크의 품질이 좋다는 장점도 있다. 마스크의 손상 없이 완전한 마스크를 쓰기 때문에 경제적이다.

프로젝션 얼라인 시스템은 콘택트 얼라인먼트 정도의 생산성이 있다. 그런데, 이는 주의 깊은 유지와 함께, 온도·습도 조절이 필요하다. 이 시스템의 가격은 콘택트 얼라이너의 5배가량 이지만 향상된 수율로 인해 6개월이면 그 가격이 보상된다.

LSI 및 VLSI 수준의 소자에서는 프로젝션 노출이 표준 장비가 되고 있다.

(4) 웨이퍼 스테핑(Wafer Stepping)

프로젝션 노출의 수율 제한은 마스크 결함, 다이의 고정, 프로젝션 빛의 조도변화로 인한 이미지 크기 변화 등으로 인한 것이다. 다이의 고정이란 마스크에서 다이 거리의 불균등으로 인한 층별 미스얼라인먼트를 말한다.

더 향상된 방법은 레티클(보통 마스크 제작에 쓰인다)을 직접 웨이퍼에 스텝하는 것이다. 한 레티클은 마스크에 비해 결함이 적고 정확한 크기 조절이 가능하다. 한 다이에 있어서 노출의 균일성도 전체 마스크보다 좋다.

이 기계를 스테퍼(stepper) 또는 "direct step system" 이라고 부른다. 조작자가 각 웨이퍼에 다이별로 수동으로 얼라인하는 것은 불가능하므로 레티클의 얼라인먼트는 자동으로 되어야 한다. 각 다이의 자동 얼라인먼트는 더 일관성 있는 얼라인먼트, 높은 수율, 그리고 정확한 전기적 기능이 수반된다.

얼라인먼트는 레이저 빔을 특정한 레티클 패턴으로 반사시켜 웨이퍼에 조사하는 것이다. 스테퍼는 패턴으로부터의 반사광의 균형을 맞추기 위해 자동으로 이동한다.

(5) E-빔 직접묘화(E-Beam Direct Writing)

마이크로 리도그래피(microlithography)에서 결함이 전혀 없는 것은 마스크나 레티클을 쓰지 않는 것이다. 전자빔(E-빔)을 쓰면 마스크 없이 직접 이미지를 형성하게 된다. TV세트(CRT)처럼 E-beam은 편향판에 의해 편향되어 정확한 곳에 보낼 수 있다.

레이아웃 단계에서 이미지 패턴이 컴퓨터에 저장되므로 결국 E-빔을 노출원으로

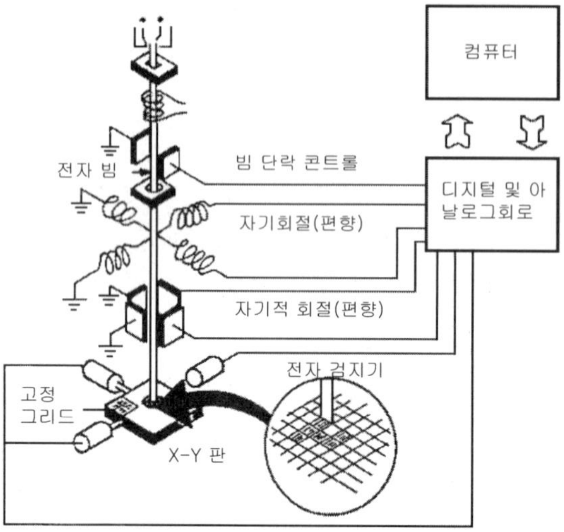

그림 12.5 E-빔 노출 시스템

쓸 수 있다. 따라서 그 신호를 써서 전자편향판을 조정해서 E-beam을 조절할 수 있다.

리지스트를 노출시키기 위해 전자빔의 정확한 위치를 잡는 방법은 두 가지가 있는데, 그중 러스트 주사(rester scanning) 방식은 웨이퍼를 상하좌우로 움직여 빔을 원하는 곳에 쐬게 하는 것이다. 또 다른 방법은 작은 도형(사각형 등)을 필요한 곳에 노출시켜 원하는 면적과 형태를 갖게 하는 것이다.

E-빔 직접 묘화방식은 고품질 마스크를 만드는 것보다 더 나은 방법이다. 경제성이나 작은 패턴, 큰 다이 등이 필요할 때 작합한 방법이다. 이 시스템의 단점은 높은 가격과 낮은 생산성이다.

E-빔으로 가능한 이미지 크기는 광학적 리도그래피보다 훨씬 작다.

4. 노출 소오스(Exposure Sources)

작은 크기(3마이크론 이하)의 이미지를 형성하는데 있어서 주요 제한은 노출 방사원의 파장에 달려있다. 마스크 주변에서 빛이 휘는 굴절은 이미지 분해도의 주요 제한 요소다.

노출하는 방사가 휘면 PR의 이미지 크기도 바뀌게 된다. 극단적으로 굴절된 선이 서로 닿으면 이미지가 형성되지 않는다. 보통의 노출 소오스는 U.V영역의 방사다. 이 소오스를 사용하면 생산 단계에서 이미지 크기의 하한선은 3㎛가 된다. 더 작은 크기를 구현하려는 노력중의 하나가 단파장으로 노출시키는 것이다. 휘는 양(굴절각도)는 단파장일수록 적으므로 작은 이미지를 형성할 수 있다.

노출 소오스나 노출 방법을 불문하고, 좋은 이미지 형성은 평행한 빛에 의해서만 가능하다. 이러한 상태를 "collimated light" 라고 한다. 이 상태는 렌즈나 특수한 거울을 쓰면 얻어진다.

빛의 평형성을 체크하고 조절하는 것은 날마다, 그리고 시간마다 포토마스크 공정 기술자의 의무가 된다.

(1) 자외선(UV)

전통적으로 노출 소오스는 고압 수은 등을 사용해왔다. 다른 원소처럼 수은도 높은 에너지 수준으로 여기되었을 때 빛을 낸다. 그 빛은 파장이 150～405나노미터(자외선영역)이며 주로 365나노미터이다.

자외선 영역은 매우 짧은 파장(X-선)부터 매우 긴 파장(라디오파)까지 변하는 방사 범위의 일부분이다. 전체 레인지는 전자기스펙트럼이라고 불린다.

가장 많이 쓰이는 리지스트는 자외선 영역에서 반응(고분자화 또는 광분해화)하도록 만들어져있다. 365나노미터 파장에 특히 민감한 것도 있다.

(2) DUV(Deep Ultraviolet)

전자기 스펙트럼을 훑어보면 표준 UV근처에 더 깊은 UV(DUV)가 180～330[㎚]에 있는 것을 볼 수 있다. 고압Hg(수은), 크세논-수은, 펄스 수은, 펄스 크세논을 포함한 몇 가지 DUV소오스가 있다. PMMA 및 PMIK 리지스트가 DUV에 반응한다.

DUV노출의 장점은 더 작은 이미지를 얻을 수 있다는 점이다. DUV 노출에서는 얼라이너의 표준 수은등이 DUV 소오스로 바뀐다.

(3) E-빔(E-Beam)

노출 장비로서 E-빔을 쓰는 장점은 이미 논했다. 우선, 마스크가 없기 때문에 굴절의 영향을 받지 않는다. 그리고 작고 정확한 패턴을 얻을 수가 있다.

E-빔은 전자주사 현미경과 비슷한데, 용도가 다르다. 이 시스템은 진공을 시키기 때문에 속도나 가격에서 다른 기계와 경쟁을 못한다. 표 12.2에 얼라인/노출 장비의 비교를 제시하였다. E-빔 노출은 보통의 양성 및 음성 PR과는 PR체계(폴리머)가 다르다.

(4) X선(X-Ray)

X-선은 결국 마스크가 필요한 시스템이다. X-선은 단파장이기 때문에 굴절 효과가 없다. 또 평행성도 아주 좋아서 마스크와 웨이퍼를 접촉시킬 필요가 없다. X-선은 표면의 어떤 먼지도 투과한다. 단점은 특별하고 비싼 마스크와 리지스트를 써야 한다는 점이다.

1990년대 중반까지는 UV나 DUV 대신 E-빔이나 X-선을 쓸 것으로 예상하고 있다.

(5) 노출조절

노출 정도는 리지스트에 가해지는 총 에너지-소오스의 강도와 노출 시간의 곱을 조절함으로써 얼라인먼트 및 노출에서 조절된다. 간단한 장비에서는 노출은 강도와 노출시간을 셋팅 함으로써 조절할 수 있다.

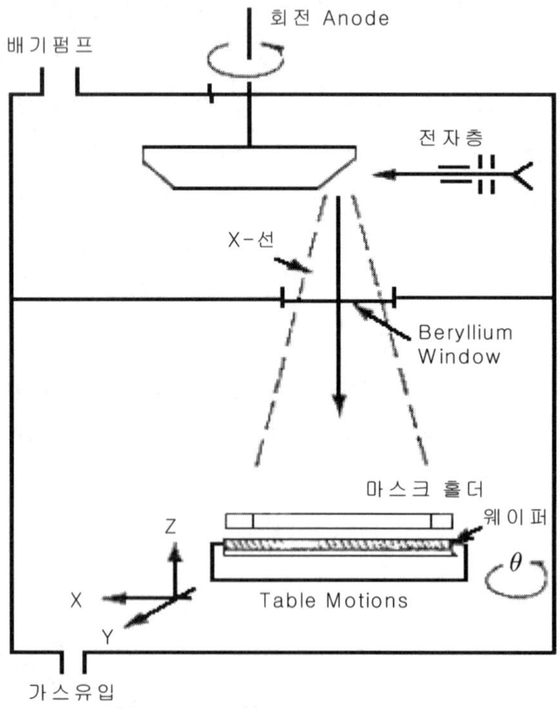

그림 12.6 X-선 노출 시스템 X Ray Exposure System

위의 방법은 크기의 미묘한 조절이 필요치 않을 때 적합하다. 그러나 스펙트럼의 다른 파장으로부터도 에너지의 변화가 생길 수도 있다. 전구의 낡음에 따라 에너지도 비례해서 변한다.

단순한 파장의 측정은 웨이퍼에 가해지는 전체 에너지를 보여주지 않는다. 노출 조절의 가장 정확한 방법은 인테그레이터(integrator)를 쓰는 것이다. 이 시스템은 웨이퍼에 가해지는 전체 에너지를 검지해서 노출시간을 자동으로 조절한다. 이는 또한 노화현상을 보상하기 위해 램프의 전력도 조절해준다. E-빔과 X-선 노출장비도 이 방법으로 조절한다.

표 12.2 얼라인먼트 및 노출 시스템의 비교

부문	콘택트	프로젝션	DUV	DIRECT STEP	X-RAY E-BEAM
해상도 (마이크론)	3.0-5.0	1.5-2.0	1.0	1.5-2.0	0.3-0.5 0.75-1.0
생산성 (웨이퍼/시간)	80	50		30-50	20
가격	60	370		350-750	350-750
마스크의 필요	×	×			×
레티클의 필요				×	

5. 펠리클(Pellicles)

펠리클은 PR의 결함을 줄이고 마스크의 수명을 굴리는데 쓰는 장비다. 이 장비는 골격에 펼쳐진, 빛이 통과하는 얇은 막인데, 포토마스크의 크롬쪽 혹은 양쪽에 부착된다. 이는 대기 중의 먼지가 마스크에 떨어져 빛을 가리는 것을 방지한다. 공기 중의 먼지는 펠리클에 떨어져, 노출에는 초점을 벗어나 프린트 되지 않는다.

필리클의 사용은 또한 마스크의 수명을 연장시키는데, 새 마스크가 검사되고 펠리클이 씌어지면, 펠리클이 깨질 때가지 깨끗한 표면이 유지된다. 마스크를 세척할 때 마멸과 결함이 없어진다.

6. 현상(Development)

얼라이먼트 및 노출 후에 마스크에 있던 패턴은 고분자화 된 곳과 안 된 곳으로서 PR층에 옮겨지게 된다. 다음 스텝은 리지스트 중 고분자화 안된 PR을 제거하는 일이다. 플라즈마도 연구 중이지만, 이는 보통화학약품으로 행한다. 스텝의 목적은 폴리머화가 되지 않은 지역을 없애서, 얼라인먼트 및 노출에서 리지스트에 형성된 정확한 크기를 만들어 내기위한 현상정도를 조절하는데 있다.

음성과 양성 PR은 다른 약품 공정으로 현상한다. 얼라인먼트 및 노출 후에 음성 PR은 폴리머에서 비 폴리머로 바뀐다. 이 두 지역이 바뀌는 지역은 상당히 정확하다. 플로머로 된 지역을 현상약품은 빨리 녹이며, 폴리머화되지 않은 지역은 매우 천천히 녹는다.

양성 PR에서는 상황이 다르다. 노출로 인해 폴리머화된 지역이 안 된 지역에 비해 잘 안 녹게 되는데 그 차이가 적다. 따라서 현상공정에서 조절을 주의 깊게 해야 한다.

만일 웨이퍼가 양성 현상액에서 정해진 시간을 초과하면 약품이 폴리머화되지 않은 지역도 녹여낸다. 결론적으로 크기에 있어서 큰 변동을 보이게 된다.

7. 현상액(developer chemicals)

(1) 음성 PR

음성 PR의 현상액은 크실렌(xylene)이다. 이는 또한 음성 PR의 용제(solvent)가 되기도 한다. 프로젝은 얼라인먼트 스텝 후의 현상은 약간 덜 활성적인 현상액이 필요한 경우도 있다.

리지스트에서 현상된 이미지의 조절은 다음의 몇몇 요인에 영향을 받는다. 현상 스텝의 시간은 중요한 요인이다. 린스(rinse)용액으로 현상액을 빨리 희석해야 현상이 멈춘다.

크실렌에 필요한 린스 용액은 PR막을 부풀리거나 수축시켜서는 안 된다. 알코올과 TCE의 혼합액이 쓰이기는 하나 이는 PR을 수축시키거나 부풀게 한다. 적당한 린스 용액은 "N-butylacetate"이다.

(2) 양성 PR

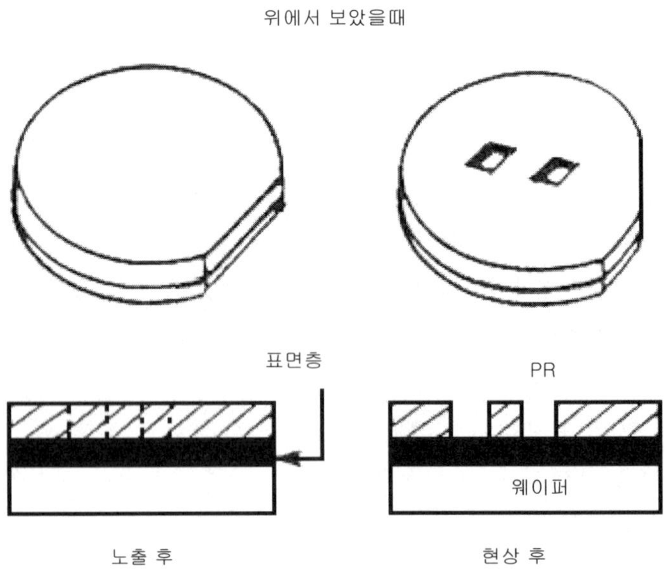

그림 12.7 PR현상

양성 PR은 수산화칼륨이나 수산화나트륨 등의 알칼리 용액에 쉽게 현상된다. 현상 속도는 이 두 용액을 물과 적절히 혼합함으로써 조절된다. 이러한 현상액의 장점은 린스액이 물이라는 점이다. 그러나 웨이퍼에 남은 나트륨이나 칼륨은 특히 MOS에 해로운 영향을 미친다.

칼륨과 나트륨 오염에 민감한 소자에는 비 이온 현상액이 쓰인다. 이 현상액은 2~3%의 tetramethy lammonium hydroxide나 chlorine ammonium hydroxide를 DI워터에 섞는 것이다.

양성 PR현상은 현상액 온도와 농도에 민감하다. 보통의 동작 온도는 비 이온 현상액에서는 23℃±1℃이고, 알칼리형 현상액은 그러한 엄밀한 조절이 필요 없다. 다음 표에 각 PR에 대한 현상액 및 린스액을 나타내었다.

표 12.3 현상액 및 린스액

	양성	음성
현상액	NaOH Tetramethyl ammonium Hydroxide	Xylene Standard Solvent
린스액	H_2O	N-Butylacetate

8. 현상방법

(1) 이머션(Immersion)

이머션 방법은 전통적인 PR현상방법이다. 가장 간단한 형태로 현상액 용기와 린스 용기를 나란히 설치한다. 조작자는 웨이퍼를 현상액에 담갔다가, 린스액에 담갔다가 건조시킨다. 양성 PR의 분사(spray) 방법은 문제가 있기 때문에 양성 PR에서는 이 방법을 쓴다. 그러나 음성PR은 보통 분사방법을 쓴다.

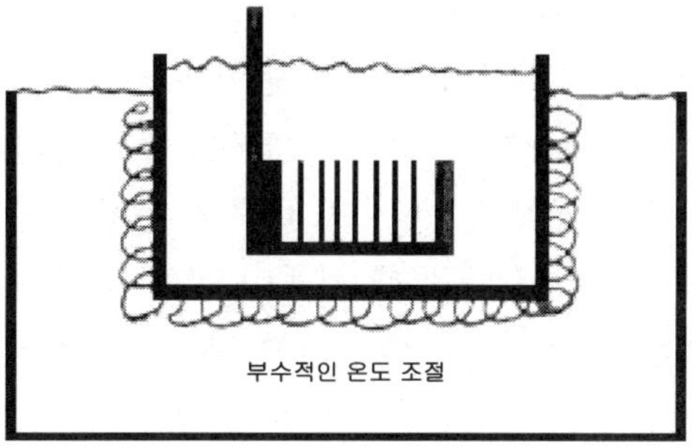

그림 12.8 이머션(Immersion)

이머션 방법의 문제점은 다음과 같다.

i) 액체의 표면장력과 웨이퍼의 비활성 때문에 작은 크기를 현상하기가 어렵다.
ii) 부분적으로 용해된 PR이 웨이퍼에 남아 그 뒤의 현상을 방해한다.
iii) 수백장의 웨이퍼가 통과하기 때문에 용기가 오염되기 쉽다.
iv) 웨이퍼가 액체 표면을 지나야 하기 때문에 액체 표면에 있는 오염을 받기 쉽다.
v) 현상액을 교환해주어야 하기 때문에 현상액의 사용이 많다.

(2) 분사현상(Spray Development)

분사 현상은 더 좋은 방법이다. 보통, 스피너처럼 웨이퍼를 진공척에 올려놓고 한다. 웨이퍼에 PR을 올리는 대신 현상액과 린스액이 웨이퍼에 분사된다.

이 공정은 세 사이클이 필요하다. 우선 웨이퍼에 현상액이 분사된다. 그 다음에 린스액이 분사된다. 보통 현상액이 분사되는 동안 린스액이 분사된다. 이 중복 때문에, 웨이퍼에서 현상액이 마르는 것을 방지할 수 있다. 마지막으로 린스를 말리기 위해서 웨이퍼를 고속 회전시킨다.

분사현상의 장점은:

i) PR에 분사가 가하는 물리적인 힘 때문에 작은 구조도 현상 가능하다.
ii) 웨이퍼가 새 약품에 노출되기 때문에 오염이 줄어든다.
iii) 분사 하에서 웨이퍼를 회전시키기 때문에 더 균일한 패턴을 얻는다.
iv) 이머션 방법에 비해 약품 사용량이 줄어든다.
v) 하드 베이크 오븐과 결합해서 자동화가 가능하다.

(3) 양성 PR현상(Positive Photoresist Development)

스핀/분사를 쓰는 자동화의 문제점의 한 가지는 양성 PR현상에서 발생한다. 우선 알칼리성 현상액이 모든 금속을 부식시키기 때문에 기계에 값비싼 코팅을 해야 한다. 둘째, 현상액이 수성이기 때문에 압력에 의해 분사되어 나올 때 거품이 많이 생긴다. 가장 중요한, 세 번째 문제는 양성 현상액이 음성 현상액보다 온도에 더욱 민감하다는 점이다. 웨이퍼가 회전하고 있을 때 척에서의 현상 온도를 조절하기는 어렵다. 단지 척 자체를 가열할 수밖에 없다. 이러한 문제에도 불구하고, 균일성과 생산성 때문에 분사 현상이 사용되고 있다.

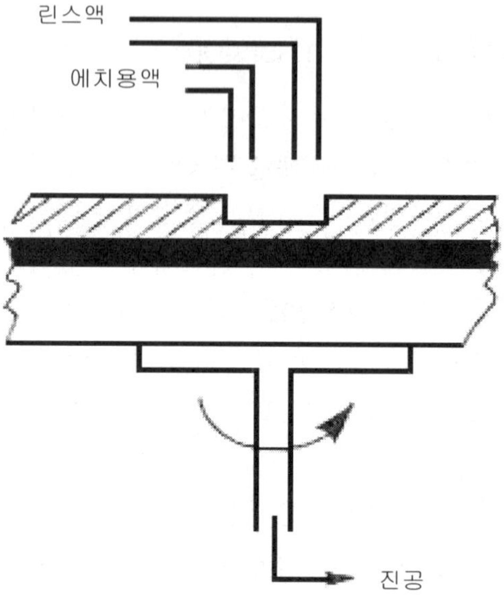

그림 12.9 분사(Spray)

(4) 퍼들(Puddle) 현상

보통의 스핀 분사 현상에 쓰이는 퍼들 기술은 양성 PR현상에 적합한 기술이다. 웨이퍼가 진공 척에 놓여지고, 특정한 양의 양성 PR 현상액이 웨이퍼에 놓여진다. 액체의 표면장력 때문에 웨이퍼에서 모이게 된다.(퍼들을 형성한다.) 적당한 현상시간 후에 퍼들에 물이 분사되고, 웨이퍼가 건조된다. 이때는 현상액의 농도와 온도가 결정적인 인자가 된다.

(5) 플라즈마 현상(Plasma Development)

약품현상에서 폴리머화 된 PR이 안된 PR보다 천천히 녹는다. 현상되지 않은 웨이퍼가 산소 플라즈마에 노출되면 폴리머화 되지 않은 PR이 빨리 산화된다. 현상하기에는 값비싼 방법이지만 건식 공정이라는 장점이 있다. 반응실 내에서 산소 분자의 에너지 분포 때문에 균일성에 신경을 써야 한다.

9. 하드 베이킹(Hard Baking)

하드 베이킹은 포토마스킹 공정에서의 두 번째 베이킹 공정이다. 소프트 베이킹처럼, 이 목적도 용제를 증발시켜 PR이 실리콘 표면에 잘 붙게 하는데 있다.

(1) 하드 베이킹 방법

PR층을 하드 베이크 하는 방법은 소프트 베이킹의 방법과 똑같다.

i) 진공

ii) 대류

iii) IR

iv) 초고주파

현상 스피너에 붙어 있어서 현상 후에 곧바로 하드 베이킹을 한다. 사실상 자동화된 현상/베이킹이 좋다.

이 과정에는 두 가지 단점이 있다. 첫 번째는 하드 베이킹 후에 현상 검사에 불합격된 웨이퍼는 베이크된 PR을 제거하기 위해 스트리핑(stripping)을 더 해주어야 한다는 점이다.

두 번째는 웨이퍼가 현상검사 및 에치를 위해 기다리는 동안, PR에 습기가 찬다는 점이다. 리지스트의 불량한 접촉과 리프트 때문에 에치가 잘못될 수도 있다.

생산라인에서는 이것이 큰 문제가 되어, 에치하기 전에 다시 하드 베이킹을 한다. 이것을 프리에치 베이크(pre-etch-bake)라고 하며, 대류 오븐을 쓴다.

현상 검사 후에 하드 베이크를 하면 문제가 생긴다. 오염되었거나 부족하거나 과도하게 현상된 웨이퍼는 에치 공정에서 불량판정을 받게 된다.

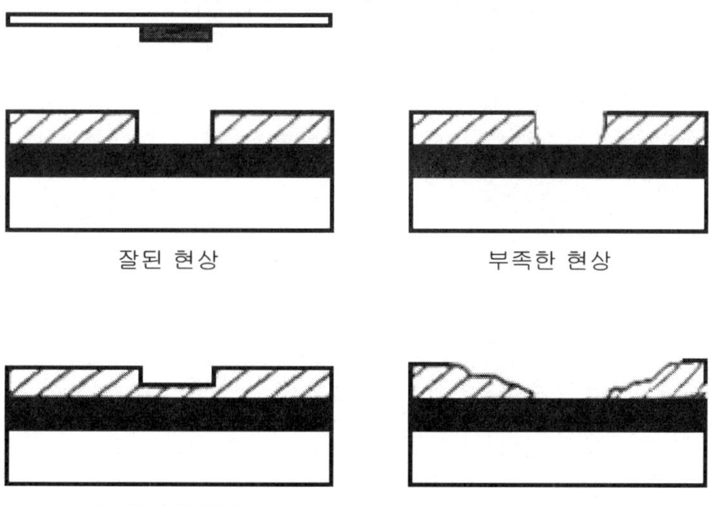

그림 12.10 현상 후의 상태

(2) 공정사양(Process Specification)

소프트 베이크와 하드 베이크의 주요 차이는 온도다. PR의 형태와 필요한 폴리머화 정도에 따라, 하드 베이크는 일반적으로 150℃±25℃에서 행한다. 뱃치 공정에서의 베이킹 시간은 보통 30분이다. 턴넬 오븐에서는 베이킹 시간은 5~7분이다.(소프트 베이킹과 비슷하다.) 초고주파 공정에서는 훨씬 짧아서 일분정도 미만이다.

PR이 받는 열량에 따라 용제의 증발량과 폴리머화 정도가 결정된다. 이 공정은 시간과 온도의 함수가 되는데 예를 들어 시간이 길면 온도가 낮아도 된다. 어떤 특정한 온도(175℃) 이상에서 딱딱했던 PR이 부드러워져서 흐르기 시작한다. PR이 약간 흘러서 변두리가 두꺼워졌을 때 현상 검사에서 드러나게 된다. 리지스트가 심하게 흐르면 변두리가 완만하게 되어 현미경으로 보았을 때 색환(fringes)이 나타나게 된다. 이 상태를 그림 12.11에 나타내었다. 이러한 일이 일어나면 이미지 크기에서 변화가 생긴다. 고온용 PR은 고온에서도 잘 흐르지 않기 때문에 점착성이 더 좋아진다.

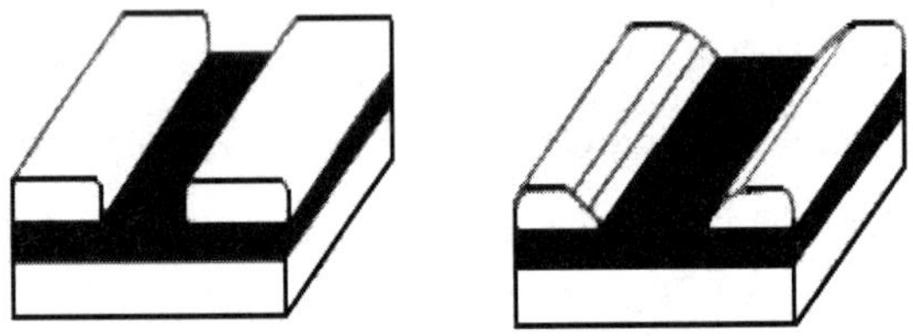

그림 12.11 고온에서 PR이 흐르는 모습

Chapter 13 포토마스킹기술 3

1. 현상검사(Develop Inspection)

포토마스킹 공정에서 첫 번째 검사는 현상 후에 하는데, 자동 베이킹 시스템이 사용된다면 현상/하드 베이킹 후에 한다. 이 검사를 현상검사(혹은 D.I.)라고 한다.

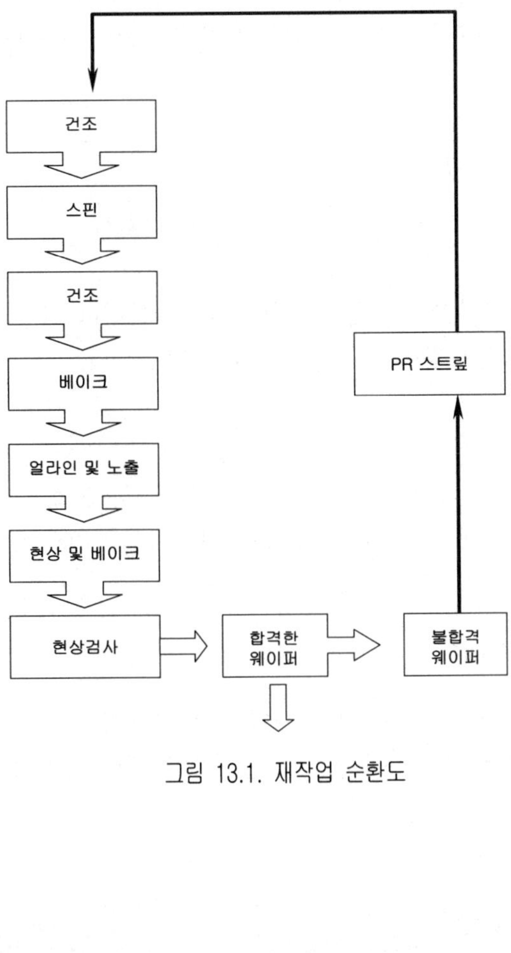

그림 13.1. 재작업 순환도

이 목적은 수율이 낮을 것 같은 웨이퍼를 골라내는 것이다. 그 평가는 공정 파라미터(오염, 이미지 질, 결정적인 크기 등)와 다이 선별 및 최종 검사수율과 관련해서 한다.

잘못된 마스크를 쓰는 등의 전체적인 수율 저하 요인도 D.I.에서 판별한다.

이 검사에서 더 이상 진척될 수 없는 웨이퍼도 선별해낸다. 이 과정까지는 웨이퍼 자체에는 영향을 주지 않는다. 사실상, 얇은 PR층만 웨이퍼에 형성되어 패턴을 형성하고 있을 뿐이다.

이 시점에서 실수가 발견된다면 PR을 제거하고 다시 공정을 할 수가 있게 된다.

이것은 실수가 치명적이 아니고 재

작업이 가능한 단계다. 다음의 흐름도가 재작업의 순환도를 보여주고 있다.

이 검사는 공정 엔지니어에게 공정상의 문제점을 알려주는 중요한 소오스가 된다. 이 때 불합격의 원인은 조작자의 실수이거나 스펙에서 벗어난 동작의 공정일 수도 있다. 그러므로 불합격의 요인을 찾아내어 적당한 공정으로 바로잡을 수 있다.

현상 검사에서 불합격된 페이퍼는 다시 PR스트립(PR strip)해서 표면처리한 후 공정으로 되돌아간다. 재작업으로 판정된 웨이퍼가 공정라인에 들어오면 웨이퍼의 개수에서 혼란이 생긴다. 이때는 재작업 웨이퍼를 모아서 한 그룹을 형성하며 공정하거나, 다른 웨이퍼들을 검사에 홀딩(holding)시켜 놓고 먼저 공정하거나 한다. 작은 라인이나 빠른 결론을 필요로 하는 라인에서는 주로 후자 방법을 선택한다.

포토마스킹 라인에서 재작업하는 웨이퍼 수는 공정 품질의 척도가 된다. 수율은 재작업하는 웨이퍼의 퍼센트로 계산되며 재작업율(rework rate)라고 부른다.

수율이 좋으면 95%이상(즉 재작업율 5%이하)이 된다. 수율이 90%이하일 때는 생산라인에 가격의 부담을 주게 된다. 여기에서 재작업율이 많으면 다이선별 수율도 낮아진다. 재작업한 웨이퍼의 다이선별 수율은 70~80%에 지나지 않는다.

재작업율은 마스킹 스텝에 따라 다르다. 보통 초기 마스크나 보호막 마스크 등의 손쉬운 공정스텝의 재작업율은 매우 낮다. 콘택트나 금속배선 마스크 등의 어려운 마스킹스텝에서는 보통 5~10%정도이다.

2. 검사과정(Inspection Procedure)

(1) 나안검사

웨이퍼가 현미경으로 옮겨질 때 조작자는 나안으로 본다. 웨이퍼의 오염이나 긁힘, 막의 결함 등을 조명해주는 자외선 혹은 평행광이나 보통 빛에서 검사한다.

(2) 현미경 검사

웨이퍼가 1×검사를 통과하면 100× 400×의 배율인 현미경으로 결함검사를 한다. "dark" 필드가 쓰이기도 하지만 검사는 보통 백색광으로 한다. VLSI다이에서는 200×가 전형적인 검사배율이다.

(3) 결정적인 크기(Critical Dimension)

현미경 검사가 끝난 후 웨이퍼 표본에서 결정적인 크기를 잰다. 포토마스킹 공정의 목적이 마스크의 크기를 PR층이나 웨이퍼 면에 정확하게 옮기는 것이므로 패턴 크기의 조절은 극히 중요하다.

크기는 광학 장비로 측정한다. 측정하려는 패턴이 현미경이나 CRT를 통해 나타나고, 기계적인 선이 패턴 크기를 가로 지른다. 장비는 움직임을 거리로 나타내거나 연결된 계산기로 계산한다.

3. 현상 검사에서의 불합격 요인

웨이퍼가 검사에서 불합격할 요인은 많다. 현미경에서 보이는 문제가 여러 원인이 있듯이, 특정한 문제를 유발하는 원인이 어디 있는지를 알기는 어렵다. 불합격된 웨이퍼는 다음의 범주에 속한다.

i) 마스크나 스텝의 뒤바뀜.

ii) 막의 질: 오염, 긁힘, 리지스트의 거품이나 방울

iii) 이미지의 질: 패턴 변두리의 정확성, 선형성, 확대나 축소

iv) 현상의 질: 패턴이 부족하게 또는 과다하게 현상할 수 있다.

v) 결정적인 크기

다음 표에 불합격 요인과 그 결과를 보인다. 하나의 원인이 여러 공정스텝에서 올 수 있다.

표 13.1 현상 후의 불합격 요인

공정에서 가능한원인	깨진 웨이퍼	긁힘	오염	구멍	MA	연결	리지스트의 리프트	부족한 노출	불완전한 현상	리지스트 부족	리지스트 이동	잘못된 마스크	결정적인 크기	Re-ject
오염			×	×		×		×					×	
스핀 (리지스트두께)			×			×							×	
소프트베이크														
콘택트 시간 및 조도 마스크 얼라인		×			× ×	× × ×		× ×	×	×			× × ×	
현상							× Press		×		×		×	
하드베이크											× Press		×	
취급 자동 및 수동	×	×												
조작자의 실수					×					×		×		
환경			×				× %							
약품			×	×										
웨이퍼			×											

4. 에칭(Etching)

에칭의 목적은 PR층의 구멍을 통해 웨이퍼의 상단 층을 부분적으로 제거하는 것이다. PR의 구멍은 설계에 필요한 정확한 크기를 가져야 한다. 에칭의 두 번째 목적은 그러한 크기를 갖는 패턴을 웨이퍼의 상단 층에 옮기는 것이다.

에칭 할 때는 그 밑의 층을 교란시켜서는 안 된다. 그 밑층이 에칭 되면 소자의 물리적 크기가 크게 변한다.

5. 에칭방법

에칭은 다음 방법을 사용해서 수행한다.

i) 화학약품 에칭(chemical etching)

ii) 플라즈마 에칭(plasma etching)

iii) 이온 빔(ion beam)

iv) 반응성 이온에치(reactive ion etch ; RIE)

이러한 방법들은 한 웨이퍼에서 그리고 웨이퍼마다의 균일성이 각기 다르다. 각 방법은 에치의 정확성과 생산성에서 나름대로의 장단점이 있다. 언더컷(undercutting) 혹은 등방성(isotropy) 에치는 물질이 아래쪽은 물론 옆으로도 에치되기 때문에 일어난다. 다른 요인은 에치 공정의 선택성이다. 선택성이란 바로 아래의 물질이나 막을 제거하는 것이다. 선택성이 좋을수록 에치 공정이 그 아래의 물질을 교란시키지 않는다.

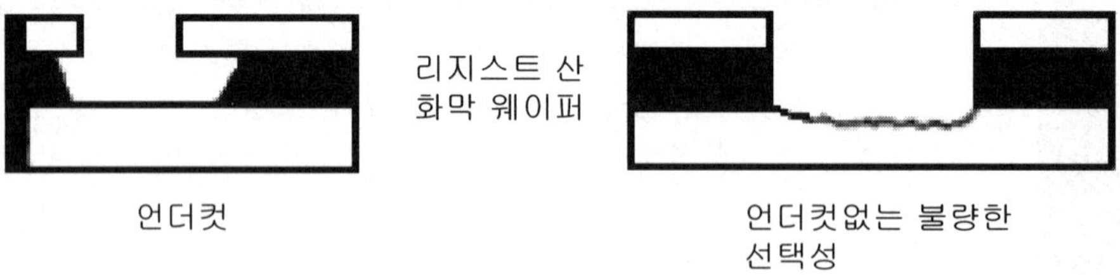

그림 13.2 언더컷(Undercutting)

(1) 화학약품 에치

화학약품 에치는 가장 경제적이고 생산성 있는 에치다. 이는 웨이퍼가 테플론 보트(teflon-boat)에 담겨 산 비이커에 잠기게 하는 단순한 비이커 공정이다. 산이나 산 혼합물은 가장 위층만 용해하고 그 밑층은 영향을 주지 않는다.

제거의 정확성은 에천트(etchant)의 온도와 잠기는 시간, 그리고 산에천트의 조성에 관련된다. 에천트의 조성은 조절 가능한 에칭시간 -1~7분-을 만들기 위해 조절된다.

1분 이내가 되면 조작자가 웨이퍼를 비이커에서 제거하는 시간이 상당한 비중을 차지해서, 에치 시간에 변화를 주게 된다. 7분 이상이면 PR이 일어나서 과도한 언더컷이 생기게 된다.

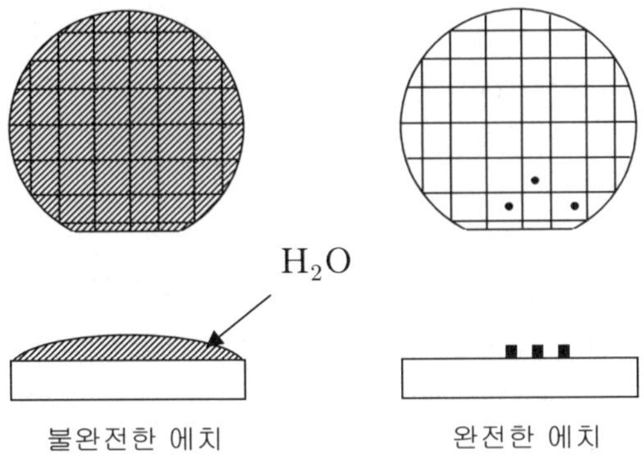

그림 13.3 화학약품 에치

적당한 에치 시간은 보통 5분이다. 어떤 경우 웨이퍼 표면을 빈번히 보아서 에치 공정을 조절하기도 한다. 조작자는 주기적으로 페이퍼 보트를 꺼내서 웨이퍼 표면에 에치된 정도를 관찰한다. 에치가 불완전하면 에치용액 이전 면을 덮게 된다. 에치가 완전히 되면 표면은 배수성이 되어 에치용액이 방울을 지게 된다.

과도한 에치가 되면 웨이퍼의 리지스트가 떨어져, 치명적인 언더컷이 일어나게 된다.

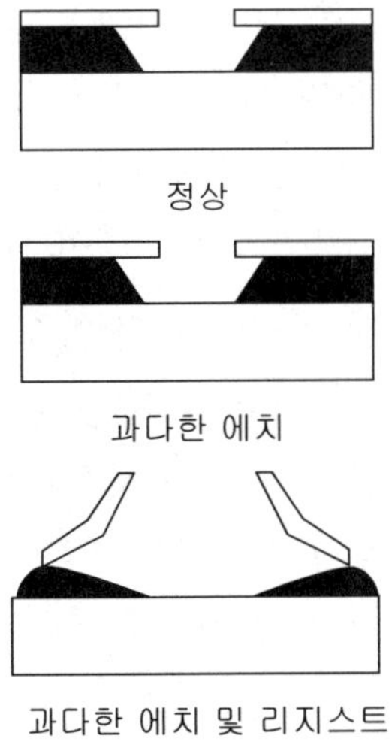

그림 13.4 언더컷(Undercutting)의 정도

에천트는 비이커나 용기에 담아져 일정한 온도로 유지된다. 표 13.2에 많이 사용되는 에천트의 온도를 나타내었다. 실내온도 에천트는 주변의 환경을 조절해서 유지하고, 고온 에천트는 열판이나 다른 가열기를 사용한다.

① 산화막 에치(Oxide Etching)

산화 실리콘을 에치하는데는 불산(HF)이 좋다. 그런데 불산은 SiO_2를 너무 빨리 에치해서 조절하기가 힘들다. HF를 물로 희석하면 에치 속도는 낮아지나 수소 이온이 나오기 때문에 역시 조절하기가 힘들다. 따라서 HF를 Ammonium fluoride(NH_4F)와 섞는다. 이 Ammonium fluoride는 HF-산화실리콘 반응을 버퍼(beffer)하기 때문에 조절이 가능하다.

이러한 방법을 버퍼 산화막 에치(Buffered

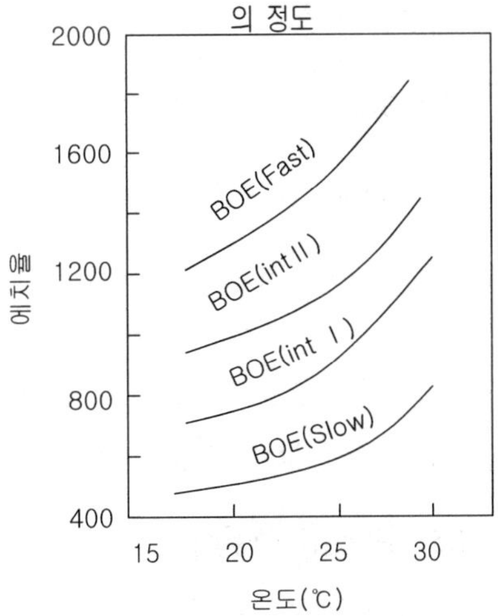

그림 13.5 에치율 대 BOE의 온도

oxide etch:BOE)라고 부른다. PR의 매우 작은 구멍으로 에천트가 들어가도록 BOE용액에 계면제나 흡수제를 넣기도 한다. 구멍으로 들어가는 것은 에치하기 전에 흡수제에 잠깐 딮(dip)함으로써 가능하다.

② 적층된 산화막 에치

Vapox 혹은 Silox(적층된 산화막)은 BOE가 좋은 에천트라고 생각하기 쉽다. 보호막으로서, silox가 알루미늄 패턴위에 적층된다. 그런데 BOE는 밑의 알루미늄도 에치 한다. 알루미늄의 에치는 노출된 패드에서 일어난다. 에치된 패드는 현미경으로 보았을 때 색을 가지게 되는데 이를 갈색 혹은 얼룩진 패드(brown 혹은 stained pads)라고 부른다.

알루미늄 에칭을 방지하는 산 용액은 초산과 NH_4OH 와의 혼합물이다. NH_4와 HF의 상대적 비는 4:1이다.

Silox와 산화막은 상온에서 에칭하며 교반은 필요 없다. 균일성의 향상을 위해 초음파 교반기에서 에칭하기도 한다.

③ 알루미늄 막 에칭

실리콘이나 산화실리콘은 그대로 두면서 알루미늄만 녹이는 산은 인산이다. 그런데 인산은 알루미늄과 반응해서 상당한 양의 수소거품을 낸다. 이 거품은 웨이퍼 표면에 붙어서 에치를 방해해, 불완전한 에칭을 초래한다. 이 문제를 줄이기 위해 질산, 초산, 물 그리고 흡수제가 인산에 첨가된다. 그 비는 16:1:1:12정도다. 이 용액은 적당한 에치 속도(5~10분)를 얻기 위해 40℃~50℃로 가열된다.

수소를 표면에서 떼어주기 위해 에치 용기를 교반시켜주어야 한다. 이는 물을 젓거나 초음파를 사용하기도 한다. 또한 웨이퍼를 에치 용액에서 완전히 꺼냄으로써 액체의 표면장력으로 수소 거품을 제거하기도 한다. 여러 가지 웨이퍼 표면에 대한 보통의 에치 용액을 다음 표에 나타내었다.

(2) 분사 에치(Spray Etching)

특히 웨이퍼가 회전하고 있을 때 분사하는 것이 에이퍼를 에치 용액에 담그는 것보다 좋다. 회전과 분사의 조합은 균일한 공정을 만든다. 그런데 분사 방법은 반도체 에치 용액의 특성으로 인해 좀 위험하다. 또한 산 때문에, 분사 기계의 손상도 문제가 된다. 따라서 아직도 이머션 방법이 더 많이 사용된다.

(3) 린스(Rinsing)

이머션 에칭에서는 웨이퍼를 탱크에서 꺼내 물로 에치 용액을 씻어냄으로써 에치가 끝난다. 린스는 우선 에치를 끝내는 역할을 한다.(process control), 두 번째 표면에서 약품을 제거하는 역할을 한다.(오염조절) 린스에는 다음과 같은 방법이 있다.

① 오버플로우 린스(Overflow Rinsing)

이 방법에서는, 웨이퍼가 든 탱크에 물을 넘쳐 흘려 넣어 에천트가 쓸려 나가게 한다. 보통, 에천트와 물을 섞기 위해 질소거품을 흘리기도 한다. 린스 시간은 탱크와 물의 유량에 의해 결정된다.

이 방법에서는 흐르는 물에 저항계를 붙여 흘러나가는 물이 15-18MΩ-cm가 되면 린스를 멈추게 하기도 한다.

② 분사린스(Spray Rinsing)

이 방법의 장점은 분사작용으로 인해 에천트가 물리적으로 제거되고 물이 절약된다는 점이다. 여기서의 한 가지 문제는 물의 비저항을 재기 어렵다는 점이다. 왜냐하면 물이 공기 중의 이산화탄소를 흡수해 마치 이온처럼 저항계에 읽히기 때문이다.

③ 덤프린스(Dump Rinsers)

린스와 물 절약 면에서 이 방법이 극히 효율적이다. 이는 보통 분사린스의 능력을 갖추고 있다. 웨이퍼는 린스 용기에 들어있어서 에천트 기능을 빨리 중단시킨다. 용기는 재빨리 물로 채워지고 구멍을 통해서 즉시 빠져 나간다. 이 방법이 3~5회 되풀이 되는데 첫 번에 99%의 에천트가 제거되고 그 다음에 99.999%가 제거된다.

④ 스핀/린스건조

웨이퍼가 위의 한 가지 방법으로 린스된 후 최종적으로 린스 및 건조를 하게 된다. 이는 원심력을 이용한다. 웨이퍼 보트가 용기에 회전되면서 DI워터가 분사된다. 그 뒤 웨이퍼가 고속으로 회전되면서 물이 제거된다.

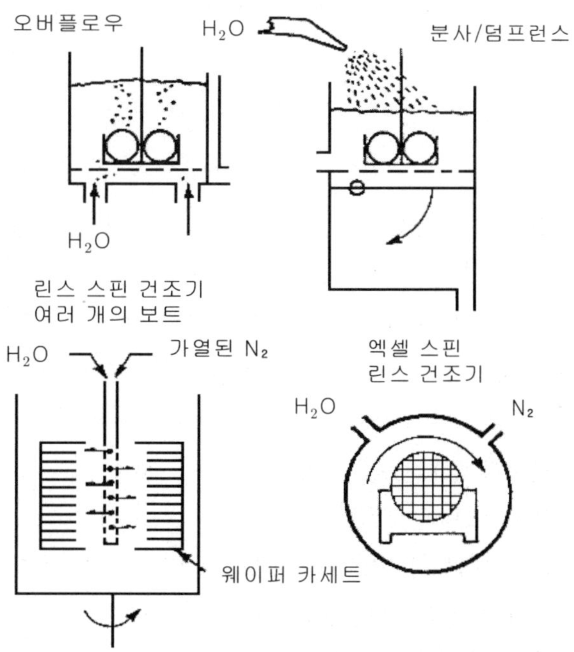

그림 13.6 린스 방법

6. 건식에치(Dry Etching)

이머션 에치에는 두 가지 제한이 있다. 정확한 패턴형성(흡수제가 들어있을 때라도), 그리고 언터컷으로 인한 크기 조절 등이다. 또한 이머션 방법에는 건강 문제와 약품처치 문제가 뒤따른다. 에치 용기의 오염으로 인한 문제도 있다.

3마이크론 이하의 작은 크기를 다루게 됨에 따라 플라즈마(혹은 건식) 에치 기술이 개발되었다. 여러 가지 종류의 플라즈마가 VLSI 기술에 쓰이게 되었다. 이 방법을 이해하기 위해, 먼저 습식 에치 이론을 살펴본다.

습식에치에서 에천트의 화합물은 에치될 층과 반응해서 물에 녹는 화합물을 형성한다. SiO_2의 경우 HF의 불소와 반응해서 액체 에천트에 녹게 된다. 모든 화학반응처럼 이러한 반응이 일어나기 위해서는 에너지가 필요하다. 실온 에천트의 경우 필요한 에너지는 에천트의 내부 에너지가 된다.

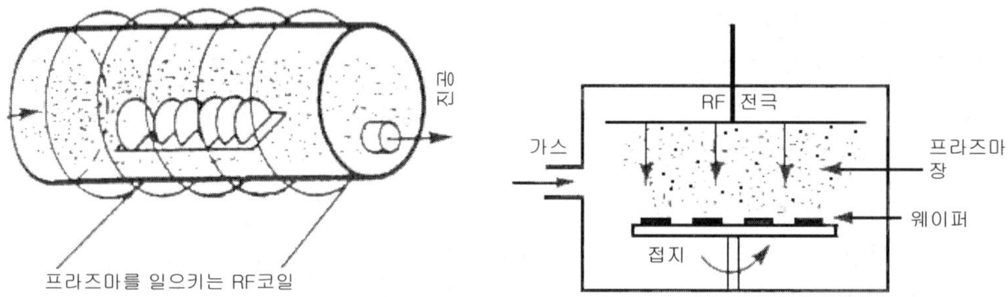

그림 13.7 배럴(Barrel) 및 평판 플라즈마 에치

절대 영도(-273℃) 이상의 모든 시스템은 에너지를 가진다. 심지어 북극의 눈이나 얼음도 내부 에너지를 가진다.

플라즈마 에칭에서는 약품대신에 에칭가스를 사용함으로써 약품에치메카니즘을 따른 것이다. 웨이퍼가 수정용기에 놓여지고 에치 할 특정한 층에 따른 에천트(SiO_2의 경우 불소)를 포함한 가스를 용기에 흘린다.

불소가 SiO_2와 반응할만한 충분한 에너지를 공급한다. 이 방법에서 에너지는 플라즈마 장에서 온다.

플라즈마는 물질의 제4상태다. 태양은 고체, 액체, 기체, 그 어느 것도 아니고 플라즈마 상태다. 태양은 극히 높은 에너지 상태이며 그 에너지는 밀도 높은 가스의 이온화(높은 수준)에서 오는 것이다.

지구상의 가스로도 플라즈마 에너지를 유기시킬 수 있다. 플라즈마 에치(리액터라고도 부른다)에서 플라즈마 상태는 높은 에너지의 RF장(field)으로부터 생긴다. 플라즈마 장의 에너지는 용기내의 가스 분자를 높은 에너지 수준으로 흥분(여기)시켜 웨이퍼의 층과 반응하게 한다.

SiO_2의 경우 에치 가스는 CF_4다. 이 가스에 주어진 에너지는 불소가 SiO_2와 반응하게 해서 불소, 실리콘, 산소를 포함한 가스가 생기게 된다.

이 증기는 진공에 의해 용기에서 제거된다. 따라서 상층부는 약품을 안 쓰고도 제거된다. 웨이퍼는 건조 상태로 들어가 건조 상태로 제거된다. 그런데 플라즈마 에칭의 장점은 크기 조절에 있다. 언더에치가 줄어들고, 에천트 가스가 작은 구멍으로 들어간다.

표 13.2 플라즈마 및 RIE에천트

막	에천트	보통의 가스 화합물
Al	Chlorine	
Mo	Florine	BCl_3, CCl_4, Cl_2SiCl_4
Polymers	Oxygen CF_4, SF_4, SF_6	CF_4, SF_4, SF_6
Si	Chlorine, Florine CF_4, SF_4, SF_6	
SiO_2	Chlorine, Florine	
Ta	Florine	BCl_3, CCl_4, Cl_2, $SiCl_4$
Ti	Chlorine, Florine	CF_4, CHF_3, C_2F_6, C_3F_8
W	Florine	

위에 설명한 플라즈마 방법은 그 용기의 모양 때문에 배럴(barrel) 혹은 실린더 에칭이라고 부른다. 이것이 가장 정확한 플라즈마 방법은 아니다. 용기 내에서 에너지차가 있어도 에치도 차이가 난다. 그리고 웨이퍼 표면에서도 가스가 여러 방향이다. 따라서 약간의 언더컷이 생긴다. 언더컷이 거의 없는 에치 공정을 이방성(anisotropic)이라 부른다.

평판 시스템은 더 좋은 플라즈마 에치 방법이다. 베럴 대신 반응은 두 평행판 사이에서 일어난다. 웨이퍼는 바닥판에 있고, RF장이 그 사이에 발생한다. 시스템에 들어간 에천트 가스는 웨이퍼에 수직한 한 방향을 가진다. 이 방향성 때문에 더욱더 이방성을 가진다.(언더컷이 적다)

평판 설계는 더 균일하게 에치하며 자동화도 쉽다. 실제로 라인에서는 한 웨이퍼씩 평판에치 한다. 플라즈마에치에서의 단점은 선택성이 없다는 점이다.

조절을 하지 않으면 플라즈마는 웨이퍼에 구멍도 낼 수 있다. 한 가지 해결 방법은 에치가 끝날 무렵 에천트 가스를 희석해서 에치율을 낮추는 것이다. 이렇게 해서 그 아래 면을 보호한다.

두 번째 방법은 끝점을 검지하는 것이데, 가스에 최상층의 원소가 존재하는가를 에천트 속의 검지기로 검지하는 것이다. 원소가 없으면 최상층이 날아갔고, 공정을 끝낼 때가 된 셈이다.

플라즈마 에치 공정의 두 번째 단점은 용기의 온도가 높아져 리지스트를 제거하기 힘들다는 점이다. 온도가 400℃까지 올라갈 수 있으며 PR의 고분자화가 상당히 일어난다. 플라즈마 에칭은 MSI나 LSI급 회로를 에치하기에는 이머션에치에 비해 단가가 많이 든다. 그러나 VLSI는 플라즈마 에치로 인해 수율이 높아지므로 단가가 적어진다.

(1) 이온 빔 밀링(Ion Beam milling)

또 다른 건식 에칭 방법은 화학 반응대신 이온 빔을 쓰는 것이다. 이온빔 에칭은 스퍼터링(sputtering)과 비슷하다. 아르곤 가스가 이온화되어, 전기적으로 접지되어 있는 웨이퍼로 향한다. 양전하를 띤 아르곤 원자는 웨이퍼로 이동하면서 가속된다. 웨이퍼를 때릴 때, PR패턴이 형성된 웨이퍼의 최상층은 물리적으로 제거된다. 플라즈마 방법처럼 이온빔 방법도 언더컷이 줄어든다. 선택성은 없다. 예를 들어, 한 층이 제거되면 플라즈마나 이온 빔은 기판을 계속해서 제거한다.

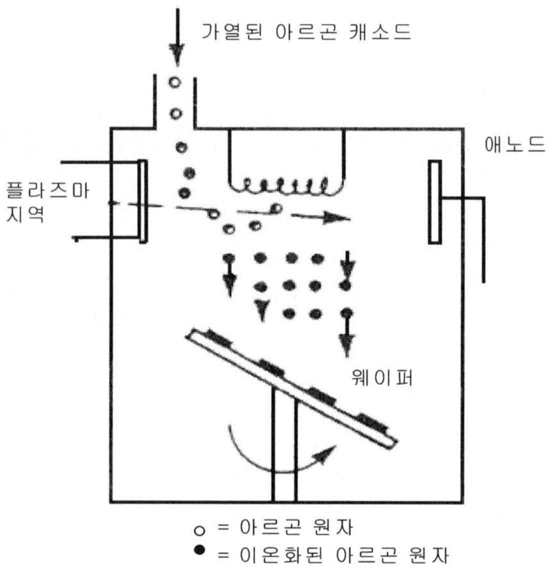

그림 13.8 이온 밀링(Ion Milling)

(2) 반응성 이온 에칭(Reactive Ion Etehing)

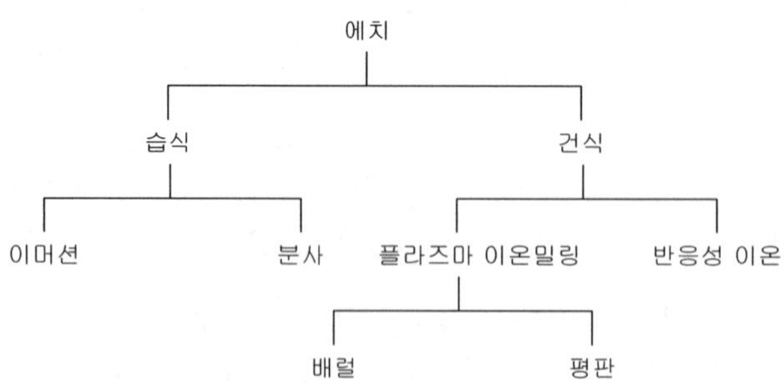

그림 13.9 에치 방법

반응성 이온 에칭은(RIE) 플라즈마와 이온 빔을 결합한 것이다. 에천트 가스는(플라즈마 에치 처럼)반응 용기에 들어가 이온화된다. 각 분자는 웨이퍼 표면으로 가속된다. 표면에선 최상층의 제거는 물리적, 화학적으로 제거한다.

이 방법은 조절이 매우 쉽고 생산성이 높다. 반응성 이온 에치가 아주 우월하며 계속적인 개발이 이루어지고 있다. RIE의 성공으로 인해 마이크론 크기의 구멍을 가지는 생산도 가능해진다.

(3) 공정조절(Process Control)

균일한 에치는 여러 파라미터에 달려있다. 에치 할 층의 두께와 밀도, 에천트의 에너지 및 온도, PR의 점착성 및 웨이퍼 표면의 에천트의 균일성 등이다. 건식에치 시스템에서는 가스유량, 압력, 에너지 등이 조절되어야 할 파라미터이다.

각 로트(lot)마다 에칭이 변화하므로 테스트 웨이퍼가 먼저 에치되기도 한다. 테스트 웨이퍼를 검사하고 그 결과에 따라 나머지를 실행한다. 이 과정에서 시간이 많이 걸린다.

7. 포토 리지스트 스트리핑(Photoresist Stripping)

에치가 끝나면 웨이퍼 상층에 패턴이 형성된 것이다. 공정을 끝내려면, 등사원지와 같은 역할을 한 PR을 제거해야만 한다.

이때까지 PR제거에서 습식과 건식의 결정은 몇 가지 기준에 따른다. 습식 스트리핑은 다음의 장점이 있다.

i) 긴 역사

ii) 상당한 양의 금속 이온을 없애준다.

iii) 값이 싸다.

iv) 방사에 의한 손상을 입을 가능성이 없어진다.

반대로 건식 스트리핑은 다음의 장점을 가진다.

i) 화학 약품을 취급할 필요가 없다.

ii) 웨트 스테이션(wet station)이나 후드를 쓸 필요가 없다.

iii) 웨이퍼가 약품이나 린스하는 물에 노출되지 않는다.

PR스트리핑에는 몇 가지 주의할 점이 있다. 우선 PR 자체가 완전히 제거되어야 한다. 둘째 린스 공정을 통해 웨이퍼에서 제거될 수 있어야 한다. 셋째, 공정은 웨이퍼 표면이나 기판을 건들어서는 안 된다.

반도체 표면은 여러 종류의 서로 다른 물질(SiO_2 폴리 알루미늄, Al/Si 니크롬 등)의 조합이다. 모든 표면은 다음의 두 가지의 범주에 속한다.

i) 금속 층

ii)비금속층

비금속층은 Si, SiO_2, Si_3, N_4 층을 포함한다. 실리콘은 비록 금속이지만, 산에 의해 쉽게 부식되지 않는다. 금속 표면에서의 PR의 제거는 표면층 자체가 스트리퍼에 의해 에칭 되는 수가 있으므로 매우 어렵다. PR스트리퍼 선택의 주의사항은, 기능에 영향을 주지 않아야 한다는 점과, 조작자의 안전이다. 표 13.5에 여러 스트리퍼를 보인다.

(1) 산화층으로부터의 스프리핑

1960년대에 H_2SO_4/H_2O_2 스트리핑 시스템이 개발되었다. 125℃의 황산은 PR을 웨이퍼로부터 제거한다. 그런데 리지스트의 탄소를 제거하지 못한다. 탄소는 황산에 섞여 용기를 검게 만든다.

용기에 탄소가 많으면 웨이퍼에도 쌓이게 된다. 탄소를 이산화탄소로 산화시키기 위해 황산에 산화제가 첨가된다. 산화제는 보통 과산화수소, 황산암모튬, 질산 등이다.

① 황산/과산화 수소 시스템

1:2의 비로 황산에 섞인 과산화수소는 두 가지 역할을 한다. 우선, 산과 과산소의 반응으로 온도가 130℃로 올라간다. 둘째, 과산화수소에서 나온 산소가 탄소를 이산화탄소로 만들어 용기에서 제거한다. 그런데 온도가 처음에는 130℃로 빨리 올라가나 시간이 지나면 떨어진다.

공정에서는 스트립율의 저하로 나타난다. 따라서 세 시간마다 새로 혼합을 해주어야 한다.

$$2H_2O_2 \rightarrow 2H_2O + O_2$$

산소를 발생시킴에 따라 과산화수소가 물로 바뀐다. 이러한 물이 산을 희석시켜 불균일한 스트립을 하게 된다. 그 대처 방안은 황산을 125℃로 가열하면서 황산에 더 적은 양(갤런당 25cc)의 H_2O_2를 넣어주면 된다.

② 황산/황산암모늄

황산암모늄은 황산에서 과산화수소와 같은 역할을 하는 결정이다. 산소를 내서 용기의 탄소와 결합시킨다. 웨이퍼가 런(run)할 때 1~1.5갤런의 황산에 40그램의 황산암모늄을 넣는다. 황산암모늄은 과산호수소보다 안전하다. 결정이기 때문에 불안정한 과산화수소처럼 성질의 약화가 없다. 따라서 더 일관성 있는 스트립을 하게 된다. 용기 내에서도 위와 아래의 온도가 같다. 과산화수소의 경우 반응이 용기의 상단에서 일어나기 때문에 상단의 온도가 하단보다 높고, 산소도 하단에서 발생한다. 또한, 황산암모늄은 물로 변하지 않기 때문에 황산을 희석시키지 않는다. 그러므로 스트리퍼의 수명이 길게 된다.

③ 황산/질산

황산에 질산을 1 : 10의 비로 섞어주면 산화기능을 한다. 이 방법의 단점은 황산을 주황색으로 변화시키기 때문에 탄소의 유무를 판단하기 어렵다는 점이다. 과산화수소나 황산암모늄 및 황산의 혼합물은 언제나 깨끗하다. 따라서 어떤 색이 있든 PR이나 탄소가 있다는 증거가 된다.

(2) 금속 표면에서의 스트리핑

서론에서 언급한 대로 금속 표면에서의 스트리핑은 금속 층이 부식되거나 산화될 위험이 있으므로 어려운 기술이다. 이러한 스트립에 사용되는 약품에는 다음의 네 가지 형태가 있다.

i) 유기물 스트리퍼
ii) 크롬 황산 혼합물
iii) 수성아민(Aqueous Amines)
iv) 용제 스트리퍼

① 유기물 스트리퍼

유기물 스트리퍼는 1960년대 초에 Industri Chem사에서 J-100의 발명과 함께 개발되었다. 스트리퍼는 유기산(설폰산)과 용제의 혼합물이다. 이러한 스트리퍼는 웨이퍼와 보트가 건조하다면 금속막을 부속시키지 않는다. 심지어 고온(90℃-110℃)에서 용제가 증발해도 스트리퍼는 네 시간 이상 효력이 있어서 생산성이 높다. 이러한 스트리퍼는 그 형태에 따라 DI워터로 린스하거나 그 전에 용제로 린스하기도 한다. 이 스트리퍼의 사용시간은 용제의 과다한 증발로 린스에 문제가 생기지 않도록 정확히 표시되어야 한다.

유기 스트리퍼는 금 속의 PR스트립용으로 20년간 사용해왔다. 많은 유기스트리퍼에 페놀과 chlorinated hydrocabon이 들어있다. 이들 두 물질은 위험하기 때문에 가급적 그 사용을 피해야 한다.

② 크롬-황산 혼합물

이 스트리퍼는 저온 사용이 가능하다는 장점이 있다. 일반적으로 PR제거 측면에서 이들은 양호한 스트리퍼다. 그런데 이들은 알루미늄을 실온에서도 약간 부식시킨다. 또한 웨이퍼나 스트리퍼에 물이 조금만 있어도 알루미늄이 완전히 제거된다. 게다가 이 스트리퍼는 화상을 입히기 쉽고 특히 크롬 이온은 완전히 린스하기가 어렵다. 또한 균일한 제거를 위해서는 젓거나 흔들어 주어야 한다.

환경 면에서도 크롬 이온을 제거하기가 힘들다.

③ 수성이민(Aqueous Amines)

위에 설명한 리지스트 스트리퍼는 공통적인 형태다. 즉 음성이나 양성 리지스트를 모두 제거한다. 공정도중 하드베이크 하지 않은 양성 PR은 단순한 용제를 써서 제거하기 쉽다. 아세톤은 화재 위험이 있으나 단순한 형태다. 그러나 아세톤은 화재 위험이 있으므로 별로 사용되지 않는다.

수성 아민을 포함한 스트리퍼도 널리 사용된다. 물론 린스 할 수 있고, 실온에서 쉽게 스트립 할 수 있다.

④ 용제 스트리퍼

더 활성적인 양성 리지스트 스트리퍼는 여러 가지 용제를 함유한다. 이러한 스트리퍼는 어느 범위의 온도에서도 쓸 수 있고, 다른 형태보다 수명이 길다. 이러한 스트리퍼는 보통 리사이클(recycling)로 가해진다. 표 13.3에 여러 스트리퍼의 형태와 용도를 비교하였다. 아민 형태는 공정 특성이 비슷하기 때문에 용제 형태에 포함시켰다.

8. 건식 스트리핑(Dry Stripping)

에칭처럼 스트리핑에도 플라즈마 공정을 사용할 수 있다. 웨이퍼를 플라즈마 반응실에 넣고 산소를 넣는다. 플라즈마 장의 영향으로 산소가 높은 에너지 준위로 여기되어 PR성분을 산화시킨다. PR은 화합물 가스로 바뀌어 진공으로 배출된다. 건식에치처럼 건식 스트리핑도 습식보다 비싼 공정인데 약품을 취급할 필요를 덜어 준다.

건식 스트리핑의 단점은 웨이퍼가 금속이온으로 오염될 위험이 있다는 점이다. 모든 PR은 금속(나트륨, 칼륨)이온을 갖고 있는데 이는 플라즈마에 의해 가스가 되어 산화되지 않는다. 그래서 웨이퍼에 남아있게 된다. 회로의 민감도에 따라 회로에 영향을 줄만큼 심하기도 하다. MOS는 이 로제에 더욱 민감하다.

표 13.3 습식 PR 스트리퍼의 비교

스트리퍼	동작온도	산화	표면구속	수명	리지스트 극성	양성	제거
1) Sulfuric Acid & Oxidant	125℃	×		2-3Hrs	음성	×	중성
a. exothermic							
b. heated	125℃	×	×	8Hrs		×	중성
2) Organic	90-110℃	×	×	4-8Hrs		×	중성 및 매장
Acids	20℃	×		4-8Hrs		×	
3)Chromic/ Sulfuric Acid Mixture							제거 및 매장
4)Solvents	20℃-90℃	×	×	4-8Hrs		×	제거 및 매장

또 다른 문제는 웨이퍼가 방사에 노출된다는 점이다. 방사로 인해 전자와 정공이 생겨나 표면에서 전기적 특성에 영향을 주게 된다. 이 문제를 줄이기 위해 대부분의 플라즈마 스트리퍼는 알루미늄 쉴드(shield)를 포함한다.

표 13.4에 두 스트립 방법의 일반적인 사항들을 비교하였다.

표 13.4 습식 및 건식 스트리핑 공정의 비교

생산성	습식	건식
웨이퍼/시간		
로드크기=25	300	150
로드크기=50	699	150
단가	X 5	비/웨이퍼
금속이온		
제거(스트리핑)	YES	NO
방사	NO	결함
습식후드의	YES	NO
필요성		
약품취급		
저장	YES	NO
독가스의 배출	YES	YES

9. 스트리핑 검사

(1) 개요

현상 검사처럼, 최종 검사는 육안 검사가 된다. 최상층의 에치된 패턴 오염 및 결정적인 크기를 검사한다. 또한 현상검사처럼 이 스텝의 수율을 패턴이 형성되는 층의 난이도에 달려있다. 단순한 마스크는 평균 99% 이상이다. 아주 어려운 마스크는 97% 이상이다.

따라서 최종 검사에서의 전체 평균은 98%이상이어야 한다.(8마스크에서 누적되는 수율이 각 98%이면 전체 수율은 85%가 된다.)

(2) 최종검사 방법

현상 검사처럼, 최종검사는 육안 검사가 된다. 1X검사, 현미경 검사(수동 혹은 자동), 그리고 결정적인 크기 검사이다.

(3) 결과

최종 검사에서도 재작업을 요하는 범주가 있다. 대기 중의 먼지, 남은 PR, 린스후의 유류물 등에 의한 표면의 오염은 제거되어야 한다. 또한 불완전한 에칭이나 너무 빨리 끝난 에칭일 때는 다시 “dip”해서 남은 산화막을 제거해야 한다. 그러나 이러한 “dip”공정 중에 필드 산화막이 얇아져 문제가 될 수도 있다. 최종 검사에서 불합격되면 보통 폐기된다. 불합격은 주로 과도한 에치나 미니 얼라인먼트로 비롯된다.

(4) 표본크기

현상 검사처럼, 각 웨이퍼의 일부만 검사하며, 웨이퍼도 표본만 검사한다.

(5) 검사과정

최종 검사실에 도착한 웨이퍼는 입자 오염부터 검사한다. 이러한 초기 검사를 마치면 현미경으로 오염, 얼라인먼트 및 다른 문제를 검사한다. 이 검사 후에 자동 시스템으로 패턴의 결정적인 크기(critical dimension)를 검사한다.

표13.5 최종검사 불합격 문제

가능한 공정상의 원인	오염	미스 얼라인	언더컷	불완전한 에치	잘못된 마스크	구멍	C.D.'s	육안의 불합격
오염된 에치	×							
오염된 스트리퍼	×							
오염된 물	×							
불완전한 린스	×		×					
흡수제의 부족				×				
부족한 에치				×			×	
과도한 에치			×				×	
잘못된 에치			×	×			×	
과도한 하드베이크				×			×	
불량한 현상				×			×	
P_2O_5 & SiO_2			×				×	
B_2O_3 & SiO_2				×			×	
부족한 하드베이크			×				×	
현상검사		×	×	×	×	×	×	

Chapter 14

도핑확산 및 이온주입

확산(diffusion)은 두 가지로 설명된다. 물질이 매질을 통해 고농도에서 저농도로 움직이는 물리적 관계 및 반도체 웨이퍼를 도핑하는 공정 스텝이다.

1. 확산의 개념

반도체 제조에서 확산은 도펀트 원자로 고체 웨이퍼를 도핑시키는 것을 말한다. 도펀트 원자가 웨이퍼와 반대의 전도형태를 갖는다면, N/P접합이 웨이퍼에 형성된다.

확산 현상은 그림 14.1에 두 가지 보편적인 예를 들어 설명하였다.

왼편 그림 은 분사기에서의 가스의 농도를 보여준다. 다음에 노즐근처에 고농의 가스가 있다. 시간이 흐르면서 갈수록 농도가 줄며 대기로 퍼진다. 이것은 가스 상태의 확산이다.

컵에 잉크가 떨어졌을 때 같은 현상이 일어난다. 초기의 농도에서 확산법칙에 따라 물로 퍼진다. 고농도의 지역으로부터 잉크가 확산함에 따라 농도가 줄게 된다. 이것은 액상 확산의 예이다.

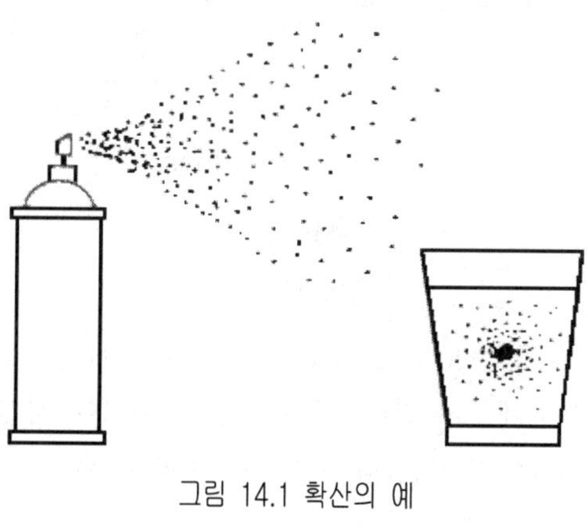

그림 14.1 확산의 예

2. 고체상태 확산에 의한 도핑

고체상태 확산은 반도체 웨이퍼를 도핑시키는 한 방법이다. 이것은 두 스텝공정이다. 사용되는 장비는 열산화공정과 비슷하다.

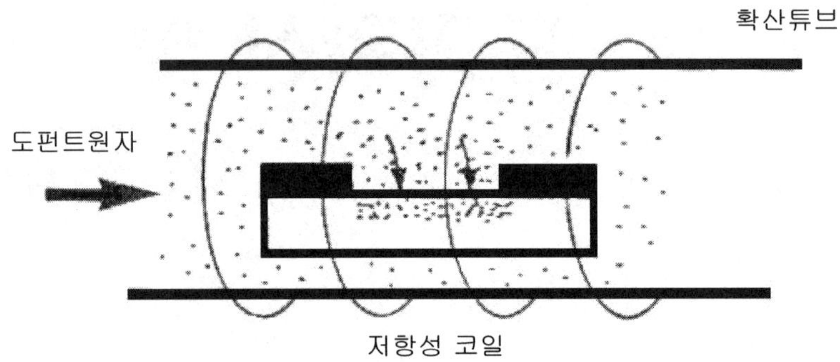

그림 14.2 고체상태 확산

고체상태 확산이 일어나기 위해서는 다음의 두 상황이 만족되어야 한다.

i) 도펀트 원자의 어느 정도의 농도가 웨이퍼 근처나 웨이퍼 내에 있어야 한다.

ii) 도펀트 원자가 웨이퍼로 확산해 들어갈 만한 충분한 에너지가 있어야 한다.

두 스텝 확산은 다음의 세 가지 목적이 있다.

i) 웨이퍼 표면을 특정한 양의 도펀트 원자로 도핑시킨다.

ii) 웨이퍼 표면에 도펀트 원자를 특정한 농도로 분배한다.

iii) 특정한 깊이까지 도펀트 원자를 확산시킨다.(접합의 창조)

확산공정에서 두 가지 주요 스텝은 디포지션(Deposition)과 드라이브 인(drive-in)이다.

3. 디포지션(Deposition)

첫 스텝인 디포지션은 다음과 같이 부르기로 한다.

Pre-Deposition

Dep.

Pre-Dep

두 스텝 모두 산화로와 비슷한 로에서 실시한다. 디포지션 스텝동안 도펀트는 실제로 웨이퍼에 들어간다. 로의 소스 부분에 확산될 도펀트의 기체, 액체, 고체상태의 소스가 있다. 원자는 증기상태로 바뀌어 로의 플랫 존(flat zone)에 있는 웨이퍼로 흘러간다.

이 흐름 때문에 웨이퍼 표면에 계속해서 도펀트 원자가 공급된다. 이들 원자가 웨이퍼 속으로 들어가 확산계수(Diffusivity)라는 속도로 내부로 움직인다. 웨이퍼 표면으로 들어가는 원자의 양은 온도의 함수인데, 특정한 도펀트의 최대 고체 용해도까지 들어간다. 고체용해도는 반도체 물질과 도펀트 원소마다 다르다. 고체 용해도의 개념은 액체에서의 포화(saturation)와 비슷하다. 즉 한 컵의 커피는 어느 정도의 설탕밖에 녹이지 못한다. 더 녹게 하기 위해서는 온도를 올려야 한다.

디포지션 튜브에서 도펀트 원자의 농도는 어느 특정한 온도에서의 웨이퍼에 있는 도펀트의 고체 용해도 한계를 의도적으로 초과하도록 한다. 이 상태에서는 디포지션은 항상 고체 용해도에서 일어나게 된다. 결과적으로 소스증기농도는 변해도 웨이퍼 표면의 도펀트 원자의 양은 변하지 않는다.

디포지션 스텝의 변수는:

i) 표면농도
ii) 확산계수
iii) 확산시간
iv) 접합깊이
v) 웨이퍼에 확산되는 원자의 질

N/P 혹은 P/N접합은 확산해 들어온 도펀트 원자와 원래 있던 도펀트 원자가 같은 농도인 곳에서 일어난다.

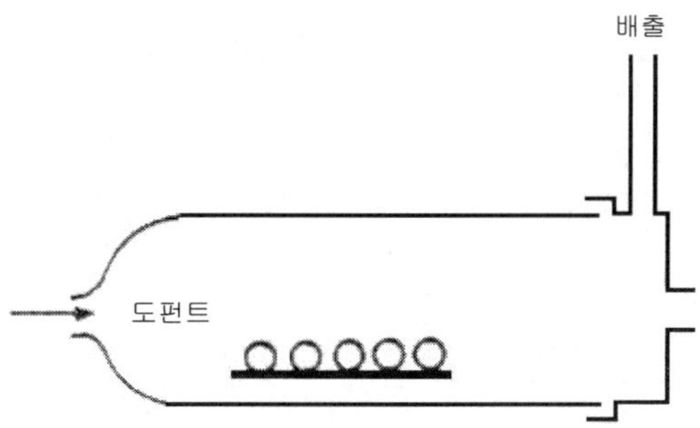

그림 14.3 개관 튜브에서의 확산

위의 다섯 가지 요인은 에러함수(error function)이라는 수학적인 관계가 있다.

확산은 웨이퍼 표면에 충분한 도펀트 원자가 있을 때 일어난다. 도펀트 원자는 세 가지 상태(기체, 액체, 고체)중의 하나에서 나온다. 자연에서는 도펀트는 분자에서 다른 원소와 함께 존재한다. 튜브에서는 원하는 도펀트를 가진 분자는 운반가스와 조합이 되어있다. 둘을 섞음으로써 원하는 소오스 원소를 내는 것이다. 그 공정을 BCl_3가스부터 시작하는 보론(Boron)도펀트를 예를 들어 설명한다.

이 절의 끝에 있는 확산소오스 표는 실리콘 도펀트의 반응을 나타내었다. 각 소오스 상태는 서로 다른 장단점이 있으며,

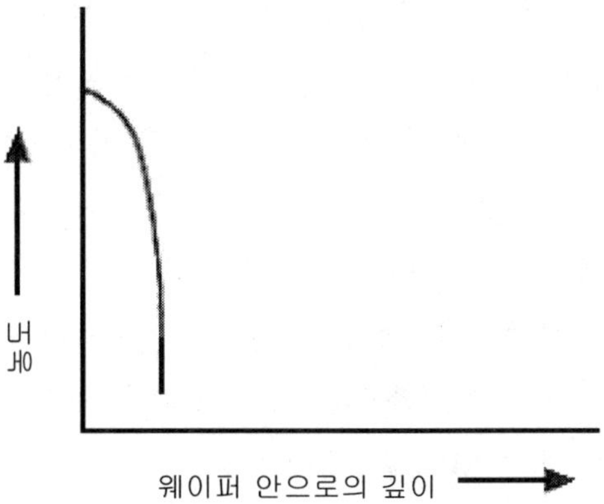

그림 14.4 에러 함수(error function)

디포지션 튜브에서 원하는 증기를 만들기 위해서는 다른 장비가 필요하다.

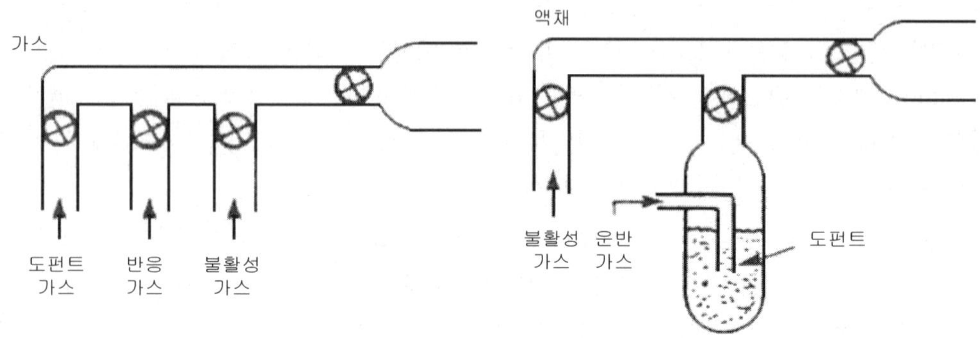

그림 14.5 디포지션 소오스(Deposition)

(1) 가스 소오스(gas source)

많은 도펀트가 가스형태로 되어있다. 가스 소오스는 (가스실린더에 압축되어 있음) 소오스 캐비닛에 저장이 편리하고, 플로우메터나 매스 플로우 콘트롤러를 써서 희석이 쉽고, 깨끗하다는 장점이 있다.

(2) 액체 소오스

액체 소오스는 H_2O산화 거품발생기와 같은 방법으로 취급한다. 운반가스는 액체로 "버블(bubble)"되면서 증기를 잡아 운반가스에 포함되게 한다. 확산 버블러의 모양은 원통형이다.

(3) 고체 소오스

고체 디포지션 소오스는 로칼(local)과 리모트(remote)의 두 가지 방식이 있다. 질화보론(BN)이 로칼 고체 소오스로 자주 쓰인다.

BN웨이퍼가 웨이퍼 2장당 하나씩 디포지션 보트에 삽입된다. 온도에 도달하면 보론이 웨이퍼에서 확산되어 나와 인접한 웨이퍼에 들어간다.

고체 소오스의 두 번째 형태는 소스 원소의 분말이다. 이러한 형태의 소오스는 다음에 설명하는 캡슐기술에서 사용된다.

고체 소오스의 세 번째 형태는 스핀방법이다. 삼산화 보론(BO_3)이 그 예인데, 보론 원자를 포함한 글래스(glass)를 용제에 녹여 PR과 같은 방법으로 웨이퍼 표면에 입힌다.

스핀 후에 가열함으로써 용제를 제거한다. 디포지션 튜브에서 원소가 글래스 층에서 웨이퍼로 확산된다.

금 확산(금으로 도핑된 바이폴라 소자)은 웨이퍼 표면에 증착된 금의 박막이 소오스가 된다

전통적인 리모트 고체 소오스 방법에서는 소오스는 원소를 포함한 글래스가 된다. 증기는 디포지션 로에 부착된 작은 소오스오븐에서 글래스를 가열함으로써 발생한다.

열에 의해 발생한 증기는 운반가스에 의해 튜브의 디포지션 파트로 옮겨진다.

이러한 도핑 방법은 조절이 어렵기 때문에 인기가 없다. 그러나 별로 결정적이지 않은 바이폴라의 N형 서브콜렉터(subcollector)는 고체리모트 삼산화 안티몬 소스로부터 디포짓 한다.

(4) 도펀트 원소의 선택

확산 소오스 일람표가 보이듯이 원소, 화합물, 및 상태를 선택해야 한다. 그 선택은 다음의 요인에 기반을 둔다.

i) 확산계수 : 예를 들어, 안티몬이나 비소 등의 N형은 깊은 확산에는 너무 느리다.
ii) 필요한 도펀트의 농도: N형 안티몬은 에미터층으로 쓸만큼의 농도를 갖기에는 고체 용해도가 너무 작다.
iii) 농도 프로필(Cocerntation profile) 웨이퍼에서 도펀트 원자의 분자는 소자기능에 큰 영향을 준다. 비소 등의 도펀트는 높은 기능의 에미터 구조를 만든다.
iv) 상태 : 각 상태와 그 운반 시스템에 따라 디포지션 균일도가 달라진다. 편리함과 청결도도 고려사항이 된다.

(5) 폐관 디포지션(closed tube deposition)

1960년대 초에 캡슐 혹은 앰플(ample) 이라 불리는 디포지션 기술이 크게 발달했다. 이 기술에서는 웨이퍼와 분말 소오스를 진공으로 된 수정 '캡슐'에 넣는다. 캡슐이 디포지션 온도에 이르면 소오스 분말에서 나온 도펀트가 웨이퍼로 확산된다. 이 방법은 개관방식에 비해 값이 비싸고 시간이 많이 걸린다. 훌륭한 균일도에도 불구하고, 보통 개관 방식을 취한다. IBM에서는 아직 폐관 방식을 사용한다.

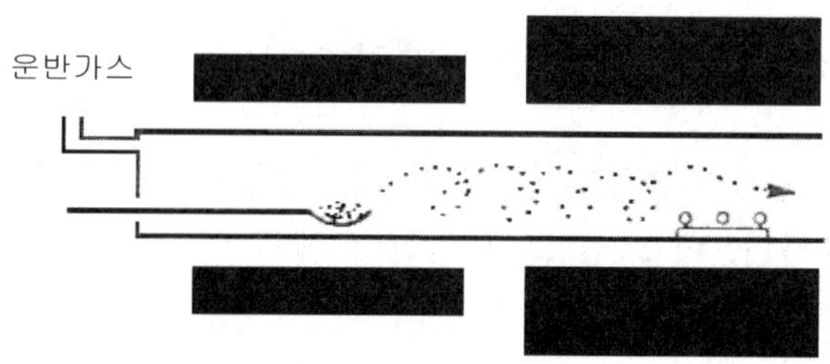

그림 14.6 고체 디포지션 소오스

표 14.1 확산 소오스 열람표

형태	원소	화합물	식	상태	확산반응
N	안티몬	삼산화안티몬	Sb_2O_3	고체	
	비소	삼산화비소	As_2O_3	고체	$2AsH_3 + 3O_2 \rightarrow As_2O_3 + 3H_2O$
	인	아르신	As_2O_3	기체	
	인	Phosphorus Oxychloride	AsH_3	기체	$4POCl_3 + 3O_2 \rightarrow 2P_2O_5 + 6Cl_2$
N	인	Phosphorus PentoxideP2O5		고체	$2PH_3 + 4O_2 \rightarrow P_2O_5 + 3H_2O$
		포스핀	PH_3	기체	
P	브 론	Boron Tribromide	BBr_3	액체	$4BBr_3 + 3O_2 \rightarrow 2B_2O_3 + 6Br_2$
		Boron Trioxide	B_2O_3	고체	$B_2H_6 + 3O_2 \rightarrow B_2O_3 + 3H_2O$
		다이보린	B_2H_6	기체	
		Boron Trichloride	BCl_3	기체	$BCl_3 + 3H_2 \rightarrow 2B + 6HCl$
		Boron Nitride	Bn	고체	
	금	금	Au	고체	
	철		Fe		
	구리		Cu		오염되지 않아
	리튬		Li		
	아연		Zn		적합하지 않음.
	망간		Mn		
	니켈		Ni		
	나트륨		Na		

※ 주 : 확산 반응은 선별된 것만 나열했음.

다시 말해서, 디포지션은 2스텝 확산 공정의 첫 스텝이다.

i) 도펀트가 웨이퍼에 들어간다.

ii) 도펀트 원자의 소오스는 연속적이다. (수학적으로 무한 소오스)

iii) 표면 농도는 고체 용해도에서 제한된다.

iv) 디포지션은 여러 도펀트 소오스로부터 확산 로의 플랫 존에서 일어난다.

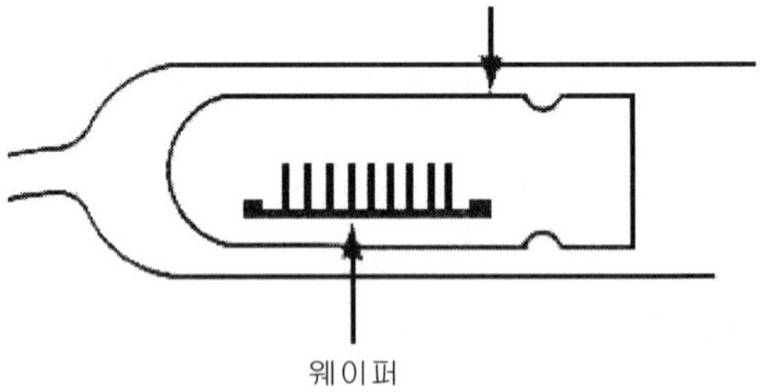

그림 14.7 폐관(closed tube)

4. 드라이브인/산화(Drive-in/Oxidation)

표면 농도와 도펀트 원자의 총량, 접합 깊이는 한 스텝의 확산으로는 얻어지지 않는다. 두 번째 스텝이 필요하다. 이 스텝 또한 확산 로에서 일어나며, 보통 디포지션보다 온도가 높다. 이 스텝은 라인에 따라 다음의 한 가지로 불린다.

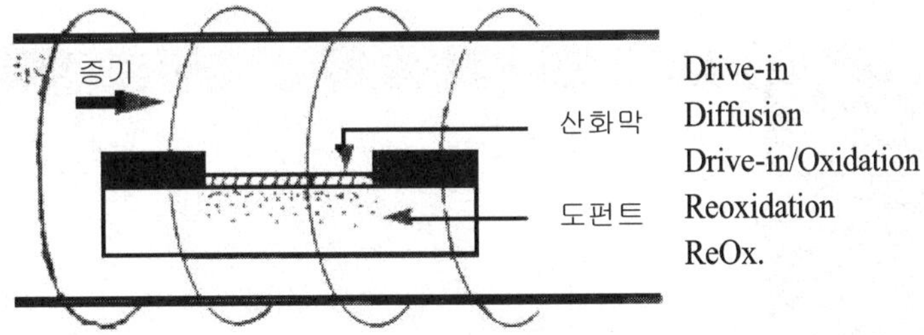

그림 14.8 드라이브인 산화

이 스텝동안 두 가지 일이 일어난다. 우선 디포지션 스텝동안 웨이퍼에 확산돼 들어온 도펀트 원자가 더 깊이(더 넓게) 재분포 된다. 즉, 확산이 웨이퍼로 계속된다. 디포지션과 드라이브인에는 두 가지 차이가 있다. 우선 드라이브인에는 소오스가 없어서 추가적인 도펀트 원자가 웨이퍼에 들어오지 않는다. 도펀트의 측면 확산은 수직 확산의 약 85%가 된다.

두 번째 차이는 운반가스에 있다. 드라이브인에서의 수정튜브내의 운반 가스는 산화가스다. 도펀트가 재비치되는 동안, 웨이퍼는 산화되며, 노출된 실리콘 면이 가장 빨리 성장한다. 생성되는 산화막은 표면을 보호하고, 다음 확산 때의 장벽 역할을 한다.

드라이브인 스텝의 목적은 도펀트 원자를 특정한 깊이까지 재배치시키고, 산화층을 키우는 것이다. 여기서 조절 가능한 변수는 온도, 시간 및 산화제의 형태(습식 혹은 건식)다.

그 변수는 가우시안 함수(Gaussian function)로 서로 수학적 관련이 있다.

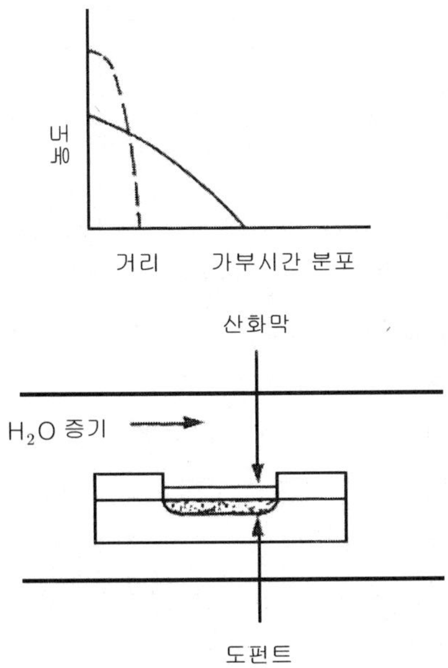

그림 14.9 도펀트의 재분포

표 14.2 디포지션과 드라이브인의 종합

	디포지션	드라이브인
목 적	도펀트의 주입	1. 도펀트의 재분포 2. 재산화(Reoxidation)
변 수		1. 표면구성 2. 접합깊이 3. 시간 4. 확산계수 5. 온도 6. 원자의 양
소오스 상태 온도범위 산화	연속적인 소오스 9000-1100℃ 없다	소오스가 없다. 1050℃-1200℃ 없다

5. 확산을 지나는 웨이퍼 플로우(Wafer flow)

확산 공정을 완전하게 하기 위해서는 몇 가지 부수적 스텝이 있어야 한다.

초기세척 및 에치
디포지션
산화막 제거(deglaze)
평가#1
드라이브인, 산화
평가#2

(1) 초기세척 및 에치

디포지션 하는 동안 도펀트와 함께 들어오는 오염 때문에 웨이퍼는 극히 위험하다. 이를 막기 위해 웨이퍼를 세척한다. 오염원은 대기 중의 먼지나 그 앞의 포토마스킹 스텝에서 완전히 제거되지 않은 PR일수도 있다. 보통의 세척은 100℃~130℃의 황산/산화제 혼합물이다.

이 용제는 먼지 유기물을 제거한다. 더 확실한 세척은 산과 기본 용제로 하는 PCA방법이다. 실리콘이 가열된 산에 노출되면 얇은 산화막이 생겨 다음 디포지션에서 확산장벽으로 작용하는, 좋지 않은 결과를 낳는다.

이때는 세척 후에 HF용액에 잠깐 담가서 산화막을 제거하면 된다. 초기세척과 에치는 DI워터로 린스하고 스핀 건조한다.

(2) 디포지션 사이클(deposition cycle)

웨이퍼의 디포지션은 최소한 세 가지 가스분위기(사이클)를 요한다. 이는 산화와 같은 필요에서이다. 웨이퍼의 산화를 막고 온도를 올리기 위해 질소 등의 불활성 가스 분위기에서 천천히 플랫존에 로드시킨다.

두 번째 사이클에서 도펀트 증기를 넣는다.

디포지션 사이클이 끝날 때, 도펀트 증기를 몰아내서 디포지션을 중지시키기 위해 불활성 가스를 넣는다. 도펀트가스는 조작자의 안전을 위해서도 제거되어야 한다.

(3) 도핑된 산화막 제거(Deglaze)

디포지션에서 나오는 웨이퍼는 사용된 도펀트로 높게 도핑 된 얇은 산화막을 가지고 있다. 도핑된 산화막이 남아 있으며 드라이브 인 할 때 확산 소스로 작용해 농도를 변화시킨다. 이 스텝은 원치 않는 산화막과 도펀트 소스를 제거하기 위해 HF에 잠깐 담그는 것이다.

(4) 평가#1

웨이퍼 내의 도펀트의 양, 표면농도, 접합길이는 모두 소자 기능을 행하기 위해 조절되어야 한다. 디포지션 공정의 조절과 계측은 소자 웨이퍼와 함께 디포지션 보트에 들어간 테스트 웨이퍼로 측정한다. 보트에서의 위치는 전체 보트의 일관성을 보일 수 있는 자리이어야 한다. 디포지션과 도핑된 산화막 제거 후에 테스트 웨이퍼는 비저항을 측정한다.

웨이퍼가 도핑 되면 전도형태와 비저항이 변한다. 웨이퍼의 쉬트 저항(sheet resistance)을 재면 그 도펀트 양을 재는 것과 같다. 사탐침법(four point probe)이나 비접촉 방법이 쓰인다.

어떤 경우에는, 비록 대단히 얕지만 여기서 접합 깊이를 잴 때도 있다. 금속이온에 민감한 회로는 테스트 웨이퍼로 용량/전압곡선을 재기도 한다.

(5) 드라이브 인/산화

디포지션 스텝처럼 드라이브인/산화공정도 불활성 가스 속에서 플랫존에 들고나게 된다.

(6) 평가#2

디포지션 스텝에서 나온 테스트 웨이퍼는 드라이브인/산화스텝으로 같이 간다. 그 후에 도펀트의 재배치가 잘 되었는지 보기 위해 쉬트저항을 다시 측정한다. 접합 깊이도 또한 측정된다.

접합 깊이의 측정은 파괴 검사다. 측정은 소자웨이퍼도 가능하나 보통 테스트 웨이퍼를 쓴다.

표면 농도는 직접 잴 수 없지만 비저항과 접합 깊이가 확산법칙(에러 혹은 가우시안 함수)으로 연관이 있기 때문에 계산 가능하다.

산화막 두께도 테스트웨이터를 드라이브인/산화 후에 재는 결정적인 파라미터이다.

① 농도 프로필(concentration profile)

디포지션과 확산의 법칙으로 웨이퍼의 각 깊이에서의 도펀트 농도를 계산할 수 있다. 쉬트저항(비저항)과 접합 깊이의 측정으로 이론적 농도가 계산된다. 어떤 때는 실제 프로필이 이론값을 벗어나 엉뚱한 소자기능을 만들기도 한다. 농도 프로필의 영향은 얕게 확산된 소자에서 크게 나타나며 그때는 속도가 중요하게 된다. 웨이퍼의 프로필을 재는 데는 두 가지 방법이 있다.

삼탐침법(3-Point Probe)

미분용량법(Differential Capacitance)

측정은 테스트 웨이퍼에서 행한다. 측정에 필요한 시간과 경비 때문에 프로필 변화가 소자기능에 나타날 때나 혹은 드물게 실시한다.

표 14.3 확산평가의 종합

평가파라미터	기술
비저항	4. 탐침법, 비접촉방법
접합깊이	연마염색법
농도프로필	삼탐침법, 미분용량법
표면농도	계산
원자의 수	계산
산화막 두께	색간섭, 엘립소메터(Ellipsometer)
	연마염색법, 이동스타일 (movingstyles)

6. 이온주입(Ion Implantation)의 소개

1970년까지 반도체 생산에서 쓰이는 도핑 공정을 확산이 유일한 방법이었다. 만일 MOS회로와 고집적회로가 필요 없다면 확산도 만족할 만한 방법이다. 그러나 산업은

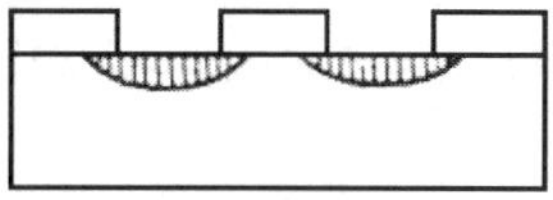

그림 14.10 측면 확산

그러한 방향(고집적, MOS)으로 발달했고 확산의 한계를 느끼게 되었다. MOS기술은 더 낮은 게이트 전압으로 발전해 갔다. 이를 위한 한 방법은 게이트 지역에 잘 조절해서 도핑하는 것이다. 이러한 낮은 수준의 농도(10^{15}원자/cm^3 혹은 그 이하)의 조절은 확산으로는 힘들다.

확산층이 MOS에 부적합한 또 다른 이유는 웨이퍼 표면의 도펀트 농도가 높다는 점이다. 회로에서 전류는 도펀트가 모인 지역으로 흐른다. 확산층의 경우, 전류는 웨이퍼의 최상표면을 타고 흐른다. 어떠한 표면 오염도 악영향을 끼치고, MOS소자에서는 치명적이 된다.

측면 확산도 개개 소자가 가까이 갈 수 있는 제한요소가 된다. 이러한 간격 때문에 칩이 커야하며 느린 회로와 낮은 수율을 보이게 된다.

확산에 필요한 고온도 수율제한 요인이 된다. 개개의 열처리 (약 400℃ 이상)는 결정에 손상을 주어 수율을 제한한다. 고온스텝에서의 또 다른 문제는 원치 않는 오염도 웨이퍼 속으로 확산된다는 점이다.

이온주입(Ion implantation)은 이러한 문제를 해결할 뿐만 아니라 다른 장점도 가져다준다. 그것은 얇은 산화층을 통해서 도핑 할 수도 있고, PR과 다른 층도 도핑 마스크로 쓸 수 있다. 작고, 얕고, 낮은 농도의 도핑, 도핑의 조절, 공정에서의 더 많은 도핑층 등으로 인해 이온주입은 우월한 도핑기술이 될 것이다. 확산은 덜 결정적인 층이나 낮은 집적수준의 회로에서 쓰일 것이다.

7. 기본원리

확산은 적당한 도펀트 농도와 온도가 있으면 일어나는 자연현상이다. 반대로, 이온주입은 자연히 일어나는 일이 아니다. 필요한 조건은 이온 주입기계에서 제공하는 것이다.

이온주입의 비유는 벽에 쏘는 총알과 같은 것이다. 충분한 운동량이 있으면 표면을 뚫고 벽속으로 들어간다. 총알 대신 이온화된 도펀트를 써도 이온주입에서도 같은 일이 일어난다.

이온 주입기에서는 도펀트가 이온화되고(전하를 띤다.) 고속으로 가속된다. 그 이온들은 웨이퍼표면으로 향해진다. 웨이퍼는 마스킹되어 있고 이온이 웨이퍼로 뚫고 들어간다.

도펀트의 양과 관통 깊이는 도펀트 원자의 크기와 이온의 속도, 그리고 웨이퍼가 빔에 노출된 시간에 좌우된다. 실제 동작은 이 설명보다 훨씬 복잡하다.

이온 주입은 다음 절에 설명하듯이 여러 분야의 기술이 그 근간이 된다.

8. 이온주입 장비

이온 주입기는 복잡하고 값비싼 장비다. 여러 가지 종류가 있으며 연구는 물론 대량생산에도 쓰인다. 모든 이온주입기는 다음의 부분을 가진다.

i) 도펀트 소오스
ii) 이온화 반응실
iii) 질량분석(혹은 분리)
iv) 가속
v) 빔 포커스 (beam Focus)
vi) 주사(scanning)
vii) 진공 시스템
viii) 목표물 공간/로딩 (Target chamber/loading)

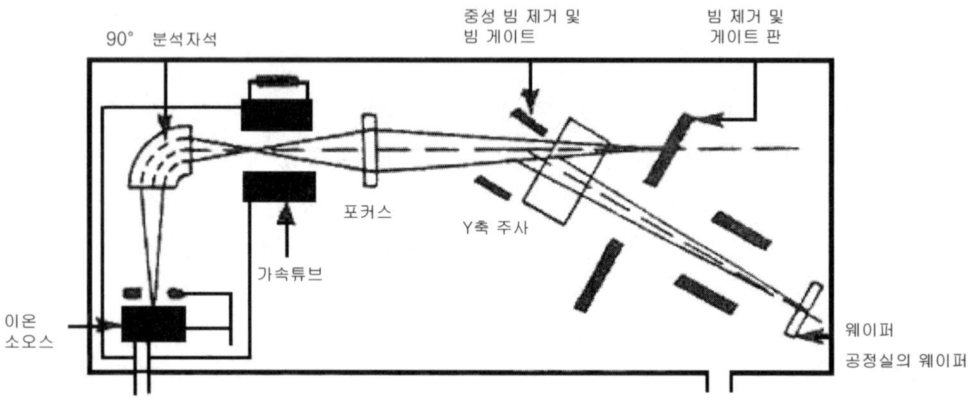

그림 14.11 이온 주입기의 블록 다이아그램

(1) 이온주입 소오스

실리콘에 이은 주입되는 도펀트는 확산용(As, P, Sb, B)과 같으며, 보통 가스로부터 추출된다.(이온 주입 기계에 의해) 확산에 쓰이는 모든 가스가 이온주입 소오스에 쓰이나 특히 불소가 든 가스($PF_5, AsF_5, BF_3SbF_3, PF_3$)가 유리하다.

선택된 가스는 매스 플로우 조절기에 의해 기계의 이온화 부분으로 넘어간다.

고체 소오스도 이온 주입에 쓰인다. 오산화인(P_2O_5)가 그 예이다. 고체소스는 이온화 반응실로 보내기 위해 도펀트 원소를 포함한 증기로 만들기 위해 가열할 필요가 있다.

(2) 이온화 반응실

소오스 증기는 분자상태로 이온화 반응실로 들어간다. 분자에서 도펀트를 분리하고 가속시키기 위해서는 이온 형태가 되어야 한다. (이온은 전하를 띤 원소나 분자다.) 도펀트를 내는 분자는 이온화 반응실에서 이온화가 된다.

이는 전자로 분자를 포격하면 된다. 충돌과정에서 두 가지 일이 일어난다. 우선, 분자가 깨져 처음분자로부터 몇 종류의 분자가 생긴다. 그 과정은 BF_3분자로 보인다. 두 번째는 생성된 물질의 이온화다.

전자는 두 가지 형태의 소오스에서 만들어 진다.

i) 고온 필라멘트(Hot Filament)

ii) 냉 음극(Cold Cathode)

고온 필라멘트는 전류로 가열되는 텅스텐 혹은 탄탈륨 선이다. 어떤 특정한 온도에서 전자가 필라멘트로부터 "끓어"넘쳐 나온다. 냉음극 방식에서는 음극과 양극 관 사이에 고전압을 걸어 자유전자를 형성시킨다.

가스 압력이 높으면 반응은 자체 유지된다. 반응실 내에서 전자(음전하)가 양으로 충전된 판에 이끌린다. 양극판으로 가는 동안 가속되고 운동량을 얻어 부딪치는 분자를 이온화 시킨다.

(3) 질량분석(Mass Analyzing)

생성된 양이온은 반대극판에 끌려 분석부문으로 넘어간다. 질량분석이란 말은 이온주입에 채택된 기구의 일반적인 이름에서 온 것이다. 원자탄을 개발한 맨하탄 계획(Manhattan Project)에서 가스 구름에서 어떤 이온을 분리할 필요가 있었다. 서로 다른 분자, 원소, 이온은 원자량이 다르다는 법칙을 근간으로 하는 질량분석기가 그 일에서 고안되었다.

기계의 이 부분에는 자석이 있다. 이온 줄기의 경로(분석기로의)는 이온의 전하와 자장의 영향으로 곡선을 그리게 된다. 정확한 경로는 전하와 원자량의 함수가 된다. 이는 무게가 다른 공으로 비유될 수 있다.

공에 가해지는 힘과 스핀은 변하지 않고 공의 무게를 변화시키면 공의 경로가 달라지는 것이다.

분자의 정확한 질량을 알고 있기 때문에 각 분자

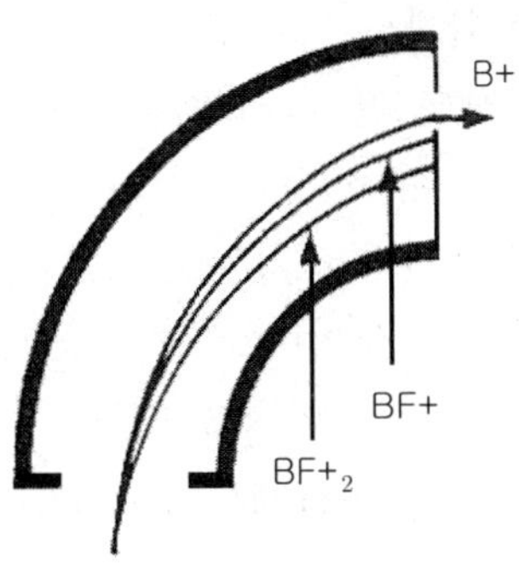

그림 14.12 분석자석(Analysing Magnet)

나 원자의 정확한 경로(곡률반경)도 계산된다. 구름에서 원하는 이온을 선택하기 위해서 출구를 정확한 위치에 놓거나 원하는 이온만 지나가도록 자장을 조절해 주어야 한다. 다른 이온은 분석기의 벽에 부딪혀 버린다. 이 과정의 다른 이름은 질량선택 혹은 분리라 한다.

(4) 가속튜브

공정의 이 지점에서 필요한 도펀트 원자는 원래의 소스에서 분리되어 이온화된 상태에 있다. 다음 동작은 이온을 고속으로 가속시켜 웨이퍼를 뚫고 들어갈 충분한 운동량을 주는 것이다. 이는 가속튜브에서 일어난다. 이온가속의 원리는 간단하다. 음성과 양성의 전하는 끌어당긴다. 전하의 차이가 클수록 서로 더 빨리 가속된다.

전하 차이는 튜브에 고전압(100,000볼트 범위이며 KV 또는 킬로볼트 단위를 씀)을 걸어서 만든다.

이온이 튜브로 들어오면 반대로 된 전압에 의해 곧 가속된다. 튜브의 반대쪽에는 가속된 전자의 출구가 있다. 이온 빔은 실제로는 전류다.

기계는 빔 전류 용량으로 구분된다. 따라서 고전류 기계는 전압 용량이 300KV에서 500KV 범위이다. 이것이 높을수록 이온을 높게 가속시킬 수 있다. 고용량 기계는 무거운 이온을 가속 시킬 수 있어야 하며 주어진 양의 이온을 더 빨리, 더 깊이 주입할 수 있다.

(5) 빔 포커스(Beam Focus)

빔이 가속 튜브에서 나오면 포커싱이 된다. 이 부분에서는 빔을 직경 약 1cm로 좁히기 위해 전기, 자기렌즈를 사용한다.

(6) 빔 주사(Beam scanning)

직경이 약1cm인 이온 빔은 균일한 도핑을 위해 웨이퍼 표면을 이동할 필요가 있다. 이를 위해서는 두 방법-빔주사 및 웨이퍼 이동-이 있다. 생산 기계는 두 방법을 조합해서 사용한다. 빔 주사는 질량분리 및 가속처럼 이온의 전하를 이용한다. 양전하 이온이 전자기 판 사이를 지난다. 판이 양전하를 가지면 빔은 판으로부터 떨어지게 휜다. 판이 음전하를 가지면 빔은 판으로 휜다. 빔이 웨이퍼 표면을 가로지르도록 편사이의 전하는 극성이 바뀐다. 이는 TV스크린에서 전자빔을 움직이는 것과 같은 원리이다. 빔은 우선 웨이퍼를 수평으로 이동하여 다음 이동 때 아래로 내려온다. 이 방법을 러스터 주사(raster scanning)이라고 한다.

(7) 진공 시스템

이온 주입의 목적은 원하는 도펀트로 웨이퍼를 도핑하는 것이다.

공기분자도 이온화되어 주입될 수 있으므로 주입동작은 진공에서 일어난다. 진공도는 매우 높아야 한다(10^{-6}torr 이하). 진공은 오일확산 펌프나 Cryogenics펌프를 써서 유지한다.

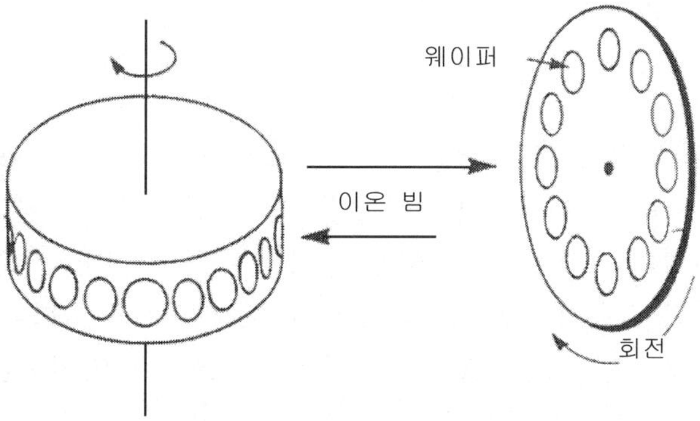

그림 14.13 뱃치(betch) 주입방법

(8) 목표물 공간/로딩(Target Chamber/Loading)

초기의 이온 주입기는 보통 빔 주사에 의해 한 번에 한 웨이퍼만 처리할 수 있었다. 주입이 많이 필요해 짐에 따라 한 웨이퍼만 해서는 모자랐다. 주입은 비싸기 때문에 웨이퍼를 여러 장 큰 원판에 배치한 후 빔 앞에서 돌린다. 이 방법은 주입된 층의 균일도도 높여준다.

9. 이온주입 마스크

이온 주입의 큰 장점은 빔을 가리기 위해 여러 가지 마스크를 사용할 수 있다는 점이다. 확산 공정에서는 산화막만이 효과적인 마스크이다. PR, SiO_2, Si_3N_4 및 알루미늄 등 빔 차단에서는 대부분의 막이 사용될 수 있다.

PR을 마스크로 사용하면 공정의 크기 조정이 쉬워진다. 확산 공정에서의 산화막은 현상과 에치 등 크기 변화를 초래하는 두 스텝을 겪어야 한다. PR층 자체를 이온주입에 사용하면 에치 공정이 없어서 그에 따른 크기 변화도 없어진다. 고온산화에 따른 문제도 이러한 주입마스크를 사용함으로써 해결된다.

질화실리콘이나 PR마스크는 더 얇아도 된다는 점에서 산화막보다 유리하다.

다음은 100KeV 비소 주입을 막는 최소 두께다.

산화막·················· 1.0마이크론
질화막·················· 0.7마이크론
음성PR················· 0.2마이크론

주입 마스크로서 PR막을 사용할 때의 단점은 막의 제거에 있다. 기계의 진공과 주입의 조합으로 필름을 제거하기 힘들게 된다.

10. 결과

서론에서 웨이퍼에 있어서의 도펀트 위치는 확산 층에서의 위치와는 다르다고 했다. 여기에는 두 가지 이유가 있다. 우선 벽에 총을 쏠 때 모든 총알이 같은 깊이에 박히지는 않는다. 무게와 탄환의 크기에 따라 총알도 운동량이 달라진다. 이온 주입에서도 같은 결과가 나온다. 다른 운동량으로 웨이퍼 표면에 도착한 이온은 다른 깊이에서 멈춘다. 이온의 전형적인 분포는 다음과 같다. 분포의 중심을 투사범위(Projection range)라고 부른다.

이온의 총 수와 그 분포는 표준(가우시안) 분포를 한다.

그림 14.14에 보면 원자가 표면 아래에 있다. 따라서 이온주입을 쓴 소자는 표면에 민감하지 않다. 가우시안 분포는 이온 운동량의 변화와 웨이퍼 결정의 완전도에 따라 다르다. 이와 다른 이온 분포도 초래할 수 있다. 이온 가속을 변화시키면 어떤 분포 형태도 이론적으로 가능하다. 이온 주입은 표면층을 통해서도 가능하다. 얇은 산화막을 통한 주입은 정확하고, 표면을 약하게 도핑하며, 산화막이 빔으로부터 표면을 보호한다.

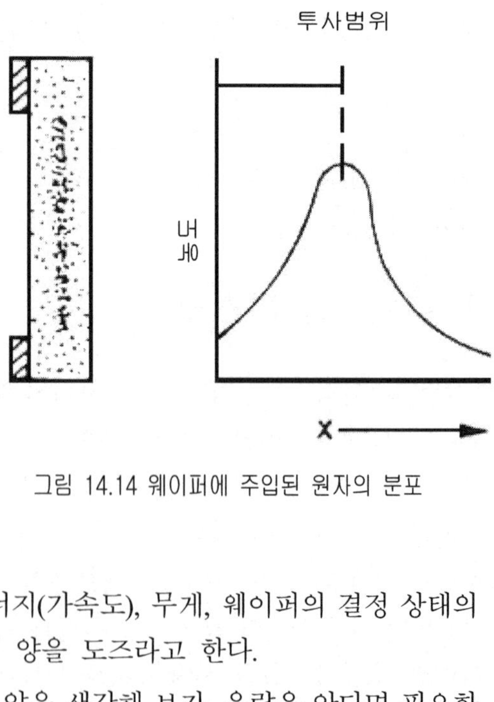

그림 14.14 웨이퍼에 주입된 원자의 분포

① 이온도즈(ion dose)

웨이퍼에서 이온의 깊이는 이온의 에너지(가속도), 무게, 웨이퍼의 결정 상태의 함수가 된다. 웨이퍼에 주입된 도펀트의 양을 도즈라고 한다.

호스로 물통에 채울 때 필요한 정확한 양을 생각해 보자. 유량을 안다면 필요한 시간은 간단히 계산된다. 이온 주입에서 유량은 전류 밀도다(이온/ cm^2). 필요한 도즈는 전류밀도에 주입 시간을 곱한 것이다.

11. 주입 파라미터의 종합

파라미터	변수
이온 깊이	가속도 이온질량 결정상태
이온 분포현상	가우시안통계 및 전형적인 프로필
도즈(이온양)	전류밀도 시간

12. 결정손상/도펀트의 전기적 활동

이온 주입은 기계적인 공정이기 때문에 이온이 결정원자를 때리면서 결정결함이 생긴다. 결함의 양은 위의 모든 요인에 관계한다. 무거운 도펀트 원자처럼, 매우 깊은 주입은 손상도 심하다. 전기적 활성 이온의 감소도 충돌 공정의 또 다른 결과다. 도펀트 원자는 결정 손상으로 구속된다. 손상의 일부와 구속된 원자의 대부분은 어닐(anneal)이라는 고온스텝을 통해 회복된다. 주입 후의 어닐은 공정의 표준이다.

보통의 어닐 공정은 질소나 수소 분위기 1000℃에서 일어난다.

레이저 펄스 어닐도 또 다른 한 가지의 방법이다. 웨이퍼 표면을 재빨리 필요한 온도까지 올려서 접합이동 없이 결정 구조를 회복한다.

13. 챈널링(Channeling)

이온을 웨이퍼의 결정구조에 쏘는 것은 대리석 무더기에 물줄기를 쏘는 것과 같다. 대부분에 물은 대리석으로 가려지지만 일부는 구멍을 통해 아래까지 내려간다. 같은 상황이 웨이퍼에서도 일어난다. 이온 빔이 결정판을 뚫고 들어갈 수 있는데 이를 채널링(channeling)이라 한다.

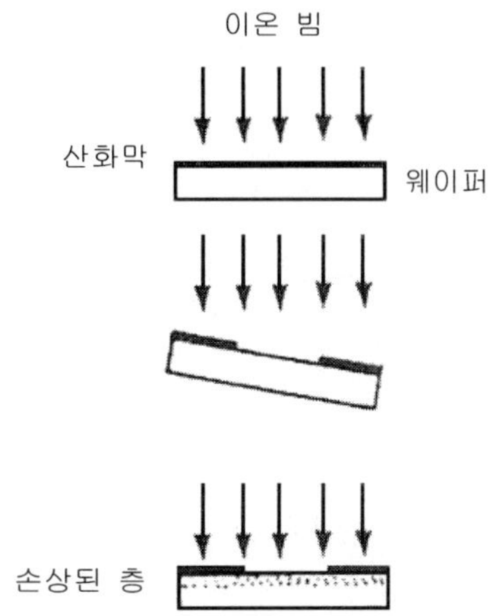

그림 14.15 챈널링 방지 방법

이의 방지는 웨이퍼를 약간 방향을 벗어나게 자르는 것이다. 이는 빔 방향에 결정면을 약간 기울여 주는 것이다. 주입을 종류와 주입에너지 결정방향에 따라 채널링을 막기 위해 필요한 각도가 있다. 그 각도는

3°에서 6°사이다. 채널링을 막기 위한 또 다른 방법은 얇은 산화막을 통해서 주입하거나 높은 에너지의 주입으로 표면에 손상을 주는 방법이 있다.

14. 주입의 사용

이론적으로, 이온 주입은 반도체 공정에서 모든 확산을 대체할 수 있다. MOS공정의 증가, 고밀도 집적회로, 자동화 등으로 인해 1990년대에는 이온주입이 주요 도핑 방법이 될 것이다. 이온주입이 장점이 있는 경우에 그 기술이 쓰이고 있다. 바이폴라 공정에서 주입은 버리드층(buried layer)형성 (오랜 확산대신), 도핑저항, 고농도(저저항) 베이스 콘택트를 만드는데 사용된다.

MOS기술에서 게이트 도핑을 통해 게이트 문턱전압을 조절하는데 주입을 사용한다. CMOS회로의 성장에서도 대부분 도핑을 주입법으로 한다. 깊은 웰 도핑은 특히 주입공정이 유리하다.

바이폴라나 MOS는 둘다 주입된 저항이 유리하다. 확산된 저항은 재현성이 ±5%이나 주입된 저항은 ±1% 이내로 재현 가능하다. 주입으로 형성한 저항은 쉬트저항이 50~100,000[Ω / cm^2]까지 할 수 있다. 높은 비저항은 얻기 어려워서 확산으로 조절한다.

주입의 단점은 공정 중에 산화막이 없다는 점이다. 확산에서는 드라이브인 스텝에서 산화막이 길러진다. 주입은 확산 디포지션 스텝과 비슷하다. 주입 후에 로에서 재분포와 재산화가 일어난다.

Chapter 15

화학증착 (Chemical Vapor Deposition)

반도체 소자는 도핑에 의해 웨이퍼 표면에 형성된 N 혹은 P영역과 그 위에 형성된 여러 박막으로 구성된다. 화학증착(CVD)은 유전체나 도체로 작용하는 어떤 층을 적층하는 기술이다.

초기에 소자 구조가 단순한 때에는 표면층은 주로 바이폴라 콜렉터지역의 실리콘이나 전도층으로서의 알루미늄이나 상층 보호를 위한 산화층이었다.

회로밀도가 높아지고 MOS소자 개발과 새로운 바이폴라 소자로 인하여 새로운 층과 새로운 적층 기술이 필요하게 되었다.

비 실리콘 기판의 사용증가로 인해 CVD의 사용이 많아졌다. 게르마늄이나 III-V화합물은 산화실리콘과 같은 자연 산화막이 없다. 이러한 웨이퍼를 사용한 때는 양질의 적층된 막이 필요하다.

이 장에서는 CVD의 기초, CVD공정 및 장비, 그리고 적층된 막을 다룬다. CVD기술은 도체, 반도체, 절연체를 적층하는데 사용되는 방법이다.

1. 기본적 화학증착

CVD공정은 개념은 간단하다. 적층된 물질 원자를 포함한 화학물질이 반응실로 들어간다. 반응실에서 화학물질(가스 상태)이 다른 가스와 반응해서 원하는 물질을 낸다. 발생한 물질(원자 혹은 분자상태)은 기판에 적층된다.

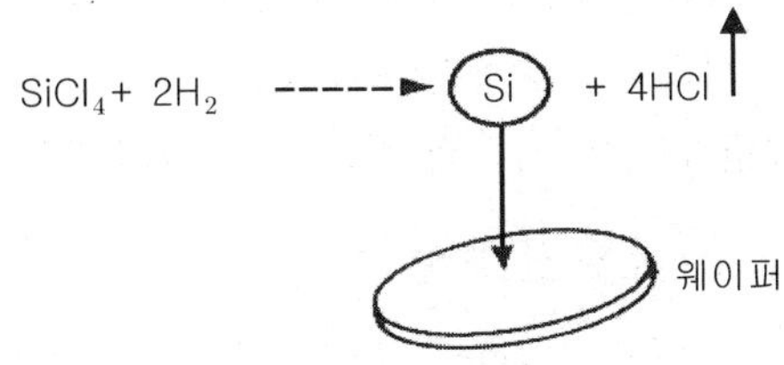

그림 15.1 사염화규소로부터의 실리콘 CVD

화학반응에서 원치 않는 부산물은 배출된다. 사염화규소($SiCl_4$)와 수소가 반응해서 실리콘이 증착되는 것을 나타내었다. 이 반응은 부수적으로 열이 필요하다.

적층공정은 여러 가지 시스템 파라미터 사이의 복잡한 관계에 의해 좌우된다.

실제 공정과 시스템은 특히 생산성이 고려될 때 "이상적"에서 벗어나는 경우가 많다. 성공적인 CVD의 동작은 이론과 경험 그리고 운도 뒤따라야 한다. CVD기술로 적층하는 막과 그 전기적 특성을 아래에 나타내었다.

(1) CVD로 적층되는 물질

표 15.1 화학증착으로 적층되는 물질

범주	물질
절연체 및 유전체	SiO2 Si3N4 PSG 도핑된 산화막
반도체	실리콘 (Si) 게르마늄 (Ge) 갈륨-비소(GaAs) 갈륨-인 (GaP)
도체	알루미늄 (Al) 니 켈 (Ni) 금 (Au) 백 금 (Pt) 티 탄 (Ti) 텅 스 텐 (W) 몰리브덴 (Mo) 크 롬 (Cr) 텅스텐 실리사이드 (WSi2) 몰리브덴 실리사이드 (MoSi2) 도핑된 폴리실리콘

(2) 시스템 부분

CVD시스템은 매우 그 종류가 많다. 모든 시스템은 공통적인 부분을 가지고 있다. 그림 15.2에 기본적 시스템을 나타내었다.

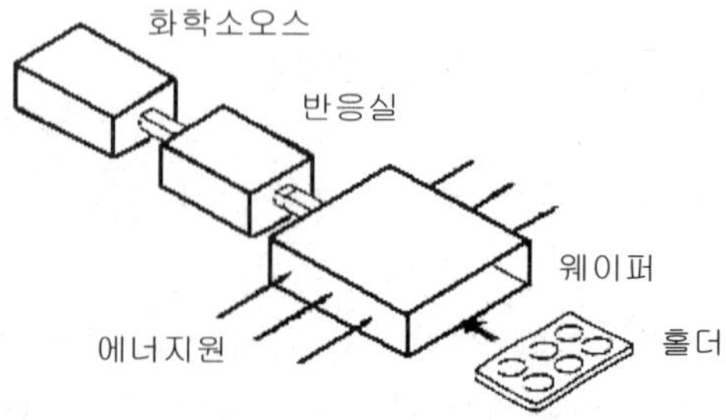

그림 15.2 CVD시스템의 각 부분

① 소오스 부분

모든 CVD시스템은 기체 혹은 액체

상태의 물질을 저장하고 계량하는 소오스 부분을 갖고 있다. 이 부분은 확산 시스템의 소오스 부분과 비슷하거나 같다. 확산 공정처럼 CVD공정도 여러 가지 가스 또는 그 혼합물의 사이클이 필요하다. 그 사이클은 타이머/유량계(혹은 매스 플로우 미터)로 조절한다. 이 시스템은 다양한 공정선택과 자동화된 원터치 동작을 위해 마이크로프로세서로 구동시킨다.

② 반응/에너지

반응실안에서 화학반응이 일어나기 위해서는 에너지가 필요하다. 여러 가지 에너지 소오스가 반응의 필요성, 최대공정온도, 성장률과 시스템가격 등의 생산요인 등에 따라 사용된다. 세 가지 소오스를 표 15.2에 나타내었다.

표 15.2 CVD반응 에너지원

소오스	방법
열	전도, 유도 RF 장, 방사, 대류 / 방사 (확산튜브)
플라즈마	AC , DC
자외선	광화학

③ 온도 범위

CVD반응은 실온에서 1250℃에 걸치는 온도에서 행한다. 온도의 선택은 CVD반응의 수준, 고온에서의 막의 결합, 웨이퍼 층의 열의 영향을 고려한다. 보통의 공정은 생산성만 좋으면 낮은 온도를 요구한다.

④ 시스템 압력

원래의 CVD시스템은 대기압 공정으로 개발되었다. 1974년, Unicorp은 Motorola의 라이센스(licence)로 저압 CVD를 개발했다. 이 시스템은 진공 대신 대기압 약간 이하(0.5-150 torr)에서 동작하도록 되어있다.

⑤ 웨이퍼 홀더

CVD시스템의 반응실은 방법과 에너지원, 그리고 온도를 감안해서 그 설계와 재료가 정해진다. 수평 시스템은 스테인레스강이나 수정으로 만든 직각 튜브를 사용한다. LPCVD 증착은 수정확산 튜브에서 일어난다. 수직 실리콘 증착기는 스테인레스강으로 만든다.

웨이퍼는 여러 가지 홀더에 고정된다. 각각의 설계와 재료는 에너지원과 시스템 형상에 좌우된다. 그 재료는 흑연(실리콘 CVD 및 저온파이로 증착), 수정(LPCVD) 보트 및 특별히 제작된 스테인레스 홀더가 사용된다.

(3) 냉벽적층(Cold wall Deposit)

어떤 시스템은 유도 혹은 복사가열에 의해 웨이퍼를 직접 가열한다. 이 시스템은 웨이퍼와 홀더만 가열한다. 반응실 벽은 웨이퍼에 비해 차갑다. 그러므로 이 시스템의 벽을 냉벽(cold wall)이라 부르기도 한다.

(4) 열벽증착 시스템(Hot wall Deposition System)

CVD반응은 반응이 일어날 만한 에너지가 있으면 가스 상태로 일어난다. 가스 자체가 가열되면(확산 튜브 등), 반응 생성물은 시스템의 모든 면에 증착된다. 그러므로 이 시스템을 열벽(hot wall)시스템이라 한다.

(5) 막의 기준

CVD층은 어떤 기준에 맞아야 한다. 막의 두께가 균일해야 하고, 전기적, 물리적 요구를 만족시켜야 한다. 균일한 두께의 중요한 면은 스텝커버리지이다. 반도체 소자가 복잡해지고 표면 기복이 심해짐에 따라 적층의 동적인 면을 바꿀 수 있다. 이 때문에 스텝에서 층이 얇아질 수 있다. 층이 얇아지면 유전체의 전기적 기능이 변한다.

전도층끼리의 단락과 오염의 확산을 막기 위한 두 가지 기준이 있는데, 그 기준은 모든 층은 구멍과 응력균열이 없어야 하고, 막 자체에 오염이 없어야한다.

2. CVD시스템

(1) 대기압 시스템

CVD는 바이폴라 소자 구조에 필요한 실리콘 층을 적층하기 위해 개발되었다. 초기의 시스템은 대기압에서 에피실리콘을 적층하기 위한 수평 RF유도가열법을 사용하였다. 또한 열판가열 산화실리콘 적층시스템도 공통적이었다. 대기압 시스템은 균일한 막을 얻기 위해서는 반응실내의 유체역학이 중요했다. 가스 줄기에서 적층되면 그 만큼 가스에 손실이 생기므로 뒤의 웨이퍼도 앞의 웨이퍼와 같은 양의 소오스를 받도록 설계되어야 한다.

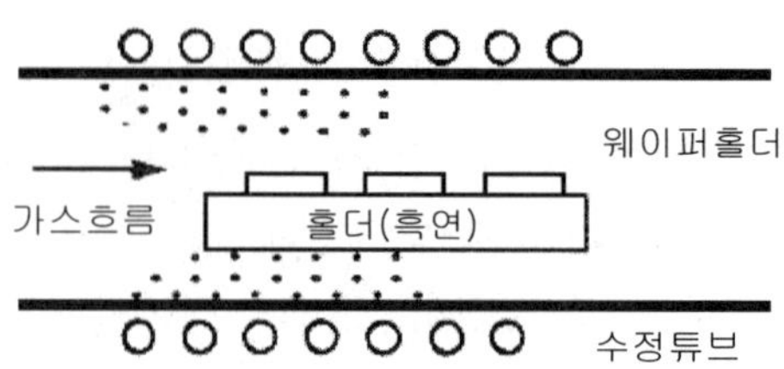

그림 15.3 냉벽 유도 시스템

① 수평/유도가열 시스템

대기압 시스템의 설계와 반응에너지에는 몇 가지 종류가 있다. 실리콘 적층에

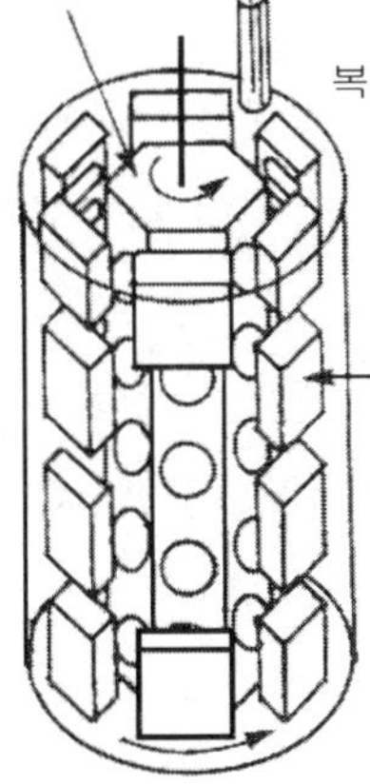

그림 15.4 실린더 혹은 배럴 시스템

사용될 때는 사각 튜브를 RF코일로 둘러싼 수평 유도시스템을 사용한다. 웨이퍼는 흑연 홀더에 부착되어 튜브에 위치한다. RF에너지가 수정용기벽을 지나 유도에 의해 흑연 홀더를 가열하고, 홀더는 열의 전도로 웨이퍼를 가열한다.

RF에너지는 수정 벽을 가열 없이 통과한다. 반응은 에너지(열)가 있는 곳에서만 일어나기 때문에 이는 냉벽시스템이다. 균일한 적층을 위해 웨이퍼를 가스 줄기에 대해 약간 기울여 준다.

② 실린더 혹은 배럴 시스템

적층 균일성의 제한과 수평시스템의 과다한 에너지 사용은 배럴(barrel)시스템으로 해결한다. 웨이퍼 면은 더 균일한 에피층이 성장된다.

적층 균일도는 가스가 찬 용기에서 웨이퍼를 회전시킴으로써 향상된다. 이 시스템은 적층 실리콘의 표준이 되고 있다. 실린더 및 수평 시스템은 고온(900℃-1250℃)을 필요로 하는 적층 반응에 적합하다.

③ 수평/전도(열벽)시스템

사이렌(Silane)산화막 성장 등의 저온 적층은 고온 RF나 복사가열이 필요 없다. 온도는 열판으로 얻어진다. 어떤 시스템에서는 웨이퍼가 이동식 열판에 놓여 스테인레스 사각 튜브 속에 위치한다. 전력은 연결된 케이블에 의해 열판에 전달된다. 반응가스가 튜브로 들어가 웨이퍼 위를 지난다. 이 시스템은 두께 균일성이나 입자를 조절하기 힘들다. 열벽 시스템이기 때문에 반응은 측벽과 천정에서도 일어난다. 만일 청소를 안 해주면 벽면의 입자가 웨이퍼에 떨어진다.

또 다른 경우에는 가열기 헤드(head)밑을 이동 열판이 지난다. 반응가스는 판을 지나 반응이 일어나도록 헤드로 간다. 이 설계가 더 생산적이면 입자 오염이 덜 생긴다.

(2) 저압(LPCVD)

LPCVD공정은 산업에서 여러 해 동안 사용하여왔다. 개발의 원래의 목적은 화학반응의 압력 온도 균형을 위한 것이다. 반응이 일어나는 압력을 낮추면 온도가 줄어든다. 저온 공정의 장점은 앞에서도 말했다. 보호층적층에서 알루미늄이 있으므로 온도 상한이 450℃이다.

이 온도이상에서는 알루미늄이 실리콘으로 녹아들어 단락이 일어난다.

LPCVD를 생산 수단으로 사용하기에는 몇몇 문제점이 있었다. 대기압 시스템에 비하여 LPCVD는 에피적층에 필요한 균일성이 모자랐다. 또 70년대 중반의 소자는 양질의 보호층이나 질화막은 필요 없었다. 이제는 실리콘게이트 MOS와 집적도의 증가로 LPCVD가 필수적이다.

LPCVD시스템은 확산 시스템과 모양이 같다. 반응실은 수정 튜브인데 가스가 로드 끝부터 반응실로 들어온다. 튜브의 후면은 진공 펌프에 연결되어 있다. LPCVD는 0.1~100torr의 압력에서 동작한다.

원래의 LPCVD의 홀더는 더 생산적인 보트로 바뀌었다. 대기압 시스템은 가스의 흘로우에 관계가 컸었는데 기압은 그렇지 않다. 저온(600℃이하)반응은 끝까지 균일성이 좋다. 중간온도(600~1000℃)에서는 어떤 반응은 가스가 튜브를 지나는 동안 손실이 생긴다.

온도, 압력, 웨이퍼 간격, 가스유량이 LPCD공정의 균일성에 영향을 준다. 이 파라미터들을 적당히 정하면 막 균일성을 ±2%에서 ±5%까지 얻는다. 이는 대기압 시스템보다 약 10배의 웨이퍼를 넣었을 때 얻어지는 값이다. 저압으로 막의 질도 향상된다. 웨이퍼를 수직으로 설치하면 입자가 줄어든다.

대기에서 웨이퍼를 눕혀 놓는 열판시스템에서는 열벽에 있던 입자가 그대로 웨이퍼 표면에 떨어진다.

저압시스템은 가스 플로우에 영향을 안 받기 때문에 스텝 커버리지와 막의 균일성도 좋아진다. 반응 가스가 반응실에 완전히 채워져서 모든 웨이퍼 표면에서 반응이 일어난다.

공정조절 균일성은 가스를 한 사이클에서 다른 사이클로 빨리 바꿈으로써 얻어진다. 대기압 시스템에서는 가스 속도와 튜브 크기에 따라 변환시간이 소요된다. LPCVD에서는 사용된 가스는 진공으로 빨리 뽑아진다.

결론적으로 LPCVD는 대기압시스템에 비해 다음의 장점을 가진다.

i) 저온공정
ii) 높은 생산성
iii) 향상된 공정조절
iv) 높은 품질의 막

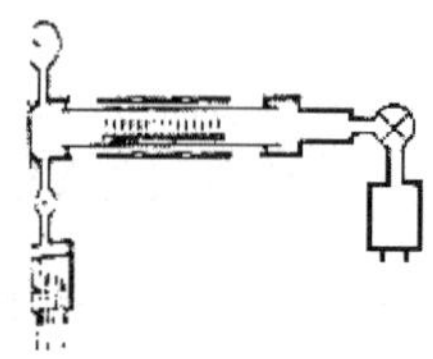

그림 15.5 LPCVD시스템

① 저항 가열 시스템

저항가열 시스템은 실리콘 산화막이나 질화막을 형성하는데 가장 많이 사용하는 시스템이다. 가열시스템은 확산 시스템과 같다. 저항이 튜브를 감고 있으며 전도에 의해 가스를 가열하면(튜브 안벽과 닿아 있다) 웨이퍼를 가열하게 된다. 이 시스템은 열벽 방식이다.

② 플라즈마 LPCVD(PECVD)

이 시스템은 표준의 LPCVD시스템과 플라즈마를 결합한 것이다. 이는 튜브 반응실에 평행한 흑면 받침을 넣은 것이다. 이 슬롯은 RF에 연결되고 웨이퍼는 슬롯사이에 들어있다. 적층 사이클 동안 RF는 판 사이에 플라즈마를 발생시키고, 이는 CVD반응을 촉진한다.

플라즈마 장에 대해서 적층 위치와 방향을 잘 잡아야 좋은 균일성과 스텝 커버리지가 얻어진다. PECVD는 주로 폴리층과 질화막 층을 형성하는데 사용된다.

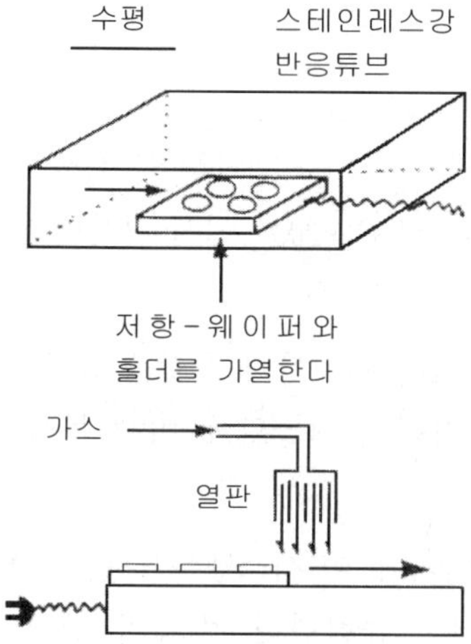

그림 15.6 전도가열 CVD 시스템

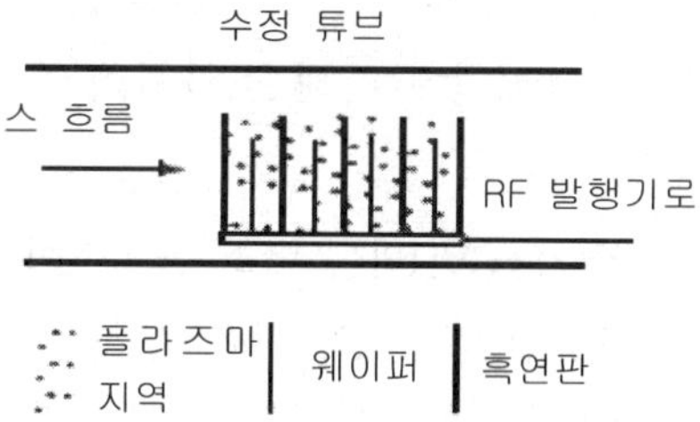

그림 15.7 플라즈마 CVD

③ 복사가열 저압시스템

에피층에 필요한 높은 품질의 막은 LPCVD반응기로는 얻어지지 않는다. 그런데 복사 가열되는 실린더의 압력을 낮춤으로써 저압의 장점을 유지할 수 있다.

저압이기 때문에 적층온도를 낮출 수가 있다. 온도가 낮아서 결정 결함과 아웃도핑을 줄일 수 있다. 이 현상을 오토도핑(auto doping)이라고 한다. 에피층 성장에 이 방법을 사용함으로써 균일성이 좋은 고저항막을 얻을 수 있다.

보통의 저압 사이클은

i) 로드 시스템(load system)
ii) 40torr까지의 진공 시스템
iii) H_2에서 1200℃까지의 가열 시스템
iv) 에치를 위한 HCl을 넣는 스위치 시스템
v) 온도를 1080℃까지 내린다.
vi) 반응 가스를 N_2로 퍼지(purge)한다.
vii) 가열기를 끈다.
viii) 반응실을 대기압으로 한다.
ix) 웨이퍼를 꺼낸다.

표 15.3 CVD시스템의 온도범위

수준	온도범위	방법
고온	800 - 1250 ℃	RF유도 (냉벽) 복사가열 (냉벽) 저항코일 (열벽)
중간온도	200 - 800 ℃	열판 플라즈마 LPCVD
저온	22 - 200 ℃	열 PECVD 광화학

④ 광화학(자외선) LPCVD

광화학 시스템에서는 반응가스를 원하는 막 물질로 바꾸는데 자외선을 사용한다. 광화학 CVD의 장점은 반응 온도가 낮다는 것이다. 50℃~200℃에서 산화막과 질화막을 적층할 수 있다.

낮은 온도에서는 응력파괴 없이 좋은 스텝 커버리지를 가지는 막을 얻을 수 있다. 고온 시스템에 비해 소자에 열손상이 없고, 폴라즈마 시스템에 비해 복사 손상도 없다.

다른 LPCVD와는 달리 반응실이 확산 튜브가 아니다. 이 시스템은 열판을 사용한다. LPCVD압력범위의 낮은 부분인 0.3~1.0 torr에서 동작한다. 반응실 구조 때문에 생산성은 확산 튜브 시스템보다 낮다.

3. 실리콘 적층

얇은 고저항 에피층의 개발은 바이폴라 IC개발에 큰 발걸음이었다. 약하게 도핑된(고저항)층은 회로 기능문제를 해결했다. 전기적 분리 문제도 웨이퍼와 반대 전도형태의 층을 키움으로써 해결되었다. 웨이퍼와 같은 전도형태의 도펀트로 좁은 힘을 에피층에 형성하면 에치층이 서로 분리된 포켓 형태를 갖추게 된다. 바이폴라 회로 요소는 각 분리된 포켓에 형성된다.

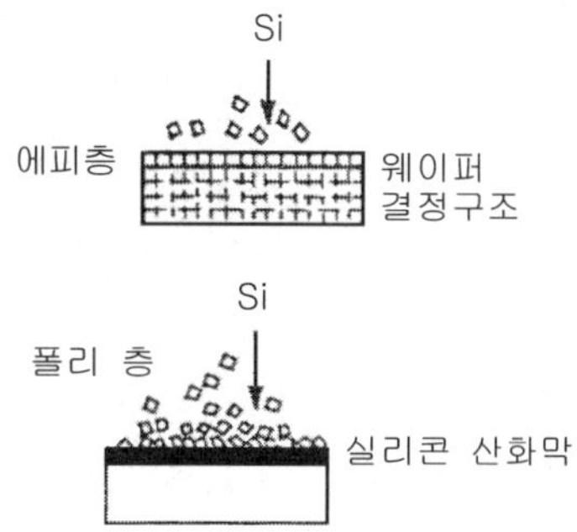

그림 15.8 에피 및 폴리층 성장

에피택시(Epitaxial)라는 말은 그리스 단어 "~에 결정되다.(arranged upon)"에서 온 말이다. CVD실리콘 적층에서 그 말은 막의 결정구조를 설명하는 것이다. 적층하는 동안 가스에서 나온 실리콘원자는 웨이퍼에 쌓이는데, 웨이퍼와 같은 배열로 쌓인다. 따라서 웨이퍼의 결정 방향은 에피층까지 연장된다. 웨이퍼에 높은 품질의 단결정을 얻기 위해서는 많은 요인이 조절되어야 한다. 웨이퍼 표면이 깨끗하고, 소오스는 순수하며, 성장율이 조절되고 시스템은 누설과 오염이 없어야 한다.

MOS소자구조도 실리콘 적층을 필요로 한다. 보통 게이트 전극으로 많이 사용한다. 적층된 에피막과 같은 공정으로 게이트 산화막 위에 실리콘이 적층된다. 그런데 산화막은 결정 구조가 없기 때문에 적층된 실리콘은 다결정 구조를 갖는다. 이러한 막을 폴리실리콘(poiysilicon) 혹은 단순히 폴리(poly)라고 한다.

(1) 에피 적층 시스템

초기의 에피 적층 시스템은 수평/유도가열 시스템이었다. 냉벽 시스템으로 입자 없는 막을 형성하므로 극히 정밀한 온도조절(±1℃)이 필요했다. 최적 유량, 구조, 균등한 에피막을 얻는 온도를 찾기 위한 노력을 많이 했다. 그런데 이 시스템은 웨이퍼를 보트에 수평으로 놓아야 하기 때문에 생산성이 낮다. 또한 막의 균일성을 얻기 위해 유량과 가스구성의 단점을 극복했다. 실린더는 더욱더 생산성이 높도록 설계되었다. 막의 균일성도 얻기 쉬운데, 이는 회전 때문이다.

복사가열로 필름의 구조적 질도 향상되었다. 유도가열 시스템에서는 웨이퍼는 전도가열 된다. 막이 성장함에 따라 막의 표면이 약간 냉각되고, 성장률과 구조가 달라진다. 그러나 복사 가열에서는 항상 웨이퍼에 복사가 돼서 온도를 일정하게 유지시킨다.

실린더/복사 시스템은 과거의 시스템을 생산라인으로 바꾸어 놓았다. LPCVD는 아직 실리콘 에피막이 요구하는 질과 균일도를 갖고 있지 않지만 지금까지 많이 연구되고 있다.

(2) 실리콘 소오스 화학

다음의 실리콘을 생성하는 화학식은 실리콘으로 에피층을 기르는데 사용된다.

적층온도, 막의질, 시스템설계 및 공정 조절이 실리콘 소오스를 선택할 때의 고려사항이다. 적층 온도는 적층(막 성장)율, 결정 결함, 에너지 소모 및 오토도핑(가장 결정적 요인)에 영향을 준다. 웨이퍼 자체나 확산층의 어떤 도펀트도 에피 성장 도중 밖으로 확산된다. 바깥으로 확산된 원자는 성장하는 에피막과 결합에 비저항을 변화시킨다.

성장율은 단결정 성장과 패턴이동을 막는데 결정적이다. 성장율이 너무 빠르면 {111}웨이퍼의 에피는 웨이퍼 면에 어떤 각도를 가지고 성장한다. 바이폴라 소자에서 베이스와 에미터는 서브콜렉터와 위치가 맞아야 한다. 이 얼라인먼트는 에피면의 패인 곳으로 안다.

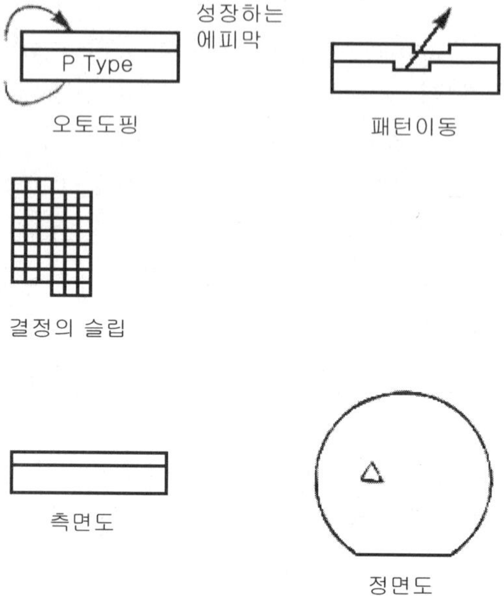

그림 15.9 에피막 성장 및 문제점

그림 15.9에 에피와 표면의 패인 곳이 이동했을 때의 얼라인을 보여준다. 될 수 있으면 낮은 온도가 바람직하다. 다른 결함으로서 슬립(slip)이 있다. 불량하거나 오염된 웨이퍼 면에서는 스택킹 폴트라는 결정의 결함은 표면 에치로 알 수 있다. 사산화규소($SiCl_4$)는 에피적층소오스로 가장 많이 사용한다. 이 소오스는 매우 높은 고온을 필요로 하나 가장 양질의 에피막을 만드는 것으로 알려졌다. 사일렌(Silane)은 저온으로 공정하기 때문에 그 연구가 많이 되고 있다. 사일렌, SiH_2Cl_2나 $SiHCl_3$에 대해서도 많은 연구가 있으나 아직 널리 사용되지 않고 있다.

(3) 에피막의 도핑

도펀트 원자를 가스에 섞음으로써 에피막의 원하는 비저항을 얻는다. 그 원자는 성장하는 막에 포함된다. 도펀트 소오스는 확산에 사용되는 것과 같은 기체 혹은 액체 소오스이다.

(4) 전형적인 에피공정

에피를 적층하는 웨이퍼는 확산과 같은 공정을 한다.

i) 초기세척

ii) 적 층

표 15.4 실리콘 산화층 소오스

적층된 실리콘 산화막 (Silox)
SiH4 +O2 → SiO2 + 2H2
SiHCl +2O2 → SiO2 + 2H2

iii) 평 가

에피공정은 웨이퍼를 세척해서 오염을 제거함으로써 시작한다. 이 공정은 기계 및 화학공정을 한다. 전형적인 세척액을 표 15.5에 나타내었다.

에피 반응실에서 웨이퍼는 표 15.6과 같은 긴 공정을 거친다.

표 15.5 전형적인 에피전 세척공정

오염	제거공정
입자	마찰
유기물	H_2O_2 - NH_4OH + H_2O
무기물	HCl - H_2O_2 + H_2O
	H_2SO_4

표 15.6 전형적인 에피적층 공정

사이클	온도	가스	목 적
1	실 내	N2	시스템의 공기를 퍼지 (purge)한다.
2	실 내	H2	웨이퍼의 유기오염을 제거한다.
3	(가열)	N2	시스템을 적층 온도로 올린다.
4	적층온도	HCl	에페 적층 표면을 만들기 위해 에치한다.
5	적층온도	소오스 + 도펀트 + 운반가스	에페막을 기른다.
6	단 열	N2	반응가스를 퍼지한다.

(5) 에피막의 평가

에피막의 결정적 역할은 잘 감시되고 조절되어야 한다. 조절 공정의 일부는 막을 측정해서 조작자에게 계속 제한(feedback)시켜 주어야 한다. 그러므로 다음과 같은 다섯 가지 파라미터가 평가된다.

i) 표면의 질

ii) 비저항

iii) 막의 두께

iv) 도핑 프로필

v) 결정의 질

① 표면의 질

입자, 얼룩, 결정 이상 등의 표면문제는 소자를 망칠 수 있다. 입자와 얼룩은 웨이퍼 세척불량과 시스템 관리부족에서 생긴다. 안개모양은 성장률, 누설로 인한 산소 등을 포함한 몇 가지 이유에서 생긴다. 아주 작은 누설로 인한 것도 큰 표면결함을 낳는다.

결정이상은 세척불량과 비정상적 성장률에서 생긴다. 한 점에서 성장률이 커지면 막의 스파이크를 일으켜 결정이상을 낳는다. 이러한 스파이크는 막 두께의 몇 배까지 자란다.

그러므로 모든 웨이퍼는 평행 UV광으로 표면 검사를 한다. 선택된 웨이퍼는 현미경으로 세밀한 검사를 한다. 주기적으로 웨이퍼를 추출해 X-선 검사로 결정구조를 검사한다.

② 비저항

에피막의 도핑수준(비저항)은 결정적인 소자 파라미터이다. 각 웨이퍼는 사탐침법으로 저항 검사를 한다. 이 검사가 공정관리의 척도가 된다. 쉬트 저항이 막 두께의 함수이므로 쉬트저항 측정은 두께 및 전 공정의 척도가 된다.

③ 막두께

도핑수준 및 도핑 프로필과 함께 막 두께도 결정적인 소자요소다. 몇몇 두께측정이 사용된다.

전통적인 방법은 연마염색법(lap & stain)인데 확산 깊이 측정에도 사용된다. 이는 파괴검사이기 때문에 이러한 목적으로 특별히 포함된 웨이퍼를 사용한다.

스택킹 폴트(stacing fauit)의 크기측정도 하나의 두께측정이다. 스택킹 폴트는 웨이퍼 표면부터 시작하는 결정의 함몰이다. 이는 모양이 방위(orientation)에 관련된다. {111}은 삼각형이고, {100}은 4각형이다. 변의 길이가 두께와 관련이 있다. 이 방법은 연마염색법보다 덜 정확하여, 다소 파괴적이다.

더 좋은 방법은 PR이나 산화막 두께를 잴 때 쓰는 것과 비슷한 적외선(IR)간섭법이다. 여기서 방사는 적외선이며 원 웨이퍼의 버리드(buried)층에서 반사된다. 예산을 자동적으로 하는 소프트웨어의 개발과 비파괴 특성 때문에 LSI와 (VLSI)라인에서 많이 사용된다.

④ 도핑 프로필(Doping Profile)

바이폴라 기술에서 에피 반응기로 가는 웨이퍼는 전 표면에 서브콜렉터 지역이 확산되어 있다. 에피층이 성장 중에 이 지역의 도펀트는 성장막으로 확산한다. 이러한 외부확산은 소자 동작에 중요한 역할을 한다.

파괴적인 분산 저항측정(spreading resistance probe method)을 통해 주기적으로 도펀트 프로필을 검사해야 한다.

⑤ 결정 질

결정성장 도중 변위(dislocation)를 비롯한 여러 결함이 막에 나타난다. 이 변위는 소프트 접합이 생기는 주요 원인이다. 변위의 밀도는 에피층을 에치함으로써 알 수 있다. 그 밀도는 현미경으로 센다. 다른 결정결함은 X-선 기술로 밝혀낸다.

4. 폴리실리콘 적층

폴리층은 실리콘게이트 MOS구조의 주요 도체가 된다. 이는 산화막 위에 형성된다. 적층의 화학은 에피실리콘 적층과 똑같다. 차이는 성장하는 실리콘 막 아래 산화막이 있다는 점이다. 산화막은 비정질이기 때문에 실리콘 원자도 임의로 내려 앉아 다 결정 구조를 가진다.

MOS게이트에서의 폴리의 역할은 바이폴라에서의 에피층처럼 두께조절이 엄격하지는 않다. 결정 균일성도 소자 기능보다 에치 공정에 영향을 준다.

(1) 적층 시스템

에피적층에 사용되는 모든 시스템은 폴리적층에도 사용할 수 있다. 지금은 LPCVD법을 많이 사용하고 있다. LPCVD로 적층된 폴리는 저온과 생산성이 좋으면서도 균일도가 좋다.

(2) 소오스 화학

폴리층은 요구가 엄격하지 않기 때문에 표 2.3의 모든 실리콘 소오스를 사용할 수 있다. 그러나 LPCVD로의 경향으로 사일렌이 많이 사용된다.

(3) 막의 도핑

MOS전극(도체)으로서의 폴리는 가능하면 비저항이 낮아야 한다. 실리콘에 대해 인이 용해도가 가장 높기 때문에 도핑 원소로 선택된다. 소오스는 포스핀(phosphin)으로서, 균일성이 좋고 가스 상태로서 다루기가 쉽다.

5. 실리콘 산화막 적층

(1) 용도

적층된 산화막은 여러 가지로 사용된다. 전통적으로, 최종 보호층으로 사용했다. 금속층위에 적층되어 긁히는 것을 방지한다. 인으로 도핑 되었을 때 나트륨이나 일반적인 오염 그리고 수증기를 방지한다.

다층 금속배선에서는 산화막이 중간에 적층되어 유전체로 작동한다.

산화막은 확산 소오스로도 사용된다. 막이 P나 N형 도펀트와 함께 노출된 실리콘에 적층되어 확산로 속에서 도펀트가 산화층으로부터 나와 웨이퍼로 들어간다.

산화막은 에치 장벽으로도 쓰인다. 질화막에 PR을 그대로 입히면 에치 할 때 리프트가 생겨 크기의 변형을 초래한다. 질화막 위에 산화층을 적층하면 이 문제가 해결된다. 패턴이 보통의 포토마스킹 작업으로 산화막에 옮겨진다. 질화막 에치 때는 산화막이 PR의 역할을 하는 것이다.

비 실리콘 웨이퍼에서는 적층된 산화막이 실리콘 소자에서 열적으로 키운 산화막 역할을 모두 한다.

표면보호, 유전체, 도핑장벽 등 적층된 산화막은 “Vapox” 혹은 “Silox”라고 부른다.

앞의 이름은 Fairchild사에서 나온 말이고, 뒤의 이름은 Applied Material Inc에서 나온 말이다. 때로는 이 막을 “giass”라고도 하며 인으로 도핑 되었을 때는 “phosphorus silicate glass”(PSG)라고 한다.

인이 고농로 들어 있을 때에는 PR부착에 문제가 생기는데 이때는 아래쪽만 도핑하고 상단은 인이 없어야 한다. 어떤 공정에서는 도핑 안 되고, 도핑 되고, 도핑안의 3층의 “silox”를 필요로 하기도 한다.

(2) 소오스 화학

실리콘 산화막은 표 15.7에 있는 여러 가지 소오스로 적층할 수 있다. 가장 널리 사용되는 것이 사일렌이다. 적층된 산화막의 원래의 용도는 보호 층 이었다. 이 적층은 알루미늄과 실리콘의 반응온도(577℃)이하여야 한다. 사일랜은 공기 중에 산소가 있으면 실온에서도 산화막을 형성한다. 실제는 막의 질과 적층시간을 생각해서 200℃~450℃에서 행한다. 이러한 저온에서 적층된 산화막을 ‘LTO’라 한다.

반응은 대기압이나 저압에서 행한다. 광화학 시스템에서는 사일렌이 암모니아나 질산과 반응에서 실리콘 산화막을 형성한다.

표 15.7 실리콘 소오스 표

에피실리콘	폴리실리콘
$SiCl_4 + 2H_2 \leftrightarrow Si - 4HCl$ $SiH_4 + Heat \leftrightarrow Si + 2H_2$ $SiH_2Cl_2 \leftrightarrow Si + 2H_2$	$SiH_4 + Heat \leftrightarrow Si + 2H_2$

(3) 적층 기술

모든 CVD시스템이 산화막 적층에 사용될 수 있으나 온도와 생산성 때문에 보통의 실리콘 적층 시스템은 사용되지 않는다. 원래는 열벽, 대기압 전도시스템을 사용했으며 이는 양질의 균등한 막을 제공한다.

(4) 막의 도핑

"Silox"막은 소자 기능에 따라 N 혹은 P형으로 도핑 된다. 보호층은 나트륨 방어를 위해 인으로 도핑 한다. 기복이 심한 소자는 Silox가 흘러 더 평평한 면을 얻기 위해 고농도(10%)의 인이 첨가된다.

산화막 확산 소오스도 적당한 도펀트로 도핑 된다.

6. 실리콘 질화막

(1) 용도

집적회로의 고밀도화, 막 두께의 감소, 양질의 필요성으로 인해 산화막이 질화막으로 대체되어 간다. 보통, 향상된 전도 물질은 물질의 패턴형성이 어렵다. 이 문제는 이제 플라즈마 에치로 해결되었다.

실리콘 질화막은 항상 더 좋은 보호막으로 간주된다. 질화층은 몇 가지 면에서 산화층보다 우월하다.

i) 유전체로서의 강도
ii) 기계적 강도
iii) 수증기의 장벽
iv) 나트륨 장벽
V) 구멍이 작다.

질화층은 450℃이하에서는 적층이 어렵고, 고해상도의 에칭이 어려워서 일반적으로 사용이 늦어졌다. 이러한 단점은 LPCVD, 산화막 에치 마스크기술, 플라즈마 에칭 등의 개발로 극복되었다.

실리콘 질화막이 전하를 "트랩(trap)"하는 것은 단점이나, 이 특성은 트랩된 전하가 영구기억소자를 만드는 MOS소자에서는 장점으로 작용한다.

(2) 소오스 화학

실리콘 질화막은 사일렌과 암모니아의 반응으로 반응기에서 만들어 진다.

$$3SiH_4 + 4NH_3 \rightarrow Si_3N_4 + 12H_2$$

광학적 적층은 사일렌과 "nitrous oxide"를 반응시켜서 일어난다.

(3) 적층 기술

실리콘 산화막처럼 실리콘 질화막도 어느 CVD로나 얻어진다. 적층 온도가 높아도 괜찮은 경우, 보통의 LPCVD도 사용된다. 알루미늄 막이나 다른 저온 필요성이 있는 경우, PECVD나 광화학 시스템이 사용된다.

7. 내열 금속과 그 실리사이드(Refractory metal and their Silieicide)

(1) 용도

집적회로의 크기가 작아지면 폴리실리콘 도체대신 다른 금속이 필요하다. 소자의 크기가 작아지면서 폴리실리콘과 실리콘사이의 접촉저항(contact Resistance)이 커져 회로의 반응시간에 심각한 영향을 준다.

MOS개발의 초기에는 내열금속(Refractory metal, transition element)이 반도체 금속으로 고려되었다. 저저항 및 고온 공정의 가능성이 장점이었다. 이 물질은 실리콘과 알루미늄을 우수한 도체로서 압도할 것이다.

이러한 막을 적층하는 최적 공정이 개발 중이다. 고려 중인 공정은 증착, 스펏터링, RECVD법이다.

표 15.8 내열금속

몰리브덴
백금 실리사이드
티탄 실리사이드
텅스텐 실리사이드

(2) 소오스 화학

텅스텐, 몰리브덴 및 텅스텐 실리사이드의 증착을 위한 소오스 가스는 높은 증기압의 할라이드(halide)나 카보닐(carbonyls)이다.

(3) 적층기술

이들 물질의 적층은 보통의 PECVD 시스템으로 한다. 반응온도는 60℃에서 900℃이다.

표 15.9 CVD기술의 정리

대기압	저압	
냉벽 / 유도가열	실린더	1
실리더 / 복사가열	저항가열 “확산” 튜브	2
전도 (열판)	플라즈마	3
	광화학	4

Chapter 16
금속공정 (Metallization)

반도체 소자 구조는 여러 가지 층을 필요로 한다. 즉, 유전체, 반도체, 도체 등이 여러 가지 방법으로 입혀진다. 과거 10년 동안 그 사용과 수도 매우 늘었다. 도체층을 적층하는 재료와 기술을 본 장에서 설명하고자 한다.

적층된 도체는 모든 소자에서 필요하며, 표면 배선 역할을 한다. 도체는 IC 구조에서 퓨즈(fuse)나 후면 전기 접촉으로도 사용된다. 금속 공정은 반도체 공정의 이러한 분야를 설명하는 일반적인 용어이다.

1. 금속막

(1) 도체

금속 막은 반도체 기술에서 웨이퍼 표면의 여러 가지 소자들을 서로 배선하는데 사용된다. 배선은 웨이퍼 표면에 금속의 얇은 층(1~1.5 마이크론)을 적층함으로써 이루어진다. 이 금속 층은 포토마스킹 공정으로 패턴이 형성된 후 회로 동작에 필요한 소자를 연결한다. 웨이퍼 표면의 금속은 "leads" 또는 "상호연결(interconnection)"이라고 한다. 일반적으로 적층 후에 웨이퍼와 금속의 전기적 접촉을 좋게 하기 위해 "얼로이(alloy)"라는 가열 스텝이 뒤 따른다.

패턴이 형성된 도체막은 소자에서 두 가지 부수적인 역할을 한다. MOS구조에서의 게이트 전극과 박막 커패시터에서의 전극으로 사용된다.

다음의 금속과 합금이 이 목적에 사용되는 것이다.

i) 알루미늄
ii) 알루미늄 얼로이
iii) 티탄/텅스텐
iv) 도핑된 폴리실리콘
v) 내열금속 및 그 실리사이드
vi) 금

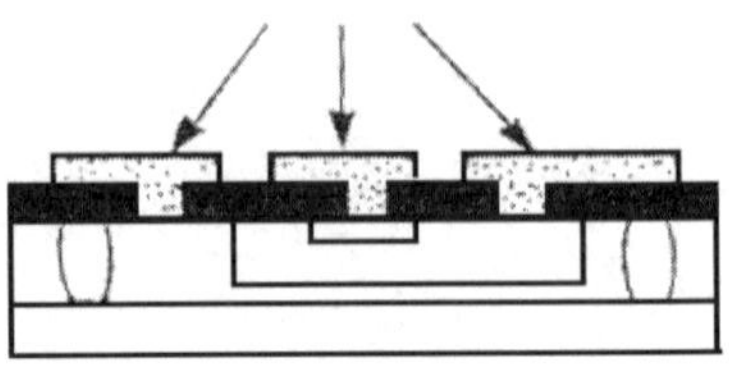

그림 16.1 박막 배선

2. 금속막의 용도

알루미늄은 전통적인 배선금속이다. 사실 박막 알루미늄 기술은 평면기술에 중요한 기여를 하였다. 알루미늄은 실리콘기술에 필요한 금속으로서의 필요를 만족하기 때문에 이 같은 명성을 얻었다.

i) 좋은 전기 전도도
ii) SiO_2에의 우수한 부착력
iii) 패턴 형성의 용이성
iv) 높은 순도
v) 실리콘과의 우수한 전기접촉

알루미늄은 위의 모든 조건을 만족시킨다. 전도성이 좋고, 산화막에 잘 붙고, 보통의 포토마스킹 기술로 패턴이 형성되고, 고순도가 얻어진다. 반도체 사용에는 99,9999~99,99999%의 순도가 요구된다. 실리콘과 알루미늄 사이의 전기접은 LSI급에서는 적당하나 VLSI급에서는 부족한 점이 있다.

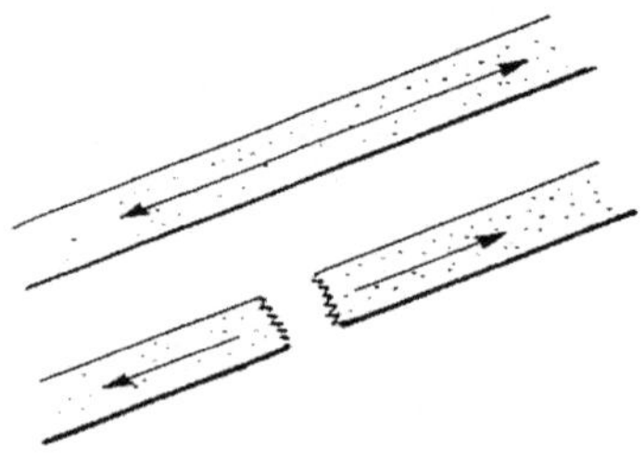
그림 16.2 전자적 이동(Electromigration)

(1) 전자적 이동(electromigration)

알루미늄은 단점이 있다. 전자적 이동 이라함은 회로가 동작할 때 알루미늄선에 나타나는 현상이다. 다른 말로, 이는 공정 문제가 아니라 전장에 의한 것이다. 이는 회로동작 중에 알루미늄 선에 전장이 걸려 알루미늄의 확산이 일어남으로써 일어난다. 또한 전류에 의해 열이 발생했을 때 선에 온도기울기가 있을 때 더욱 촉진된다.

금속이 점점 얇아져서 결국 절단된다. 전자적 이동은 소자가 동작한지 여러 시간이 지나야 나타난다. 이 문제는 콘텍트에서 오버랩을 많이 주고, 막 두께가 균일하며, 구리(4%)를 알루미늄에 섞음으로써 해결할 수 있다.

회로에 소자가 많으면 전류가 많이 흘러 열이 더 발생한다. 이 문제와 다음에 논의되는 얼로이 문제로 인해 알루미늄 합금과 비알루미늄 금속시스템을 개발하게 되었다.

(2) 알루미늄/실리콘 합금

알루미늄과 관련된 또 다른 문제는 얼로이 스텝에서 일어난다. 얼로이는 좋은 저항성 콘택트를 형성하기 위한 열처리 공정이다. 이 온도에서 각각은 녹지 않으나 합해지면 녹는다. 금속학에서 이 온도를 공융(eutectic)점이라고 한다. 물리적으로 액체 합금이 웨이퍼에 형성되는 것이다. 구조적으로 깊은 확산에서는 합금지역이 문제가 없으나 얕은 구조에서는 접합이 단락되어 버린다.

① 얼로이 온도

얼로이 온도는 450℃로 제한된다. 450℃에서 콘택트는 좋아지고, 공융현상은 일어나지 않는다. 그러나 콘택트가 원하는 만큼 좋아지는 것은 아니다.

② 알루미늄 합금

순수한 알루미늄 대신 1~2%실리콘이 섞인 알루미늄을 사용한다. 얼로이 도중 알루미늄은 웨이퍼의 실리콘이 아닌 그 자체의 실리콘으로 얼로이 된다.

③ 장벽(Barrier metal)

알루미늄 적층 전에 금속 박막이 적층된다. 이 목적은 알루미늄과 실리콘을 떼어 놓는 것이다. 그 사용 금속은 Ti W나 혹은 백금실리사이드 위의 Ti W이다.

그림 16.3 얼로이 공정

(3) 기타의 금속재료

높은 집적으로 인한 높은 전류 때문에 다른 금속이 필요하게 되었다. 금/몰리브덴/백금의 금속 시스템이 사용되고 있다. 이 문제는 원래 알루미늄의 전장적 이동 때문에 개발된 것이다. 이의 단점은 세 금속 시스템의 가격과 금의 유연성(긁히기 쉽다)에 있다.

실리콘 게이트 기술에서는 게이트 전극으로 폴리실리콘선을 사용한다. 폴리 층의 장점을 살려 도체로 사용하기도 한다. 필요한 전도도를 얻기 위해 폴리를 도핑 한다. 실리콘에서의 고농도 때문에 도펀트로는 인을 사용한다.

초기에는 백금, 텅스텐, 티탄 등의 내열금속이 높은 전도도로서 반도체 금속으로 적합함이 밝혀졌다. 알루미늄의 장점과 경제적인 적층방법 때문에 1970년대 후반까지

연구되었다. 회로 밀도와 스퍼터 및 CVD의 발달로 내열 금속과 그 실리사이드는 새로이 각광받게 되었다.

3. 퓨즈(Fuse)

퓨즈 기술은 프로그래머블 ROM(읽어내기만 하는 기억소자: PROM)기억소자의 근간이다. 퓨즈는 회로의 모든 기억 셀(Cell)에 들어간다. 사용자는 프로그래밍 단위를 사용해서 특정한 퓨즈를 끊어 버린다. 또한 원하는 정보기억 셀은 그대로 둔다.

퓨즈는 두 가지 기술로 형성한다. 하나는 얇은 금속층(160-200Å)의 패턴으로 알루미늄 선에 의해 기억소자를 연결하는 것이다. 또 다른 방법은 콘택트 구멍에 폴리나 산화층 박막을 사용하는 것이다.

금속기술에서 얇은 "목"을 만들어서 프로그래밍 전류가 그 목을 충분히 가열해서 증발시킴으로써 퓨즈를 끊어버린다. 금속은 니크롬이나 티탄을 사용한다. 같은 기술이 콘택트 구멍의 폴리나 산화막을 끊는 데도 사용한다.

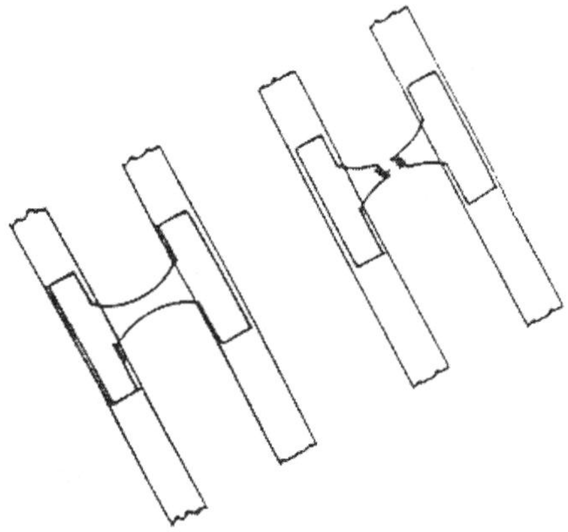

그림 16.4 박막 퓨즈

4. 다이(DIE)접합 및 라이프 타임(Life Time) 조절

금이나 은 화합물은 칩을 패키지에 접착시켜 후면의 저항성 접촉을 만드는 데 사용된다. 금 접합은 공정 중에 웨이퍼 뒷면에 증착층을 만들어 준다.

바이폴라 트랜지스터에서 베이스 확산에 앞서 금을 증착해서 확산 공정 시에 웨이퍼로 확산된다. 이 금은 베이스지역에서 이동하는 전자를 '트랩(trap)'해서 라이프타임을 줄인다. 따라서 더 빠른 소자가 얻어진다.

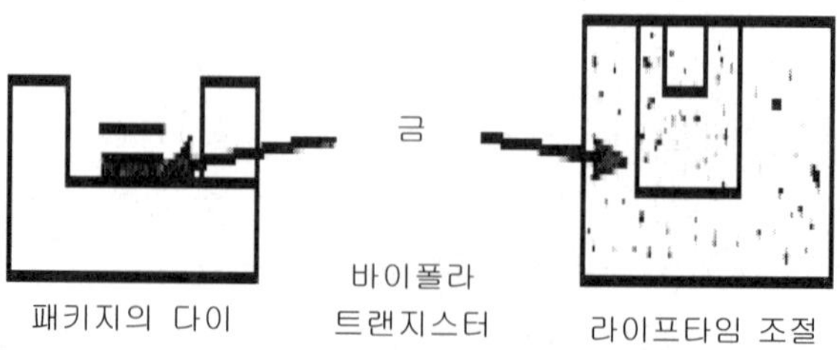

그림 16.5 금막의 용도

5. 적층방법

다른 공정처럼 금속공정 기술도 새로운 회로의 요구에 부응해서 계속 발달해 왔다. 금속적층기술의 주류는 진공증착(vacuum evaporation)이다. 알루미늄, 금, 그리고 퓨즈 금속은 증착으로 적층된다. 유전체나 반도체는 물론 금속도 스퍼터링으로 적층된다. 이 기술은 우수한 막 구성과 두께 조절로 금세기 말에 주류가 될 것이다.

두 시스템은 구조와 동작이 비슷하다. 각각은 적층할 소오스 물질이 필요하고, 소오스를 원자나 분자로 바꾸어야 하며, 균일한 적층을 위한 홀더가 있어야 하며, 공기를 제거하는 진공실과 펌프 시스템이 있어야 한다.

(1) 증착원리(Evaporation Theory)

금속이 실리콘에 증착하는 것은 컵 바깥에 물이 증착하는 것과 같다. 물-공기 접면에서 어떤 물분자는 충분한 내부에너지를 얻어 남지 않게 된다. 이와 같은 증발 과정은 고체에서도 일어난다. 온도가 충분히 올라가면 고체 원자가 대기로 증발한다.

알루미늄과 다른 물질을 증발시키는데 필요한 외부에너지를 공급하는 데는 다음과 같은 세 방법이 있다.

i) 필라멘트(filament0

ii) E-빔(E-beam)

iii) 플래쉬(flash)

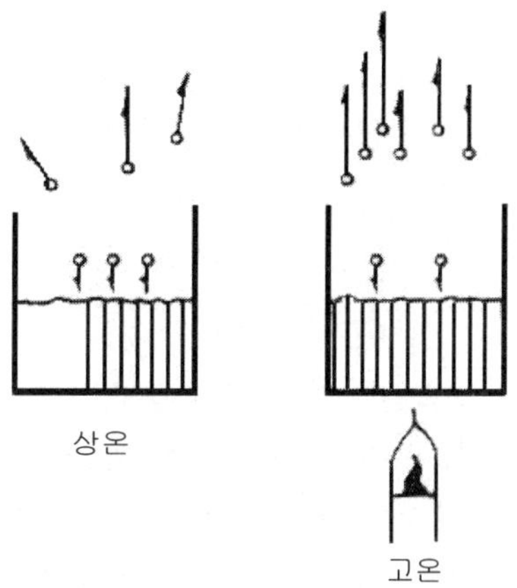

그림 16.6 증발원리

(2) 증착방법

① 필라멘트(filament)

필라멘트 기술은 주로 금이나 니크롬 증착에 사용된다. 전류가 텅스텐 필라멘트나 판을 지난다. 증착된 금속은 선에 감기거나 판에 담겨서 필라멘트를 흐르는 전류에 의해 증발온도까지 올라간다. 소오스 물질의 원자는 공간으로 나아간다. 니크롬 등의 합금에서도 합금의 각 원소가 서로 다른 율로 증발한다. 각 증발률은 필라멘트의 특정한 온도에서의 원소의 증발 특성이다. 니크롬의 경우 웨이퍼에 증착된 니켈과 크롬의 비율이 소오스의 비율과 다르다.

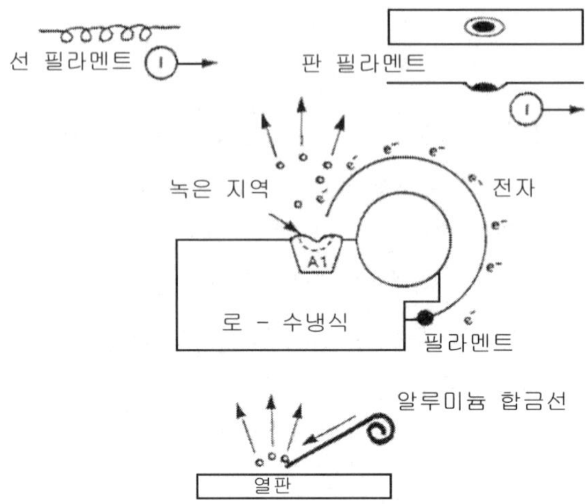

그림 16.7 증착방법

② E-빔(E-beam)

이 증착 소오스는 알루미늄을 담기 위해 가운데 홈이 있는 구리(수냉식)로 되어있다. 로의 양쪽에 있는 필라멘트는 전자를 내기위해 가열된다. 방출된 전자는 양극 자석에 의해 원을 그리며 휜다. 전자빔은 알루미늄의 중심을 때리게 된다. 고에너지의 전자는 알루미늄을 증발온도까지 올린다. 수냉식 로는 알루미늄 바깥지역을 저온으로 유지시킨다.

알루미늄 합금의 증착은 하나의 건(gun) E-빔소오스 로는 문제가 있다. 합금의 각 원소의 증발률이 다르기 때문에 웨이퍼의 금속의 구성이 변화한다. 더 일관성 있는 막의 구성은 두 개의 건 E-빔으로 얻어진다. 예를 들어 알루미늄/실리콘 합금을 증착할 때 한건은 알루미늄에, 한건은 실리콘에 사용한다. 웨이퍼에 원하는 막 구성을 얻기 위해 각 건의 전력을 조절해서 증발률을 조절한다.

③ 플랫쉬 시스템(fiash system)

이 방법은 알루미늄/실리콘 합금 증착에 주로 사용된다. 소오스는 합금선이다. 선을 열판에 기계적으로 들이 민다. 접촉 부위에서 선 끝이 빨리 증발되어 기체 상태로 된다. 선의 모든 원소가 동시에 증발되기 때문에 웨이퍼 막의 구성은 소오스의 구성과 거의 비슷하다.

(3) 진공실(vacuum chamber)

증착실에 공기가 있으면 고에너지 알루미늄은 공기 중의 산소와 결합해 Al_2O_3, 즉 절연체를 형성한다. 용기 자체는 낮은 압력(5×10^5torr)을 버티기 위해 두꺼운 벽의 수정이나 스테인레스 강으로 만든다. 벨자(Bell jar)는 강하고 아래의 원형 개스킷(gasket)

으로 밀폐가 잘 되지만 벨자를 올리고 내리는데 시간이 걸려 생산성이 낮다. 프론트오픈(front opening)형은 그 반대의 장단점이 있다.

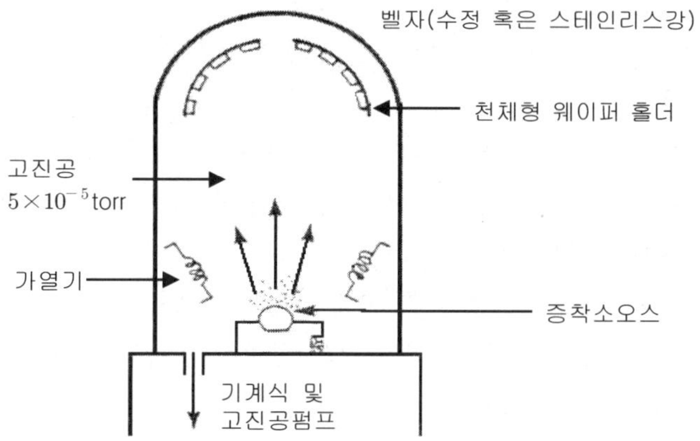

그림 16.8 진공 증착기

(4) 웨이퍼 홀더 및 스텝 커버리지

금속 증착 공정의 주요 목적은 균일한 막 적층에 있는데 표면에 스텝이 있을 경우의 박막 증착은 더욱 어렵다. 회로 구조가 복잡해짐에 따라 스텝의 수와 높이도 증가한다. 사실 이 상황은 PR로 스텝을 덮어야 하는 포토마스킹 공정에서도 문제다. 스텝에서의 균일한 두께는 전자적 이동과 고저항을 막기 위해서도 필수적이다. 좋은 스텝 커버리지를 위해 세 가지 방법이 있다. 스텝이 높은 경우 세 가지 모두 사용된다.

i) 천체형 웨이퍼 홀더
ii) 가열기
iii) 비스듬한 측면

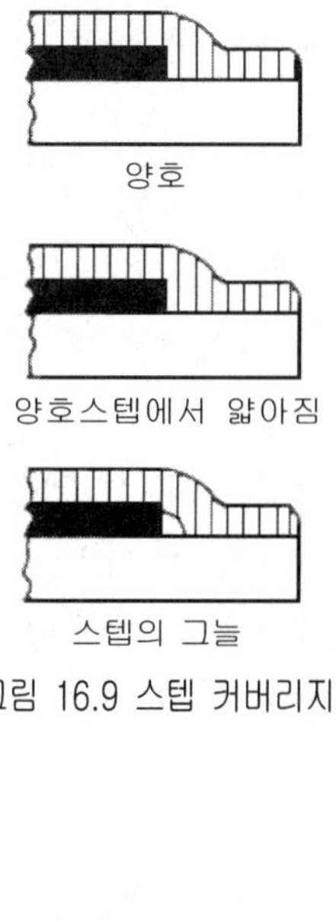

그림 16.9 스텝 커버리지

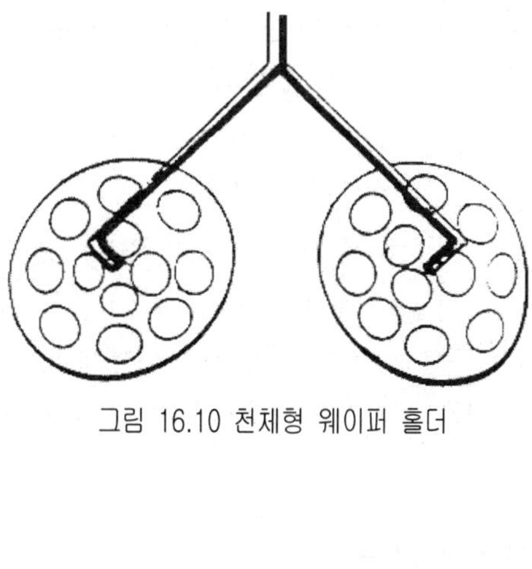

그림 16.10 천체형 웨이퍼 홀더

a. 금막의 증착은 고정된 비회전 평판을 사용하기도 한다. 표면 기복이 낮을 때는 이 홀더도 괜찮다 홀더가 돔(dorne)형태일 때 스텝커버리지가 좋아진다.
알루미늄 혹은 알루미늄 합금에서는 회전, 천체형, 돔형 홀더를 써야 스텝 커버리지가 좋아진다. 보통의 세 개의 돔을 회전시킨다. 각각의 소오스에 여러 각도로 노출시킨다. 따라서 표면 스텝이 증착소오스를 막지 않는다.

b. 증착실에서의 수정의 가열은 웨이퍼를 약 400℃로 가열한다.(최대 허용온도는 450℃)가열된 면에 다달은 알루미늄 원자는 잠시 움직여 모세관 현상으로 스텝 코너에 들어가 냉각된다.

c. 세 번째 방법은 스텝 그늘을 막기 위해 산화막 스텝을 경사, 에치(조절된 언더킷)를 한다. 에치 공정 중에 콘택 구멍 측면을 일부러 오버에치(overetch)한다. 증착에서는 측벽의 그늘이 줄어들어 그곳에서의 막이 얇아지지 않는다.

6. 진공 시스템

(1) 진공/압력측정

금속을 성공적으로 증착하는데 필요한 진공은 매우 엄격하다. 적층을 방해하고 막에 포함될 수 있는 오염은 절대로 없어야 한다.

진공은 저압상태다. 진공과 압력은 반대개념이다. 한쪽이 높아지면 한쪽은 낮아진다. 진공도는 압력 단위이며 자체에는 단위가 없다. 진공과 압력의 전환점은 대기압이다. 그 점 이상이면 양압을 갖는다. 그 이하이면 저압 혹은 진공이라 한다. "고" 및 "저"진공이라는 말은 임의성을 갖는다. 진공 건조 베이크는 "저"진공이고, 금속 증착이나 이온 주입은 "고"진공에서 행한다.

용기의 압력은 그 안의 가스 원자 분자의 개수와 에너지에 비례한다. 압력의 측정은 간접적인 방법인 "mm hg"(수은 높이)로 나타낸다.

압력과 길이 측정의 관계는 기압계(barometer)를 생각하면 쉽다. 기압계는 한 끝이 열려서 수은이나 물로 채워진 그릇에 닿아 있는 유리튜브다. 액체를 채워서 공기를 제거하고, 한쪽만 끝을 막고 다른 쪽은 그릇의 액체에 잠기게 한다.

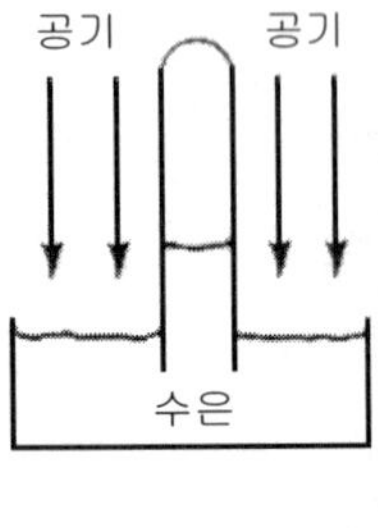

그림 16.11 기압계

이 장치를 노출시키면 공기의 압력(대기는 13마일까지 있다. 우리는 우리위에 공기 기둥을 지니고 있다). 이 수면을 눌러 액체가 튜브로 올라간다. 튜브에 있는 액체의 높이는 비례한다. 원래 액체는 수은을 사용했으며 압력단위는 수은(Hg)의 높이를 mm로 나타낸다.

압력현상을 연구한 이탈리아의 Torrichelli의 이름을 따 "torr"라고 한다. 한 torr는 수은 기둥을 1[mm]올리는 힘을 말한다.

저압은 이러한 방법으로 측정가능하나 부정확하다. 기압계에 유리 벨자를 연결해 진공으로 만든 경우를 생각해 보자. 기둥의 높이는 개방되었을 때보다 더 낮아질 것이다. (해수면에서는 760[mm]이다.) 공기의 양에 따라 압력이 감소되고 기둥 높이도 낮아진다. 중간에서 높은 압력까지 잴 때 마이크론 단위를 쓴다. 10마이크론의 압력은 수은기둥 10마이크론에 해당한다. 초진공 상태는 수은 기둥을 조금밖에 못 올리는데, 진공증착은 5×10^{5}torr 혹은 그 이하에서 한다. 만일 기압계가 증착실에 놓인다면 수은 기둥은 0.00005[mm]만큼 올라갈 것이다. 최신의 장비가 진공 측정에 사용되며 결과를 마이크론이나 torr단위로 계산한다.

(2) 진공펌프

많은 진공 장비가 금속적층에 필요한 압력을 만든다.

필요한 진공도, 펌프속도, 신뢰도, 가격, 공정신간 등에 따라 펌프를 선택한다.

① 기게식 로타리 오일펌프(mechanical rotary oil pump)

이 펌프는 펌프 구멍 속에 이심 회전자(eccentric rotating vance)가 있다. 회전할 때마다 적층실의 가스 분자가 밖으로 배출된다. 압축된 가스는 구멍 밖으로 밀려나 오일 통으로 들어간다. 오일은 바깥의 공기 분자가 역류하는 것을 방지한다. 로터리 오일펌프는 중간압력, 즉 10^{3}torr(1마이크론)의 중간 정도의 진공용으로 쓰인다.

② 오일확산 펌프(oil diffusion pump)

오일 확산 펌프는 적층 진공시스템의 주류다. 고진공을 얻기 위해서는 용기 내의 대기를 우선 기계식 로터리 오일펌프로 대강 뽑아낸다.

오일 확산 펌프의 아래쪽에는 오일 통이 있다. 외부의 가열기가 오일을 증발온도까지 가열시킨다. 오일 증기는 안쪽의 기둥을 타고 올라가 출구를 통해 아래쪽으로 유출된다. 기계펌프는 낮은 압력이 유지되고 또 오일 분자가 아래쪽으로 휩쓸리게 한다. 이때 오일 분자에 의해 어떤 기체나 분자도 반응실에서 펌프로 빠져나간다. 이 과정은 진공도가 1×10^{7}torr에 달할 때까지 계속한다.

오일 역류로부터 반응실을 보호하기 위해 확산 펌프와 반응실 사이에 콜드트랩(Cold trap)을 설치한다. 액체 질소로 채워진 재킷(jacket)이 트랩을 감고 있어 트랩 온도가 -278℃까지 내려간다. 펌프나 반응실의 어떤 가스도 트랩 안벽에 얼어붙는다. 확산 펌프로 반응실을 진공화하는데 세 과정이 필요하다.

i) 콜드트랩을 채운다.

ii) 로터리 펌프로 1마이크론까지 진공을 뽑는다.

iii) 확산 펌프로 1×10^{7}torr까지 진공을 뽑는다.

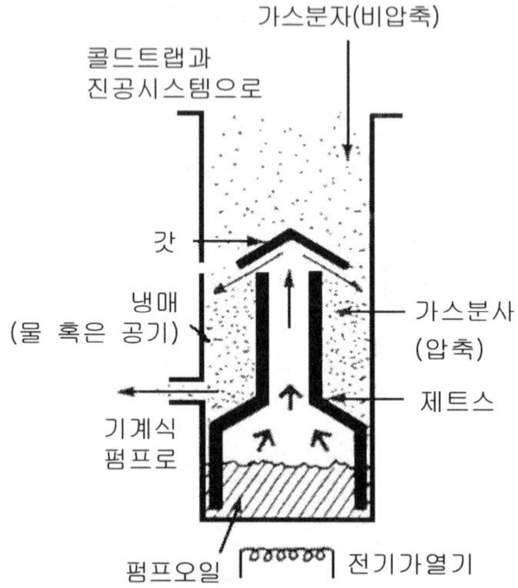

그림 16.12 오일확산

③ 크라이오제닉고진공 펌프(cryogenic high vacuum pump)

이러한 펌프는 콜드트랩과 같은 원리로 동작한다. 가스가 매우 차가운 표면에 얼어붙는다. 이 펌프는 액체 헬륨이나 질소로 낮은 온도를 유지한다. 반응실의 가스 분자는 베인(vanes)에 얼어붙는다. 결국 반응실의 분자의 수는 줄어들고, 고진공이 얻어진다.

이 펌프는 확산 펌프에 비해 몇몇 장점이 있다. 가장 중요한 것은 우주공간과 같은 1×10^{10}torr까지 내릴 수 있다는 점이다. 이러한 점들이 결합해 빠른 속도로 펌핑 함으로써 웨이퍼의 생산성을 높인다. 또한 펌핑 스피드의 증가로 확산 펌프보다 빨리 수증기를 제거한다는 점이다. 이 펌프의, 무엇이든 잡아내는 특성과 기름이 없다는 점에서 오염도 줄어든다. 그런데 실수 등으로 펌프의 온도가 실온이 되었을 경우 얼어 붙어있던 가스가 방출되므로 독가스나 가연성가스를 배출하는데 주의해야 한다. 가스의

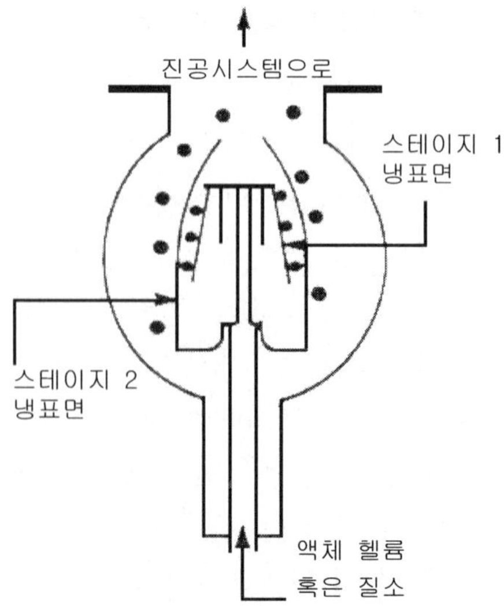

그림 16.13 크라이오제닉 펌프

부착이 펌프 속도에 영향을 준다. 이 펌프는 펌프 속도를 항상 감시해야 하며 속도가 떨어질 때는 주기적으로 청소를 해주어야 한다.

표 16.1 진공 증착 공정

웨이퍼	증착을 위한 로드(load)
	5×10^{-6}torr 까지 진공형성
	천체형 홀더의 회전
	가열램프 동작
	냉각
	벤트(vent)
	언로드(unload)
	평가

(3) 증착공정스텝

① 웨이퍼 초기세척 및 에치

깨끗하고 성공적인 증착에는 깨끗한 웨이퍼가 필요하다. 웨이퍼는 황산/산화제 용액으로 세척된다. 이 공정으로 얇은 산화층(50-200Å) 이 실리콘에 형성될 수도 있다. 이 산화층은 알루미늄과 실리콘의 전기적 접촉을 차단할 위험이 크다. 산화막은 HF산과 물이 용액으로 제거한다.

보통의 혼합물은 1:10~1:100이다. HF가 콘택트 구멍에 있는 산화막 정도만 에치하기 때문에 "dip(잠깐 담그기)"이라 한다. 인으로 심하게 도핑 된 산화막을 가진 바인폴라 소자는 여기에서 매우 결정적이다. 콘택트 홀을 과다하게 에치 하면 인이 도핑 된 산화막도 제거할 수 있다.

② 증착공정

초기세척과 "dip"후에 웨이퍼는 천체형 돔에 고정된다. 증착실로부터 공기가 빠지고 난 후 웨이퍼가 가열된다.(히터가 있을 때). 소오스가 가열되어 증착온도로 올라간다. 소오스 가열도중 안정한 증착률이 얻어질 때 까지 셔터가 닫혀있다. 알루미늄 소오스의 온도가 상태에 이르면, 셔터가 자동으로 열리고 물질이 웨이퍼에 증착되기 시작한다. 원하는 두께에 다다르면 셔터가 자동으로 닫히고 히터가 꺼진다. 증착률과 두께의 조절은 반응실위의 검지기로 행한다. 이 모든 스텝은 콘트롤러에 프로그램된다. 그 동작은 로드에서 언로드까지 자동으로 된다.

③ 평가(Evaluation)

증착된 막은 4탐침법, 이동 스타일러스, 간섭 등의 여러 기술로 두께가 측정된다. 알루미늄의 증착 및 패턴 형성 후 알루미늄과 실리콘의 전기접촉을 좋게 하기 위해 얼로이(열처리)를 한다.

7. 스퍼터링(Sputtering)

스퍼터는 웨이퍼에 금속박막과 절연체를 적층하는 또 하나의 방법이다. 이는 증착과는 달리 물리적인 방법인데 스퍼터 될 물질은 가열할 필요가 없다. 스퍼터링에는 두 가지 장점이 있다. 합금과 절연체의 적층이다. 이는 증착과 비교해서 다른 장점도 있다.

(1) 스퍼터링의 원리

스퍼터는 강철 공을 시멘트벽에 던지는 것과 같은 물리적인 공정이다. 부딪힌 공은 콘크리트와 같은 화학적, 물리적, 특성을 갖는 조각을 떼어낸다. 이 과정이 계속되면 부딪힌 주위는 콘크리트 먼지로 뒤덮힌다.

스퍼터링에서 "강철공은 이온화된 아르곤 원자고, "벽"은 스퍼터 될 물질판이고 타겟(target)이라 한다.

스퍼터 공정은 진공실에서 일어난다. 스퍼터 될 물질의 타겟과 웨이퍼가 든 반응실로 이온화된 아르곤이 들어간다. 타겟은 양성으로 충전된다. 아르곤 원자에 비해 음성 전하를 띠고 있다. 이온 주입에서는 양이온이 음성전하로 가속된다. 스퍼터 반응실에서도 같은 일이 일어난다. 이온 주입과는 달리 스퍼터링에서는 아르곤 원자가 타겟에 박히지 않는다. 대신 강철 공처럼 부딪혀 타겟을 약간 떼어낸다. 반응실은 진공이기 때문에 뜯겨 나온 물질은 웨이퍼를 포함한 반응실의 아무 곳에나 쌓인다.

(2) 스퍼터링 장비

스퍼터링 기계는 네 가지 주요 부분으로 되어있다.

i) 가스소오스
ii) 스퍼터링 시스템
iii) 진공 시스템
iv) 적층 반응실

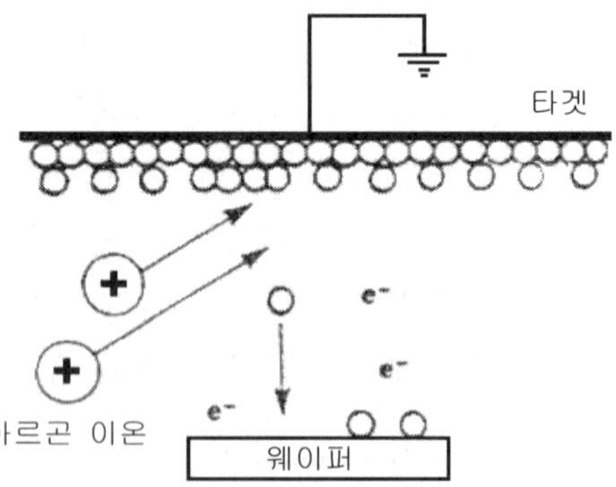

그림 16.14 전형적인 스퍼터링 장비

① 가스 소오스

네온도 쓰일 수 있지만 반도체 스퍼터링에서 아르곤이 주요가스다. 사용되는 가스는 매우 깨끗하고 수분 함량이 적어야 한다. 오염은 막의 구성을 바꿔 스퍼터 공정에 큰 영향을 준다. 수증기도 반응실과 막 재료를 산화시켜 버릴 수 있다. 가스는 산화, 확산, 이온 주입에서처럼 가스 플로우 미터에 의해 보내진다.

② 스퍼터 방법

반도체 적층에서는 세 가지 스퍼터링 방법이 있다.

i) 다이오드 DC
RF

ii) 트라이오드(Triode)

iii) 마그네트론(Magnetron)

첫 번째 두 방법을 다이오드 스퍼터링(diode sputtering)이라 하여 개념이 간단하다. 타겟은 음전위에 연결되고, 반응실 안에는 양전위의 애노드(anode)가 있다. 음전하 타겟은 전자를 내고, 전자는 애노드로 가속된다. 그동안 아르곤 가스와 부딪혀 이온화 시킨다. 양으로 이온화된 아르곤 원자는 타겟으로 가속되어 스퍼터링을 시작한다.

이온화된 아르곤(+)과 타겟(−)은 다이오드를 형성한다. 이 때문에 다이오드 스퍼터링이라 불린다.

이온화 과정의 두 번째 효과로 전자가 가스원자에 부딪혀 플라즈마 상태에 들어간다. (플라즈마는 고에너지 가스 이온이다) 이는 타겟 바로 앞에서 보라색으로 방전한다(플라즈마 방전지역) 반응실의 다른 지역은 플라즈마가 없어서 어두운 지역이다. 어두운 지역은 타겟 바로 앞과 옆에 위치한다. 스퍼터링 효과는 플라즈마 소오스와 웨이퍼 사이로 국한될 때 제일 크다. 양 옆에 플라즈마 지역이 생겨서 웨이퍼에 적층되지 않는 타겟원자를 내지 못하도록 타겟 양옆에 어두운 지역으로 쉴드(shield)를 한다.

또 다른 문제는 반응실 벽으로부터의 오염이다. DC스퍼터에서 막의 오염을 막기 위해 웨이퍼 홀더에 작은 부전압을 걸어준다. 이온이 웨이퍼면에서 생겨 성장막에서 나온 원자를 제거한다. 금속막의 스퍼터링에는 DC바이어스를 건다.

향상된 스퍼터는 타겟을 RF발생기의 부단자에 연결함으로써 얻어진다. 필요한 가스의 이온화는 도체 타겟이 없이도 타겟 근처에서 일어난다. RF스퍼터는 도체는 물론 부도체를 스퍼터 할 때도 사용된다. RF바이어스로 부도체 막에서도 같은 “Cleaning”효과를 얻는다.

RF바이어스는 노출된 웨이퍼를 에치하고 세척한다는 또 다른 장점을 준다. 바이어스 극성이 바뀔 때 아르곤 원자는 직접 웨이퍼를 때린다. 때리면서 아르곤 원자는 웨이퍼 표면의 오염과 박막을 제거한다. 결국, 스퍼너된 막과 웨이퍼 사이에 더 좋은 전기적 접촉이 만들어 진다. 이 과정을 스퍼터 에치, 리버스 스퍼터(reverse sputter), 이온밀링(ionmilling)이라 한다.

이는 포토마스킹 스텝에서 PR패턴을 에치하는 것과 같은 공정이다. 대부분의

DC스퍼터 시스템은 이 결정적인 세척을 위해 RF바이어스 능력을 갖추고 있다.

다이오드 스퍼터에서 몇몇 과정이 웨이퍼 표면과 그 근처에서 일어난다. 아르곤 원자가 부딪힌 후 몇몇 전자가 방출된다. 이 전자는 기판을 가열하여(350℃까지)불균일한 막을 적층한다. 방사에 민감한 소자는 방사로 인해 큰 영향을 입을 수도 있다.

가장 많이 쓰이는 도체-알루미늄을 적층하는데 다이오드 스퍼터는 쓰이지 않는다. 타겟 물질과 반응실에 있는 산소가 알루미늄과 결합해 산화알루미늄을 형성해서 문제가 발행한다. 형성된 산화알루미늄은 웨이퍼에 필요 없는 절연체다. 둘째로 산화알루미늄은 날아온 원자로 깨뜨리는데 높은 에너지를 필요로 한다. DC다이오드 스퍼터는 그 에너지를 낼 수 없다. 결국 타겟은 절연체로 둘러싸이고 스퍼터는 중단된다. DC스퍼터의 문제는 트라이오드나 마그네트론 스퍼터로 해결한다.

③ 트라이오드 스퍼터링(Triode sputtering)

트라이오드 스퍼터링은 가스를 이온화시키는데 필요한 전자를 내기 위해 별도의 고전류 필라멘트를 가지고 있다. 이 방법의 이익은 낮은 진공도에서도 쓸 수 있다는 점이다. 스퍼터되는 막은 적층동안 증발이 적어 더 밀하게 된다. 필라멘트는 적층실이나 인접실에 설치된다. 후자의 경우 웨이퍼는 전자나 어떤 방사 결함으로부터도 분리된다.

④ 마그네트로 스퍼터링(Magnetron sputtering)

다이오드 스퍼터링에서 타겟을 떠난 모든 전자가 이온화된 플라즈마 방전에 기여한다는 것은 아니다. 낭비된 전자는 반응실내에서 방사를 일으키거나 타겟을 가열한다. 마그네트론 스퍼터 시스템은 타겟의 뒤, 때로는 옆에도 자석을 설치해서 전자문제를 해결한다.

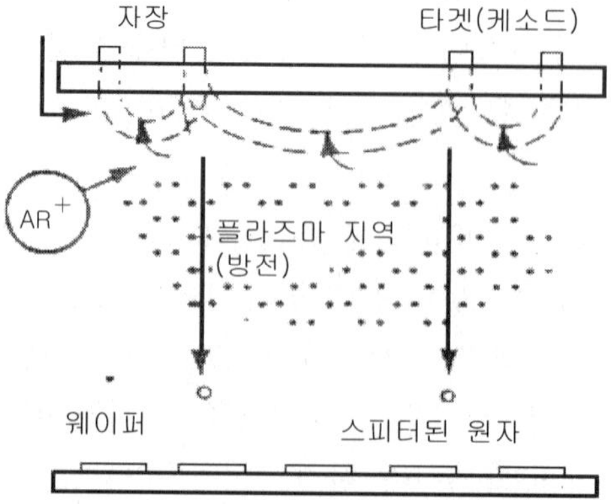

그림 16.15 마그네트론 스퍼터링

이 자석은 떠도는 전자를 잡아서 타겟 근처에 가두어 놓는다. 이온 전류(타겟을 때리는 이온화된 아르곤 원자)는 보통 다이오드 스퍼터시스템보다 열배가량 높아 더 빨리 더 낮은 압력에서 적층한다. 저압으로 인해 깨끗한 막이 얻어진다. 타겟 온도도 낮아서 높은 품질의 알루미늄을 적층한다. 이 방법은 우수한 알루미늄 적층 기술이다.

⑤ 진공 시스템

스퍼터 공정은 이온화된 아르곤 가스가 있을 때 일어난다. 다른 가스가 있으면 막에 섞이거나 적층을 방해한다. 웨이퍼가 반응실에 들어온 후 곧 공기를 빼내야 한다. 진공도는 증착과 같아서 1×10^{-7}torr정도이다.

증착 시스템에 사용되는 진공기술(오일 확산 및 크라이오제닉스)이 스퍼터 시스템에도 사용된다. 그러나 끊임없이 아르곤이 들어오므로 압력을 유지하기 위해 더 빠른 펌프가 필요하다. 속도 빠른 크라이오제닉 펌프가 유리하다.

⑥ 적층 반응실

막의 균일성과 생산성을 고려해서 반응실을 설계해야 한다. 전통적인 웨이퍼 홀더는 타겟 밑에서 회전하는 평판식이었다.

커로절(carousel)홀더는 웨이퍼가 타겟 지역을 들락거리며 계속해서 회전한다. 자동 기계는 단지 조작자가 카세트를 로딩만 해주면 된다. 기계는 자동으로 웨이퍼 홀더에 로딩하고, 진공으로 만들고, 스퍼터 시스템 전력을 넣고, 적층, 벤트(vent) 및 언로드(unload)를 한다.

인라인(in-line)시스템은 자동화의 또 다른 방법이다. 이 시스템은 위에 설명한 뱃치 형태와 같은 방법으로 조작된다. 한 가지 예외는 적층이 작은 반응실에서 한 번에 한 웨이퍼씩 이루어진다는 점이다. 이 방식은 더 균일한 막을 더 생산적으로 적층한다.

(3) 스퍼터 공정

깨끗한 웨이퍼가 필수적이기 때문에, 스퍼터에 로딩하기 전에 웨이퍼는 약품 세척을 한다. 전형적인 기계 동작을 표 16.2에 나타내었다. 적층 후에 막은 전도도, 두께, 두께의 균일성, 순도를 검사한다.

표 16.2

금속	용도			적층방법		
	도체	퓨즈	기타	증착	스퍼터	CVD
알루미늄	×			×	×	
알루미늄 / 실리콘	×			×	×	
알루미늄 / 구리	×			×	×	
알루미늄 / 구리 / 실리콘	×			×	×	
금 / 몰리브덴 / 백금	×			×	×	
티탄 /백금 / 금	×			×	×	
티탄 /텅스텐		×	장벽		×	
니크롬		×		×		
금			다이접착/라이프타임 조절	×		
도핑된 실리콘	×					×
몰리브덴	×			×	×	×
백금 실리사이드	×		장벽		×	×
티탄 실리사이드	×				×	×
텅스텐 실리사이드	×				×	×

Chapter 17 웨이퍼테스트 및 평가방법

웨이퍼 공정은 높은 정확도가 요구된다. 한 번 실수로 인하여 웨이퍼를 완전히 못쓰게 되기 때문에 문제가 생기자마자 스펙에서 벗어나거나 낮은 수율의 웨이퍼는 즉시 골라내야 한다. 따라서 웨이퍼가 공정 스텝을 지날 때 여러 가지 테스트와 평가를 받아야 한다. 공정 특성과 회로 파라미터는 높은 안정성이 요구된다. 좋은 특성도 공정이 조절을 벗어날 수 있다는 경고가 될 수도 있다. 회로기능 분석에는 소자 특성이 좋아야 한다.

따라서 모든 주요 공정에는 평가가 뒤따른다. 테스트는 앞에서 이미 설명했다. 여기에서는 기본이론, 측정되는 파라미터, 강도의 범위, 측정의 빈번도 등을 논한다. 테스트 웨이퍼는 웨이퍼 홀더에 포함된 빈 웨이퍼나 웨이퍼 조작을 말한다. 많은 테스트가 파괴적이기 때문에 소자웨이퍼에는 할 수가 없다.

1. 저항/비저항

공정의 목적은 웨이퍼 표면에 회로를 형성하기 위해 서로 연결된 고체 상태 전기소자(트랜지스터, 다이오드, 커패시터, 저항)를 만드는 것이다. 전체 회로가 동작하려면 각 요소가 어떤 전기적 기능 스펙에 맞아야 한다.

N과 P의 두 곡선이 있다. N형과 P형이 도펀트가 같아도 비저항이 다른 것이다. 이는 P형 물질에서 정공이 움직이는데 더 많은 에너지가 필요하기 때문이다.

웨이퍼가 라인에 들어가기 앞서 테스트되고 비저항이 측정된다. 이론적으로, 웨이퍼의 비저항을 멀티미터(multmeter) 로 잴 수 있으나 프로브(prove)와 물질사이의 저항으로 인해 오차가 생긴다. 반도체 물질의 비저항을 정확히 재려면 4탐침이 필요하다.

(1) 비저항 측정

결정성장이나 도핑 공정에서 도펀트가 웨이퍼에 들어가면 웨이퍼의 전기적 특성이 바뀐다. 바뀌는 파라미터는 전자흐름에 대한 물질의 특정한 "저항"인 비저항이다. 비저항은 물질의 상수인 반면 저항은 비저항과 모양 및 크기의 함수가 된다.

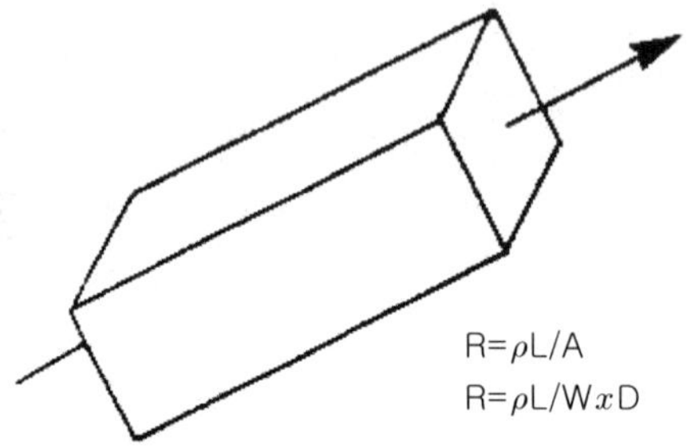

그림 17.1 저항과 비저항 및 크기의 관계

그 관계는 밀도와 무게의 관계와 비슷하다. 예를 들어 철의 밀도는 일정하나, 어떤 조각의 무게는 크기에 관계한다. 물체의 저항에 대한 공식은 다음과 같다.

$$R = \rho \frac{L}{W \times D}$$

여기서 R=저항

L=길이

W=폭

D=깊이

ρ=물질의 비저항

저항의 단위는 옴(Ω: ohms)이며 비저항은 ohms-*cm*이다. 웨이퍼에 도펀트를 넣으면 비저항이 바뀌므로 비저항의 측정은 곧 첨가된 도펀트의 간접적인 측정이 된다.

(2) 4탐침법(Four Point Probe)

4탐침법에서 2개의 바깥 프로브가 파워 서플라이(power supply)에 연결되고, 안쪽 프로브가 전압계에 연결된다. 동작 중에 전류가 바깥 프로브로 흐르고, 전압차가 안쪽 프로브에서 측정된다. 전압-전류관계는 프로브 사이의 저항과 물질의 비저항에 관계한다. 따라서 도펀트를 더 넣으면 저항(비저항)이 줄어든다. 낮아진 저항은 더 낮은 힘(전압)에 대해서도 그 전류를 흘리게 된다. 옴(Ohm)의 법칙에서 세 파라미터의 관계식은 다음과 같다.

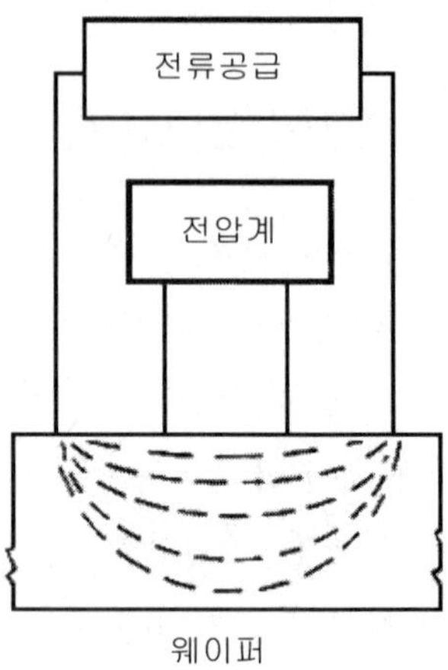

그림 17.2 탐침법

$$R = V/I$$

4탐침법을 쓰면 전압, 전류, 비저항의 관계가 다음과 같다.

$$\rho = 2\pi s d\ V/I$$

여기서 s는 탐침(probe)간의 거리다.

(3) 쉬트 저항(Sheet Resistance)

위에 설명한 4탐침법은 웨이퍼나 결정의 비저항을 재는데 효과적이다. 공정도중 얇은 도핑 된 층이 표면에 적층되거나 확산 형성한다.

도펀트가 들어간 박막을 4탐침법으로 측정할 때는 전류는 박막에 국한된다. 여기서 박막이란 그 두께가 프루브 간격보다 작은 경우를 말한다. 박막으로 측정된 양은 쉬트저항이라 한다. 그 단위는 옴/A이다.

(4) 4탐침법-두께측정

절연층 위의 일정한 도전층의 두께는 4탐침법으로 측정한다.

그 공식은

$$T = \rho s/R$$

여기서 T= 층두께

ρs=비저항

R= 쉬트 저항

알루미늄 등의 순수한 물질의 비저항은 일정하므로 쉬트 저항 측정은 실제로 막 두께의 측정이다.

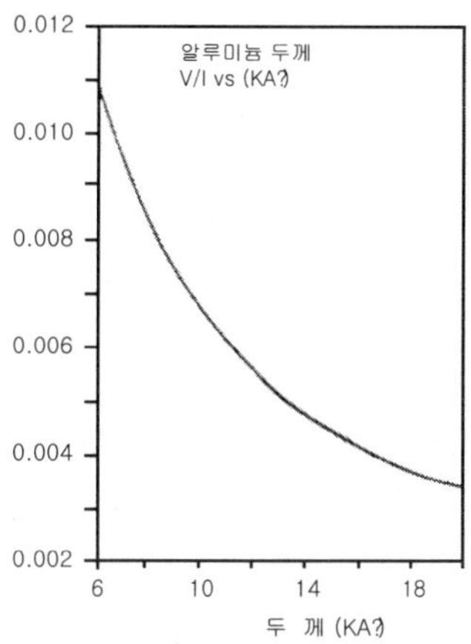

그림 17.4 두께와 알루미늄의 Rs

(5) 농도 프로필(concentration profile)

웨이퍼에서 도펀트의 분포는 소자의 전기적 특성에 큰 영향을 준다. 농도 프로필은 분산 저항 기술(spreading resistance technique)로 결정한다.

도핑 후에 테스트 웨이퍼 샘플을 베블(Bevel)한다. 두 개의 탐침이 베벨을 짚어간다. 짚을 때마다 수직 높이 차가 기록되고, 저항을 측정한다. 각 점의 저항 값은 그 곳의 도펀트 농도 프로필을 계산하는 데는 컴퓨터가 사용된다. 이 측정은 주기적으로 혹은 전기소자 기능이 도펀트 분포의 변화를 나타냈을 때 행한다.

2. 층의 두께 측정

(1) 색(Color)

실리콘 산화막과 실리콘 질화막은 웨이퍼에서 색이 다르다. 실리콘 산화막은 투명한데 (유리가 산화막이다). 웨이퍼에서는 색을 가진다. 색은 실제로는 간섭현상이고 무지개의 색과 같은 원리다.

실리콘에서의 실리콘 산화막은 반사면에서의 투명한 박막이다. 실리콘 웨이퍼에 빛이 들어 왔을 때 일부는 산화막에서 반사되고, 일부는 통과해서 실리콘에서 반사된다. 산화막에서 반사된 빛과 실리콘에서 반사한 빛이 결합해서 색을 형성한다.

정확한 색은 세 가지 요인의 함수다. 하나는 투명한 막의 특성인 굴절률이다. 둘째는 각도다(산화막의 웨이퍼를 회전시키면 색이 변한다). 셋째는 막의 두께다.

얇은 투명막의 색은 어떤 시각을 따라 어떤 빛이 들어 왔을 때(즉 햇빛이나 인광)두께를 가리키는 것이 된다. 전통적인 색 대 두께 깊이는(이장의 끝에 있음) 산화 및 확산의 표준이 된다.

간섭 때문에 색만으로는 정확히 알 수 없다. 두께가 증가함에 따라 색은 반복된다. 색의 각 반복을 오더(order)라고 한다. 정확한 두께를 알기 위해서는 색의 오더를 알아야 한다. 색표는 공정 조절에 주로 사용된다.

산화막이나 질화막 형성 공정은 특정한 두께로 하는데 목적이 있다. 그 두께는 할 때마다 달라진다. 조작자는 색에 민감해야 한다. 변화가 생겼을 때는 빨리 색표를 찾아서 스펙에 맞는가를 보아야 한다. 어떤 때는 스펙에서 한 오더(색은 같으나 두께는 다르다)가 차이나기도 한다. 색표의 정확성은 색 개념의 정확도 때문에 제한된다. 보통의 정확도는 ±300Å이다.

(2) 프린지(fringes)

오더를 알 수 없을 때에는 프린지를 세면된다. 테스트 웨이퍼의 한쪽을 HF에 몇 초간 담근다. 산은 산화막을 위부터 실리콘까지 먹어들어 간다. 백색광에서 웨이퍼를 보았을 때 웨이퍼 면과 막 상단 사이에 프린지가 보인다. 두께 측정은 우선 오더를 결정해야 가능하다. 색의

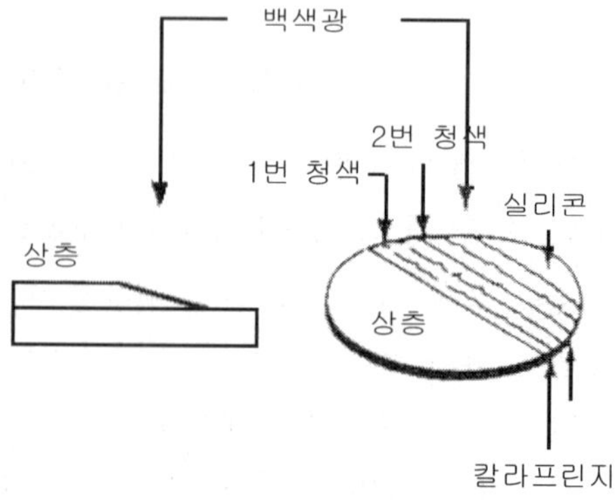

그림 17.5 칼라프린지(colorfringe)

반복 특성을 보는 것은 간단하다. 만일 세 개의 적 · 청 프린지가 나타난다면 표면의 오더는 제3오더가 된다.

더 정확한 프린지 계산은 단색광을 쓰면 된다. 단색광은 한 가지 색(파장)이고, 백색광은 다색광(여러 파장)이다. 샘플을 준비하는 것은 마찬가지 방법이다.

그런데 단색광에서 정확산 흑 - 백 띠로서 교대로 나타난다. 막 두께는 프린지를 세서 보정계수를 곱하면 된다. 보정계수는 단파장 광의 파장으로 결정된다. 나트륨(sodium)광의 파장은 5890Å이다.

(3) 스펙트로포토미터(Spectrophotometer)

막 두께의 간섭 측정은 자동화될 수 있다. 빛은 실제로 에너지의 형태다. 간섭현상은 또한 에너지로 설명할 수 있다. 흰 빛은 여러 에너지를 가지는 단색광의 혼합색이다. 빛이 투명 막에서 간섭을 일으키면 나오는 빛은 한 파장, 즉 한 에너지 레벨이다. 우리 눈은 그 에너지를 색으로서 해석한다. 자동 간섭 측정기인 스펙트로 포토미터는 포토셀이 우리 눈을 대신한다. 자외선 영역의 단색광이 샘플에서 반사되고, 포토셀에서 분석된다. 정확성을 위해 여러 상태에서 읽어진다.

그 상태란 다른 단색광(파장을 바꾼다)으로 하거나 빔에 대한 웨이퍼의 각도를 바꾸는 것이다. 스펙트로 포토미터는 데이터로부터 두께를 컴퓨터로 계산하도록 특별히 설계된 반도체 장비이다. 이는 또한 실리콘 두께 측정에도 사용된다. 실리콘은 자외선에 불투명하기 때문에 적외선(IR)소오스를 사용한다. 스펙트로 포토미터는 첫 번째 오더(1100 옴스트롬)이하에서는 정확하지 않다. 더 얇은 투명 막에 대해서는 엘립소미터(Ellipsometwr)가 사용된다.

(4) 엘립소미터(Ellipsometer)

엘립소미터는 레이저 빔을 사용해서 스펙트로포토미터와는 다른 원리로 두께를 측정한다. 레이저 빔은 편광(polarization)되어 있는데, 이로 인해 파는 한 면으로만 움직인다.

편광된 빔은 산화막이 입혀진 웨이퍼에 어떤 각도로 들어온다. 그 빔은 투명막에 들어와 실리콘에서 반사된다. 필름에 빛이 들어오고 있을 때 빔의 면이 회전한다. 빔이 회전하는 양은 두께와 막의 굴절률이 함수가 된다. 검지기가 회전량을 측정해서 컴퓨터로 두께와 굴절률을 계산한다. 엘립소미터는 얇은 산화막(50~1200Å)을 측정하는데 사용된다. 이 범위의 정확도는 다른 장비보다 훨씬 높다.

(5) 스타일러스(stylus)

알루미늄 등의 박막은 광학 장비로는 잴 수 없다. 알루미늄의 경우 그리고 다른 도체 막의 경우 4탐침법으로는 두께를 정확히 못 잰다.

이 경우 이동 스타일러스가 사용된다. 이때는 박막의 일부가 제거되어야 한다. 이는 마스킹 및 에치 스텝으로 행한다. 준비된 샘플은 이동스타일러스 측정대에 높이를 맞추어 고정시킨다.

높이가 맞은 다음 측정 스타일러스가 한 표면에 조용히 내려진다. 측정에 들어가기에 앞서 그 스테이지가 스타일러스 밑을 천천히 움직인다.

스타일러스 자체는 스타일러스 위치에 따라 전기적 신호를 내는 인덕터(inductor)에 연결되어 있다. 이 신호는 증폭 되어서 X-Y 플로터에 보내진다.

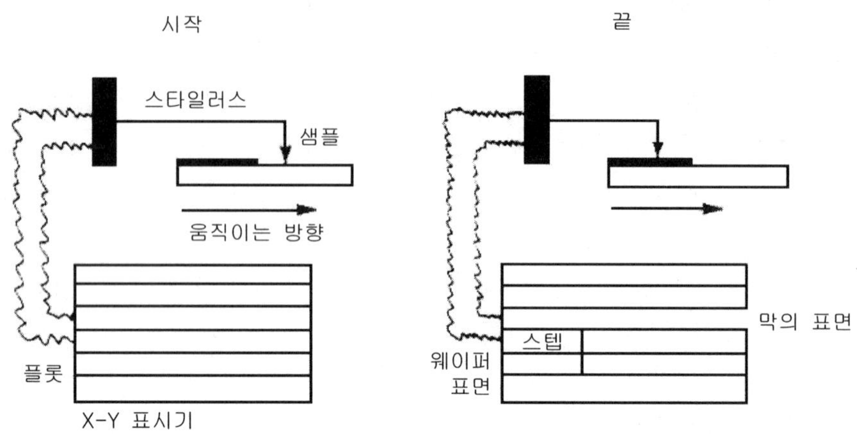

그림 17.6 스텝 높이 측정

웨이퍼가 스타일러스 밑을 움직일 때 수직방향으로는 움직이지 않으므로 신호가 나오지 않는다. X-Y플로터의 결과는 직선이 된다.

스타일러스가 표면 스텝에 다다랐을 때 그 위치가 변하므로 신호가 나온다. 이 변화는 X-Y 프로터의 펜 위치를 변화시킨다. 펜 위치 변화의 크기는 스텝 높이에 따르며, 눈금 있는 X-Y기록표에 기록된다.

3. 접합깊이

접합 깊이는 그루브(groove) 혹은 베블(bevel) 및 염색(stain)에 의해 측정한다. 접합의 깊이가 극히 얕기 때문에 접합을 노출시키기 위해 그루브 및 베블을 하는 것이다.

접합 자체는 육안으로 보이지 않는다. 접합 선화(junction delineation)라는 두 가지 방법으로 보이게 한다. 두 방법 모두 N 및 P지역의 전기적 차이를 이용한다. 에치 방법인 첫 번째 방법은 HF와 물의 혼합물을 접합에 떨어뜨린다. 빛을 조사하면 정공과 전자가 각 지역으로 흘러간다. 전류가 흐르면 HF/H_2O의 혼합물이 실리콘을 에치하므로 접합의 N지역이 어둡게 된다.

두 번째 선화방법은 전자염색(etectro staining)이다. 구리 혼합물을 노출된 접합에 떨어뜨린다. 빛을 조사하면 접합의 양쪽이 전지의 극역할을 해서 구리 용액이 그의 연결을 한다. 전류가 흐르게 되어서 구리가 접합의 N영역에 붙게 된다.

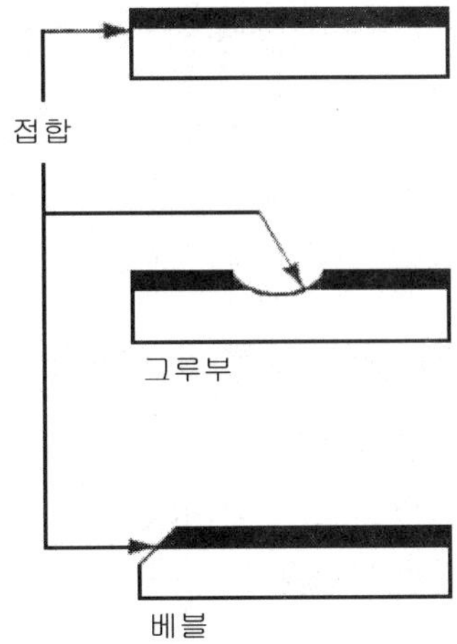

그림 17.7 접합의 노출을 위한 그루브 및 베블

접합의 조사와 선화 후에 깊이를 측정한다. 그루브 혹은 베블 위의 얇은 글래스로 단색광이 비춰지는 간섭 방법을 쓴다.

현미경으로 프린지를 만든다. 그를 통해 프린지가 보이고, 접합 깊이는 표면에서 접합까지의 중복되는 프린지를 세서 측정한다. 주어진 파장에 대해 각 프린지는 특정한 깊이를 나타낸다.

보통 각 프린지는 깊이를 나타내도록 나트륨을 광원으로 사용한다. 프린지를 정확하게 세어야 한다. 보통 현미경으로 프린지 사진을 찍어 거기에서 센다.

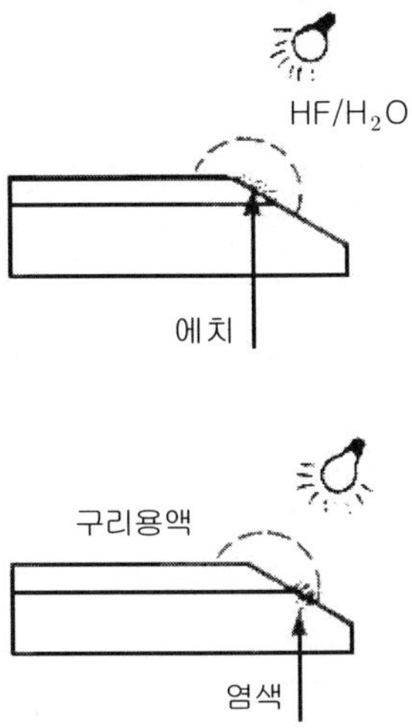

그림 17.8 접합의 에치 및 염색

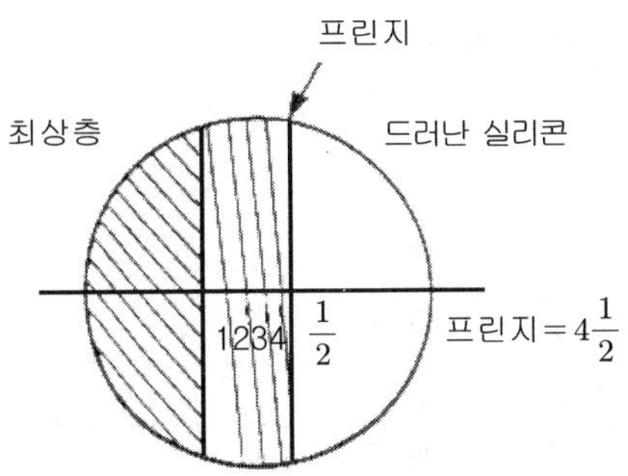

그림 17.9 프린지를 세는 법

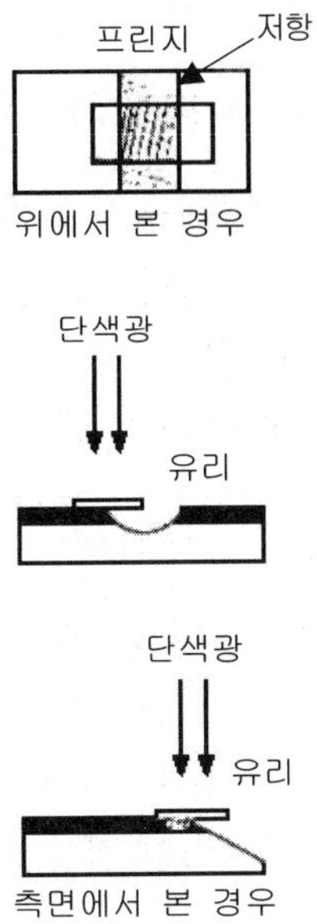

그림 17.10 프린지의 형성

(1) SEM(scanning electron microscope: 전자주사현미경)

SEM기술이 접합 깊이와 막 두께를 재는데 사용된다. 측정할 곳의 웨이퍼를 갈고 부러뜨린다. 웨이퍼 끝을 부드럽게 갈아서 접합 깊이를 선화(delineation)시킨다. 그 접합을 웨이퍼 면에 수직으로 놓고 사진을 찍는다. 접합은 사진과 SEM의 배율로 결정된다.

(2) 분산저항(Spreading Resistance)

분산저항은 웨이퍼에서 도펀트 농도 프로필을 측정하는데 사용된다. 프로브가 접합을 지나면서 전도형태(N 혹은 P)의 변화를 감지한다. 곡선으로 그려진 이 정보로부터 접합 깊이를 알 수 있다.

4. 오염 검지(Contamination Detection)

웨이퍼의 오염 검지는 높은 수율과 오염 조절에 필수적이다. 입자오염은 높은 강도의 빛이나 SEM을 통해 볼 수 있다. 약품오염은 C-V플롯이나 트랜지스터 및 다이오드의 특성검사로 알 수 있다. 이 검사에는 많은 복잡한 방법이 사용되는데 여기서 논하는 것은 라인에서 보통 사용되는 것들이다.

(1) 1×육안검사

첫 번째의 검사는 웨이퍼를 보는 것이다. 조작자는 웨이퍼를 보는데 민감해야 한다. 표면이 조금만 변해도 숙련된 눈으로 알 수 있어야 된다.

(2) 1×평행광검사

눈의 분해능은 슬라이드 프로젝터에서 나오는 빔과 같은 평행 백색광으로 더 좋아진다. 웨이퍼가 어떤 각도일 때 입자오염은 특히 빛나게 된다. 이는 창으로 빛이 들어올 때 먼지가 빛나는 것과 같은 현상이다.

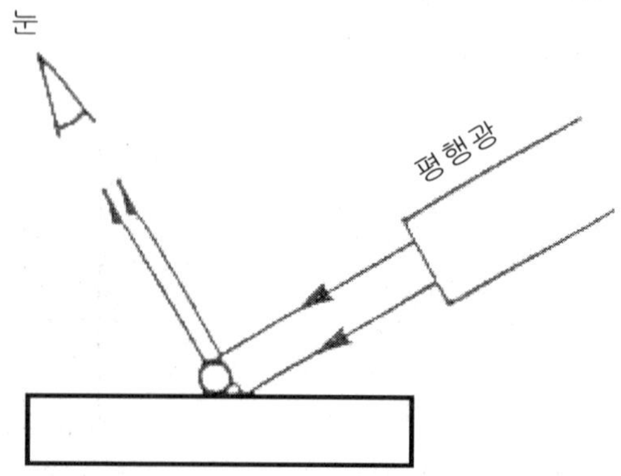

그림 17.11 평행광 검사(coliimated lightinspection)

(3) 1×자외선

입자오염(및 얼룩) 은 자외선에서 더욱 잘 보인다. 빛의 짧은 파장과 단색 특성으로 아주 작은 조각의 오염도 보인다. 램프는 포토마스킹 검사실과 공정실에서 설치한다. 조작자는 공정 홀더에 로딩하기 전과 공정 후에 웨이퍼를 검사한다.

(4) 라이트 필드 현미경(light field microscope)

금속현미경으로 표면검사를 한다. 여기서 금속(metallurgical)이란 말은 생물 연구실에서 보는 현미경과 다르다. 생물 현미경은 빛이 투명한 샘플로 내려간다. 빛은 샘플에서 반사되어 눈으로 돌아온다. 백색광 조사에 의해 샘플의 실제 색이 보인다. 필터를 사용하면 색이 바뀐다.

보통의 공정 현미경은 10× 혹은 15×의 대안렌즈와 10× 혹은 50×의 대물렌즈를 사용한다. 배율(대안×대물)을 높이면 화면이 줄어든다. 이는 필요한 면적의 샘플을 보는데 시간이 더 많이 걸리게 되는 것이다. 따라서 배율을 LSI/(VLSI)급에서는 200-300배로 하는 것이 좋다.

이러한 현미경검사는 한 웨이퍼의 3-5지점을 볼 필요가 있다. 이 과정은 모터를 써서 자동적으로 행한다. 보통의 자동현미경 검사는 웨이퍼를 스테이지에 자동으로 놓고, 자동으로 저장한다. 버튼을 누름으로써 조작자는 웨이퍼를 합격 및 불합격의 별도 카세트에 담을 수 있다. 현미경검사는 표면과 층의 질 그리고 패턴의 얼라인먼트 상태를 보는 데에 있다.

(5) 다크필드 검사(Dark fild inspection)

다크필드 조사는 금속현미경에 특별한 대물렌즈를 끼움으로써 이루어진다. 빛은 다른 곳에서 웨이퍼 표면에 비쳐진다. 어떤 각도로 표면에서 반사되어 대물렌즈의 중앙으로 올라간다. 이때는 모든 평면에 검은색으로 보이고 스텝이나 오염만이 밝게 보인다. 이는 표면의 불균일을 보는데 라이트 필드 보다 더 민감하다. 단점은 조작자가 표면 구조를 분간하기 힘들다는 점이다. 정상적인 표면 굴곡도 오염처럼 보이기 쉽다. 실제로 다크필드 조사는 표준검사에서 별로 사용되지 않고, 진단 목적으로 두었을 뿐 이다.

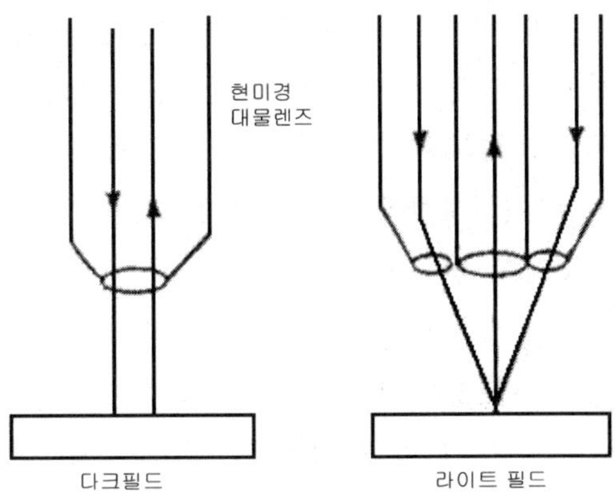

그림 17.12 라이트 및 다크필드 검사(light and dark field inspection)

(6) 진보된 현미경 기술

광학기술은 단순한 라이트・다크필드 검사를 넘어서, 위상 대비 등의 많은 평가

방법을 제공한다. 또한 이를 통해 표면의 부가적인 정보도 얻을 수 있다. 실제로, 이런 기구들은 품질 검사에 사용된다. 그 사용과 분석에는 생산 조작자의 수준을 넘어선 숙련된 기술자가 필요하다.

(7) 전자주사 현미경(SEM)

광학 현미경은 표면의 정확한 정보를 얻는데 한계가 있다. 우선 백색광으로는 그 분해능이 제한되어 있다. 상세히 구분하는 능력은 파장(쓰이는 범위)에 관련된다. 파장이 짧을수록 더 상세히 보인다.

필드의 깊이도 두면을 동시에 초점을 잡는 능력에 관련된 또 다른 인자다. 사물에 초점을 맞추고, 배경은 초점을 벗어나는 사진기에도 한계가 있다.

현미경에서, 배율이 커질수록 필드의 깊이가 줄어든다. 배율이 증가하면 표면은 잘 보이나, 상층과 바닥부분은 볼 수 없다. 일정한 초점으로는 정보를 읽기 쉽고, 검사시간도 많이 소요된다.

광학 현미경의 배율은 세 번째 제한 요소다. 백색광의 현미경은 보토의 물체를 1000×까지만 볼 수 있다. 기름에 잠그는 방법으로 배율을 높일 수 있으나 너무 느리고 지저분하고, 오염의 위험이 크다. 이 모든 제한요소는 전자주사 현미경을 사용함으로써 해결된다.

이는 광학 현미경과 여러 면에서 다르다. 조사(illumination)의 소오스도 웨이퍼난 표면에 주사하는 전자 빔이다. 표면에 부딪혀서 튀어난 전자가(이차전자) 모아져서 화면을 구성한다.

SEM에서는 웨이퍼나 빔을 진공으로 해야 한다. 이차전자는 CRT나 보통의 사진 필름에 사용되어 진다.

전자 빔은 파장이 백색광보다 훨씬 짧고, 1마이크론 이하까지 분해가 가능하다. 필드 깊이는 문제가 되지 않고, 표면의 모든 면에 초점이 잡힌다. 배율은 매우 높아 50,000×정도까지 된다.

삼차원 영상이 되도록 SEM의 웨이퍼 홀더를 기울일 수 있다. 표면구조를 유리한 각도에서 볼 수 있다.

어떤 물질은 E-빔 주사에 이차전자를 내지 않는다. SEM에서 PR층은 표면에 금을 증착할 필요가 있다. 금 층은 PR층과 모양이 같아야 한다. E-빔이 올 때 금이 이차전자를 방출해서 그 밑의 PR층의 모양을 SEM사진에 나타낸다.

(8) 오저분석(Anger Analysis)

SEM에서 어떤 범위(스펙트럼)의 이처전자가 때리는 전자 빔에 의해 방출된다. 이 전자 스펙트럼의 일부는 표면상단의 몇 나노미터(nanometet)이내에서 나온 것이다.

오저 전자의 이 특성으로 표면 물질과 오염을 알 수 있다. 작동 중에 E-빔에 웨이퍼를 주사한다. 튀어나온 오저전자의 에너지(파장)를 분석해서 X-Y플로터에 그린다. 특정 파장에서 에너지 피크는 표면에 그 원소의 존재를 알리는 것이다.

오저주사 미세분석기(Scanning Auger Microanalysis : SAM)는 원소의 존재만을 확인하나. 이 기술은 원소의 화학적 상태나 결합상태 혹은 양을 알 수 없다.

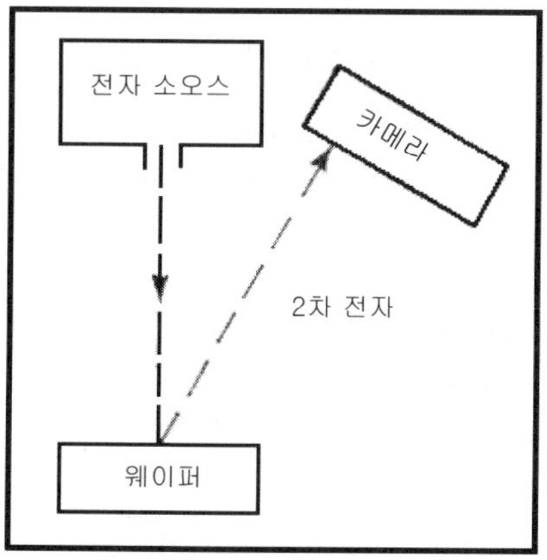

그림 17.13 SEM분석

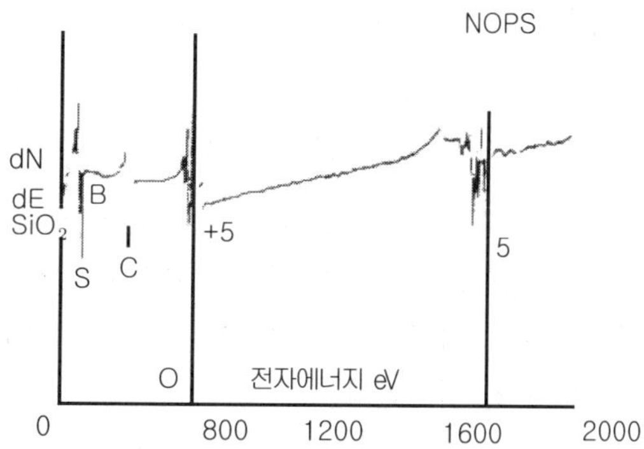

17.14 전형적인 오저(Anger)곡선석

(9) 화학분석을 위한 전자스펙트로스코프(Elecyron Spectroscope for Chemical Analtsis : ESCA)

표면의 오염을 해결하기 위해서는 오염의 상태를 알아야 한다. 표면에서 염소에 오저분석만으로는 염소가 염산인지 트리클로로벤젠인지 알 수 없다. 염소의 형태를 알아야 공정상의 오염소오스를 제거할 수 있다.

ESCA는 표면의 화학을 결정하는데 사용된다. 이 기구는 오저와 비슷한 원리로 동작한다. 그런데 전자 빔 대신 X-선이 사용된다. X-선이 들어오면 표면에서도 방출을 한다. 이 정보의 정량분석으로 오염의 화학식을 결정하게 된다.

그런데 ESCA의 X-빔은 IC구조보다 크다. 빔의 크기 때문에 큰 물체밖에 할 수가 없다. 대조적으로 오저전자 빔은 아무리 작은 크기도 잴 수 있다.

(10) 레이저 주사(Laser Scanning)

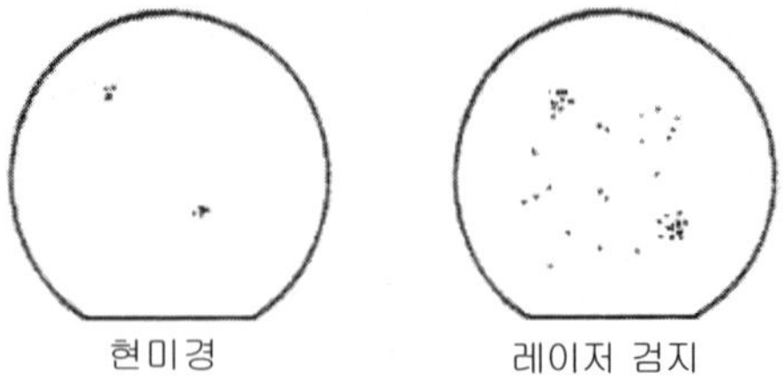

그림 17.15 결합의 레이저 검지

웨이퍼 면의 아주 작은 입자를 레이저 빔을 검지 광선으로써 사용하며 검지한다. 레이저를 사용하면 레이저의 짧은 파장으로 인해 아주 작은 입자도 검지된다. 또한 카세트 단위의 자동화가 가능하고, 오염의 질과 크기도 알 수 있다. 따라서 공정조절에 큰 장점을 준다. 마스크의 레이저 검사는 이미 많이 사용되고 있다.

용제와 물로 얼룩진 웨이퍼는 보통의 현미경 검사로 검지하기가 어렵다.

그 대체 방법이 냉판을 쓰는 것이다. 이 기술은 동판(freeze plate)법이라고도 한다. 이 장치는 냉각수나 프레온으로 냉각되는 웨이퍼 척으로 되어 있다. 웨이퍼는 척에 놓여져 급속히 실온이하로 냉각된다.

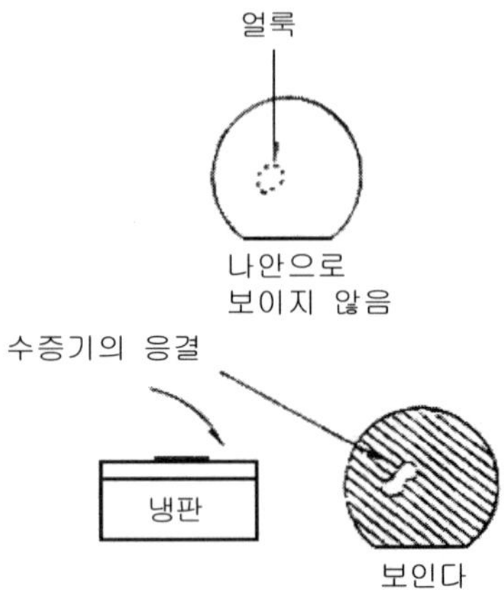

그림 17.16 냉판(Cold plate)

빠른 냉각으로 인해 공기 중의 수분이 웨이퍼 표면에 응결되는데, 얼룩 등의 친수성 지역에 먼저 응결된다. 응결이 시작될 때 웨이퍼를 보면 표면의 얼룩이나 비정상적인 면을 볼 수 있다.

이 방법은 금속, 적층에 앞서 콘택트 구멍에 산화막이 있는지를 볼 때에도 사용된다. 응결이 시작될 때 콘택트구멍을 현미경으로 보아 필드산화막에서 먼저 응결하면 산화막이 없는 것이다.

이때 관찰은 응결이 시작되는 순간에 해야 한다. 전 웨이퍼에 물이 응결하면 아무런 정보도 얻을 수 없다.

5. 결정적인 크기(Critical Dimension)

회로에서 각 소자에 필요한 정확한 크기를 만들기 위해 모든 공정에서 조절되어야 한다. 도핑부문에서는 각 도핑 된 층의 깊이가 공정 조건으로 조절되어야 한다. 마찬가지로 CVD공정도 필요한 층의 두께를 조절해야 한다.

수평 표면 크기는 포토마스킹 지역에서 만들어 진다. 공정의 일부로서 현장검사 및 최종검사에서 크기를 측정한다. 두 가지 측정 방법이 사용된다.

(1) 실선 측정법(Filar Measuring Eyepiece)

실선 측정법은 현미경에서 적합한 크기 측정법이다. 대안렌즈에 이동하는 실이 있어서 바깥쪽의 눈금과 맞게 되어있다. 보통 스테이지 마이크로미터(stage mircrometwr)라고 부른다.

수동측정에서는, 측정될 패턴의 초점을 맞춘다. 대안렌즈를 돌려 실이 측정될 경로에 수직되게 한다. 방향이 정해지면 실을 시작점에서 측정될 곳까지 움직이면서 마이크로미터를 본다. 실은 패턴의 반대쪽까지 천천히 이동시킨다. 끝점에서 또 마이크로미터를 본다.

실제 폭은 끝 값에서 시작 값을 빼서 보정계수를 곱함으로써 얻어진다. 이 시스템은 매우 정확해서 표준극에서도 사용한다.

조작자의 기술이 좋아야 측정이 정확하다. 실선의 움직임을 모터로 처리해서 컴퓨터에 입력된 보정계수를 곱해 실제 길이를 계산함으로써 자동화할 수 있다. 패턴과 실선을 모니터에 나타냄으로써 조작자의 피로를 덜 수 있다.

(2) 이미지 쉬어링(image shearing)

이미지 쉬어링 방법은 현미경에서의 또 다른 결정적 크기 측정법이다. 수동 측정에서는 조작자는 측정할 패턴을 돌려, 볼 때에 수직이 되게 한다. 기계를 조작해서 패턴을 두 개의 이미지로 분리한다. 처음에는 두 개의 이미지가 꼭 물리도록 한다. 이 지점의 값을 기록하고, 분할된 이미지를 하나로 만든다. 이때의 값을 읽는다. 그 차이에 보정계수를 곱하면 폭의 값이 나온다. 보정계수는 스테이지 마이크로미터에 의해 결정되며, 실선측정법과 마찬가지다.

위에 설명한 과정은 단일이미지 쉬어링이다(패턴이 한 번 분할되기 때문에). 이미지를 두 번 분할하는 방법도 있다. 그 과정은 단일 분할과 같으나, 이미지가 다시 이중으로 될 때까지 움직인다. 패턴은 실제로 두 번 분할되며 그 폭은 2로 나누어 계산한다.

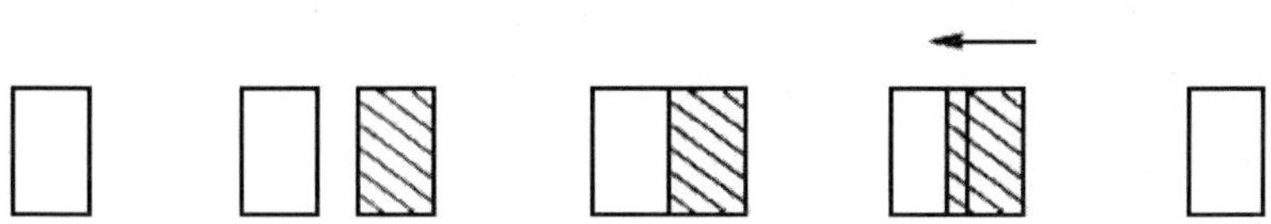

그림 17.17 단일이미지 쉬어링

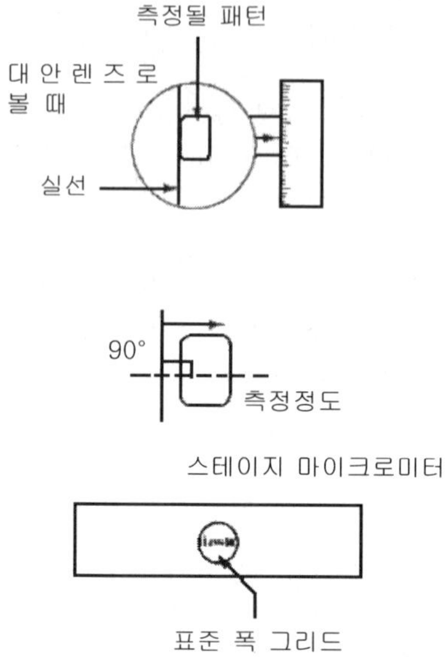

그림 17.18 수동 실선 측정(Manual Filar Measurement)

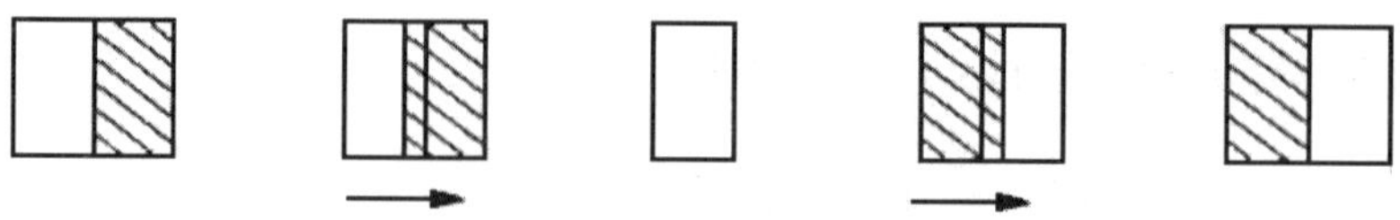

그림 17.19 이중이미지 쉬어링

이 과정은 이미지를 CRT에 나타내고, 쉬어링 동작을 모터로 해서 자동화할 수 있다. 실선 방법처럼 컴퓨터에 보정계수를 넣어서 폭을 직접 계산해 준다.

(3) 반사(Reflectance)

실선이나 이미지 쉬어링은 조작자의 판단이 필요하기 때문에 에러의 소지가 크다. 셋째 형태의 크기 측정은 반사다. 다른 둘처럼 모니터에 측정할 패턴을 위치하게 한다.

패턴의 한 끝은 스크린의 표시점에 있도록 한다. 그 다음부터는 측정이 자동으로 된다. 레이저 빔이 측정방향으로 지나가며 반사에너지를 기록한다. 빔이 패턴의 끝에 오면 새로운 표면으로 간다. 새로운 표면은 반사율이 다르므로 표시가 난다. 패턴의 폭은 초기점에서부터 반사율 변화점까지 이다. 이 과정은 자동으로 읽혀 나온다. 조작자의 판단은 초기점결정에만 들어가므로 더 정확도가 높다. 이 방법의 한계점은 패턴 자체에

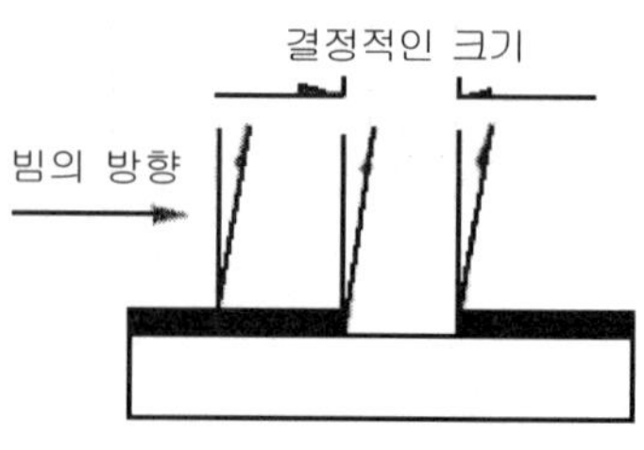

그림 17.20 반사에 의한 CD측정

스텝이 있는 경우이다(금속스텝 등). 이 기구는 반사율의 첫 변화를 읽도록 되어 있다.

표면 검사 방법의 종합

방법	육안오염	표면결함	얼라인먼트	오염원소	오염화합물	C.D
1 ×백색광	×	×				
1 ×자외선	×	×				
현미경-라이트필드	×	×	×			
현미경-다크 필드	×	×	×			
SEM	×	×	×			
오저(Auger)				×		
ESCA					×	
실선측정법						×
이미지 쉬어링						×
반 사						×

6. 소자의 전기적 측정

공정도중 실제 소자 변수를 측정할 필요가 있다. 이 측정은 테스트다이의 특정한 소자에서 행한다. 공정 후에 실제 소자는 더 완전히 조사된다. 이 조작은 전기적 테스트, E-테스트, Pre-sort 등 여러 가지 이름이 있다.

이 테스트를 통해 공정의 많은 정보가 얻어진다. 이 절에서는 기본적인 테스트와 명확하고 빈번한 실패요인을 몇 개 설명한다. 완전한 소자 및 공정문제 해결은 이 책의 범위를 넘게 되므로 생략한다.

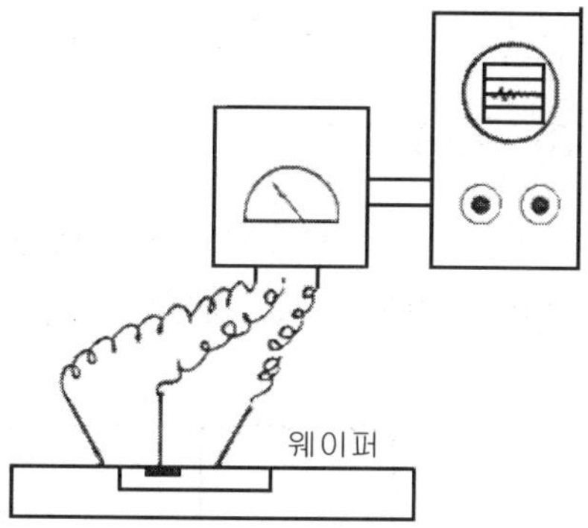

그림 17.21

(1) 장비

이러한 테스트를 하는데 필요한 기본적인 장비는, 소자에 바늘 같은 탐침(probe)을 짚을 수 있는 프루브 머신(probe machine), 적당한 전압, 전류, 극성을 소자에 거는 스위치 박스, 결과를 보여주는 오실로스코브가 있다.

몇몇 다이를 계속해서 측정하는 자동 프루브 머신도 있다.

미리 결정된 순서로 테스트를 자동으로 하는 스위치도 있다. 또 특정한 테스트의 결과를 오실로스코프가 아닌 절대적인 수치로 내는 기계도 있다. 데이터 분석은 물론 테스트 결과를 하드카피(hard copy)해주는 기계도 있다. 각각의 테스트 수동 장비로 설명된다. 오실로스코프에 나타난 파형의 모양과 관계는 소자 동작이해에 많은 도움을 준다. 소자 측정은 전압을 걸어 전류를 재는 것이다. 전류는 콤포넌트(Component)의 저항과 접합의 위치에 따라 다르다. 기본적인 관계는 옴(Ohm)의 법칙이다.

$$R = V/I$$

(2) 저항

저항 측정은 저항 양 끝을 접촉하고 전압을 인가하며, 흐르는 전류가 저항 값의 결과가 된다. 오시로스코프는 전압 값을 0에서 고전압까지 변화시켜 스크린에 전압을 X-축, 측정된 전류를 Y-축에 표시한다. 저항 값은 한 전압 값을 해당하는 전류 값으로 나누어서 계산된다. "왜 메터오 전압과 전류를 측정해서 단순히 저항을 계산하지 않는가?" 혹은 "왜 그 값을 스크린에 표시되는가?"하고 물을 때의 답은 트레이스로 얻어진 정보의 질에 있다. 저항의 V/I관계는 선형인데 거기에서 벗어나는 경우 높은 콘택트 저항 등의 공정 문제를 나타내는 것이다.

(3) 다이오드

다이오드는 회로에서 스위치로 동작한다. 이는 다이오드가 한쪽 방향(순방향)으로는 전류를 흘리고, 다른 방향(역방향)으로는 전류를 흘리지 않는 다는 것을 의미한다.

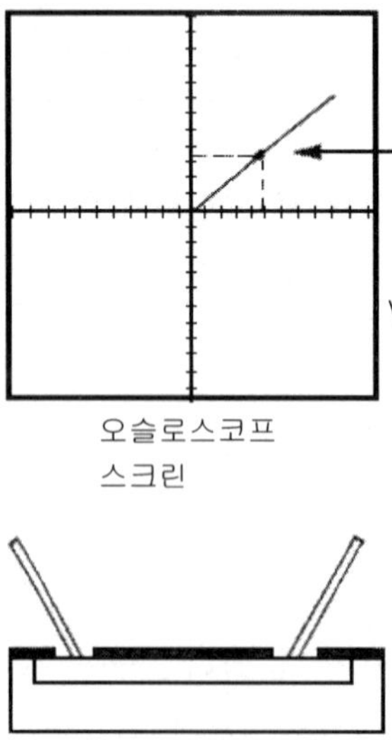

그림 17.22 저항

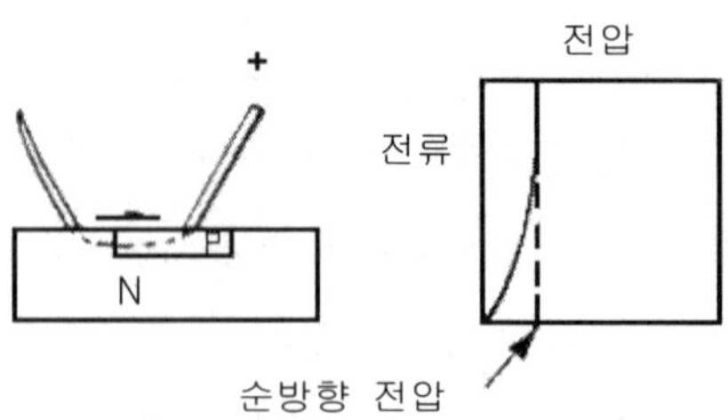

그림 17.23 다이오드의 순방향 바이어스

순방향에서 다이오드동작을 체크할 때는 그림처럼 다이오드를 적당한 극성으로 프루브를 연결하는 것이다.

전압이 증가하면 전류는 접합을 통해 다이오드 밖으로 흐른다. 그때의 초기 저항은 접촉저항과 접합의 저항으로 인한 것이다. 어떤 전압 수준에서 다이오드로 완전한(full)전류가 흐른다. 다이오드는 어떤 최소전압에서 이런 상태가 일어나도록 되어 있다. 다이오드의 순방향 전압이 이 값을 넘으면 스펙에서 벗어나는 것이다.

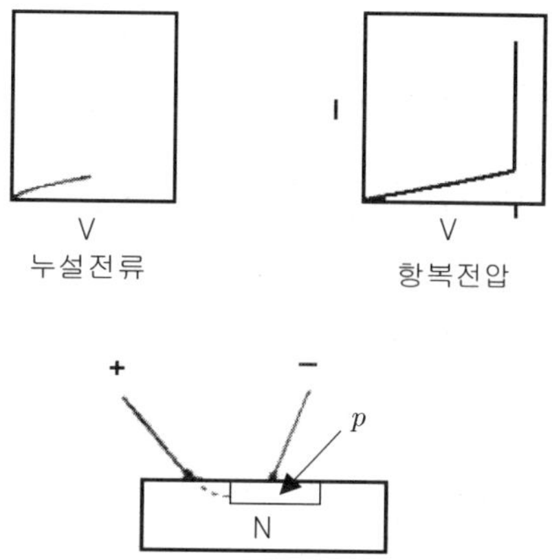

그림 17.24 다이오드의 역방향 바이어스 측정

역방향에서는 다이오드의 항복전압까지 전류가 흐르지 않도록 되어 있다.

실제로는 누설전류라는 작은 전류가 흐른다. 전압이 항복전압에 이르면 완전히(full)전류가 흐른다. 항복전압은 각 다이오드의 스펙이다. 회로는 그 다이오드의 항복전압이하에서 동작하도록 설계되어야 한다.

만일 잘못된 공정으로 항복전압이 회로동작전압보다 낮으면 그 다이오드는 전류를 흘리게 된다.

접합의 항복은 일시적인 현상이다. 전압이 극히 높지 않다면 항복전압을 초과해도 접합이 파괴되지 않는다.

이 테스트에서 측정하는 두 번째 값은 누설전류 혹은 항복 때의 전류다. 작은 전류는 언제나 흐른다. 오염이나 부적합한 공정으로 부가적인 누설전류가 흐르게 된다.

그림 에서 트레이스 #1은 작은 누설을 보인다. 전류의 양은 전압에 비례한다. 결국 항복 전압에 다다르고 다이오드는 완전히 도통한다. 트레이스 #2는 큰 누설을 보인다. 접합누설 전류는 전압에 따라 증가하고, 항복현상이 일어나지 않기 때문에 매우 심각하다.

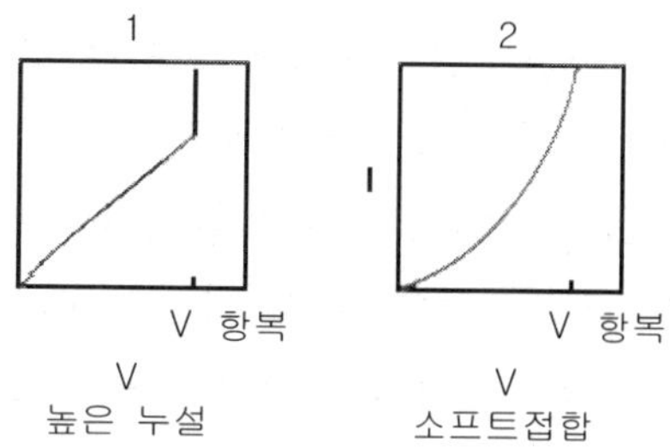

그림 17.25 접합의 누설

(4) 산화막의 질(BVox 혹은 파괴전압)

BVox(산화막의 항복전압)의 전기적 측정은 산화막의 질을 재는 척도다. 사용되는 테스트 구조는 C/V분석과 같다. 이 경우 산화막이 파괴되고 전류가 알루미늄 도트(dot)에서 실리콘으로 자유로이 흐를 때까지 전압을 올린다. 항복 이전에 산화막이 버틸 수 있는 최대 전압은 두께, 구조의 질 및 순도의 함수다.

(5) 바이포라 트랜지스터

트랜지스터는 세 지역, 두 접합으로 구성된 소자다. 전기적으로 두 개의 다이오드를 서로 뒤집어 붙여 놓은 것과 비슷하다.

바이폴라 트랜지스터의 특성은 많은 테스트를 해서 얻는다. 각각의 접합을 별도로 측정하고, 전체 트랜지스터 동작을 측정한다. 접합은 순방향 및 역방향 특성을 잰다. 트랜지스터 지역을 짚어서 항복전압(BV)을 측정한다.

BVcbo는 콜렉터와 베이스간의 항복전압이다. "O"는 에미터 지역이 "Open", 즉 전압을 안거는 상태다. BVceo는 콜렉터와 베이스 접합에 역방향 전압을 건다(BVe 및 BVc).

다 바이폴라 접합의 순방향 전압도 측정한다. Ve는 에미터/베이스접합의 순방향 전압이고 Vc는 베이스/콜렉터 접합의 순방향 전압이다.

BViso는 콜렉터와 아이솔레이션(isolation)접합을 말한다.

바이폴라 트랜지스터의 주요 전기적 변수는 베타(β) 측정이다. 바이폴라 트랜지스터에서, 전류는 에미터에서 베이스를 지나 콜렉터로 흐른다. 베이스 지역의 저항 변화를 위해 베이스 전류를 변화시킨다. 콜렉터로 흘러나가는 전류(에미터에서 베이스로)의 양을 베이스 저항으로 조절된다.

트랜지스터의 증폭 특성은 콜렉터 전류를 베이스 전류로 나눈 값으로 정의된다. 이 숫자는 베타(β)로 표시된다. 따라서 베타가 10이면 1mA의 베이스 전류로 10mA의 콜렉터 전류를 흐르게 하는 것이다. 트랜지스터의 β는 접합깊이, 접합거리(베이스폭), 도핑 수준 및 프로필 및 다른 공정 설계상의 인자에 의해 결정된다.

β(혹은 hfe)의 측정은 BVceo 측정을 변화시켜 행한다. 특정한 베이스 전류에서 BVceo를 측정하는데, 이때 에미터 베이스 접합은 순방향이다.

트랜지스터의 콜렉터 특성은 오실로스코프에 나타낸다. 베이스 전류에 따라 거의 수평선이 나타난다. 베이스 전류가 증가할 때마다 콜렉터 전류도 증가한다. 스크린상의 데이터로부터 계산하는데, (점선)콜렉터 전류는 수직선상에서 읽는다. 베이스 전류는 수직선(스텝)의 수와 각 스텝의 스케일(오실로스코프로부터의)을 곱해서 계산한다.

$$\beta_E = (\#\text{스텝}) = (\text{mA/스텝})\ \mathrm{I}$$

(6) MOS의 전기적 특성

MOS회로 또한 저항, 다이오드, 커패시터 및 트랜지스터로 구성되어 있다. 첫 번째 세 요소는 바이폴라와 같다.

바이폴라처럼 MOS트랜지스터도 세 지역으로 되어 있다. 즉 소오스, 게이트 및 드레인이다. 이들의 측정은 소오스와 드레인 접합의 역방향 및 순방향 값을 측정한다. 게이트의 기능은 문턱전압(threshold voltage)테스트로 결정된다.

MOS트랜지스터의 소오스 지역을 순방향으로 하면 전류가 소오스에서 게이트 지역의 높은 저항으로 순방향 전류가 드레인으로 흐르지 않는다. 특정한 레벨(문턱전압)로 게이트에 가해진 전압은 소오스 전류가 드레인에 가도록 게이트에 충분한 전하를 유발한다. 모든 MOS트랜지스터는 특정한 문턱전압에서 동작하도록 되어 있다. 이 값은 용량/전압 곡선에서 얻어진다. 게이트 전압을 점점 증가하면서 게이트 구조의 용량(capacitance)을 기록한다.

커패시터는 저장(storge)소자다. 처음에 전압이 증가할 때는 커패시터가 바뀌지 않는다. 문턱전압 수준에서, 반전층(inversion layer)이 형성되어 커패시터로 동작한다. 두 개의 직렬 커패시터가 형성되어서 커패시턴스 값이 낮아진다.

MOS트랜지스터도 증폭 특성이 있다. 그 이득은 소오스/드레인 전류를 게이트 전류로 나눔으로써 결정된다.

7. 용량/전압 곡선(Capacitance/Voltage Plotting)

산화층에 이동성 이온 오염이 있는 지를 테스트하기 위해 문턱전압의 변화를 본다. 이 테스트는 특별하게 준비된 웨이퍼로 향한다 “깨끗한”웨이퍼에 산화층 박막을 형성한다. 산화막을 키운 후 마스크를 통한 증착에 의해 알루미늄 도트(dot)를 형성한다. 도트 증착 후에 알루미늄과 산화막 사이에 좋은 전기적 접촉을 위해 얼로이를 한다.

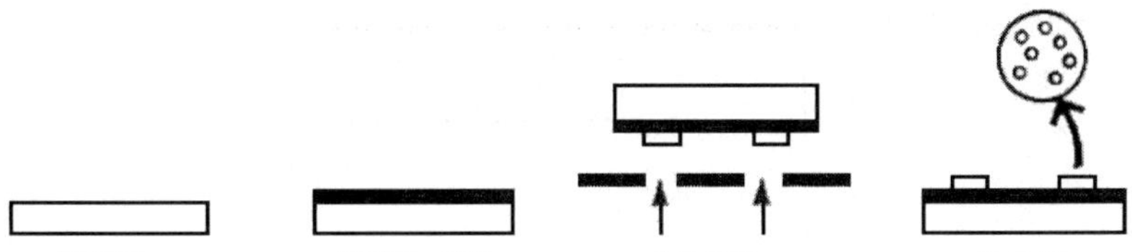

그림 17.26 C/V테스트 웨이퍼의 준비

도트를 형성한 웨이퍼를 척에 놓고 알루미늄 도트에 프루브를 댄다. 그 구조는 사실상

MOS커패시터다. 전압을 도트에 인가해서 서서히 증가시키면서 커패시터를 계속 측정한다. 그 결과를 X-Y플롯터의 Y측에 커패시터를, X측에 플롯한다.

전압이 문턱전압 혹은 반전전압(inversion voltage)에 이르면 실리콘 표면에 전하가 유기된다. 이 전하는 전도형태를 N형에서 P형으로 바꾼다. 반전층은 자체의 커패시턴스를 가지고 있다. 전기적으로 이제는 직렬의 두 커패시터가 있는 셈이다. 그 둘의 전체 커패시턴스는 둘의 합보다 더 적다.

$$1/C_{total} = 1/C_{ox} + 1/C_{inversion}$$

X-Y플로터의 그림 은 새로운 커패시턴스 레벨로 떨어진다.

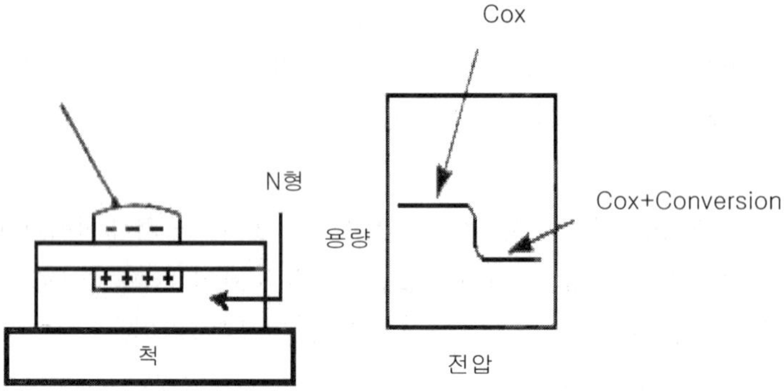

그림 17.27 첫 번째 플롯의 C/V플로팅

이 과정의 두 번째 스텝은 산화막의 이동성 양성(+) 이온을 SiO_2/Si접면으로 보내는 일이다. 이는 웨이퍼를 순간적으로 200-300℃까지 가열하고 +50V를 인가하면 된다. 온도 증가로 이온의 이동도가 높아져 양성 전압에 의해 SiO_2/Si 접면으로 이동한다.

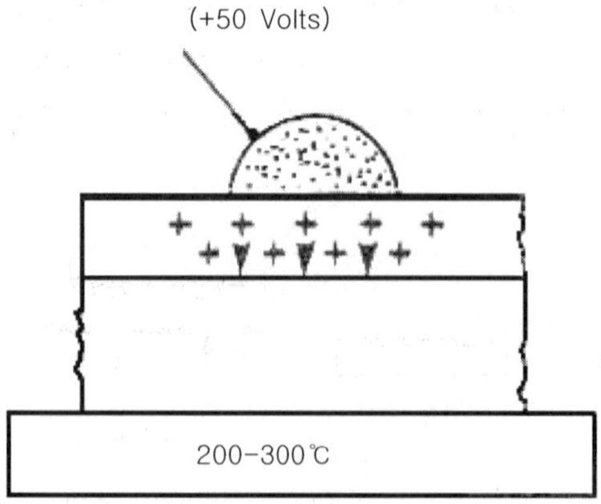

그림 17.28 C/V플롯-이온성 전하의 영향

이 과정의 마지막 스텝은 처음의 C/V플롯을 다시 하는 것이다. 전압이 증가해도 반전은 처음 플롯 때의 전압에서 일어나지 않는다. 접면의 양전하 때문에 반전이 일어나기 전에 음전압으로 그들을 중화시켜 주어야 한다.

결과적으로 C/V플롯은 원래와 같으나 오른쪽으로 이동한 셈이다. 플롯할 때의 부가적인 전압을 "drift" 또는 "shift"라고 한다.

쉬프트의 크기는 산화층의 이동성 이온 오염의 양, 산화막 두께, 웨이퍼 도핑에 비례한다. C/V분석은 산화막의 원소(Na, K, Fe...)는 구별할 수 없고 양만 보여준다. 오염이 어디에서 왔는지도 알 수 없다.

C/V분석은 보통 새로운 세척공정 등 웨이퍼를 오염시킬 수 있는 공정변화 평가의 일부다. 평가할 때, C/V웨이퍼는 두 그룹으로 나뉜다. 한 그룹은 정상적인 공정을 한다. 표준공정 웨이퍼와 실험그룹과의 드리프트 차이를 본다. 제안된 공정의 드리프트가 더 크면, 새로운 세척공정은 웨이퍼를 이동성 이온으로 오염시킨다는 것을 말해주는 것이다.

만들어지는 소자의 감도에 따라 0.1~0.5V의 드리프트는 받아들여질 수 있다. C/V분석은 표준 테스트가 되고 있다. 이 테스트는 공정변화나 유지 혹은 오염소지가 있는 세척 후에 행한다. C/V플롯은 전압드리프트 외에도 플랫밴드(fiat band)전압, 표면상태 등의 많은 정보를 공정 엔지니어에 제공한다.

8. 핀홀(Pinhole)검사

PR막은 보통의 배율로는 분별할 수 없을 만큼 작은 원형의 구멍을 가진다. 핀홀을 검사하기 위해 우선 산화막이 있는 웨이퍼에 리지스트를 코팅한다. 웨이퍼를 포토마스킹 스텝으로 공정함으로써 어느 도트가 핀홀인가 알 수 있다. 리지스트가 입혀진 웨이퍼를 노출시킨다. 노출 후에 현상하면 실제 핀홀만 리지스트 막에 남는다.

산화막을 에치해서 산화층에 핀홀을 옮긴다. 산화막의 자체 결함과 실제 핀홀을 구분하기 위해 한 스텝을 더해서 실리콘을 에치한다.

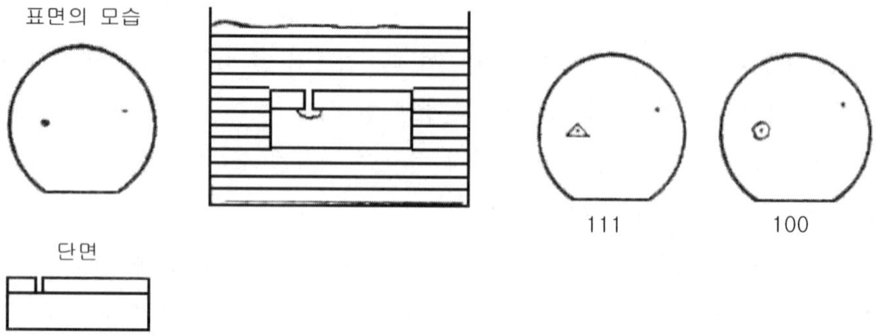

그림 17.29 실리콘 에치에 의한 핀홀 계산

이 에치는 산화층의 핀홀을 뚫고 실리콘을 아래로 에치한다. 실리콘의 홀은 핀홀 주변의 패턴으로서 현미경으로 보인다. 패턴의 모양은 {111}재료에서 삼각형이고 {100} 웨이퍼에서는 사각형이다.

실제로는 현미경의 대안렌즈에 격자를 넣어 격자 안쪽의 핀홀을 센다. (VLSI)리지스트의 핀홀 밀도는 ㎠당 1개 정도밖에 안 된다.

Chapter 18
반도체소자

VLSI회로는 100만개까지의 개별소자 및 반도체 소자를 갖는다. 그 복잡성에서도 불구하고, 집적회로는 다섯 가지 요소로 구성된다.

1. 저항(Resistors)
2. 다이오드(Diodes)
3. 트랜지스터(Transistors)
4. 커패시터(Capacitors)
5. 퓨즈(Fuses)
6. 도체(Conductors)

이 장에서는 이들 각 요소를 평면기술로 만드는 법과 그 기본적인 동작과 기능을 논한다.

1. 저항

저항은 회로에서 전류를 제한한다. 보통 회로에서는 다음과 같은 저항을 사용한다.

i) 확산
ii) 금속박막

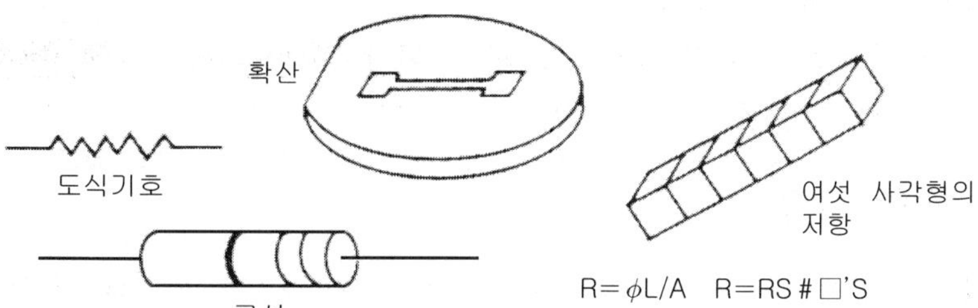

그림 18.1 저항

(1) 확산저항(Diffused resistor)

반도체 소자의 파라미터는 물리적 크기에 의해 결정된다. 이 의존성을 확산 저항에 의해 살펴본다. 회로설계에서는 필요한 저항 값을 저항에 대한 표준 약속 부호로 표시한다.

개별 저항을 만들 때에는 옴의 법칙을 적용한다.

$$R = r \cdot L/A$$

여기서 R = 저항(Ohms)

r = 물질의 비저항

L = 저항길이

A = 저항의 단면적

반도체에서 그와 같은 저항을 만들려면, 웨이퍼에 N혹은 P형을 적당히 확산시킨다. 확산 저항에 대한 옴의 법칙은

R = Rs×#□' s

여기서 R = 저항(옴)

Rs = 확산지역의 쉬트저항

#□'s = 사각형의 수 = 폭으로 나눈 저항의 길이

실제로 웨이퍼를 선택적으로 확산해서 저항으로 사용한다. 웨이퍼에서 그 부분을 떼어내면 옴의 법익을 적용할 수 있다. r과 깊이 파라미터는 쉬트저항 스펙에 들어간다. 저항의 길이와 폭은 □의 수 = L/W를 셈으로써 정해진다.

쉬트 저항은 확산 공정에서 조절된다. 길이와 폭 등의 표면 크기는 포토마스킹 공정에서 조절된다. 그림 18.2는 저항을 만드는 기본적 평면공정을 나타낸 것이다. 저항은 독립적으로 혹은 집적 회로에서 연결해서 사용한다.

전기소자의 파라미터는 삼차원적 물리적 크기에 관계된다. 깊이는 확산접합 깊이나 막의 두께(알루미늄)에 의해 결정된다. 폭과 길이는 포토마스킹 공정에서 창출한다.

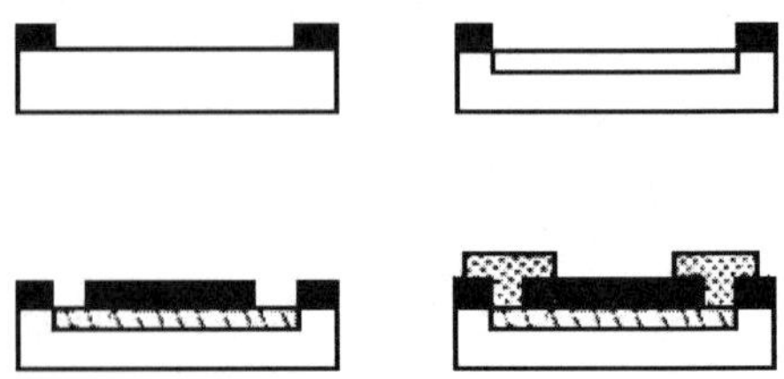

그림 18.2 확산 저항

(2) 금속 박막 저항

방사가 있는 환경에서는, 확산저항은 원치 않는 전자-정공을 생성해 회로에 누설을 준다. 비누설(방사로부터의 보호)저항에는 웨이퍼 표면에 형성된 금속 박막이 있다.

보통, 금속 막(니크롬, 티탄, 텅스텐)은 산화층에 증착된 에칭이나 리프트오프(liftoff)기술로 패턴을 형성한 후 금속공정을 통해 회로에 연결한다.

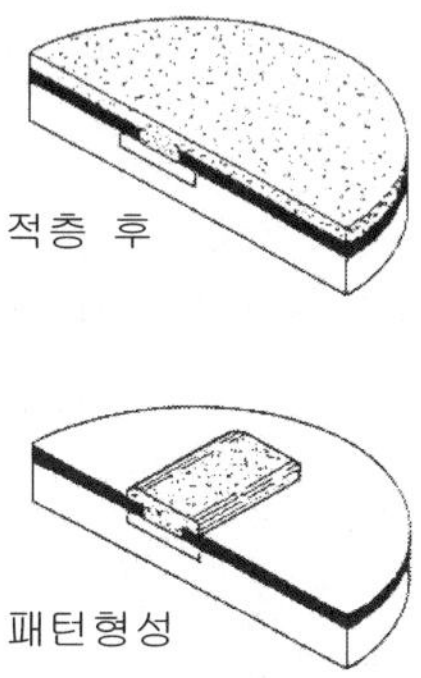

그림 18.3 금속막 적층 및 패턴형성

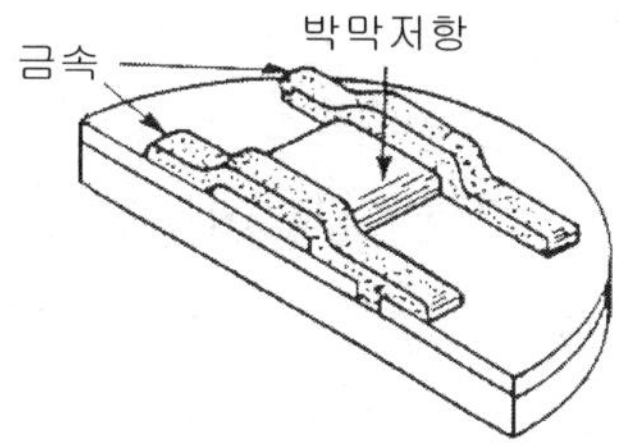

그림 18.4 박막 저항의 형성

2. 다이오드

다이오드는 접합으로 분리된 두 지역(서로 다른 전도형태)의 소자다. 다이오드는 전류를 통과 시키거나 막는다. P/N다이오드의 P지역에 양전압을 인가하면 전류가 흐른다. 이 상황을 순방향 바이어스라 한다. P지역에 음전하가 인가하면 전류가 흐르지 않는다. 그러나 전압이 다이오드의 한계를 벗어나면 역전류가 흐른다.

여기에 보인 다이오드는 막대 다이오드다.

평면 다이오드는 도핑 공정을 통해 웨이퍼를 부분적으로 전도형태를 변화시키고 금속 공정을 해서 형성한다. 다이오드는 2개의 콘택트를 가지며 전류가 하나의 접합을 통해 흐른다. 다이오드가 접합을 가지나 모든 접합이 다이오드가 되는 것은 아니다. 아이솔레이션(isolation)접합은 다이오드로 사용되지 않는다. 다이오드에 표시된 첫 번째 전도형태가 더 높게 도핑 된 지역이다.

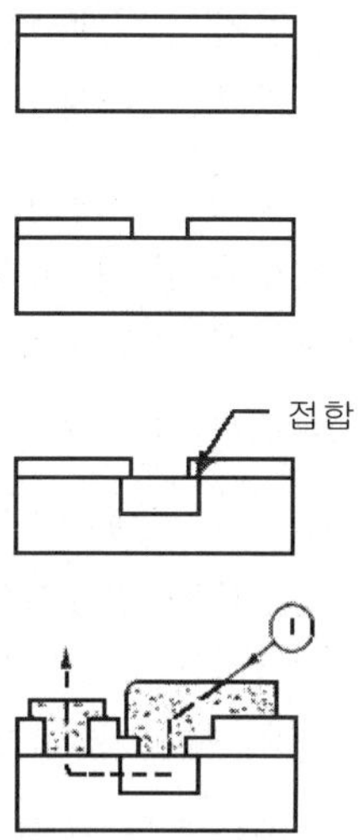

그림 18.5 PIN평면 다이오드

(1) 쇼트키 장벽 다이오드(schottky barrier diodes)

이 다이오드는 금속으로 표면 접합을 연결한 형태다. 이 구조는 다이오드의 동작 속도가 빠르다. 이 다이오드는 바이폴라 논리회로에 주로 사용된다. 회로에서의 특징은 역시 빠른 속도에 있다.

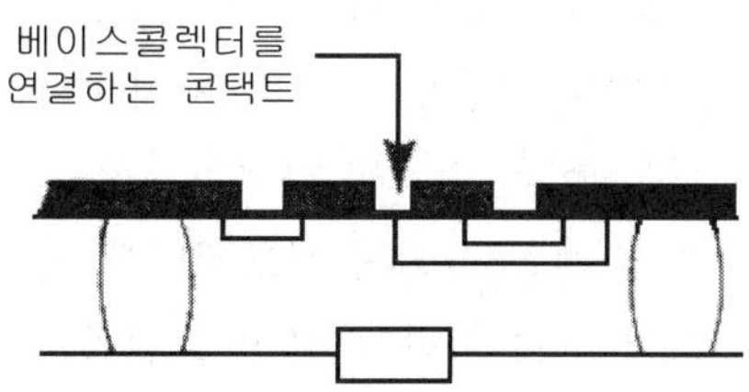

그림 18.6 쇼트키 장벽 다이오드

3. 트랜지스터

(1) 물의 비유

트랜지스터는 IC회로의 주요 요소다. 이는 두 개의 접합, 동작을 위한 세 개의 전기적 콘택트를 가지면 회로에서 증폭기나 스위치의 역할을 한다. 간단한 물 시스템이 동작을 보여준다.

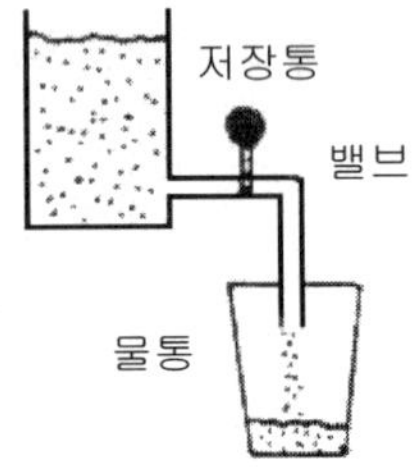

그림 18.7 물 시스템-트랜지스터 비유

위의 시스템에서 물이 탱크에서 물통으로, 흐름을 조절하는 밸브를 통해 흐른다. 밸브를 여는 작은 힘으로 물의 큰 흐름을 제어할 수 있다. 이는 증폭의 원리를 보인다. 작은 힘이나 입력이 큰 출력을 좌우한다. 밸브를 완전히 잠그면 시스템은 동작을 멈춘다.

(2) 바이폴라 트랜지스터

전기 소자에서는 정공 또는 전자가 흐른다. 물 시스템처럼 전자나 정공이 한 위치에서 조절부를 통해 다른 위치로 흐른다.

그림 18.8에서 바이폴라 트랜지스터는 막대나 평판 형태를 보인다. 전자의 흐름은 높게 도핑 된 에미터에서 베이스를 지나 콜렉터로 흐른다. 베이스의 저항을 전기적으로 변화시켜 전류를 조절한다. 트랜지스터의 처음 이름은 트랜스퍼 레지스터 (transfer resistor)이었다.

동작 중에는 베이스지역에는 전자와 정공이 다 있다. 이 이중전류가 바이폴라(bipolar : 두 개의 전류극성)라는 말의 원형이 되었다. 바이폴라 트랜지스터의 증폭은 베이스에 들어가는 조절전류로 트랜지스터의 전체 전류를 나눈 비로서 계산된다. 베이스 전류의 작은 변화가 전체 전류의 큰 변화를 가져온다.

베이스는 콜렉터나 에미터와 반대의 전도 형태를 갖는다. 트랜지스터는 PNP형태도 있지만 기능 때문에 NPN을 더 많이 사용한다.

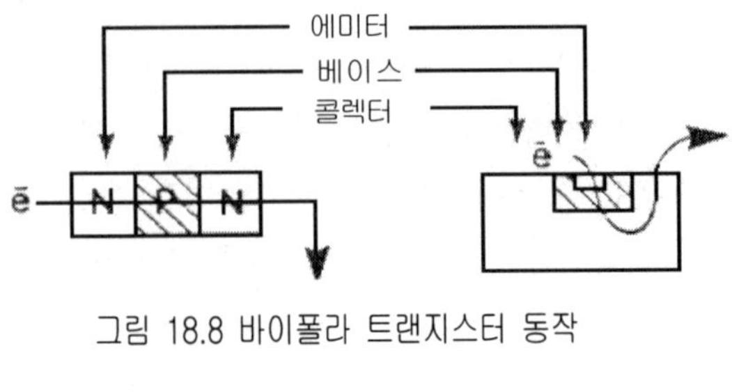

그림 18.8 바이폴라 트랜지스터 동작

MOS트랜지스터에서 전류(정공 혹은 전자)는 확산된 소오스 지역에서 시작한다. 게이트 지역에 가해준 전압이 소오스와 드레인 사이에 전도채널을 형성해 전류가 흐르게 한다. 게이트 전압의 크기가 전류량을 조절한다.

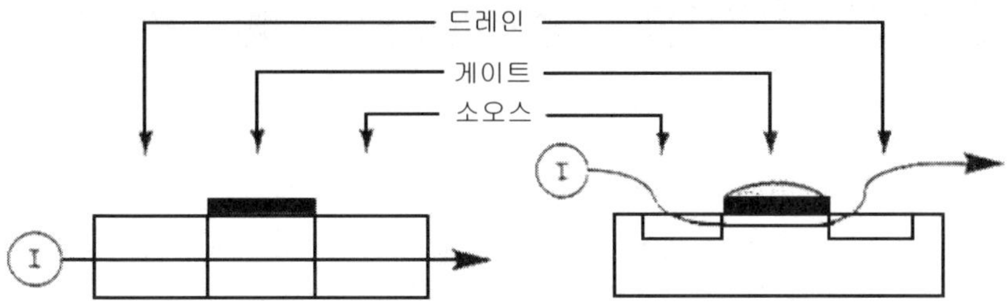

그림 18.9 MOS트랜지스터의 동작

소오스와 드레인이 N형이면 전류가 흐르는데 필요한 채널도 N-채널이어야 한다. 위에 설명한 MOS트랜지스터를 N-채널 소자라 한다. P-형 소오스 드레인이면 P-채널이 필요하다.

게이트 구조를 잘 보면 MOS라는 말의 어원이 나온다. 게이트는 얇은 산화막으로 분리된 두 도체로 구성된 박막 커패시터다. 한 전극은 반도체다. 따라서 첫 자를 따서 M(metal), O(oxide), S(semiconductor)가 나왔다.

바이폴라 트랜지스터에서처럼 콘트롤(게이트 전압)의 작은 변화가 소자 출력전압의 큰 변화를 초래한다. 바이폴라 트랜지스터가 전류 소자인데 반해 MOS트랜지스터는 전압 소자다.

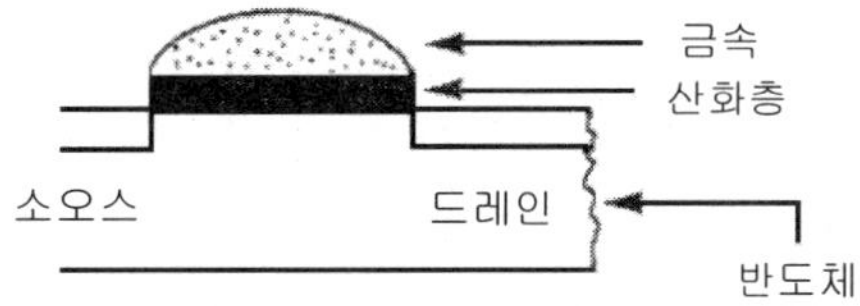

그림 18.10 MOS게이트 구조

(3) 전계효과 트랜지스터(Field Effect Transistor)

위에 설명한 MOS트랜지스터는 전계효과 트랜지스터의 일종이다. 이 소자는 게이트 전압에 의해 게이트 지역에 형성된 전장으로 동작한다. MOS에서는 전장이 채널을 형성해 소오스와 드레인 사이에 전류가 흐르게 한다.

전계효과 트랜지스터의 또 다른 형태는 접합형태 즉 JFET다. 이 구조는 게이트 밑에 접합이 형성되어 있다. 게이트 전압이 걸리면 접합 밑에 어떤 지역이 형성된다. 이 지역은 전하가 고갈되어 소오스에서 드레인으로의 전류를 막는 지역이다. 이 지역을 고갈지역(depletion region)이라 한다.

MOS소자처럼 전류는 게이트 전압으로 조절된다.

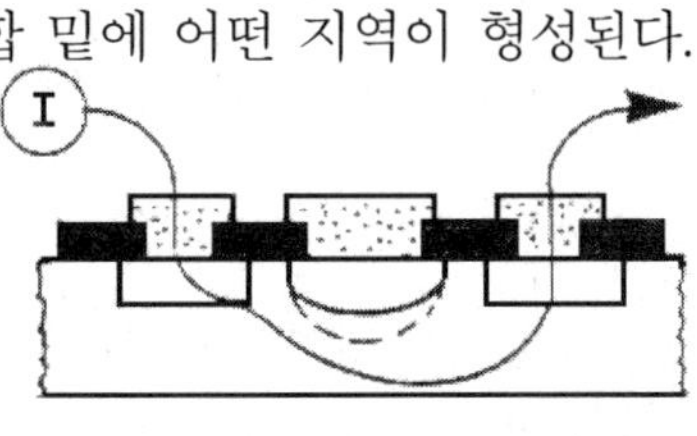

그림 18.11 접합 전계효과 트랜지스터

표 18.1 제어 시스템

기술	흐름			형태
	시작	경로 (제어)	끝	
물	탱크	밸브	물통	
바이폴라	에미터	베이스	콜렉터	NPN 혹은 PNP
MOS	소오스	게이트	드레인	N 혹은 P — 채널

4. 커패시터

커패시터는 전하를 저장할 수 있는 전기소자다. 그 구조는 두 개의 도체가 유전체나 절연체로 분리되는 MOS게이트와 같다. 간단한 형성방법은 산화막 상층에는 금속을 하층에는 반도체를 형성하는 것이다.

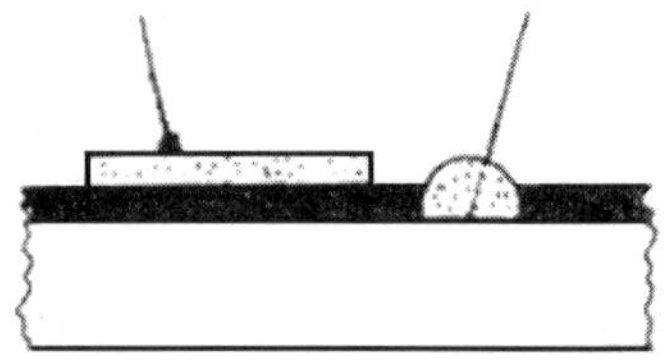

그림 18.12 모노리틱 커패시터 (Monolithic Capacitor)

5. 퓨즈(Fuses)

정상적인 전기회로에서 퓨즈는 과부하로부터 회로를 보호하기 위해 사용된다. IC회로에서 퓨즈는 PROM에 응용된다. 퓨즈는 모든 기억 소자의 셀에 들어간다. 그 어레이(array)는 특정한 셀의 퓨즈를 끊어서 그 셀을 회로로부터 격리시키도록 프로그램 되어 있다. 셀의 연결 상태, 즉 셀이 있고 없고의 상태가 정보저장에 필요한 것이다. 퓨즈 그 자체는 금속 박막이거나 실리콘 산화막이다. 각 물질을 회로경로에 직렬로 삽입된다.

동작 중에, 전류펄스는 회로를 통해 끊어질 퓨즈가 있는 셀로 흐른다. 전류가 퓨즈에 집중되기 때문에 가열이 일어나 퓨즈를 끊거나 파괴하게 된다.

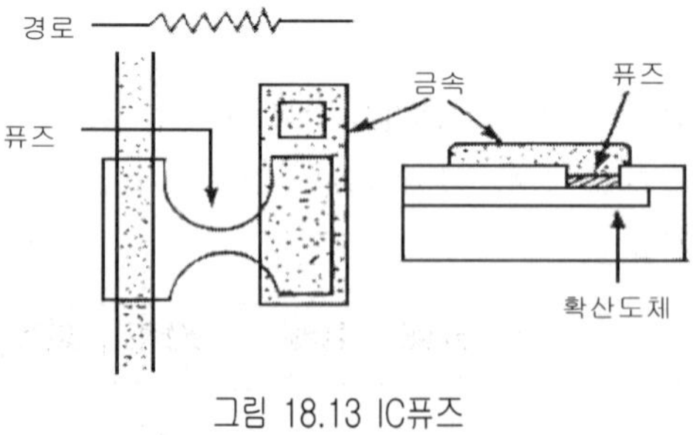

그림 18.13 IC퓨즈

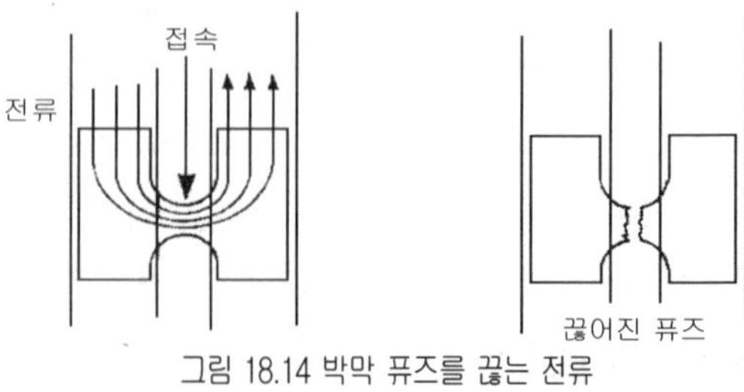

그림 18.14 박막 퓨즈를 끊는 전류

금속 퓨즈를 형성할 때는 웨이퍼에 우선 박막을 적층한다. 보통 니크롬(NiCr)인 금속이 리프트오프(liftoff)나 보통의 포토마스킹 기술로 패턴을 형성한다. 도체 금속이 퓨즈위에 증착되거나 스퍼터되어 패턴을 형성한다.

산화막 퓨즈를 사용할 때는 도체 금속이 증착되기 전에 콘택트에 얇은 SiO_2를 입힌다. 금속과 산화막 퓨즈제조 공정은 다음과 같다.

표 18.2

금속 퓨즈	산화막 퓨즈
콘택트 마스크 퓨즈 금속의 적층 퓨즈패턴 형성 도체 금속의 적층 도체 금속의 패턴형성	콘택트 마스크 콘택트 구멍에의 산화막 성장 도체 금속의 적층 도체 금속의 패턴 형성

6. 도체

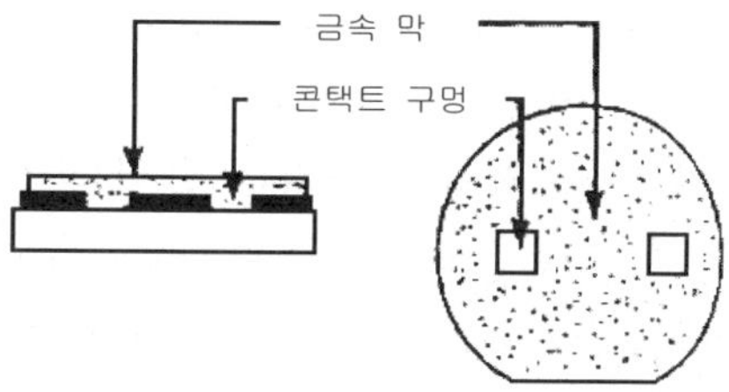

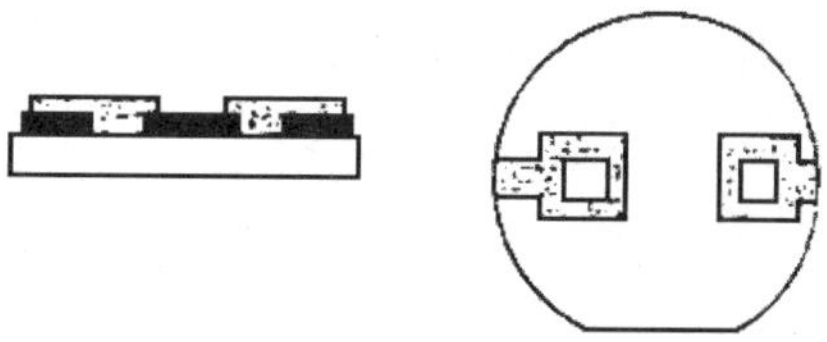

그림 18.15 박막 금속도체의 형성

웨이퍼에 각 고체요소가 형성된 후 그들은 서로 배선이 된다. 그 배선은 웨이퍼면에 적층되고 패턴형성된 전도성 금속의 박막이다.

다시 한 번 살펴보면 알루미늄, 알루미늄 합금, 도핑 된 폴리실리콘, 내열금속 등이다.

전기적으로 도체는 저항과 같은 법칙이 적용된다. 도체는 비저항이 작을 뿐이다. 따라서 많은 전류를 흘릴 수 있는 것이다.

저항처럼 전류는 도체 패턴의 크기와 두께에 영향을 받는다. 웨이퍼스텝에서 박막이 얇아지면 전류흐름에 악영향을 끼친다. 보통의 도체패턴은 필요이상으로 넓고 두껍게 되어있다.

도체 리드와 웨이퍼 혹은 퓨즈 사이의 접촉저항도 전류 제한 요소가 될 수도 있다. 완벽한 세척공정(약품, 스퍼터의 역이용 등), 공정청결도의 유지, 순수한 물질 등이 접촉저항을 줄이는데 필요하다.

(1) 사파이어(Sapphire)위의 실리콘 및 절연체 위의 실리콘 회로

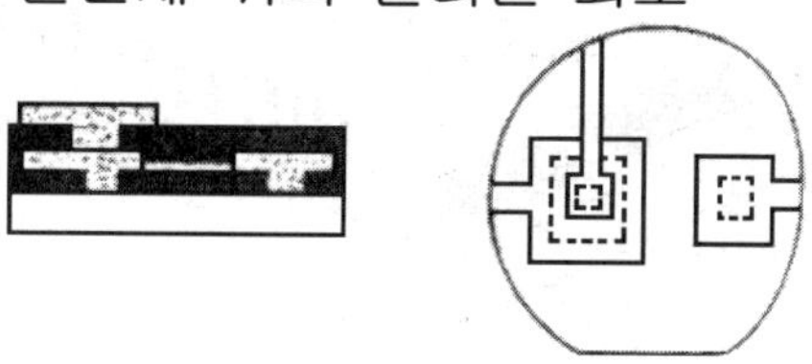

그림 18.16 이중배선

회로의 동작 속도는 여러 가지 설계 및 공정 요인에 관련된다. 에피층에 형성된 회로는 속도가 밑의 웨이퍼의 전도성에 영향 받는다. 어떤 회로는 이러한 구조로는 필요한 속도를 얻을 수 없다.

이러한 문제는 절연체 기판에 반도체 물질의 에피층을 형성하는 구조로 해결될 수 있다. 가장 많이 사용되는 기판은 사파이어다. 이 구조를 SOS 또는 SOI라고 한다. 사파이어는 모양도 놀라운데, 에피층(에피층은 단지 두께가 몇 마이크론 이하다)처럼 반투명하다. 전체적으로 반투명 웨이퍼다.

7. 비 실리콘 소자

실리콘 소자를 만드는 것과 비슷하거나 같은 공정을 써서 만드는 고체 반도체 소자가 매우 많다. 일반적으로 비 실리콘 웨이퍼는 실리콘이 가지지 못하는 특별한 성질을 띠고 있다.

가장 유명한 것이 빛을 발하는 소자(Light Emitting Diode : LED)일 것이다. 이 소자는 동작할 때마다 광자(photon)를 만들어 방출한다는 장점이 있다. 광자는 빛으로서 보인다. 이러한 소자에 사용되는 물질은 갈륨-인(GaP)이다.

이 소자는 많은 다이오드가 어레이(arry)를 구성하고 있다. 전류가 선택된 다이오드로 흘러가 역방향 바이어스로 동작한다. 역방향 전류는 광자를 빛으로 낸다. 표시기에서는 여러 가지 다이오드를 한 패턴에 구성해서 문자, 숫자 및 기호를 만들어 낸다.

웨이퍼를 특정한 도펀트로 도핑함으로써 여러 가지 색이 나타난다.

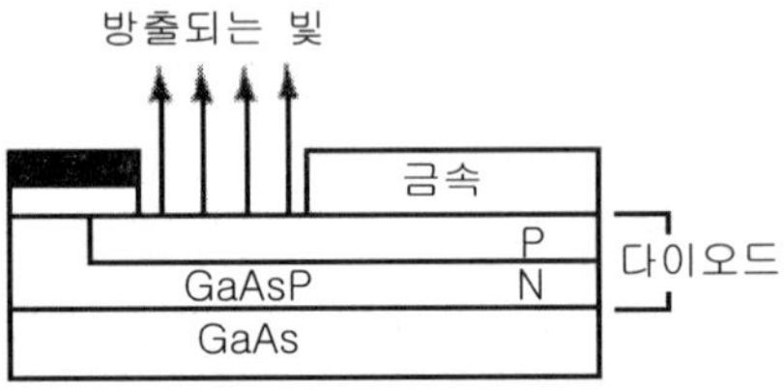

그림 18.17 LED구조

(1) 음파소자(Acoustic Wave Devices)

음파소자는 통신, 특히 초고주파 영역에 사용되는 비실리콘 소자다. 회로에서 이 소자는 전자기파를 음파로 바꾸는 기능을 한다. 이 음파가 ($Be_{12}GeO_{20}$) 등의 반도체 물질의 표면을 따라 전파된다. 회로에서 형성된 고체회로가 그 파를 사용할 수 있는 전기 형태로 다시 바꾼다.

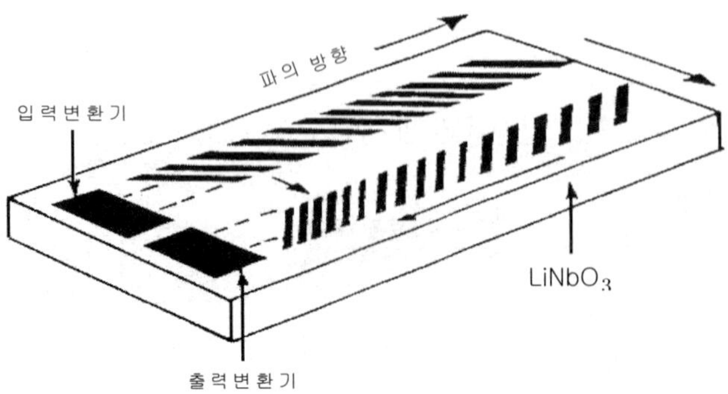

그림 18.18 음파소자

Chapter 19

집적회로 형성

반도체 회로는 칩 표면에 형성되고 연결된 개개의 전기요소의 집합이다. 그 소자란 저항, 다이오드, 커패시터 및 트랜지스터다. 그중 트랜지스터가 회로의 심장이다. 그의 전기적 기능이 회로의 동작을 가능하게 한다.

마이크로 칩 공정은 트랜지스터 구조를 만들고 설계하는 공정이며, 다른 소자는 복잡한 트랜지스터를 만들 때 같이 생성된다.

회로는 몇 가지 트랜지스터의 하나로 설계한다. 가장 보편적인 것이 바이폴라와 MOS다. 초기의 회로는 거의가 바이폴라 구조였다. 70년대에 공정과 물질의 청결도가 향상되어 MOS회로의 경제적인 공정이 가능해졌다. 80년대 후반에는 MOS기술이 더 우월하게 된 것이다.

각 바이폴라 및 MOS트랜지스터의 전기적 동작은 앞장에서 설명하였다. 본 장에서는 두 기술의 제조, 구조 및 회로의 차이를 설명하고자한다.

1. 바이폴라 회로 구성

바이폴라 트랜지스터는 얼로이(aiioy) 혹은 이중확산 형태로 구성된다. 그런데 후자만이 회로에 집적할 수 있는 방법이다. 평면 공정을 사용하여서, 바이폴라 트랜지스터는 서로 매우 가까이 형성될 수 있다.

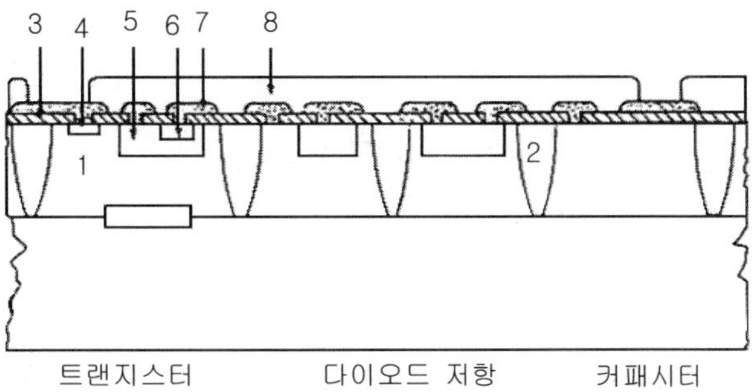

1. 에피 및 콜렉터 2. 콜렉터 콘택트 3.커패시터
2. 격리(Isolation) 5. 베이스 8. 보호층
3. 표면 산화층 6. 에미터

그림 19.1 바이폴라

모든 주요 바이폴라 회로는 실리콘 웨이퍼에 적층시켜 에피층에 형성된 이중확산 트랜지스터를 사용한다. 에피층은 두 가지 기능을 한다. 하나는 트랜지스터의 콜렉터지역이다. 다른 하나는 기관과 반대로 도핑 되어 깊게 확산된 벽을 이용하여 각 요소의 격리를 가능하게 한다.

트랜지스터의 콜렉터지역은 세지역중 가장 높은 비저항을 가진다. 실제로 높은 기능의 트랜지스터는 실리콘 결정성장 동안 필요한 비저항을 얻기 어렵다. 그런데 조절된 높은 비저항 에피막을 웨이퍼에 길러 콜렉터 지역으로 사용한다.

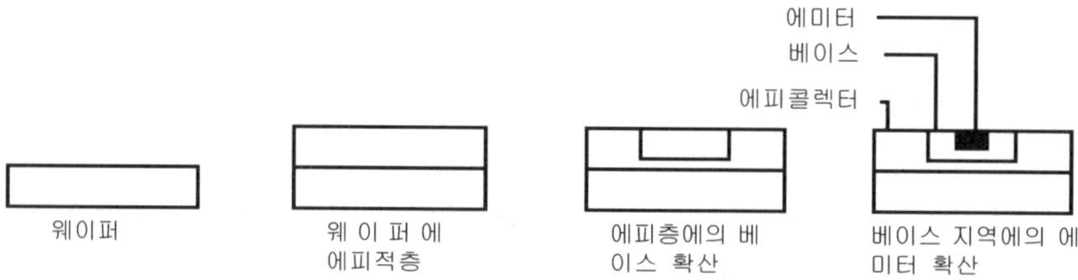

그림 19.2 피 콜렉터 지역

(1) 확산격리(diffused isolation)

동일한 에피층에 형성된 두 트랜지스터는 콜렉터가 공통이라 전기적으로 문제가 있다. 마찬가지로 에피층에 형성된 다이오드, 저항 및 커패시터도 에피층으로 서로 단락된다.

이 문제는 웨이퍼의 반대 전도형태를 갖는 에피층을 키워 에피층을 통해 기판까지 좁게 확산시킴으로써 해결한다. 격리 확산의 전도 형태는 웨이퍼와 같다.

격리 확산으로 인하여 서로 전기적으로 단절된 에피층의 섬이 형성된다. 격리 지역에서 생성된 전류는 확산 접합을 넘어 지역으로 가지 않는다. 이러한 격리를 확산 격리 또는 접합 격리라고 한다.

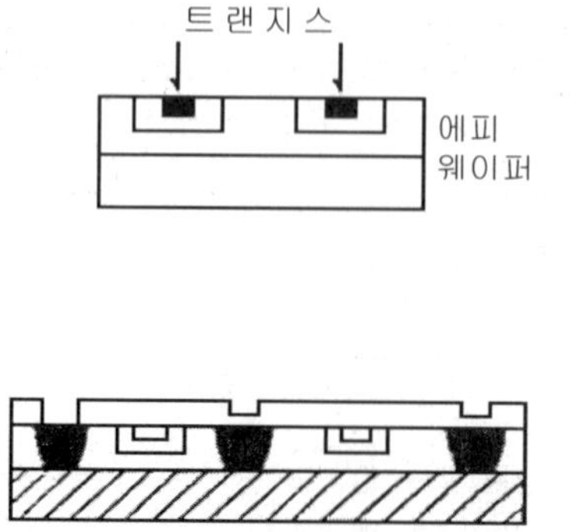

그림 19.3 에피층에서의 인접한 트랜지스터의 형성

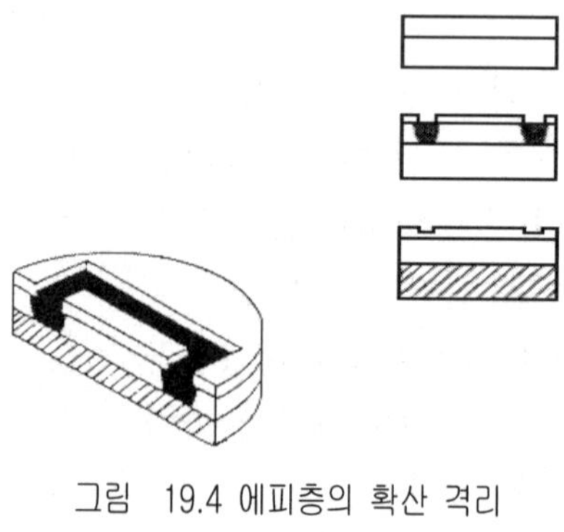

그림 19.4 에피층의 확산 격리

(2) 유전체 격리(Dieiectric isoiation)

방사가 많은 환경에서는, 즉 외계나 핵무기 주변에서는, 적당한 격리로서 확산 접합은 충분치 않다. 방사는 접합을 넘는 전자 정공을 만들어 누설을 야기한다.

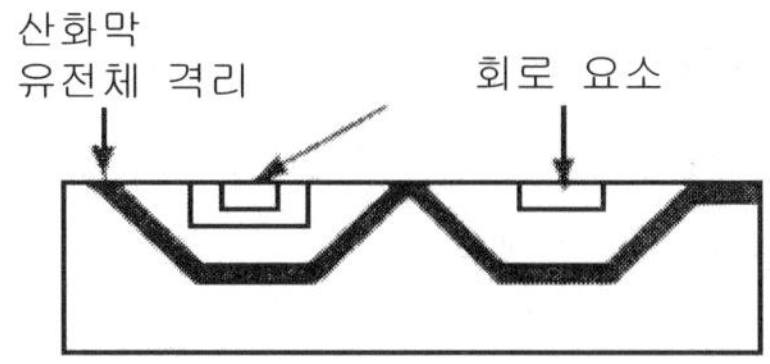

그림 19.5 유전체 격리

방사가 심한 환경의 회로는 다른 방법으로 격리시킨다. 에피 성장에 앞서 웨이퍼에 홈을 파서 표면을 산화시킨다. 산화 실리콘 층이 결국 격리층의 역할을 한다. 그의 우수한 유전 특성으로 방사에 의한 누설을 막는다. 격리된 웨이퍼를 그림 19.5에 나타내었다.

에피층이 웨이퍼의 홈에서 성장한다. 정상적인 바이폴라 회로가 격리된 포켓에 형성한다.

(3) 서브 콜렉터 지역(Subcolector Region)

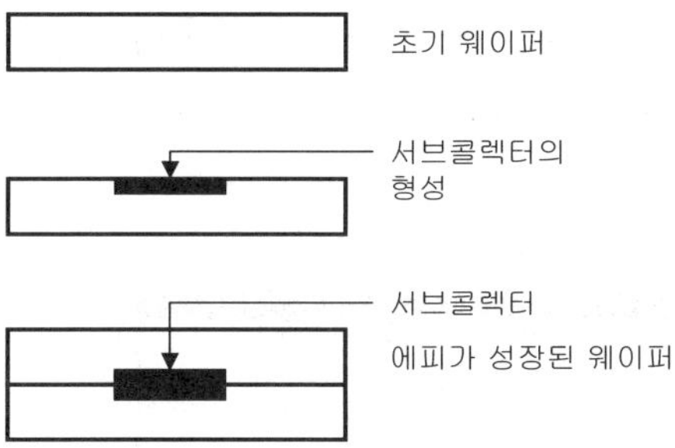

그림 19.6 서브콜렉터의 형성

그림 19.3에 보인 구조는 바이폴라 회로의 전기적 기능을 만족하게 수행하지 못한다. 에피층으로의 전류의 흐름은 저항성 때문에 제한된다. 이 문제는 에피층을 키우기 전에 웨이퍼에 저저항 지역을 확산시킴으로써 해결된다. 완성된 트랜지스터는 서브콜렉터 또는 버리드 층(buried iayer)이라 불리는 저저항 지역 위에 형성한다. 그 지역이 콜렉터베이스 지역과 닿지 않기 때문에 저저항 에피 콜렉터는 계속 필요하다.

(4) 저항

확산 저항은 바이폴라 회로에서 베이스나 확산 스텝에서 형성한다. 보통은 베이스 스텝에서 형성한다. 높은 저항은 에피층 자체로도 형성될 수 있다. 에피층의 일부를 격리 확산으로 분할해 저항으로서 회로에 연결된다.

방사가 심한 환경에서는 접합 격리된 회로나 확산 저하에 문제가 생긴다. SiO_2면에 적층되고 패턴이 형성된 니크롬 등의 박막저항은 방사에 의한 영향이 줄어든다.

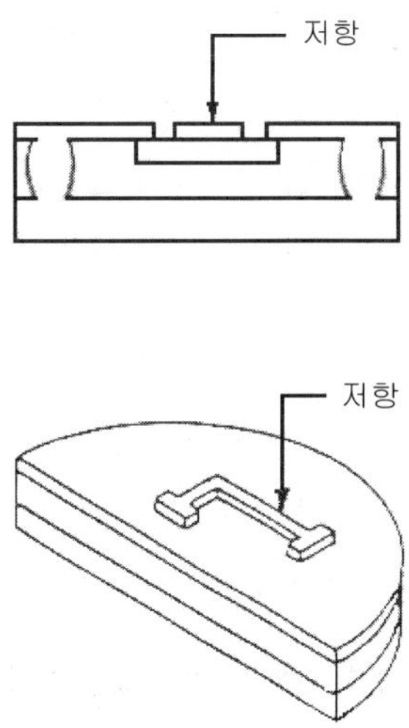

그림 19.7 확산저항 및 박막 저항

다이오드는 하나의 접합을 가진 소자이면 모든 PN접합에 존재한다. 어느 확산으로도 형성할 수 있다.

빈번히 사용되는 다이오드는 완전한 바이폴라 트랜지스터로 만든다. 베이스와 콜렉터가 다른 한쪽을 형성한다. 그 구조를 에미터 베이스 다이오드라 한다.

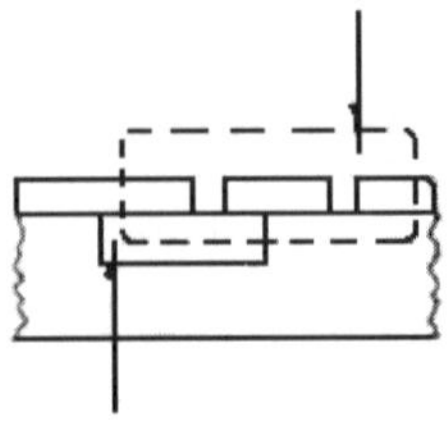

그림 19.8 접합 다이오드

(5) 콜렉터 콘택트(Coiiector Contact)

고자항의 콜렉터는 알루미늄 배선에서 대단히 높은 콘택트 저항이 생긴다. 낮은 저항의 콘택트는 에미터 확산 스텝에서 형성된다. 에미터마스킹에서 콜렉터 지역에도 산화막에 구멍을 낸다.

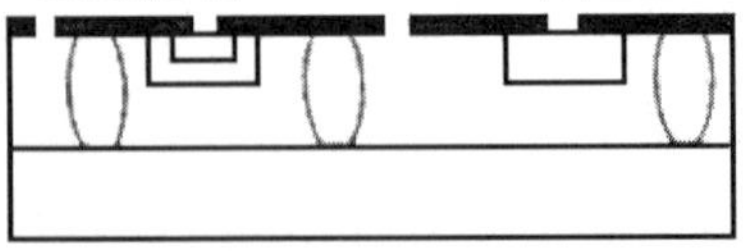

그림 19.9 베이스/콜렉터 다이오드

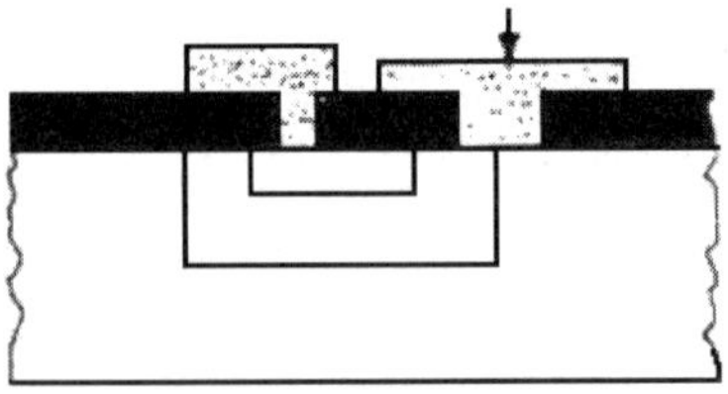

그림 19.10 에미터 베이스 다이오드

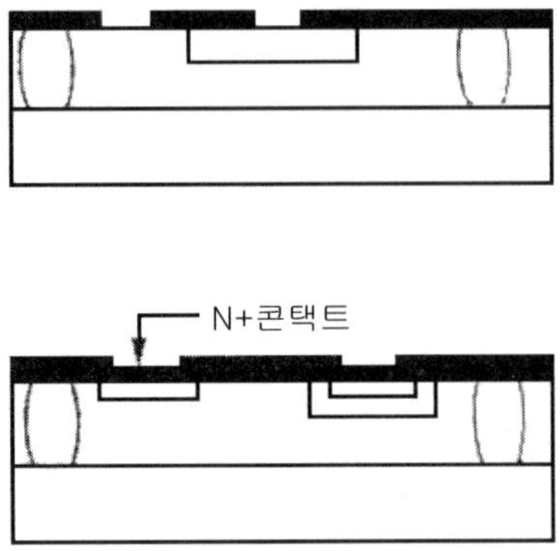

그림 19.11 콜렉터 콘텍트

에미터 도핑할 때 도펀트가 이 지역에도 들어가 저저항 영역을 만든다. 따라서 콘텍트 구멍이 이 지역에 열려 저저항 콘택트를 형성한다. NPN트랜지스터에서 도펀트의 높은 농도 때문에 이 지역을 N+ 콘택트라 한다.

(6) 커패시터

최상층의 금속과 에미터 확산지역의 사이에 유전체 커패시터를 형성한다. 접합 커패시터는 바이어스된 접합의 고갈지역의 커패시턴스를 이용해서 베이스 혹은 에미터 접합에 형성한다.

(7) PNP바이폴라 트랜지스터

고기능, 개별 바이폴라 트랜지스터를 NPN 혹은 PNP형태로 만든다. 집적회로에서는

NPN이 더 좋다. PNP가 필요한 경우 수직이 아닌 표면을 따라 형성한다. 그 지역들은 NPN이 확산될 때 동시에 형성된다. 이들 측방향 PNP트랜지스터는 베이스 확산을 콜렉터와 에미터로, 에미터확산을 베이스로 사용한다. 수직 PNP트랜지스터는 P형 기판을 콜렉터로 에피를 베이스로 그리고 베이스 확산을 에미터로 사용해서 만들 수 있다.

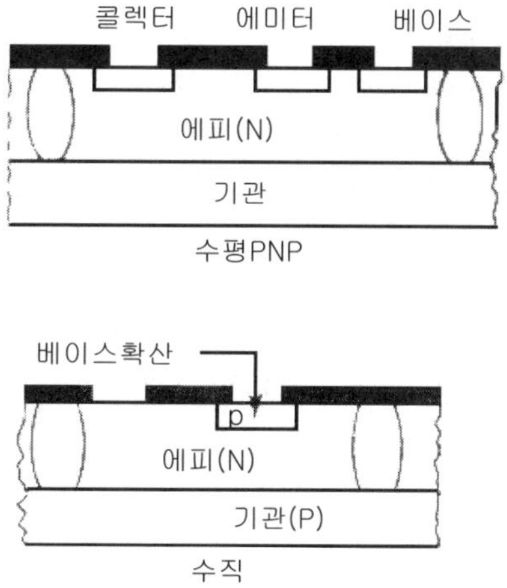

그림 19.12 수평 및 수직 PNP 트랜지스터

(8) 금 도핑

어떤 바이폴라 회로는 빠른 스위치 특성을 필요로 한다. 스위치의 제한은 트랜지스터가 OFF상태로 된 후 베이스지역의 전자의 움직임에 있다. 이 시간은 금으로 “traps”를 만들어 줌으로써 줄일 수 있다. 금이 베이스를 따라 확산되어 파워가 꺼지자마자 이동하는 전자를 트랩에 버린다.

(9) 금속공정 및 보호

바이폴라 요소가 에피층에 형성되면 보통의 금속공정 및 보호단계를 통해 회로가 완성된다. 그 완성된 구조를 표 19.1에 나타내었다.

표 19.1 바이폴라 및 MOS기술의 비교

파라미터	바이폴라	MOS
요소의 밀도		
동작전력	높다	
스위칭 속도	높다	
전류 전도 요소	정공과 전자	정공 혹은 전자
요소의 격리	필요하다	필요 없다
전류의 흐름	벌크 (bulk)	표면을 따라
산화층	최소한 5000 Å	최소 200 Å
필요한 청정도	중간-상	상
전류 흐름 조절	전류	전압
일반적인 회로	전력 , 논리	기억소자

(10) 확산된 도체

집적회로 설계는 더욱 빠른 회로를 추구하고 있다. 보통의 바이폴라를 몇게 서로 연결해 하나의 논리 셀을 만들어 속도를 향상시킬 수 있다. TTL과 ECL이 가장 보편적인 셀이다.

또 다른 I^2L은 보통의 바이폴라 소자와 구조적으로 다르다.

"integrated injection logic"을 나타낸다. 보통의 베이스를 여기서는 콜렉터로 써서 수평 PNP트랜지스터를 포함한다.

2. MOS회로 구성

앞장에서 여러 가지 형태의 MOS와 FET소자를 설명했다. 집적회로에서 그 형성은 바이폴라 기술과는 다르다. MOS기술에서는 에피층과 격리 확산의 두 가지 바이폴라 스텝이 안 들어간다.

MOS공정은 산화되어 곧바로 마스킹에 들어가는 초기 웨이퍼부터 시작한다. 회로가 금속이나 실리콘 게이트 구조에 기반을 두면 첫 번째 마스크는 소오스/드레인이 된다. CMOS회로는 P-웰 도핑단계부터 시작한다.

(1) 저항, 다이오드 및 커패시터

바이폴라처럼 MOS회로도 저항 다이오드 및 커패시터가 필요하다. 이러한 요소도 역시 MOS트랜지스터 구조 형성 때 만들어진다. MOS설계는 소오스 드레인 확산밖에 없기 때문에 전류의 "투입"이 일어나 회로 속도가 빨라진다.

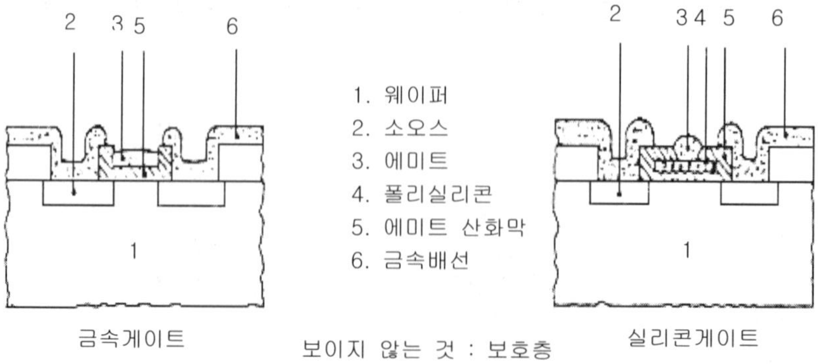

그림 19.13 MOS구조

(2) 필드 도핑(field doping)

바이폴라와 MOS에서 능동소자가 없는 부분을 필드(field) 라고 부른다. MOS회로에서 필드지역에 특별한 문제가 있다. 필드 산화막 상층을 달리는 금속 도체는 아래의 실리콘과 자동적으로 커패시터를 형성한다. 도체의 전압이 충분히 높으면 "필드 커패시터"는 아래의 실리콘에 전하를 유기시켜 소자의 단락을 유발한다.

여기에는 두 가지 방법이 있다. 어쩔 수 없는 커패시터를 도체의 전압에서 동작하지 못하도록 하면 된다. 첫 번째 방법은 필드 산화막을 15,000[Å]으로 두껍게 하면 된다. 두 번째는 또 다른 도핑 방법이다. 초기 산화 후, 필드 지역을 마스킹을 통해 노출시킨다. 이 필드 지역은 동작 전압에서 전하유기가 안되도록 하는 수준까지 확산을 시키는 것이다.

(3) 게이트 산화막

MOS게이트 산화막은 반도체 구조에서 가장 얇은 산화막이다. 게이트가 얇을수록 트랜지스터를 동작시키는(turn on)전압이 낮아진다.

산화막 두께는 200에서 1,200[Å]까지이다. 이 산화막은 그 아래의 표면과 함께 극히 깨끗하고 균일해야 한다.

(4) 게이트 도핑

MOS트랜지스터는 가능한 한 낮은 전압으로 "ON"되도록 설계해야 한다. 두께와 게이트지역의 도핑수준은 게이트 전압을 조절하는 구조적인 파라미터다. 이온 주입 기술이 개발되기 전에는 게이트 농도가 곧 웨이퍼 농도였다. 열 확산은 게이토의 비저항을 바꿀 만큼 되지 못한다. 이온 주입은 가능하다. 게이트는 집적(마스킹 스텝으로 노출된 후) 혹은 게이트 산화막을 통해서 도핑된다.

이러한 게이트 도핑 기술의 개발로 두꺼운 필드 산화막이나 필드 도핑을 할 필요가 없어졌다.

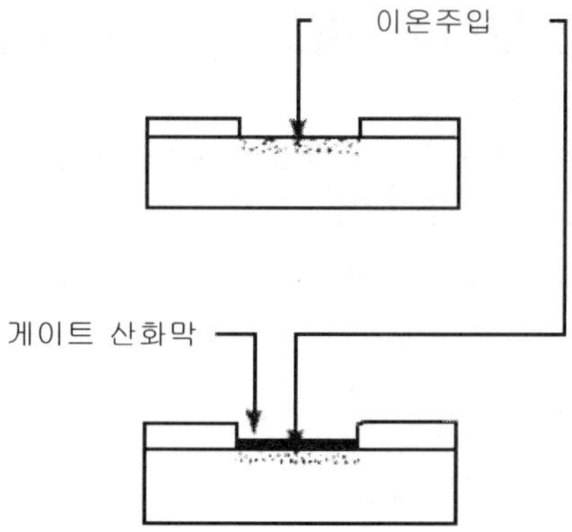

그림 19.14 MOS게이트 도핑

(5) 게이트 구조

금속 게이트 MOS구조가 먼저 개발되었으며 가장 간단한 MOS구조다. 회로상 몇 가지 단점이 있다. 하나는 문턱전압이 다른 MOS구조보다 높아서 큰 회로 전력이 필요하다는 점이다. 두 번째는 회로의 동작 속도다.

동작 속도는 트랜지스터를 "ON"시키는 시간과 완전히 "OFF"시키는 시간의 함수다. 전체 MOS회로에서는 억세스(access)시간 이라고 부른다. 억섹스 시간은 게이트 지역과 인근의 소오스 드레인 지역의 중첩에서 영향을 받는다. 이러한 중첩을 얼라인먼트 툴러런스(alignment tolerance)라고 부른다. 트랜지스터 동작 중 중첩지역은 커패시턴스를 형성해 트랜지스터의 "ON", "OFF"시간을 늦춘다.

실제 금속 게이트 트랜지스터는 필드지역에 전하를 유발시키지 않도록 필드 도핑이 필요하다. 이 때문에 제조 단가가 상승한다.

3. 실리콘 게이트 기술

1970년대 중반의 실리콘 게이트 공정의 개발로 MOS기술은 바이폴라 회로 및 자기 코어 메모리에 필적할 수 있었다. 실리콘 게이트의 첫 번째 장점은 문턱전압의 감소다. 두 번째 장점은 트랜지스터 및 회로의 속도 증가다.

공정단계에서 소오스 드레인 지역보다 게이트 지역이 먼저 만들어 진다. 이 기술로 의하여 소오스 드레인 지역은 게이트에 완전히 얼라인 되어 중첩 커패시터를 최소화 한다. 이온 주입된 소오스 드레인은 측면확산이 없기 때문에 커패시턴스가 없다. 이 구조를 얼라인 게이트(self aligned gate)라 한다.

4. 보상형 MOS(Complementary MOS)

CMOS기술의 개발로 MOS가 앞서게 되었다. CMOS는 N 혹은 P-채널 회로보다 더 강력한 회로 동작을 한다. 저전력, 고속도와 함께 이 요인이 CMOS를 마이크로프로세서에 적용하게 만들었다. 보상형 MOS(CMOS)는 N 및 P-채널로 형성된 MOS회로다.

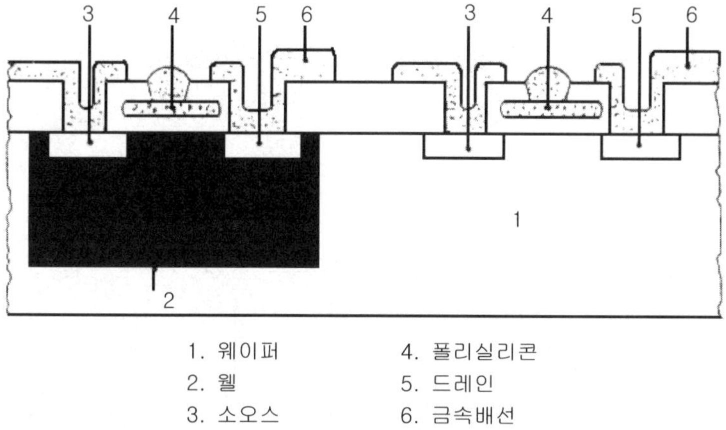

그림 19.15 CMOS구조

단순한 금속게이트 공정과는 달리 CMOS는 바이폴라 공정보다 스텝이 더 많다. 이 절 끝의 공정비교에서 CMOS공정을 설명한다. 많은 공정변수가 있으며, 어떤 경우 CMOS가 가장 복잡한 공정이 되기도 한다.

CMOS회로는 실리콘 질화막 게이트, 이온주입, LPCVD, 클래스 10공정환경, 프로젝션 및 스테핑 이미지, 반응성 이온 에치, 이중 금속배선 등 최신 공정기술을 필연적으로 적용해야 한다.

5. MMOS

MMOS(기억 MOS : Memory MOS)는 비지구성 기억소자의 문제점을 겨냥한 것이다. 보통의 RAM기억소자는 정보를 끊임없이 재충전 해 주어야 한다. 만일 재충전 전류가 멎거나 전력이 끊기면, 각 기억셀도 꺼지고 저장된 정보를 잃게 된다.

지구성 기억소자는 전력 없이도 정보를 유지하는 기억조자다. ROM기억소자는 칩에 들어있는 정보를 영원히 보유하는 구조다. 또 다른 방법은 MMOS인데 여기서는 실리콘 질화막이 게이트 산화막과 금속사이에 들어간다.

동작 중에, 실리콘 질화막이 게이트 전하를 보유한다. 이 구조는 끊임없는 재충전이 필요 없어서 더 좋은 지구성 기억소자가 된다.

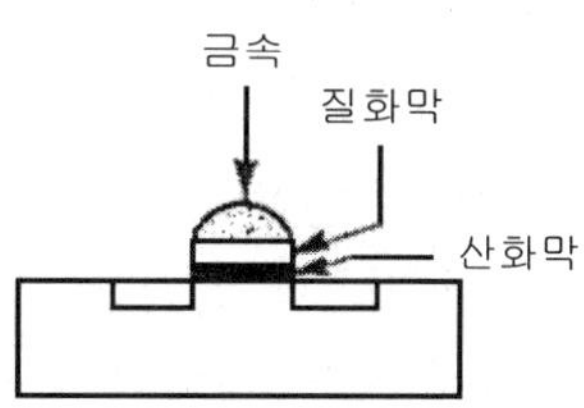

그림 19.16 MMOS 구조

MMOS는 더 높은 문턱전압을 필요로 한다. 따라서 속도가 떨어지고 표면 누설 전류 때문에 소자기능이 떨어진다. 소자를 그루브(groove) 의 측면에 만듦으로써 표면 오염과 손상에 의한 문제를 해결한다.

이러한 시도의 단점은 그루브를 형성하는 어려움이다. MMOS는 이 때문에 집적호로에는 적합치 않으나 개별 파워 트랜지스터로서 사용되고 있다.

6. VMOS

VMOS는 V-grove MOS기술을 말한다. 1970년대 후반에 개발되어 증가하는 MOS회로 밀도에 대처하는 방안으로 장래가 밝다.

이 공정은 웨이퍼 면에 V모양의 그루브를 에치해서 측면에 요소를 형성할 필요가 있다. 표면적이 넓어지므로 밀도가 증가한다.

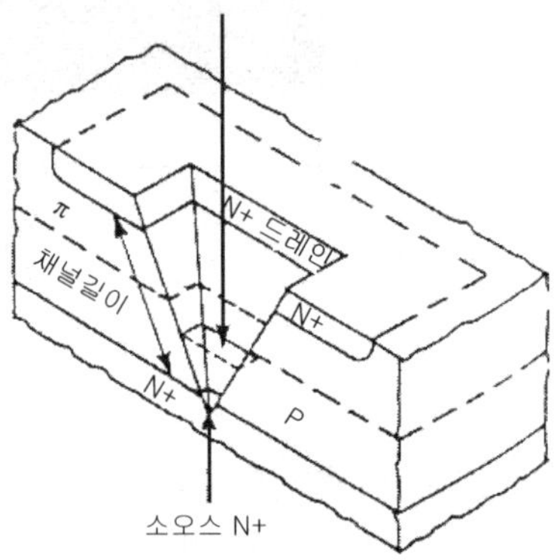

그림 19.17 VMOS 구조

7. HMOS 및 다른 MOS

HMOS는 집적도가 높은 고밀도 MOS(high density MOS)를 나타낸다. 특정한 소자 구조나 공정기술을 나타낼 필요는 없다.

MOS소자의 개발은 기본구조에서 많은 다양함을 가져왔다. 어떤 것은 별도의 이름을 가질만큼 중요하다. 독자는 그 이름이 주요 구조 변화인지, 기본 구조의 단순한 변형인지. 특정회사의 상품이름인지를 잘 분간해야 한다.

8. 금속의 이중배선

한칩의 소자밀도가 높아짐에 따라 금속배선도 더 많은 전류를 흘려야 한다. 고집적도에서는 웨이퍼 표면에만 배선을 하는데서 벗어나게 되었다. 한 가지 해결 방안은 이중금속을 사용하는 것이다.

첫 층은 보통의 금속공정과 보호막 단계를 거친다. 밑의 금속층과의 콘택트를 위해 보호층에 구멍을 내서 에치한다. 보호층 위에 두 번째 금속층이 적층되고 패턴이 형성된다. 마지막 보호막이 이중배선을 완성한다.

이때는 두 번째 금속층이 스텝 커버리지를 하는 데에 대한 평면 기술이 필요하다. 금속 사이 층에 폴리마이드(polymide)나, 인이 높게 도핑 된 산화층을 사용하기도 한다. 두 가지 모두 웨이퍼 표면에서 플로우(fiow)가 일어나 평평한 면을 구성한다.

9. 바이폴라와 MOS회로의 비교

바이폴라 기술은 30년 이상 반도체 산업에 존재해 왔다. 많은 요인으로 인해 산업에서 주요기술로 인정되어 왔다. 웨이퍼 면 밑에 형성되기 때문에 바이폴라 트랜지스터는 오염의 영향이 적다. 1950년대에는 깨끗한 재료, 장비, 기술이 없었기 때문에 더욱 각광을 받아왔다는 것은 놀라운 일이 아니다. 오염에 강하다는 것만이 요인이 아니다.

초기의 반도체 회로는 더 높은 전압, 전류로 동작하는 다른 전기요소와 연결이 되어야 했다. 바이폴라는 다른 전기 소자와 잘 연결된다. 바이폴라의 스위치 속도도 MOS구조보다 빠르다. 원래의 컴퓨터에 있어서 논리에는 고체회로, 기억소자는 코어(core)를 사용한다. MOS회로는 집적회로의 개발과 더 큰 용량의 기억소자가 필요하게 된 이후에 유명해졌다.

1959년의 Jack Kilby의 집적회로 연구를 필두로 한 칩 위에 더 많은 소자를 넣는 시대가 시작되었다. 격리가 필요 없는 MOS는 바이폴라 보다 회로 밀도가 높다. MOS회로는 고밀도 및 단순공정 때문에 초기 컴퓨터의 자기메모리 대용으로 사용하게 되었다.

자기 메모리는 선의 교차점에 위치한 페라이트(ferrire)물질의 도너츠 형태다. 적당한 X, Y라인에 흐르는 전류가 그 교점의 도너츠를 자화시켜 기억에 필요한 ON-OFF상태를 만든다.

어레이의 세 번째 선은 도너츠의 자화상태를 감지하는 선이다.

자기메모리는 다음과 같은 이유로 다른 반도체 소자를 필요로 하게 되었다.

i) 크기가 크다
ii) 전력소모가 크다
iii) 신뢰도 문제
iv) 읽고 쓰는 시간이 길다

반도체 소자의 여러 장점으로 1960년대에 이미 자기 메모리의 퇴보를 예언했다. 놀랍게도 1970년대까지도 반도체 기억장치는 경쟁 가격으로 값이 떨어지지 않았다. MOS가 공정스텝이 적고 밀도가 높아 바이폴라보다 단가가 낮아서 이 목적에 적합하게 되었다.

MOS소자의 세 번째 장점은 전력소모가 적다는 점이다. 저전력과 MOS회로의 출력은 이상적이다.

바이폴라에 비해 MOS회로는 느리고 누설이 많다. 초창기에는 이 때문에 논리게이트로는 MOS를 사용하지 않았다. 그러나 기억회로에는 이러한 요인이 작용하지 않는다.

1980년대 초부터 이러한 차이(전력, 속도, 밀도, 가격, 논리 및 기억분야)는 불분명해졌다. 휴대용 계산기의 개발로 한 칩에 논리 및 기억소자를 넣어야 했다. 1980년대에 MOS에 해당하는 CMOS가 마이크로프로세서를 리드하게 되었다.

MOS의 전력용량은 증가하고, 속도와 누설도 바이폴라 수준가지 접근하게 되었다. 초기의 MOS의 공정의 단순함도 사라지고 MOS공정이 증가해서 바이폴라 공정까지 접근하게 되었다. 이미징, 에칭 도핑 및 금속공정의 향상으로 회로기능도 더 좋아졌다.

CMOS소자와 마이크로프로세서의 개발과 함께 MOS기술도 바이폴라의 진척보다는 자체의 회로로서의 위치를 확보하게 되었다. 실제, 바이폴라와 MOS를 같은 칩에 넣으면 각 기술의 장점이 최종적으로 모아질 것이다. 표 2.1에 바이폴라와 MOS회로를 비교하여 나타내었다. 각 구조는 그 독특한 특성 때문에 계속 사용될 것이다.

Chapter 20

반도체 회로기술

반도체 산업 생산품의 60%는 집적회로 형태다. 반도체 기술에서 만드는 회로의 수는 끝이 없는 듯이 보인다. 주요 IC생산회사인 "National Semiconductor"나 "Motorola"의 회로의 카탈로그는 뉴욕시 전화번호부만한 크기다. IBM에서는 1990년까지 자체생산회로가 5,000개는 될 것이라고 한다.

수는 그렇게 많아도 IC회로를 아는 것은 그다지 어려운 일이 아니다. 수천 개의 회로가 몇 개의 표준 설계로 만들어지고 이는 세 가지 범주로 나눈다. 논리, 기억, 그리고 논리겸 기억회로다.

주요 기능회로 범주와 그 주요 회로 설계를 본장에서 논한다. 이 마지막 절에서 미래의 IC회로와 오늘날의 산업의 앞날을 볼 것이다. 1950년에 메가비트 RAM이나 마이크로프로세서가 나올 줄은 아무도 몰랐듯이 2010년대의 일도 단순히 상상할 뿐이다.

1. IC회로의 기본

논리 회로나 기억 회로는 데이터를 2지표기로 처리한다. 2진 시스템은 어떤 수를 두 상태 –0과 1로 표시하는 것이다. 이는 설계로 그 트랙은 그대로 두면서 그 값만 변화시키는 방법이다. 예를 들어 어떤 수를 그 요소의 합으로 나타내본다.

1이라는 숫자는 1+0과 같다. 3은 2+1을 나타내고 7은 4+2+1, 10은 8+2이다.

1, 3, 7, 10을 나타내는 자리수는 연관이 있다. 그 자리수가 그의 멱으로 나타난다.

2지표기의 기본은 모든 수가 2의 멱으로 표시된다는 점이다. 25는 16(2^4)더하기 8(2^3)그리고 1(2^0)의 합으로 표시된다.

어떤 수를 2진 표기로 옮기는 것은 각 칼럼(column)이 2의 역으로 나타내는 그리드(grid)

를 설정함으로써 쉽게 된다. 실제 수는 2의 특정한 멱이 거기에 있나 없나를 표시하는 0과 1의 열로 표시된다.

2진 표기는 여러 세기 전에 알려졌다. Buckminister Fuller는 그의 책 SYNERGISTICS라는 책에서 고대 페니키아인(Phoeniciam)들의 집의 수량을 계산하기 위해 2진 코딩(Coding)을 썼다고 한다. 그는 페니키아인들은 그날의 시스템만 셀 수 있었으며 그들은 단 두 가지 숫자만 사용해서 썼기 때문에 우둔하다고 주장했다.

	32	16	8	4	2	1
	2^5	2^4	2^3	2^2	2^1	2^0
수						
1	0	0	0	0	0	1
7	0	0	0	1	1	1
18	0	1	0	0	1	0
33	1	0	0	0	0	1

그림 20.1 그리드 표기

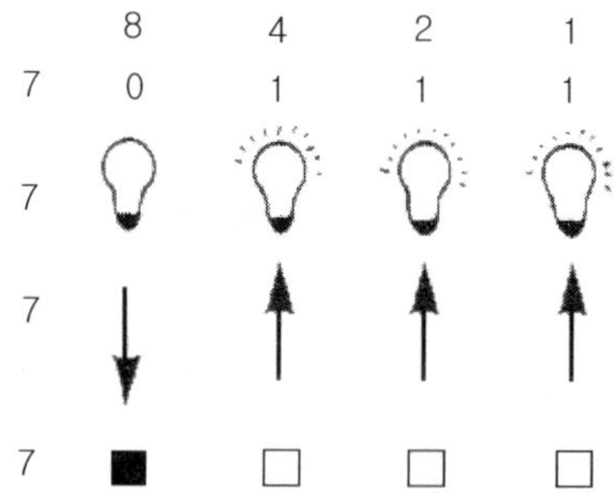

그림 20.2 숫자 7의 2진 표기

2진 표기는 단 두 상태로 수를 쉽게 나타내기 때문에 컴퓨터나 IC회로에서 많이 쓰인다. 2진 표기는 0과 1의 숫자만 사용한다. 실제로 두 가지 상태를 가진 어는 시스템만으로도 2진수를 나타낼 수 있다. 그림 20.2에서 7을 나타내는 몇 가지 방법을 보인다. 마지막 행은 트랜지스터의 ON/OFF상태로 나타낸 2진 코딩이다.

각 트랜지스터를 올바른 순서로 "ON" 혹은 "OFF"시킴으로써 회로 내에서 숫자가 코딩되고 저장되고 처리된다. 회로에서의 가장 적은 정보를 "2진 디지트(binary digit)" 혹은 "비트(bit)"라고 한다.

칩과 컴퓨터는 특정한 크기의 2진수를 다루도록 되어있다. 8비트 컴퓨터는 수를 한 번에 8비트씩 처리한다. 32비트 기계는 32개의 2진비트로 구성된 수를 취급한다. 8비트를 한 바이트(byte)라고 한다. 따라서 메가바이트 저장 용량은 8백만 비트의 데이터를 저장한다.

반도체 IC에는 몇 개의 기능 부분이 있다. 끝없는 회로로 구성된 각 칩은 입력 따라 들어오는 신호를 회로가 대부분은 기억이나 논리 등 회로기능을 수행하는 회로로 되어있다. 회로에서 정보가 처리된 후, 그것을 출력단위 기계가 알 수 있는 신호로 바꿔주는 디코드(decode)로 보낸다.

$1=2^0$

$2=2^1$

$4=2^2$

$8=2^3$

비록 이것은 과도하게 단순화한 설명이지만, 칩의 내부가 명백하게 분할된 기능지역으로 되어있다는 것을 보여준다. 많은 회로에서 이 지역은 컴퓨터의 주요부(main parts)와 같은 기능을 수행한다.

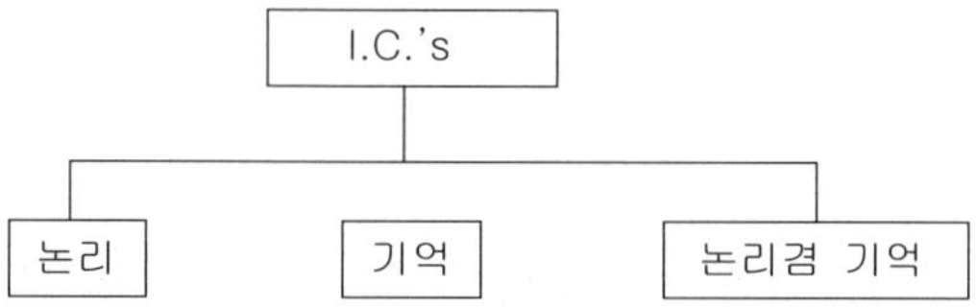

그림 20.3 IC회로 기능

회로형태는 논리, 기억, 논리겸 기억(마이크로프로세서)의 세 범주로 나눌 수 있다.

논리 회로는 주어진 데이터로 특정한 논리 동작을 수행한다. 예를 들어 계산기의 "+"키를 누르면 칩의 논리부가 그곳에 있는 수를 더한다. 차량에 설치된 컴퓨터는 문이 열렸거나 불이 켜졌거나 하는 것을 감지하는 센서로부터의 신호를 논리 조작해서 계기판에 적절하게 경고표시를 해 준다. 기억 회로는 데이터가 들어왔을 때와 같은 형태로 저장했다가 내준다. "π"키를 누르면 그 값이 저장된 회로부가 활성화된다. 3.14.....의 값이 스크린에 나타난다. 키를 누를 때마다 그 값이 나온다.

1972년에 INTEL에서 논리와 기억 등을 동시에 수행하는 회로인 마이크로프로세서를 개발했다. 마이크로프로세서는 많은 다양한 회로기능을 수행하도록 프로그램 될 수 있다. 이를 위해 그곳에서는 필요한 엔코드, 디코드, 입력, 출력부는 물론 논리 및 기억회로도 포함하고 있다.

마이코로프로세서는 한 칩으로 전자계산기, 디지털시계, 퍼스날(personal)컴퓨터 등을 만들 수 있게 한다. 마이크로프로세서는 한 칩에 있으나, 완전한 컴퓨터는 아니다. 아무리 단순한 컴퓨터도 큰 기억용량을 필요로 한다. 퍼스널컴퓨터 속에서는 마이크로프로세서가 중앙연산장치(CPU)의 기능을 한다. 컴퓨터를 실제로 사용하기 위해서는 부가적인 기억칩이 포함되어야 한다.

실제로 모든 IC회로는 논리기능과 기억 부분을 포함한다. 예를 들어, 소형 계산기의 논리 회로는 계산기를 위해 기억 부분에 정보를 저장시켜야 한다. 그리고 기억 회로는 저장을 위해 전자와 정공을 회로의 올바른 부분에 인도하는 논리 기능을 포함해야 한다.

2. 논리회로

논리 회로는 아날로그(analog)와 디지털(digital) 의 두 부문으로 나눈다. 아날로그 논리회로가 먼저 개발되었다. 아날로그 회로는 입력에 비례하는 출력을 낸다. 디지털 회로는 이와 반대로, 입력의 변화에 대해 미리 결정된 출력을 낸다.

벽에 있는 등의 조절기는 아날로그 장치다. 등의 전압을 조절하면 등의 밝기가 변화한다. 보통의 켜고 끄는 스위치는 디지털 장치다. 켜지고 꺼진 두 가지 상태만 존재할 뿐이다.

대부부의 음향회로는 아날로그 형이다. 볼륨을 조절해서 그에 비례할 소리가 스피커에서 나오게 한다.

집적 형태에서 아날로그 회로가 먼저 개발되었다. 1950년대의 가정용 컴퓨터 키트가 아날로그 형태다. 이 간단한 회로는 옴의 법칙(R=V/I)에 기초를 둔다. 이 회로는 저항계와 전류발생장치, 전압계로 되어있다.

이 세 양은 옴의 법칙으로 관련이 있다. 비슷하게 관련된 다른 변수도 저항, 전류, 전압으로 표현될 수 있다. 하나를 바꾸면 다른 둘이 변한다. 이 컴퓨터는 A=B/C라는 방정식을 푸는 능력이 있는 것이다.

아날로그 회로의 정확성은 입력과 출력의 정확한 관계에 있다. 예를 든 간단한 컴퓨터도 회로요소의 정확성, 입력을 세팅하고 출력을 읽는 계기의 정확성, 외부 "잡음"에 대한 회로의 면역성에 의해 정확도가 결정된다. 회로에 전압 수준을 조정하는 부분이 없으면, 전압의 변화로 출력이 바뀌고, 따라서 정확도가 떨어진다.

간단하고 복잡한 아날로그 회로는 내부 신호의 잡음에 쉽게 영향을 받는다. 또한 저항값의 정확한 조절이 필요하다. 그런데 확산 저항은 저항값 변화가 3～5%정도 되는데, 이는 보통 부적합하다.

더 정확한 저항은 매치(match)된 저항인데 이는 실제 저항이 두 저항의 차에 해당한다. 이 변화는 더 정확하게 조절된다.

이온 주입은 더 정확한 저항을 만들 수 있다. 보통 아날로그 회로는 정확한 조절을 위해 박막 저항을 사용한다.

디지털 회로는 정해진 출력를 내기 때문에 더 많이 쓰이고 있다. 동작에 5V가 나오도록 설계하면 된다. 즉 입력 변화나 내부적 잡음에 관계없이 5V를 낸다.

그러나 디지털 회로는 아날로그 회로처럼 빠르지 않다. 전자공학에서 쓰이는 말은 실시간 반응(real time response)이다. 비행기 조정 등의 경무 실시간 반응이 필수적이다. 최근에 개발된 디지털 회로속도는 아날로그 회로에 못지않다.

아날로그 회로에 대한 디지털 회로의 중요 장점은 일반적인 컴퓨터에 있다. 아날로그 회로는 일반적인 범위의 문제에 반응하도록 만들기가 더 어렵다. 모든 현대의 컴퓨터는 디지털 회로에 기초를 둔다.

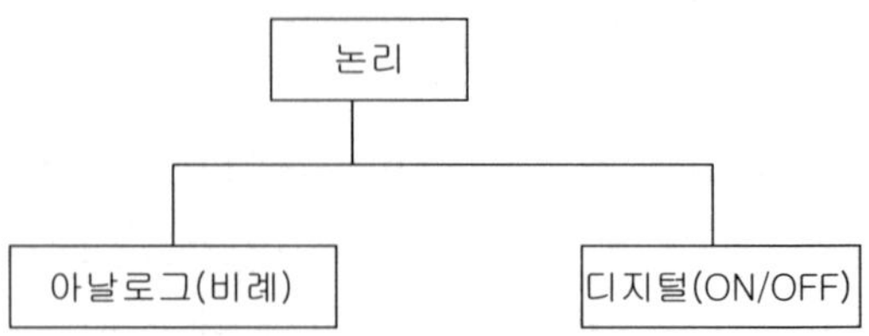

그림 20.4 논리회로형태

(1) 아날로그 회로

아날로그 회로의 가장 일반적인 용도는 증폭기다. 여러 가지 형태와 응용이 있다. 이 모두는 들어오는 신호와 펄스를 증폭한다는 기본 원칙이 있다. 음향회로는 레코드의 바늘로부터 약한 신호나 다른 입력을 스피커를 동작시키는 수준으로 만들기 위해 증폭이 필요하다.

아날로그 회로의 실시간 특성으로 실제 세계의 회로를 만든다. 온도나 이동과 같은 실제적인 측정을 할 때에는 아날로그 회로가 사용된다. 회로가 대부분 디지털인 경우에도 바깥세계와 연결하기 위해서 아날로그 회로가 필요하다.

대부분의 아날로그 증폭회로는 차동형태(differential operational type)다. 이 회로는 두 입력신호의 차이에 비례하는 증폭전압을 출력으로 낸다. 바이폴라 회로가 전류소자이고 아날로그 회로에 적합하기 때문에 이러한 회로는 바이폴라 회로를 사용한다.

① 게이트 어레이(gate array)

위의 어느 논리게이트를 써서도 수백 가지의 논리회로를 만들 수 있다. 기본회로의 변형인 여러 가지 표준회로가 있다. 공정에서 약간만 변화시켜 기본 회로가 변형이 된다.

공정의 끝에 필요한 요소(게이트)들만이 특정한 논리회로로 연결될 필요가 있다. 이는 필요한 요소에만 구멍을 가진 콘택트 마스크를 써서 가능하다. 금속 마스크에서 올바른 요소만 서로 배선된다. 두 번째 방법은 금속마스크에서 필요한 게이트만 배선하는 방법이다.

전자 산업은 상용회로를 만들 필요가 있다. 사용자는 그 용도에 따라 몇 가지 접근 방식이 있다. 한 가지 방법은 설명한 기본회로의 변화를 설정하면 된다. 또한 완전 상용으로 설계된 회로도 있다.

이 방법은 비싸고 시간이 많이 걸리는데, 그 계획의 설계에서 다른 회로를 설명할 필요가 없다. 상용 설계회로는 100,000개 이하에서는 가격에 타산이 없다.

게이트 어레이는 상용회로가 가격 및 시간을 절충한 방식이다. 이 회로는 표준 게이트로 구성된다. 이 게이트 부분을 어레이라 부르며, 이 회로는 게이트 어레이라 부른다. 기본 설계로 행하면서, 사용자는 그 회로기능을 위해서 공정 파트너의 배선만 주문하면 된다.

이 결과로 빠른 유통과 적절히 가격이 가능하다. 게이트 어레이의 논리 기능당 가격은 상용회로보다 비싸다. 많은 다양한 회로를 필요로 하는 큰 게이트 부분은 큰 칩이 된다. 이 큰 칩은 칩당 가격이 높고 수율이 낮다.

② 프로그램 가능한 어레이 로직(Programmable Array Logic : PAL)

위에 설명한 세 시스템은 사용자나 제작자로 하여금 상용화가 되도록 해주어야 한다. 이 때문에 제작이나 스케줄에 문제가 있고 사용자에게 어느 이상을 사라고 해야 한다.

1978년에 "Monolithic Memory"사는 이 문제를 PAL로 해결했다. MML에서는 기억소자 생산라인에서 프로그램된 퓨즈기술을 써서 논리회로를 만들었다. 그렇게 해서 충분히 상용화된 논리 회로를 만들었다. 이 방법은 표준 게이트 어레이와 비슷하다.

이 경우는 회로에서 퓨즈로 각 논리 게이트를 연결한다. 사용자는 회로를 프로그램에서 퓨즈를 끊음으로써 필요 없는 게이트를 제거한다.

Tracy Kidder는 그의 책 "SOUL OF A NEW MACHINE"에서 "Data General Project team"의 결정과 16비트 컴퓨터를 MMI 회로로 관련시켰다. 프로그램의 용이성과 짧은 공정시간으로 컴퓨터를 빠른 시간에 내놓게 되었다.

아날로그 소자의 출력신호는 입력 신호와 일대일 대응이 된다. 입력이 변할 때 출력이 선형으로 변하면 선형(liner)소자라고 부른다. 많은 아날로그 회로가 선형회로이기 때문에 두 용어는 같이 쓰이기도 한다. 입력과 출력에 로그(logerithmic)관계가 있는 비선형 회로도 있다.

디지털 회로는 논리 게이트로 구성된다. 게이트라는 장벽을 통해 전달한다. 게이트의 크기와 설계가 통과량에 영향을 준다. 많은 입구와 한 출구를 가진 방이 게이트다. 많은 사람이 그 방에 들어올 수 있으나 출구가 하나이므로 나가는 것이 제한된다.

그 게이트는 또한 거꾸로도 동작되어 사람이 한 문으로 들어와 여러 문으로 나간다.

전자 디지털 논리 게이트도 같은 기능을 하나, 전기 신호로 한다. 게이트 기능에는 세 가지가 있다. "곱(and)", "합(or)", "역(reverse)". 디지털 회로에서 부울 논리에 따라 필요한 논리 동작을 한다. 논리 설계는 이 책의 범위를 벗어나나, 이들 게이트가 개개의 고체소자로 구성된다는 것을 알아야 한다.

요소로 구성될 수 있는 논리 게이트는 서로 배선되고, 게이트를 형성하는 요소의 첫 이름을 따서 이름 짓는다.

I^2L은 논리 게이트를 구성하는 또 다른 방법이다. 형태에서는 바이폴라 트랜지스터가 에미터는 콜렉터로, 콜렉터는 에미터로 작용하는 역 방향 모드로 동작한다.

RTL : Resistor-Transistor Logic
DTL : Diode-Transistor Logic
TTL : Transistor-Transistor Logic
ECL : Emitter Coupled Logic
DCTL : Direct Coupled Transistor Logic

더 향상된 게이트 설계는 베이스와 콜렉터 사이에 쇼트키 다이오드(클램프(clamp)라고도 한다)를 연결한 바이폴라 트랜지스터로 형성하는 것이다. 이렇게 하면 더 빨라진다.

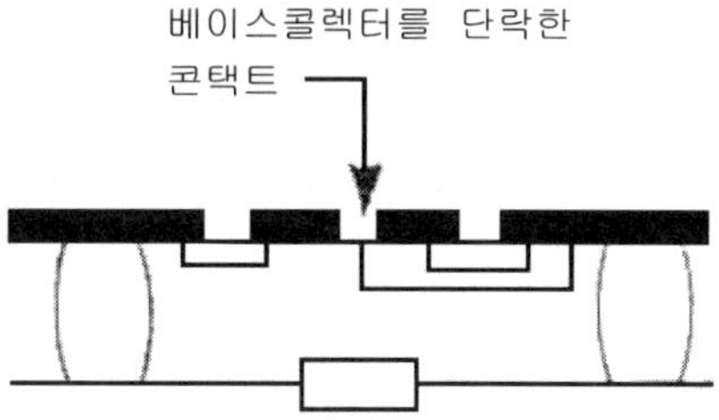

그림 20.5 쇼트키 클램프트 트랜지스터(Schottky clamped Transistor)

3. 기억회로

1960년경, 가까운 장래에 반도체 기억소자가 종래의 자기 코어 메모리를 대체할 것이라고 예상했다. 반도체 회로의 자기회로에 대한 장점은 신뢰도 크기 및 속도다. 이 예상은 1970년에 반도체 기억소자가 자기 기억장치를 능가하면서 이루어졌다. 자기 기억장치를 그때까지 유지해온 것은 가격 때문이었다.

기억 침은 MOS구조를 쓴다. 격리가 필요 없기 때문에 요소들은 바이폴과 구조보다 더 가까이 배치될 수 있다. 그런데 MOS는 전류를 더 표면으로 흐르게 한다. 1960년대에는 MOS가 요구하는 청정도를 만족할 수가 없었다. 높은 수율의 MOS를 만들기 위해서는 정확한 얼라인먼트와 깨끗한 게이트 산화막이 필요하다. 이 공정은 초기에는 개발되지 못했다. 결과적으로 MOS기억소자가 자기 기억장치보다 더 비쌌다.

공정이 향상됨에 따라 MOS만이 기억소자를 만드는 것은 아니나 크기 때문에 바이폴라 대신 선택되었다.

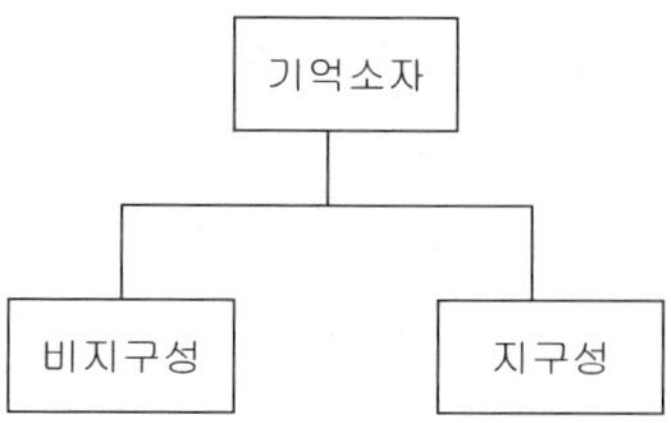

그림 20.6 기억회로 형태

논리회로도 MOS로 만들어지지만 대부분의 MOS회로는 주로 컴퓨터에 쓰이는 기억소자로 생산되었다. 또한 마이크로프로세서의 보조기억칩으로도 사용된다.

기억 소자에는 비지구성(volatile)과 지구성(non-volatile)의 두 가지가 있다.

(1) 지구성(non-volatile)기억소자

지구성 기억소자는 기계의 전력이 끊어져도 저장된 정보를 잃지 않는 소자다. 이러한 예는 음반의 전력이 없어도 그 안의 노래는 없어지지 않는다는 점과 비슷하다.

① ROM

집적 회로에서 ROM 설계는 지구성 회로의 기본이다. ROM은 읽기만 하는 기억소자(Read Only Memory)를 말한다. 정보는 제조 공정에서 ROM에 영원히 기억된다.

이 회로의 기능은 미리 저장된 정보를 주는데 있다. 다른 회로는 읽고/쓰는 기능이 있다. 즉 입력 소자로부터 정보를 받아 저장할 수 있다. (키보드, 자기테이프, 플로피디스크(floppy disk)등)

계산기에서 많은 정보를 회로의 ROM부분에 저장한다. 계산기의 파워를 올리면 모든 상수가 계속 살아있다. 계산 기능에 필요한 명령문과 상수는 ROM부분에 저장되었다.

ROM회로는 수없이 많다는 점에는 논리회로와 같다. 많은 표준형이 있지만 산업에는 상용 ROM회로를 쓴다. 표준 혹은 상용 칩을 쓰는 선택은 논리회로에서의 경우와 비슷하다. 사용자는 표준회로를 살 수도 있고, 표준회로의 변형을 정할 수도 있으며, 완전한 상용회로를 설계할 수도 있고, PROM, EPROM, EEPROM을 살 수도 있다.

② PROM

PROM은 프로그램 가능한 읽기만 하는 기억소자(Programmable Read Only Memory)의 표현이다. PROM은 PAL과 같다. 모든 기억셀은 회로에 퓨즈로 연결되어 있다.

사용자는 원치 않는 기억소자의 퓨즈를 끊음으로써 기억회로에 프로그램을 하는 것이다. 프로그램 후에 PROM은 ROM으로 바뀌고, 정보는 칩에 영원히 남는다.

③ EPROM

어떤 경우에는 전체 칩을 교환하지 않고 저장된 정보를 바꾸는 것이 편리할 때도 있다. EPROM 칩(전기적으로 프로그램 가능한 (Electrically Programmed) ROM)은 이런 용도로 만들어졌다. 특별하게 설계된 기억셀은 트랜지스터가 ON되는데 필요한 전하를 저장함으로써 기억기능을 하는 것도 있다. 이 구조는 칩에 자외선을 쬠으로써 전하를 소거(기억을 지움)시킬 수 있다. 프로그램을 다시해서 칩에 새로운 정보를 기억시킬 수 있다. 보통의 EPROM은 열 번까지 프로그램이 가능하다.

④ EEPROM

기계의 소켓에 끼운 채로 프로그램하고 재프로그램하면 더욱 편리하다. 이는 전기적으로 지울 수 있는(Electrically Erassable) PROM인 EEPROM을 씀으로써 가능하다. 프로그램과 지우는 것은 칩을 그대로 두고 바깥에서 온 전기펄프로 특정한 셀에 전하를 형성하고, 지움으로써 행해진다.

⑤ 버블 기억소자(bubble memory)

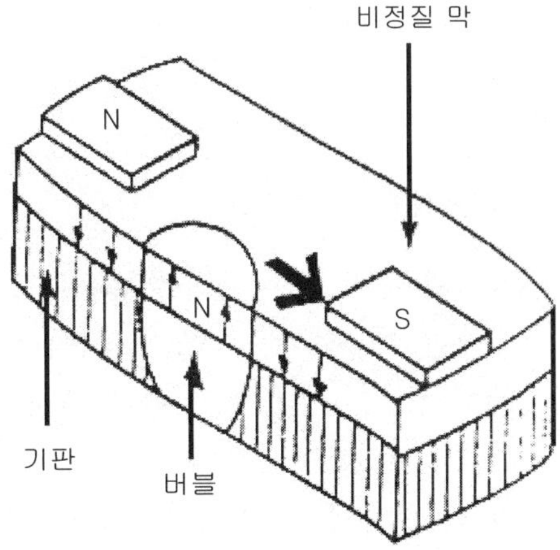

그림 20.7 버블 기억 소자

버블 기억소자는 정보 저장에 트랜지스터를 쓰지 않은 기억셀의 반도체 소자다. 버블 소자의 기판은 수많은 소형의 자기지역으로 되어있다. 이를 버블(bublbe)이라 한다.

버블은 표면 회로에 흐르는 전류에 의해 기판이 방향성을 가지도록 프로그램된다. 상하 또는 남북의 두 방향이 가능하다.(2진 정보 코팅에는 두 상태만 필요하다.) 저장정보는 기판에 남북으로 자화된 버블로 기억된다.

정보는 버블의 극을 감지함으로써 읽혀진다. 이는 직렬형태의 정보 저장이다.

처음에는 들어간 데이터를 읽으려면 소자 속의 모든 데이터를 읽어내야 한다. 바늘을 올릴 수 없는 음반이 직렬형태다. 안쪽의 노래를 들으려면 전체 음반을 다 들어야 한다.

각 버블이 작기 때문에 버블 기억소자는 엄청난 저장 용량을 가진다. 사실, 기억 용량은 디스크나 자기테이프와 같은 컴퓨터 용량과 비슷하다. 이 장치의 주요 단점은 정보를 읽는데 시간이 걸린다는 점이다. 이 소자는 시간이 중요하지 않은 곳에 쓰일 수 있다. 전화 시스템이나 랩(lap)컴퓨터에 쓰인다.

버블 기억소자는 지구성의 읽고/쓰는 기억소자이다. 파워가 없이도 정보를 기억하며, 새로운 정보를 영원히 또는 일시적으로 저장할 수 있다.

(2) 비지구성 기억소자(Volatile Memory)

반도체 소자나 컴퓨터 설계는 끊임없는 상호 절충이 필요하다. 지구성 기억소자는 전력손실에도 보호가 되나 보통 느리고 밀도가 낮다. (cm당 기억비트 수)

위의 회로에 없는 더 중요한 점은(버블은 제외), 컴퓨터 동작의 필수인 쓰는 능력이다. 시장 가격 등의 새로운 정보는 컴퓨터가 들어가 새로운 조사결과가 올 때까지 저장되어야 한다. 컴퓨터가 다음 정보처리하기 위해서는 쉽게 지울 수 있어야 한다.

① RAM

이러한 목적에 쓰이는 회로는 "Random Access Memory" 즉 RAM이다. "Random"이라

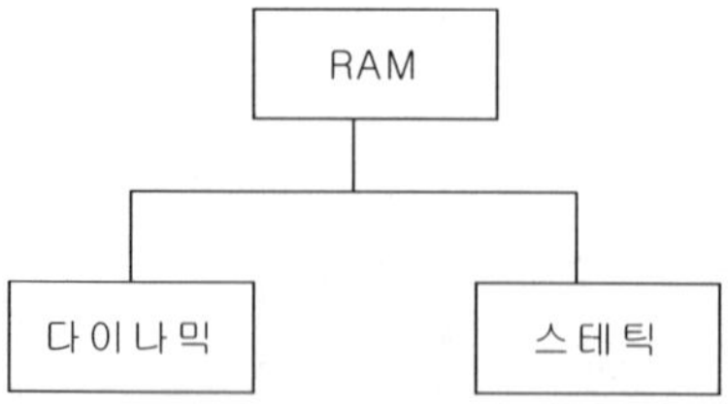

그림 20.8 RAM셀 설계(RAM cell Design)

는 말은 컴퓨터가 회로에 저장한 아무 데이터나 직접 읽어낼 수 있다는 말이다. 직렬회로와는 달리 RAM설계는 컴퓨터에 의해 원하는 데이터만 읽어낼 수 있다. 이 때문에 빨리 읽을 수 있고, RAM이 컴퓨터의 주요 기억회로가 되게 되었다.

RAM은 스테틱(static)과 다이나믹(Dynamic)의 두 가지가 있다. 다이나믹 RAM이다. 그래서 정보가 회로에 다시 입력되어야 한다. 이러한 기능을 재충전(refresh)이라고 하며 DRAM이라고도 불리는데, 컴퓨터에서 많이 쓰인다. 기억셀은 한 트랜지스터로 되어있고, 정보는 게이트 지역에 형성된 전하로 저장된다. 그런데 이 전하는 재빨리 없어진다. 그래서 정보가 회로에 다시 입력되어야 한다. 이러한 기능을 재충전(refresh)이라고 한다. 회로의 재충전은 초당 수천 번 일어난다. DRAM은 전력차단 및 방해, 재충전 회로의 문제점 등으로 정보를 잃기 쉽다.

스테틱 기억소자(SRAM)는 재충전이 필요 없다. 정보가 칩에 들어가면 전력이 있는 한 보존된다. 이 때문에 셀이 자리를 많이 차지한다. 따라서 SRAM은 DRAM보다 셀 밀도가 낮다.

MOS나 CMOS로 구성된 DRAM은 IC세계의 선구자가 된다. 더 빠르고 더 밀한 기억소자를 요구하기 때문에 공정 기술의 한계까지 집적하게 된다. RAM기억 용량은 저장되는 비트의 수도 결정된다. 1KRAM은 1024비트의 정보를 기억한다. 1024는 2의 멱이다. 산업에는 천 단위로 반올림한다. 64KRAM은 실은 65.536비트의 정보를 저장한다.

RAM용량은 급속히 확장되어 90년대 말에는 메가비트(백만) 기억소자가 생산될 것으로 예상된다. RAM의 용량이 커짐에 따라 물 공정이나 수율 향상이 더 중요하게 되었다. 현재는 64 K RAM까지 와있다. 1977년에 IBM에서 생산되어 그 즉시 시장성이 있어서, 하나에 100달러를 호가했다. 1983년에 경쟁 및 수율 향상으로 하나에 6달러로 값이 내려갔다.

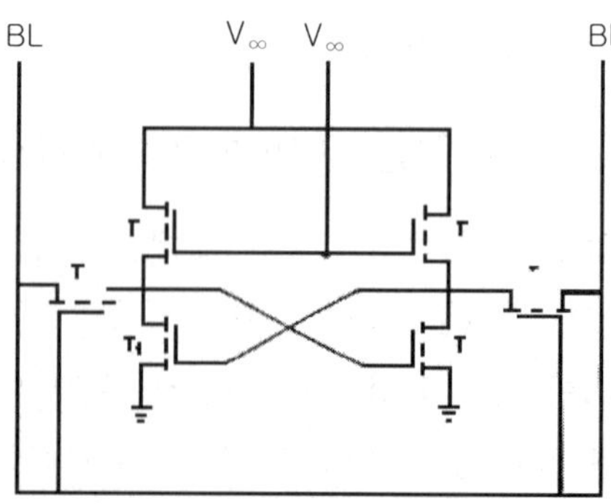

그림 20.9 스테틱 RAM 구조

(3) 차세대(The next generation)의 반도체 산업

① 고집적도

현재 산업에서는 칩의 요소를 줄여 고집적화로 옮아가고 있다. 그러나 도달될 수 있는 크기와 수준에는 많은 제한요소가 있다. 우선 포토리도그래피에 제한이 있다. 더 좋은 공정장비와 향상된 청정실로 이러한 크기는 마이크론 이하(Submicron)로 줄어들 것으로 예상된다.

이미지를 마이크론 이하의 범위로 줄이는 데는 X-선이나 E-빔이 필요하다. 이러한 기술은 0.04마이크론까지 분간하는 높은 신뢰도의 PR이 필요하다.

소자의 최소 크기는 0.004마이크론인데 이는 층으로 형성된 요소에 물리적 법칙이 적용되어서 동작할 수 있는 최소 크기다. 이 이하에서는 보통의 반도체 물리학은 적용되지 않는다.

각 회로의 크기가 줄어들면서 더욱 급한 문제는 수율인데, 오늘날의 기술은 전 웨이퍼에 각기 회로가 존재한다. 그런데 결함 때문에 한 웨이퍼의 수율은 사실상 0이다. 많은 회로가 결함 때문에 실패한다. 이러한 작은 결함으로 인한 치명적인 영향을 극복하는데 여러 가지 시도가 행해지고 있다.

② 여분(Redundancy)

여분은 설계 때 여분의 회로요소를 포함하는 것이다. 몇몇 요소가 동작하지 않으면 쓸 수 있는 다른 회로가 있도록 하는 것이다. 그 대신 칩 면적을 더 차지하게 된다. 또한 여분 회로는 기능을 하는 것과 안하는 것을 구분해서 기능을 하는 요소를 찾아내기 위해 주 회로(main circuit)에도 종종 넣는다.

비록 이 방법이 높은 수율을 위한 방법으로 수년간 논의되었으나, 아직 회로 디자인할 때 주는 되지 못한다.

③ 웨이퍼 규모의 집적(Wafer scale integration) ;WSI

웨이퍼 규모의 집적은 웨이퍼의 기능 면적을 최대로 활용하기 위한 방법이다. WSI를 쓴 웨이퍼 면은 각개의 다이로 나누지 않는다. 대신 웨이퍼는 회로의 기능을 하는 부분을 포함하는 것이다.

예를 들어 열 개의 논리칩과 20개의 기억칩을 가지는 큰 회로를 생각해본다. 일반적인 방법은 그 칩들을 따로 생산하는 방법이다.

그 웨이퍼의 실패한 칩은 회로의 한 부분의 동작을 방해하는 몇 개의 결함으로 동작하지 않는다. 실상 실패한 칩도 동작을 하는 부분을 가지고 있다. 보통의 칩 방법에서는 비록 동작하는 부분이 있는 칩이라도 버려야 한다.

WSI에서는 웨이퍼 면이 전체회로 보다는 개개의 회로 영역으로 구성된다. 예를 든 회로에서, 모든 회로부분과 여분으로 열 개의 논리부분과 20개의 기억부분을 더 넣어준다. 공정 후에 다이선별 테스트로 테스트를 해서 동작하는 부분을 구별한다. 금속 층으로 큰 회로의 동작하는 부분만 연결하는 것이다.

결과적으로 웨이퍼의 모든 동작부분을 쓰는 셈이다. 또 다른 장점으로 패키지 연결이 적어서 속도가 빠르고, 각각의 패키지를 하지 않으므로 단가가 적다는 장점이 있다.

WSI의 단점은 논리와 기억 기능을 같은 웨이퍼에 하므로 공정 시간이 오래 걸린다는 점과 더 밀한 회로에서 발생하는 열로 인한 신뢰도에 있다.

④ 조셉슨 접합 및 크라이오제닉스(Josephson Junctions and Cryogenics)

차세대의 고체회로는 초전도성과 조셉슨 접합일 것이다. 초전도성이란 반도체 물질의 전기저항이 극저온에서 극적으로 낮아지는 현상이다. 필요한 온도는 액체 헬륨의 온도(-269℃)이다.

조셉슨 접합은 두 반도체 사이의 얇은 절연막으로 형성된다. 저온에서 전자는 저항이 없거나 거의 없는 장벽을 통해 움직인다. 접합에 외부적으로 가해지는 전장으로 전류를 조절한다.

실험실에서는 몇몇 조셉슨 접합 소자가 개발되었다. IBM이 이 기술의 선구자다. 이 기술을 대규모 초고속 컴퓨터에 적용하는 데의 문제는 이러한 저온에서 버티는 금속 시스템과 마이크론 이하의 이미지 형성에 있다.

⑤ 전자/기계적 반도체 소자

반도체 소자는 전기신호 이외의 것에도 반응하고 또 만들어 낼 수 있다. 광전(Optoelectrical)소자가 몇 년간 쓰여 왔다. 이 소자는 빛으로 전류를 형성하고 접합을 넘는 전류로 빛을 발한다.

다른 반도체 소자도 물리적 힘을 받으면 전류를 냄으로써 반응한다.

1947년 트랜지스터의 발견으로 세상에 나온 반도체 기술은 세계적이고 혁신적인 것으로 계속 제공하고 확장할 것이다. 이 놀라운 영향을 고려하지 않고 가깝고 먼 미래를 생각하기는 힘든 일이다.

Part Ⅱ 프로세스 체크

Chapter 1
프로세스 체크 (Process Check)

1. 프로세스 체크기술의 구성

IC, LSI의 연구나 생산을 목적으로 할 때에는 개개의 프로세스의 장치를 사용하게 되는 것만이 아니고 재현성이나 기능을 보증하는 기술(이하 프로세스 체크기술이라 한다)을 확립하여 놓는 것이 중요하다. 프로세스 기술과 함께 프로세스 체크기술이 확립됨으로써 비로소 안정된 프로세스의 운영이 가능하며 수율을 결정하는 요인을 명백히 하며, 이것을 개선하는 일도 가능하게 된다.

프로세스 체크기술은 구체적인 프로세스에 대하여 경험적으로 기술하는 수밖에 없다. 여기서는 간단하게 설계된 P－MOS IC 또는 n－MOS IC 프로세스를 구체적인 예로써 설명한다.

프로세스 체크기술은 4가지의 부분으로 구성되어 있다. 즉,

i) 프로세스에 사용한 Si웨이퍼의 표면청결도와 결정 완전성의 평가,

ii) 포토 마스크 제작과 사진석판 공정의 각 단계에서의 가공정밀도의 체크,

iii) 산화, CDV, 확산 및 Al증착의 각 공정에서 장치의 청결도와 프로세스 파라미터의 재현성 체크,

iv) n－MOS IC를 구성하는 요소인 MOS 다이오드와 플레너 다이오드의 불량률에서 IC의 수율을 추정하는 종합적 평가이다.

2. 간단하게 설계된 MOS 트랜지스터

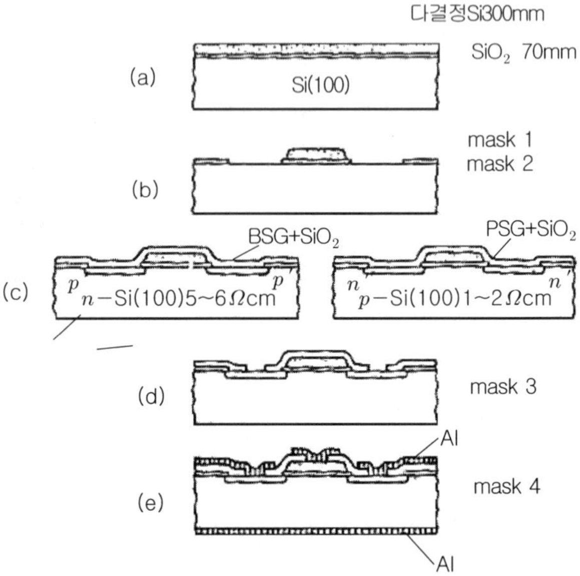

그림 1.1 $p-$MOS IC 또는 $n-$MOS IC의 웨이퍼 프로세스

그림 1.1에 MOS트랜지스터 1개분의 $p-$ MOS IC 또는 $n-$MOS IC 프로세스 단면도를 나타내었다. 게이트를 자기정합형(Self Align type)으로 구성한 다결정 Si게이트 MOS트랜지스터이다. 프로세스의 전반 (a), (b), (c)에서 게이트 MOS 다이오드와 소오스-드레인 플레너 다이오드를 1회의 붕소 또는 인확산으로 자기정합형으로 형성하여 후반 (d), (e)에서 트랜지스터 사이의 상호배선을 함으로써 IC를 실현한다.

경면으로 다듬어진 (100) Si웨이퍼를 준비한 후, 1050℃의 건조산소 분위기에서 Si 웨이퍼를 열산화하여 70[nm]의 게이트 산화막을 형성한다. 산화막 위에 SiH_4(Silane)의 열분해를 이용하여 약 600[℃]에서 300[nm]의 다결정 Si를 석출한다(a). 제1회의 사진석판 공정에서 다결정 Si를 CF_4-O_2(plasma)로 에칭가공한다. 게이트의 레지스트를 남겨 둔 채 전면에 2회째의 포토레지스트를 입혀서 게이트와 소오스-드레인 영역을 하나의 영역으로 한 포토 마스크 2를 사용하여 소오스-드레인 영역의 창을 형성한다. SiO_2의 에칭은 불산 불화암몬수용액으로 한다. 여기서 게이트와 소오스-드레인은 자기정합된다(b). 게이트와 소오스-드레인사이의 누설전류를 막기 위해 레지스트를 제거하기 전에 다결정 Si의 사이드 에칭(Side Etching) $n-$Si(100) 5~6[Ωcm]의 웨이퍼를 사용하였을 경우에는 붕소의 확산원으로서 20[nm]의 BSG(Bero-Silicate Glass)를 석출하고 그 위를 500[nm]의 SiO_2로 덮어 놓는다. $p-$Si(100) 1~2[Ωcm]의 웨이퍼를 사용하였을 경우에는 인확산원으로서 20[nm]의 PSG(Phospho-Silli-cated Glass)를 석출하여 그 위를 500[nm]의 SiO_2로 덮어 놓는다. 산소분위기의 고온에서 가열하여 소오스-드레인의 pn접합을 형성한다(c). 여기까지의 공정에서 MOS트랜지스터로서의 필요한 기능은 모두 갖추게 된다. 제3회째의 사진석판 공정에서 상호배선을 위하여 컨택홀영역을 만든다(d). 전면에 알루미늄을 진공증착한 후, 제4회째의 사진석판 공정에서 알루미늄을 가공하여 상호배선을 완료한다. 끝으로 웨이퍼 이면에 알루미늄전극을 형성하여 프로세스를 마치게 된다.(e)

3. Si웨이퍼의 체크

(1) Si웨이퍼의 오염 체크

그림 1.1의 간단화 된 MOS IC는 p－MOS IC 또는 n－MOS IC를 네 장의 마스크로 간편하게 제작할 수 있는 프로세스이나 Si웨이퍼의 첫 산화에서 형성된 SiO_2막이 게이트 절연막인 Si－SiO_2의 경계면을 이루고 있음과 동시에 field절연막의 Si－SiO_2의 경계면도 된다. 따라서 형성된 산화막은 경계면이 안정치 않으면 안 된다. 열산화 SiO_2막의 성질과 경계면의 특성은 산화직전의 웨이퍼 표면청결도에 의존하게 된다.

Si의 산화막 두께 x_0와 산화시간 t의 관계는 Deal－Grove의 식

$$x_o^2 + Ax_o = B(t+\tau) \tag{1}$$

에 의하여 주어진다. 여기서 x_o는 형성된 산화막의 두께이며, t는 산화시간이다. B/A는 Si－SiO_2 경계면에서의 Si과 산소와의 반응속도에 관계되는 계수이며 B는 형성된 SiO_2막 속을 산소가 확산에 의해 통과되는 속도에 관계되는 계수이다.

$$\tau = \frac{x_i^2 + Ax_i}{B} \tag{2}$$

에서 x_i는 $t=0$에서 이미 형성되어 있는 초기산화막의 두께이다.

표 1.1 산화의 제정수

웨이퍼	B/A (nm/min)	B (nm^2/min)	x_i (nm)
a	3.68	37.6	1.96
b	1.41	85.0	4.42

표준 RCA세척처리 회수가 3회인 Si웨이퍼 a와 1회만 세척한 웨이퍼 b를 950[℃] 의 건조산소 속에서 열산화 한다. 열산화 시간과 산화막 두께와의 관계를 그림 1.2에 나타내었으며, 식(1)에서 최소2승법으로 구한 정수를 표 1.1에 나타내었다. 웨이퍼 b의 정수를 웨이퍼 a의 값과 비교하였을 때 웨이퍼 b는 Si－SiO_2 경계면에서의 산화반응이 늦고, 막 속에서 산소의 확산계수는 빠르며, 초기 산화막 두께도 4[nm]이상으로 크다. 적어도 치밀한 SiO_2막이 형성되어 있다고는 말할 수 없다. 웨이퍼 표면의 청결도에 문제가 있다고 생각된다.

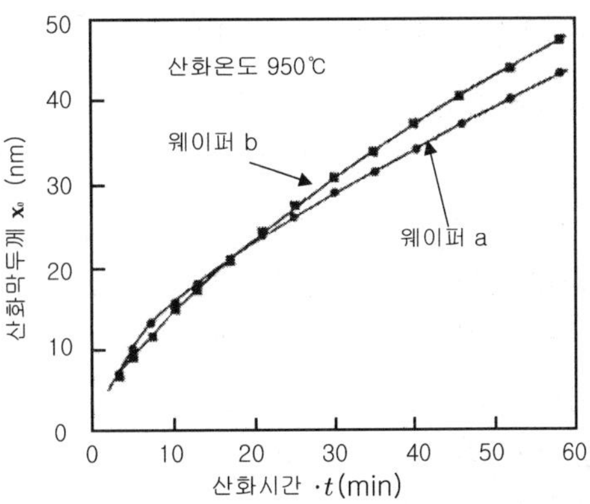

그림 1.2 세척조건이 다른 Si 웨이퍼의 열산화

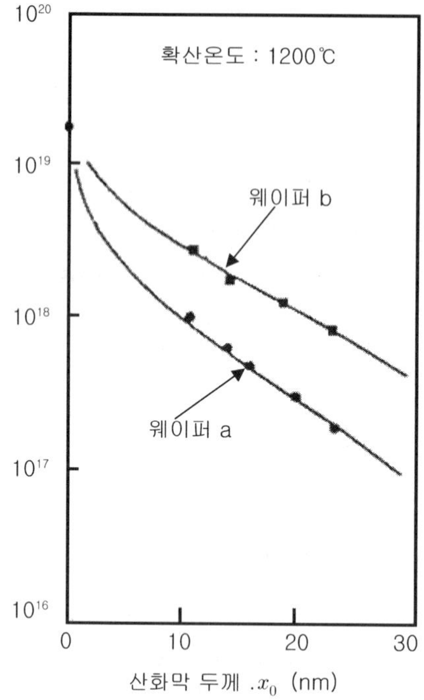

그림 1.3 세척조건이 다른 Si웨이퍼를 열산화하여, 산화막을 통하여 확산된 붕소의 표면농도

열산화에 의해 형성된 SiO_2막을 통하여 붕소 또는 인을 확산시켜서 SiO_2막 속의 확산계수를 구하면, Si웨이퍼 표면의 청결도가 보다 현저히 다르게 나타난다. 그림 1.3은 표준 RCA세척처리를 3번하고 난 Si 웨이퍼 a와, 1번만 세척한 웨이퍼 b를 열산화하여 형성된 SiO_2막을 통해 붕소확산을 하여 Si표면의 붕소농도를 구한 결과이다. Si 웨이퍼 a의 치밀한 SiO_2막을 통과한 붕소의 양은 적고 Si 웨이퍼 b의 치밀하지 않은 SiO_2막은 다량의 붕소가 통과하고 있다. 이 실험치에서 SiO_2막 속의 붕소확산계수를 구하면 웨이퍼 a에서는 $D_o = 6 \times 10^{16}[\text{cm}^2/s]$ 웨이퍼 b에서는 $D_o = 5 \times 10^{15}[\text{cm}^2/s]$가 된다. 이들 확산계수의 값에서, 1200℃ 30분의 붕소확산을 했을 때, Si 속으로 붕소확산을 막기 위해 필요한 산화막 두께를 측정하면, 웨이퍼 a에서는 50[nm]이면 충분한 것에 대하여 웨이퍼 b에서는 80[nm]의 막 두께를 필요로 한다.

Si웨이퍼의 마지막 세척처리는 Si-SiO_2 경계면의 전기적 특성에도 영향을 미친다. MOS 다이오드 CV특성을 측정하여 Si 웨이퍼의 청결도를 판단할 수 있다. Si 웨이퍼 a, b에 30[nm]의 열산화 SiO_2막을 형성하여 알루미늄을 진공증착하여 MOS다이오드를 제작한다. CV곡선의 측정결과를 그림 1.4에 나타내었다.

웨이퍼 b의 CV특성은 공핍영역에 분극성과 히스테리스가 나타나 있으며 반전영역에 홀 트랩밀도가 높고 반전층이 형성되어 있지 않다. 웨이퍼 a의 CV특성은 공핍영역에서의 기울기가 이상곡선(이론치)의 기울기와 일치하며, 기본밴드

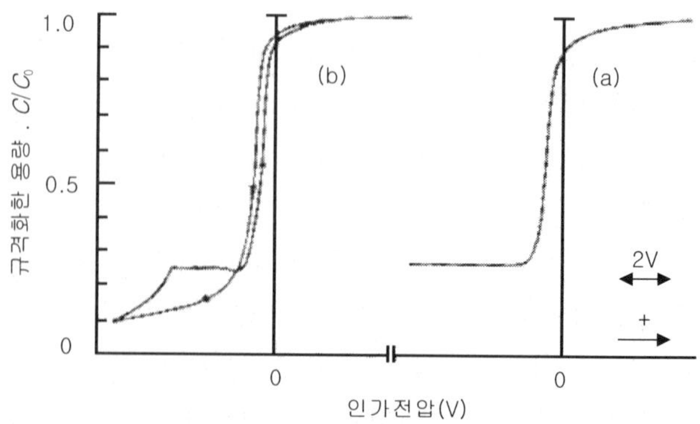

그림 1.4 웨이퍼(a),(b)를 사용한 MOS 다이오드의 CV특성

의 차에서 구한 실효적인 계면전하밀도는 5×10^{10}[cm^{-2}]정도이다. 웨이퍼 *b*를 열산화하여 약 30nm의 SiO_2막을 형성시킨 후, 불화암몬수용액을 에칭 제거한다. D.I로 세척을 하고서 건조질소로 건조 시킨 후 즉시 다시 열산화를 하면 웨이퍼 a의 특성에 일치한다.

(2) Si웨이퍼의 결정학적 체크

Si웨이퍼는 기계적 연마법과 에칭에 의한 화학적 연마법을 병용하여 경면으로 다듬어진다. 연마에 기인하는 결정 결함은 Si웨이퍼를 Sirtl에칭 등으로 직접 에칭하여 표면근처에 존재하는 결함을 관찰할 수 있다.

Si웨이퍼에는 산소원자가 1×10^{18}[cm^{-3}]정도 포함되어 있으며 이것이 웨이퍼에 기계적으로 강함을 주고 있다. 산소원자가 균일하게 분산되어 있는 한, 소자의 특성에 영향을 주는 결정결함의 원인은 되지 않는다. Si웨이퍼를 산소분위기에서 장시간 열처리하였을 경우 산소원자가 중금속 원자 등을 핵으로 모이게 되면 결정 속에 큰 틈이 생기며 그것을 완화하기 위해 Si원자를 모아서 적층결함이 성장한다. 이것을 산화에 기인하는 적층결함(OSF: oxidation induced stacking fault)이라 한다. OSF밀도는 Si웨이퍼의 결정완전성을 평가하는데 중요한 파라미터이다. 표준적인 웨이퍼에서 200[cm^{-2}]이하로 되어 있다.

웨이퍼 프로세스를 진행 중에 열처리를 반복하면 OSF밀도는 증가하며 크게 성장한다. 웨이퍼 프로세스를 마친 후 금속배선이나 절연막을 제거하여 결정결함의 체크를 한다.

4. Photolithography공정의 체크

포토마스크 설계도에 분해된 마스크의 데이터를 마이크로컴퓨터에 입력하여 *Rubylith Sheet*를 XY 플롯트의 펜홀더에 부착된 초경바이트로 커팅하여 MOS IC의 설계도를 작성한다. 이 설계도를 축소하여 유리건판위에 전사시킴으로써 마스크로 완성된다. 포토 마스크는 포토레지스트에 전사되어, 전사된 레지스트를 마스크로 하여 Si웨이퍼에 가공이 가해진다. 전사에 따른 가공치수의 변화를 추적하여 놓는다.

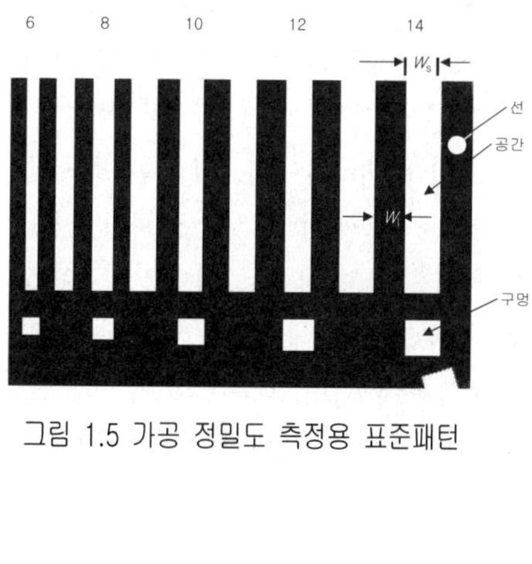

그림 1.5 가공 정밀도 측정용 표준패턴

설계도를 라이트 상자에 고정하고 초미립자 고해상도 2.5인치 유리 건판위에 카메라(MAMIYA RB 67 PROS)를 사용하여 1/50로 축소 촬영하여 포토 마스크를 제작한다. 설

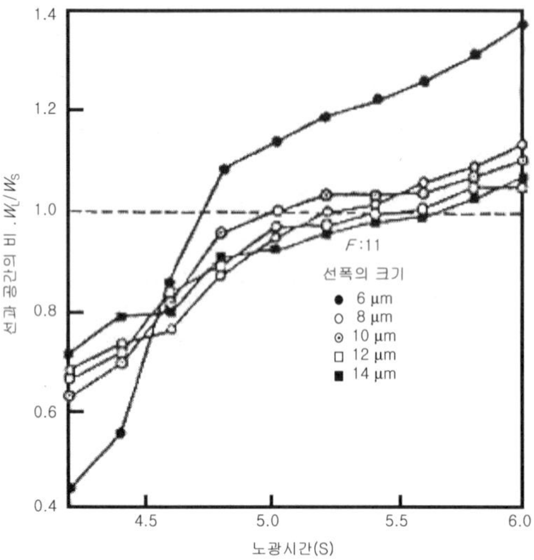

그림 1.6 사진촬영 노광시간에 따른 포토 마스크의 선과 공간과의 비

계도에는 마스크상에 기입되어 있는 숫자의 크기(단위는 ㎛)인 선과 구멍의 테스트 패턴이 그려져 있다. 전사에 따른 치수의 변화는 이 테스트 패턴을 측정하여 체크한다.

마스크위에서의 선폭과 사이 폭의 비 W_L/W_S는 노광시간에 크게 의존한다. 같은 조건인 현상과 정착에서의 결과를 그림 1.6에 보였다.

5초 이하에서는 선이 가늘고 역으로 6초를 넘으면 빛이 스며들어감으로써 선이 굵어진다. 5.4초에서 촬영하였을 때 $W_L/W_S \fallingdotseq 1$이 된다. 구멍패턴일 경우에는 5.4초에서 설계치수의 70% 정도로 된다. 노광시간을 늘려서 구멍의 치수를 설계치에 맞추려고 하면 선패턴의 변두리가 고르지 않게 되어 직선성을 잃게 된다. 따라서 구멍패턴과 선공간패턴을 1장의 마스크 속에 섞어 넣지 않도록 한다. 그림 1.1의 프로세스에서 3장 째의 마스크만이 구멍패턴을 사용하게 되며 그 이외의 마스크는 모두 선공간 패턴이다.

그림 1.7은 5.4초에서 촬영한 선공간 패턴을 nega 레지스트에 전사하여 150[nm]인 SiO_2막을 불산-불화암몬수용액으로 에칭가공한 경우의 공간치수의 변화를 보이고 있다. 레지스트는 OMR 83(30 CP)를 3,000 rpm으로 스핀코팅하여 prebake를 90[℃]에서 postbake를 150[℃]에서 각각 30분 한 경우이다. 레지스트의 최종 막두께는 약 800[nm]이다. 이러한 조건하에서는 마스크에서 레지스트로 전사할 때에 치수가 1.5[㎛]정도 작아진다. 이것은 postbake 때에 레지스트의 변두리가 늘어나기 때문이다. 레지스트를 마스크로 한 SiO_2의 에칭에 의한 치수의 변화는

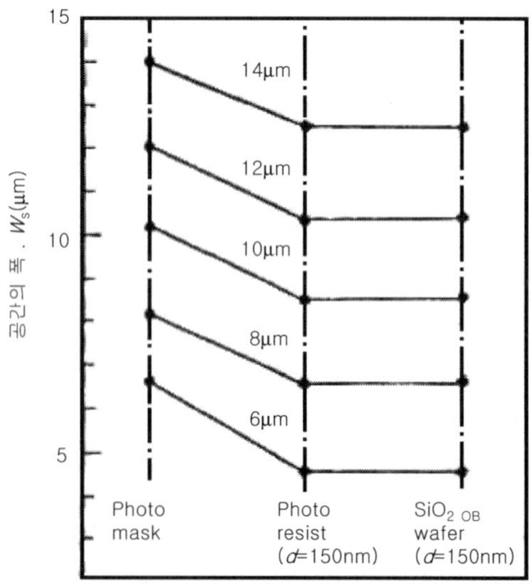

그림 1.7 포토 마스크를 포토레지스트,SiO_2에 전사했을 때의 가공치수

이 실험의 경우에는 무시할 수 있다.

최종적인 가공치수가 설계치에 맞도록 각 포토마스크에 넣어 둔 테스트 패턴을 이용하여 마스크, 레지스트, 웨이퍼의 각 단계에서 측정한 최적조건에서의 가공을 시도하는 것이 중요하다.

5. 산화, CVD, 확산 및 증착공정의 체크

(1) 프로세스 청결도의 체크

Si웨이퍼는 프로세스가 시작되어 IC가 완성될 때까지 항상 오염과 접하고 있다. 특히 고온열처리나 박막형성 과정에서의 오염은 치명적이다. 오염에는 공기 중의 먼지와 같은 외부에서의 원인 외에 웨이퍼를 반복하여 처리함으로써 장치에 조금씩 축적되는 것이 있다. 웨이퍼를 처리하기 전에 각 처리장치의 오염도를 체크한다.

① 전기로의 석영관 및 각종 도구

산화, 확산 등에 사용되는 전기로의 석영관 및 석영도구의 청결도를 정량적으로 체크하기 위해 다음과 같은 방법을 사용한다. 고저항의 n형(≧20 Ω) 및 p형(≧50 Ω) Si웨이퍼를 1200[℃]로 가열된 석영관에 삽입하여 질소 속에서 60분간 열처리한다. 전기로의 오염이 심하면 표면에 변화가 없을 경우에도 석영관이나 석영도구가 도우너 또는 억셉터 불순물에 오염되어 있을 경우가 많다. 웨이퍼 표면의 PN판별을 한다. 웨이퍼 표면에 확산층이 형성되어 있으면 오염원이 도우너형인지 억셉터형인지를 판별할 수 있다. Spherical drill-Stain법으로 확산층의 깊이 x_j를, 4탐침법(four point probe method)으로 Sheet저항 Rs를 각각 측정하여 적당한 불순물 분포(가우스 분포)를 가정하여 Si에 확산된 불순물의 양 Q를 구하여, 이것을 오염도의 가름에 기준으로 한다.

게이트의 산화로와 같이 높은 청결도가 요구되는 장치의 체크는 위에서 기술한 정량적인 평가에서 MOS다이오드의 CV특성에 의한 평가를 병용하는 것이 유효하다. 그림 8에 석영관 세척후의 런닝 시간과 청결도의 관계를 보였다. 런닝은

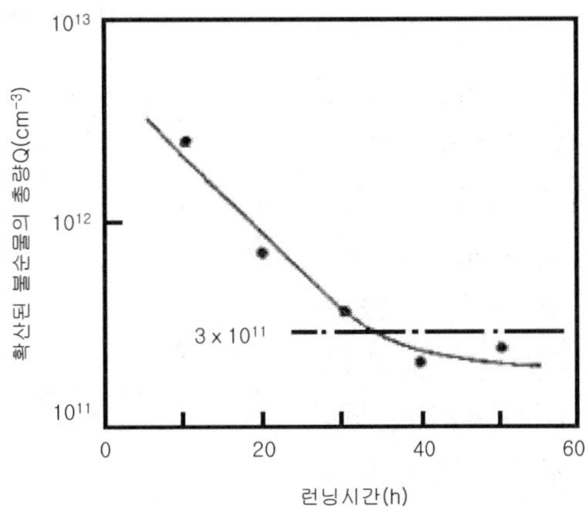

그림 1.8 전기로 석영관의 런닝시간과 불순물 양과의 관계

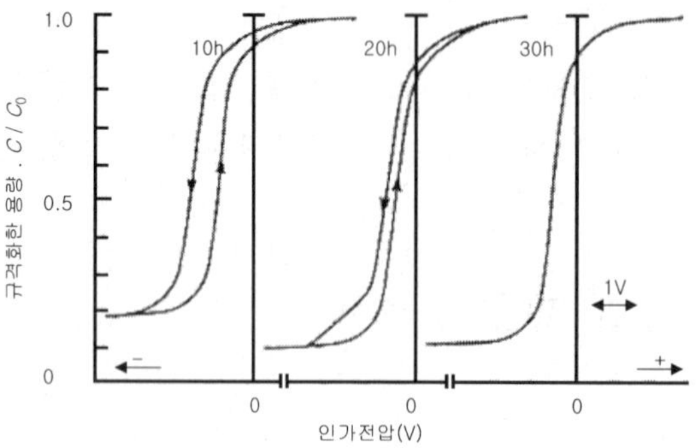

그림 1.9 전기로 석영관의 런닝시간에 따른 CV특성의 변화

1200[℃]에서 산소와 질소를 60분씩 바꾸어 가면서 유효하다. 그림 1.8에서 웨이퍼에 확산된 불순물의 총량 Q는 시간과 함께 감소하며 30시간 이후는 3×10^{11}[cm^{-2}]정도에서 안정되며 그 이하로는 되지 않는다. 이때 10시간마다 온도를 일단 1050[℃]까지 내리고 건조산소 속에서 웨이퍼를 열산화하여 MOS다이오드를 제작하여 CV특성을 측정한다. 그림 1.9에서 10시간째의 것은 분극성히스테리시스를 보이고 있으나, 이 히스테리시스는 런닝이 진행됨에 따라서 적어지며 30시간일 때에는 소멸하고 있다. 30시간째의 CV특성은 그 모양도 이상곡선에 가깝고 flat band의 차에서 구한 계면전하의 수는 5×10^{10}[cm^{-2}]이다.

CV특성에 대한 판단은 정확은 하나, 열산화 처리뿐만 아니라 2회의 Al증착을 필요로 하므로 소요시간이 길다. Q를 측정하는 방법은 30분정도 열처리한 시료에서 판단할 수 있다. $Q\leq3\times10^{11}$[cm^{-2}]이면 산화로는 충분히 청결하다고 생각해도 좋다.

② Chemical Vapor Deposition

그림 1.1의 프로세스에서 CVD(Chemical Vapor Deposition, 화학적기상성장법)로 다결정 Si, BSG, PSG, SiO_2를 석출하고 있다. 다결정 Si는 고순도로 석출하지 않으면 안 된다. BSG는 붕소의 확산원이며 PSG는 인의 확산원이다. 한 대의 CVD장치를 사용하여, 이러한 박막을 석출하면 붕소나 인에 의한 배관의 오염은 피할 수 없다.

붕소에 의한 오염의 과정을 조사한 예를 들어본다. 미리 다결정 Si과 Si_3N_4로 피복한 가열대(susceptor)에 고저항 N형(≧20Ωcm) 웨이퍼를 놓고 Si_3N_4를 40[nm] 석출한다. 먼저 Si_3N_4막의 굴절율 n을 에

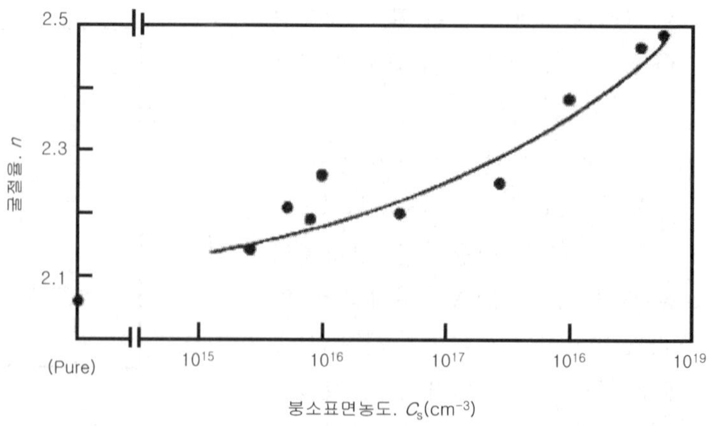

그림 1.10 붕소에 의해 오염된 Si_3N_4의 굴절율

립소메터(ellipso meter)로 측정한다. 붕소의 오염이 없을 경우 n=2.07이나, 오염이 심할 경우에는 n= 2.50정도까지 커진다.

Si_3N_4가 석출될 때 배관 등에 잔류하고 있던 붕소가 막 속으로 들어가서 Si_3N_4의 광학적 성질이 변하였기 때문이다. 이 웨이퍼를 1200℃의 질소 속에서 60분간 열처리하여 Si_3N_4를 불산으로 에칭 제거하고 Si_3N_4에서 Si으로 확산된 붕소의 표면농도 C_s를 구한다. 붕소로 오염된 Si_3N_4의 굴절율 n과 표면농도 C_s의 관계가 그림 1.10이다.

n>2.1이면 C_s는 10^{15}[cm^{-3}]이상이며 배관의 세척이 필요하다.

CDV장치의 가스계에 미량의 누설이 있을 경우에는 다결정 Si의 표면이 뿌옇게 되거나 Si_3N_4의 균일성에 심한 차가 생긴다. 시험점검으로서 테스트 웨이퍼위에 Si_3N_4나 다결정 Si을 석출하여 그 표면을 잘 관찰하는 것은 장치의 고장을 사전에 발견함에 유효하다.

③ 알루미늄 진공증착

알루미늄은 공기 속에서 표면에 쉽게 산화막(Al_2O_3)을 만든다. 알루미늄의 융점이 660[℃]인 것에 대하여 Al_2O_3는 2050[℃]이므로 피막에 부착된 알루미늄을 텅스텐 보트위에서 용해시키면 액면에 흰 산화물이 떠 있는 것을 관찰할 수 있다. 그대로 증착하면, 이 산화물이 막 속에 혼입되어 가공성이 나빠질 뿐만 아니라 알루미늄의 저항율도 커진다.

그래서 표면을 산화한 Si웨이퍼 위에 알루미늄을 증착한 후 Spherical drill법(알루미늄이 연하므로 1000rpm정도로 회전수를 낮춘다)으로 막 두께를, 4탐침법으로 Sheet저항을 측정하여 저항율이 3×10^6[Ωcm]이하인 것을 확인한다.

(2) 프로세스 파라미터의 체크

MOS IC에서 설계치에 맞는 성능을 기대하기 위해서는 사진석판 공정에서 평면적 치수를 설계치대로 제어할 뿐만 아니라, 산화 확산, CVD 증착의 각 공정에서 IC의 성능을 결정하는 요소인 프로세스 파라미터를 제어해야 한다. p−MOS IC의 성능을 직접 좌우하는 파라미터는 게이트 산화막 두께 x_o 및 붕소확산층의 Sheet저항 Rs와 깊이 x_j이다. 게이트 산화와 확산 공정에서는 파라미터의 재현성을 보증하기 위해 일련의 데이터를 구하여 검토할 필요가 있다.

① 게이트 산화

Si웨이퍼의 산화속도는 온도뿐만 아니라 웨이퍼표면의 청결도에 강하게 영향을 받으므로 게이트 산화를 할 적마다 산화속도의 확인이 필요하다. 소자제작에 사용되는 웨이퍼와 같은 표면처리를 행한 웨이퍼를 1050[℃]의 건조산소 속에서 열산화하여 그림 1.11의 데이터를 구한다. 식(1)을 사용하여 산화속도계수를 구하면 $B/A = 6.8$[nm/min], $B = 116.6$[nm^2/min]가 된다.

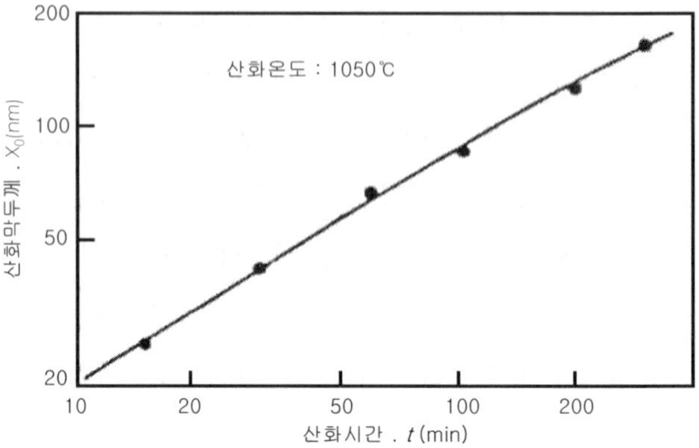

그림 1.11 1050℃에서의 산화시간과 산화막 두께

B의 값이 산화막 속의 붕소확산계수에 대응하고 있은 것에 주의할 필요가 있다. 1050[℃]에서의 산화속도계수 $B = 116.6$[nm^2/min]일 때, 1200[℃]에서 산화막 속의 붕소확산계수 $D_0 = 3.5 \times 10^{16}$[cm^3/s]였다.

② 붕소확산

붕소확산공정에서 확산 막의 깊이 x_j와 표면붕소농도 C_s의 재현성을 보증하기 위해 다음과 같은 순서로 프로세스를 할 때마다 확인 실험을 하여 그림 1.12, 그림 1.13의 데이터를 구한다. 프로세스에 사용되는 것과 동일한 웨이퍼에 BSG, SiO_2를 석출하여 확산 열처리 시간을 파라미터로 하여 1200[℃]의 산소분위기에서 열처리한다. BSG, SiO_2는 불산으로 제거한 후, 확산막 깊이 x_j와 표면저항 R_s를 측정한다. 그 결과를 그림 1.12에 나타내었다. 이 측정치에서 오차함수 분호를 가정하여 표면농도 C_s, 확산된 붕소의 총량 Q, 확산계수 D를 구한다. 그림 1.13에 그 결과를 나타내었다. x_j는 $\sqrt{t}$에 비례하고 C_s는 1.5×10^{19}[cm^{-3}]에서 거의 일정한 값을 나타내고 있으며 Q도 $\sqrt{t}$에 비례하고 있다. D는 1.2×10^{-12}[cm^2/s]로 일정하다.

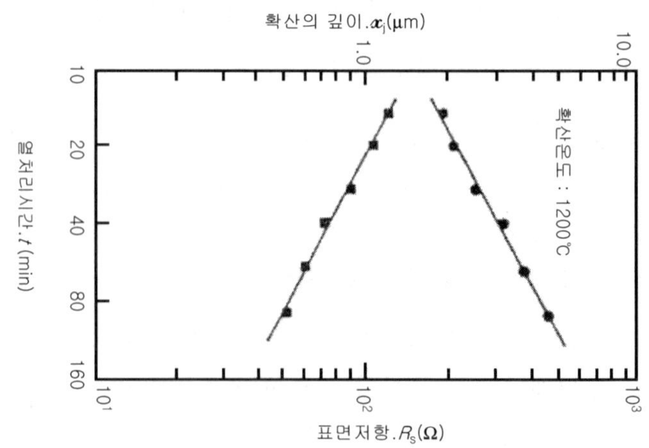

그림 1.12 BSG-SiO_2로부터의 붕소확산 : 확산막의 깊이 x_{ι}와 표면저항R_s

테스트 웨이퍼에 대하여

그림 1.12, 1.13과 같은 데이터가 얻어졌을 때에는 적어도 CDV-BSG가 붕소확산원의 역할을 수행하고 있다는 것을 보증할 수 있다. 만약, 프로세스를 마친 웨이퍼의 소오스-드레인 접합에 불량이 생겼을 경우 붕소확산에 이 정도의 데이터가 보증되면 원인을 다른 곳에 초점을 두어 검토할 수 있다.

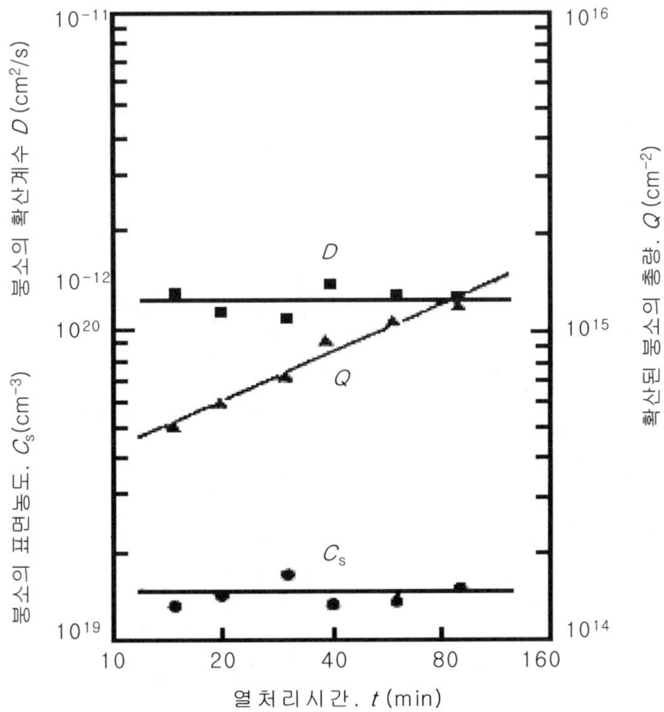

그림 1.13 BSG-SiO_2로부터의 붕소확산 : 붕소표면농도 C_s, 붕소의 확산계수 D와 확산된 붕소의 총량 Q

6. 수율에 의한 프로세스의 종합적 평가

MOS트랜지스터는 MOS다이오드와 플레너 다이오드를 평면적으로 배치한 것으로 MOS IC는 MOS트랜지스터를 상호배선한 것에 지나지 않는다. MOS다이오드 및 플레너 다이오드의 불량률을 기준으로 $p-$MOS IC에서 원리적으로 구해지는 수율(yield)의 최상값에 대하여 검토한다. 여기서 논의되는 불량률이란 1개의 소자가 불량이 되는 확률이며 수율이란 1개의 소자가 성공하는 확률이다.

(1) 다이오드의 불량률

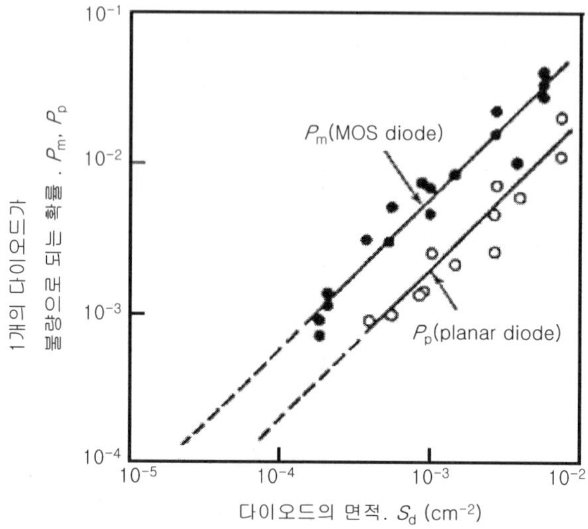

그림 1.14 1개의 MOS 또는 플래너 다이오드가 불량이 되는 확률

27×38=1026개의 다결정 실리콘 게이트형 다이오드 어레이($n-$Si 기판사용)와 같은 수의 플래너 다이오드 어레이(P^+n접합)을 제작하여 테스트를 한다. MOS다이오드의 산화막 두께는 50[nm], 플래너 다이오드의 접합 깊이는 2[μm]이다. MOS다이오드는 절연내압이 10[V]이상으로 문턱전압(threshold voltage)이 $-3.0 \sim -0.5$[V]인 것을 가로하고 플래너 다이오드는 순방향의 주입이 양호하면서 저항접촉(ohmic contact)에 불량이 없으며 역방향 내압이 10[V]이상의 것을 가로하며, 그 이외의 것을 불량으로써 불량률을 구하였다.

불량률에는 숙련도의 차이나 런- 투- 런(run- to- run)의 차가 나타나지만 그 속에서 불량률이 낮은 것만을 골라서 나타낸 것이 그림 14이다. 이 측정치는 숙련도나 주의력 등에 의존하지 않는 가장 좋은 조건하에서 프로세스가 진행되었을 때에 기대되는 불량률의 최소값(최고의 수율)을 나타내고 있다. MOS다이오드의 불량률의 최소값을 P_m, 플래너 다이오드의 그것을 P_p로 하고 이하의 논의를 간단히 하기 위하여 MOS다이오드와 플래너 다이오드의 면적이 같다고 하고서 이것을 S_d라 하면 P_m, P_p는 S_d에 비례하게 되며,

$$P_m \fallingdotseq C_m S_d \tag{3}$$

$$P_p \fallingdotseq C_p S_d \tag{4}$$

로 된다. C_m, C_p는 MOS다이오드와 플래너 다이오드에 대한 불량원인 밀도이다. 그림 1.14에서 $C_m \fallingdotseq 60[cm^{-2}]$, $C_p=60[cm^{-2}]$이다.

(2) 트랜지스터의 불량률

MOS트랜지스터의 불량이 MOS다이오드(게이트)와 플래너 다이오드(소오스, 드레인)의 불량만에 기인한다고 가정하면, 트랜지스터의 불량률은,

$$P_t = 1-(1-P_m)(1-P_p)^2 \qquad (5)$$

이다. 식(3), 식(4) 를 대입하여 전개하면 $S_d \leqq 1\times10^3[\mathrm{cm}^{-2}]$일 때 S_d의 2차 이상의 항을 무시하면,

$$P_t \fallingdotseq (C_m+2C_p)S_d = C_tS_t$$

로 되어 트랜지스터의 불량률도 면적에 비례한다. 트랜지스터의 면적 S_t가 다이오드 면적의 3배라면 $C_t \fallingdotseq 33[\mathrm{cm}^{-2}]$이 된다.

1026개를 한 장의 실리콘웨이퍼위에 배열한 $p-$MOS트랜지스터 어레이를 만들어 정특성을 측정한다. 문턱전압이 -3.0~-0.5[V]이내 소오스 및 드레인과 기판간의 내압이 10[V]이상을 "가", 그 이외의 것을 불량으로 하여 불량률을 구하였다. 그 결과를 그림 1.15에 보였다. 트랜지스터의 불량률 P_t는 면적에 비례하고 있으나 다이오드의 불량률에서 예측되는 값보다 75[%]정도 높다. 트랜지스터가 불량이 된 원인을 조사한 결과 MOS다이오드와 플레너 다이오드의 불량은 그림 1.14에 보인 결과와 같으나, 게이트와 소오스 혹은 드레인사이의 누설(leak)에 의한 트랜지스터의 불량이 일부에 발생하고 있었다.

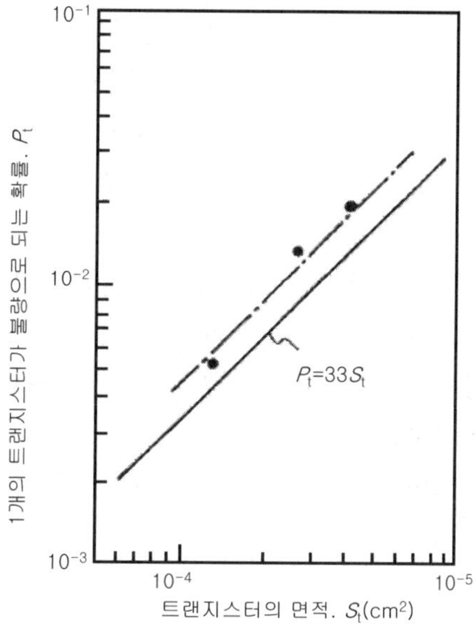

그림 1.15 1개의 MOS트랜지스터가 불량이 되는 확률

(3) IC의 수율

트랜지스터 사이의 상호배선에서 발생하는 불량을 고려하지 않으면 N개의 트랜지스터에서 평가되는 IC의 수율의 최상값은 트랜지스터 한 개 한 개의 수율에서 최상값에 대한 곱으로 나타나서,

$$Y_{\max} = (1-P_t)^N \qquad (7)$$

으로 된다. 칩 내에서의 트랜지스터가 차지하는 유효면적 A를 NS_t로 하고 $N\gg1$로 하면,

$$T_{\max} \fallingdotseq \exp(-C_tA) \qquad (8)$$

라는 근사가 성립한다.

최소폭을 10[㎛]로 한 IC를 설계하였을 경우 트랜지스터 1개당의 평균적 면적은 약 10^{-5}[cm^2]가 된다. $C_t=33[cm^{-2}], S_t=1\times10^{-5}[cm^2]$로 Y_{max}를 구하면 N =1,000개에서 75[%]가 된다. 상호배선의 불량을 고려하면 실제의 수율은 낮아진다. 칩의 크기가 3[mm]×3[mm]일 때 1,000소자 정도의 집적화가 가능한 것을 보이고 있다.

7. 생산과 기술

프로세스 체크기술은 확립된 각각의 프로세스 기술을 조직화함으로써 수율을 보증하기 위한 기술이다. IC, LSI의 연구단계에서는 프로세스의 파라미터와 성능사이의 관계를 될 수 있는 한 정확한 데이터로 구하고자 하므로 완벽한 프로세스 체크 기술의 도입을 필요로 한다. 한편 이상적인 생산에서는 프로세스 체크 기술은 완전히 제외되고 있다. 웨이퍼의 공정을 정지시키지 않는 것이 이상적인 생산이다. 그러나 일단 어딘가의 프로세스가 불완전한 것을 발견하였을 때는 불량의 대량생산을 하게 된다. 불량의 소자를 분석하여 원인을 밝혀내는 것은 불가능에 가깝다. 따라서 정상적인 생산의 상황에서도 뭔가의 체크 기술을 확립해 두어야 한다. 어디까지 기술력을 발휘하여 이상적인 생산에 접근할까, 어느 정도의 체크 기술을 투입하여 놓을까는 경우에 따라서 다르며, 경험적으로 결정하는 것 외에는 다른 방법이 없다.

Chapter 2

포토마스크 제작기술

1. 포토 마스크 제작의 개요

집접회로의 교육이나 연구를 함에 있어서 포토 마스크를 독자적으로 간단하게 만들 수 있도록 체계를 잡아 놓는 일이란, 대단히 필요한 일이다. 시스템의 집적화를 전개해 나가는 오늘날의 일렉트로닉스의 요구에 응할 수 있는 의미에서, 단 1회의 설계로 수정이나 변경을 하는 일 없이 집적회로가 실현되는 일은 없다. 부분적인 설계나 전체의 레이아웃(layout)를 시간이 허락하는 한 반복하여 최적의 설계를 실현하여 간다.

간단하며 실현 가능한 구체적인 예로서 마이크로컴퓨터, *XY*프롯터, 라이트박스, 카메라를 사용한 포토마스크 제작기술을 소개한다. 그림 2.1에 포토 마스크 제작의 순서와 방법을 보였다. 설계한 포토 마스크의 설계도형을 마이크로컴퓨터(일본전기, PC8801)에 입력하여 입력한 데이터로 변환한다. *XY*프롯터(도변측기, WX-4601)의 펜홀더를 개조하여 초경바이트를 X방향 및 Y방향 전용으로 한 개식 달아준다. 마이크로컴퓨터에서 전송되는 데이터에 따라서 *XY*프롯터는 루비리스 시트를 자르게 된다. 루비리스 시트 위에 필요한 칩수의 커팅을 한다. 커팅하는 포토 마스크 도형의 최소 선폭은 0.5[mm]이다. 커팅된 루비리스 시트의 불필요한 부분을 손으로 벗긴다.

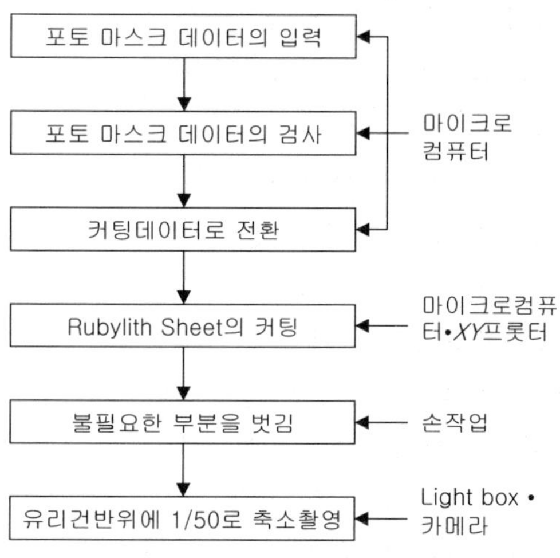

그림 2.1 마이크로컴퓨터를 이용한 포토마스크 제작법

이렇게 하여 제작된 포토 마스크 도형을

라이트 박스위에 놓고 보로니판(건판용) 카메라(MAMIYA, RB 67 PROS)를 사용하여 2.5인치 크기의 고해상도 유리건판 위에 1/50로 축소 촬영한다. 도형에서의 최소선폭 0.5[mm]는 포토마스크에서 10[㎛]로 축소된다.

2. 포토 마스크 데이터 처리 시스템(MAPPS-II)

모든 프로세스에 대응할 수 있는 범용성의 데이터 처리 시스템은 생각지 않는다. 포토 마스크 4장으로 실현 가능한 다결정 실리콘 게이트 MOS IC를 염두에 두고 마이크로 컴퓨터로 가능한 데이터 처리를 생각한다. 그림 2.1의 방식으로 실현하기 위해서는

i) 포토 마스크 데이터의 입력 및 편집기능
ii) 포토 마스크의 도형이 설계원칙을 만족하고 있는 가의 검사
iii) 도형 데이터를 루비리스 시트를 커팅하기 위한 데이터로 변환

이상 세 가지의 기능을 가진 프로그램이 필요하다. PC-8801용에 작성한 프로그램을 MAPPS-II(Microcomputer Aided Photomask−data Processing System)로 칭하고 있다.

(1) 포토마스크 데이터의 입력과 편집

MAPPS-II의 패턴 데이터 공간은 512×384돗트로 구성된다. x축은 x_1에서 x_{512}, y축은 y_1에서 y_{384}로 양자화되어 있으며 (x_i, y_j)에서 돗트 점이 지정된다. 이 좌표공간 위를 상하좌우로 커서를 움직이면서 각 점들을 칠해 가는 요령으로 포토 마스크 패턴을 입력한다. 직사각형의 도형은 좌하와 우상의 두 정점의 좌표를 입력함으로써 그릴 수 있다. 공간내의 임의의 위치에 그려진 도형을 임의의 다른 곳으로 전사하는 기능을 가지게 하면 같은 전자회로가 몇 번이나 반복하여 사용되는 집적회로에서는 편리하다. 인간의 손에 의한 입력에는 입력미스를 피할 수 없으므로 잘못 입력이 되었다 하더라도 입력전의 상태로 언제든지 돌아 갈 수 있도록 되어있다.

디스플레이(CRT)위에는 좌표공간의 일부분(33×22의 돗트점)을 표시할 수 있다. 디스플레이는 512×384의 좌표공간 위를 자유로이 움직일 수 있다. 부분적으로 볼 수 있는 창문과 같으며 일련의 입력조작은 이 창을 통하여 행한다. 그림 2는 디스플레이에 표시된 도형의 일례이다. 대응하는 포토마스크의 일부가 각각 (a)다결정 실리콘게이트, (b)소오스-드레인 확산, (c)컨택트 홀(contact hole), (d)Al상호배선의 도형에 대응하고 있다. 4장의 포토마스크 중에서 3장분을 3개의 비디오 RAM에, 남은 한 장분을 메인 RAM에 격납할 수 있으므로 어느 마스크의 데이터라도 디스플레이위에 나타낼 수 있다.

포토마스크 데이터는 디스플레이 위에서 희게 칠해진 돗트 점을 “1”, 그 이외는

“0”로 메모리에 격납되어 있다. 데이터의 외부 메모리(플로피-디스크)로 세이브 할 경우, 또는 역으로 외부메모리에서 마이컴에 로오드 할 경우에는 512×384의 점을 (1,1)좌표에서 x방향으로 8점씩 잘라서 각각을 8자리 2진수, 즉 기계어의 1워드(혹은 1바이트)

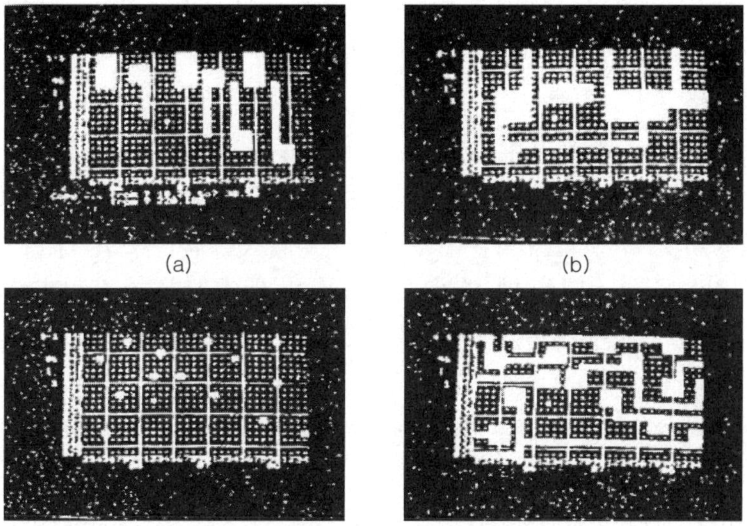

(a) (b) (c) (d)

그림 2.2 데이터 공간(512×384)의 한 부분인 창문(33×22)의 화면
(a)다결정 실리콘 게이트 영역, (b)소오스-드레인 확산층영역, (c)컨택홀영역, (d) Al배선영역

로 처리한다. 좌표 공간 전체는 24576 워드의 기계어로써 처리된다. 포토 마스크의 4장 분의 데이터는 약 10K바이트가 되나, 이 데이터들을 디스크에 세이브하는 데 약 30초, 마이컴으로 로드하는데 약 20초가 필요하다.

이와 같이 간단한 방법으로 를 하게 되므로 MAPPS－II는 포토 마스크 패턴설계에 관하여 기본적인 제약을 완수하고 있다. 같은 치수의 눈점을 메워서 도형을 그리는 방법을 채택하고 있으므로 도형의 치수는 단위포인 한 점의 치수에 대한 정수배에 제한된다. 원이나 삼각형의 도형은 금지된다. 512×384의 제한된 범위 내에서 다수의 트랜지스터를 집적화 했을 때에는 패턴의 최소 선폭과 마스크 정합 여유도를 같게 하여 1점에서 택한다. 게이트의 길이, 컨택 홀, 알루미늄배선폭은 한 점을 기준으로 최소 선폭을 택한다. 이 방법에서는 배선을 접속시키는 컨택부의 면적이 커지는 결점은 있으나, 512×384의 좌표공간에 1000소자정도의 트랜지스터는 집적화할 수 있다. 정합여유를 1점에 대응시켜서 최소 선폭을 2배의 2점인 치수로 하면 면적 효율이 좋아지며 집적밀도는 향상되지만 칩면적이 1/4로 되므로 대개 300소자의 트랜지스터를 집적화함이 한도이다.

(2) 설계법상 위반의 검사

마이크로컴퓨터를 사용하여 포토 마스크 데이터의 검사를 할 경우 메모리에 제한이 있으므로 모든 것에 대응할 수 있는 검사시스템을 만드는 것은 어렵다. 소자의 성능이나 포토 마스크 패턴설계에 지장을 주지 않는 범위에서 설계법에 제한이 주어져도 할 수 없는 일이다.

설계법상 체크의 주된 목적은 모든 패턴이 정합여유를 갖고 설계되어 있는 것을 확인하는 것이다. 보통 정합여유는 1점분의 치수로 한다. 게이트 확산창, 다결정 실리콘과 컨택 홀, 확산층과 컨택 홀, 알루미늄과 컨택홀의 정합부분에서 서로간의 마스크 패턴을 한 점씩 상하좌우로 움직였을 때 벗어나는 부분이 생겼다면 그 좌표가 위반 장소로 프린트 출력된다. 이것이 설계법에 가해지는 제1의 제약이다.

설계법 체크가 다음으로 목적하는 점은, 마스크 패턴의 결락, 즉 설계법상으로 있어야 할 장소에 있어야 할 패턴이 없는 곳을 검출하는 것이다. 여기서 포인트가 되는 것은 컨택 홀 및 이것에 접속되는 다결정 실리콘층, 확산층, 알루미늄층의 상호위치 관계를 조사하는 것이다. 그러기 위해서는 각 층의 배선부분과 접속부분을 형상만으로 구별될 수 있도록 패턴이 설계되어 있어야 한다. 이것이 설계법에 주어지는 제2의 제약이다.

그림 2.2의 다결정 실리콘이나 알루미늄의 패턴은 모두 배선부분이 한 점의 폭으로, 접속부분(컨택패드)이 3점의 폭으로 되어 있으므로 한 눈에 컨택 홀이 있어야 할 장소로 구별할 수 있으며 역으로 컨택 홀의 패턴에서 각 층의 컨택패턴이 있어야 할 장소를 알 수도 있다. 있어야 할 곳에 있어야 할 패턴이 없으면 위반 장소로서 프린트 출력된다.

다음은 전술의 두 가지 제약에 따라서 실제로 검사하는 순서에 대하여 기술한다. 전제로 한 프로세스는 컨택 홀을 사이에 두고 접속되어 있는 다결정 실리콘과 알루미늄 사이 또는 확산층과 알루미늄 사이만으로 되어 있으며 다결정 실리콘과 알루미늄 사이 또는 확산층과 알루미늄 사이만으로 되어 있으며 다결정 실리콘과 확산층이란 접속은 존재하지 않는다. 먼저 첫 번째에서 3장째 까지의 포토마스크 패턴(그림 2.2(a), (b), (c)를 각각 세 개의 비디오 RAM에 격납하여 상호의 패턴을 비교하면서 이하의 항목을 체크한다.

i) 다결정 실리콘은 한 개 이상의 컨택패드를 갖고 있다.

ii) 다결정 실리콘은 확산창을 정합여유가 있게 가로지르고 있다.

iii) 확산창과 전혀 교차하지 않는 다결정 실리콘이 있으면 그것은 배선이며 배선의 분기종단에는 컨택패드가 있다.

iv) 다결정 실리콘과 전혀 교차하지 않는 확산창이 있으면 그것은 배선이며 배선의 분기종단에는 컨택패드가 있다.

v) 다결정 실리콘의 컨택패드위에는 언제나 컨택 홀이 있으며 1점분의 정합여유를 갖고 있다.

vi) 모든 컨택 홀은 다결정 실리콘 또는 확산창 위에 있으며, 정합여유 조건을 만족하고 있다.

체크가 끝난 후 RAM의 내용을 3장째와 4장째의 마스크(그림 2.2(c),(d))로 바꾸어 아래의 항목을 체크한다.

vii) 모든 알루미늄은 배선이며 끝 부분에는 컨택패드 또는 본딩패드가 있다.

viii) 알루미늄의 컨택패드의 아래에는 언제나 컨택 홀이 있으며 정합여유의 조건을 만족하고 있다.

이상의 항목을 체크하기 위해서는 패턴모양의 인식과 패턴사이의 비교라는 두 가지의 작업을 반복하게 된다. 패턴의 모양을 인식하기 위해서는 패턴 끝 부분을 따라 커서(1점분의 크기)를 움직여서 한 바퀴 돌렸을 때의 좌측과 우측으로 꺾이는 회수를 카운트하고, 모서리 부근에서의 상하좌우로의 패턴에서 넓어지는 상태를 조사하면 된다. 이것은 밀폐된 방안에서 눈을 가리고서 오른 손으로 벽을 더듬어 가면서 한 바퀴 돌아 방안의 윤곽을 지정하는 것과 같다. 이 조작에 의해서 컨택패드가 발견된다. 이 조작을 계속함과 동시에 패턴 데이터의 논리연산(AND, OR 및 EXOR)을 행하면 위에서 기술한 7항째의 모든 것을 체크할 수 있다.

실제로 몇 개의 포토 마스크 패턴에 고의적으로 에러를 발생시켜서 검사를 반복한 결과, 모든 설계법칙 위반 장소를 빠짐없이 검출할 수 있었다. 이 검사의 소요시간은 포토 마스크 4장이 한조일 때 약 9분이다.

(3) 커팅 데이터로 변환

편집 및 검사가 완료된 포토마스크 패턴 데이터를 사용하여 루비리스지를 커팅하기 위해서는 패턴에서 자를 선의 데이터를 XY플롯터에 전송시켜서 구동시켜야 한다. 패턴의 절단될 선을 찾기 위해서는 인접하는 두 개의 점 데이터의 EXOR을 구한다. 두 개의 점 모두가 패턴밖에 위치할 때 즉, 모두가 "0"이 되며 그곳에는 절단될 선이 없다. 두 개의 점이 어느 쪽이든 한쪽만이 패턴의 안쪽에 있을 때 즉 데이터가 [1]과 [0]일 때에는 EXOR이 [1]이 되며 그곳에는 절단선이 있음을 나타낸다.

이와 같이하여 커팅 선을 찾아가나, 먼저 x축에 따라서 y_1행과 y_2행의 상하되는 데이터의 XOR연산을 하여, 패턴의 절단선을 찾는다. 구하여진 패턴의 절단선은 각각의 선에 대한 좌단하의 점의 좌표(x_i, y_j)와 선의 길이(점의 수) i를 사용하여 (x_i, y_j, l)의 세 정수로 나타내며, 이것이 커팅 데이터로 된다. 다음은 y_2행, y_3 ……순으로 상기의 조작을 반복하여 x축 방향의 모든 커팅 데이터를 구한다. 계속하여 y축에서 같은 조작을 반복하여 패턴 데이터에서 커팅 데이터로 변환을 완료한다. 변환에 요하는 시간은 포토 마스크 4장이 한조일 때 10분 이내이다.

3. MAPPS-II의 확장성

공업적으로 범용화 되어 있는 패턴 제너레터(Pattern Generator)는 미니컴퓨터 또는 보다 상위의 컴퓨터를 사용함이 통례로 되어 있다. MAPPS-II는 마이크로컴퓨터를 사용한 포토 마스크 데이터 처리를 가능하게 하였다. 그러나 8비트 CPU를 사용한 마이크로컴퓨터는 포토 마스크 데이터 처리와 같은 복잡한 데이터 처리를 함에 있어서는 연산속도가 늦고 메모리 용량도 작다. MAPPS-II에서는 BASIC에서 기계어로 바꾸어 놓음으로써 연산시간을 대폭적으로 단축하였다. 예를 들면 설계법 검사는 포토 마스크 4장이 한조일 때 9분으로 끝낼 수 있으나, 이것을 BASIC을 사용하면 하루 종일 걸려도 끝나지 않을 것이다. 또한 작은 메모리 공간에 대량의 데이터를 격납하기 위해서는 패턴 데이터의 언어변환 등의 수법을 이용하고 있으나, 그래도 편집이나 검사 때에는 각각의 비디오 RAM에 마스크 한 장분의 데이터를 격납할 수 없으므로 분할처리라는 방법을 도입하지 않을 수 없다.

데이터의 분할처리를 하였을 경우, 분할된 블록사이의 경계부근 데이터 처리가 대단히 복잡하게 된다. 보다 고도의 패턴 검사, 예를 들어 패턴에서 전자회로적인 접속 상태를 구하여 모순이 없는 것을 체크 한다든지, 논리회로에 변환시켜 논리레벨에서의 시뮬레이션을 마이크로컴퓨터를 사용하여 처리하는 것도 원리적으로 가능하다. 그러나 실제로는 분할처리가 결점으로 실현되지 않는다. 8비트 머신을 사용한 데이터 처리로는 MAPPS-II가 하나의 한계라 할 수 있다.

16비트CPU를 사용하면 분할처리가 필요하지 않으므로 데이터 처리가 대단히 간단하게 된다. MAPPS-II와 같은 알고리즘으로 설계법 및 회로접속의 체크뿐만 아니라 논리회로를 작성하여 논리 시뮬레이션과의 비교를 포함한 종합적인 검사시스템을 구성할 수 있다.

MAPPS-II의 검사시스템은 MOS IC 전용으로 만들어져 있으나 바이폴러 IC 등의 포토 마스크용에 변경하는 것은 어렵지 않다. TTL의 경우 두 개의 확산레벨과 Al배선으로 되어 있으며 MOS IC와 같이 자기정합하는 패턴이 없으므로 보다 간단한 데이터 처리로 가능하다.

Chapter 3

광 검출 1비트 마이크로프로세스

1. 아키텍처

오늘날의 Von Neumann형 정보처리 장치(전자계산기)는 「1」, 「0」 으로 표현되는 데이터를 단순한 부호순으로 생각하여 처리하는 비트처리 기능과 「1」, 「0」 으로 표현되는 데이터를 2진수로 생각하여 처리하는 언어처리기능을 갖추고 있다. 공작기계의 수치제어와 같은 시스템 제어에서는 비트처리 기능을 한 것이면 기본은 충분하다. 각 비트는 완전히 독립적으로 비트사이에 간섭이 전혀 없으므로 기능을 전자회로로 실현하는 것도 용이하다.

한편 언어처리기능은 계산기로서의 컴퓨터에는 불가결이다. 각 비트의 위치는 지수의 자리수로서 나타내며 자리수를 올리고 내림에 따라서 상호간에 간섭하게 된다. 당연히 복잡한 전자회로에서 타이밍을 맞춘 복잡한 연산처리를 필요로 하므로 경험이 부족한 단계에서 갑자기 이러한 것에 착수함은 어렵다.

제어시스템을 집적화하는 초보적 경험으로서, 데이터의 구동, AND(논리곱셈)와 EXOR(배타적 논리합)연산기능 및 판단기능만을 갖춘 간단한 머신으로부터 시작하여 보도록 한다. 광검출 1비트 마이크로프로세서는 이러한 목적을 위한 시도를 한 예이다.

그림 3.1에 포토다이오드를 입력소자로 갖추어진 간단한 프로세서의 칩사진을 보였다. 최종적으로는 실리콘 웨이퍼위에 포토다이오드, 타이밍회로, 가산기 레지스터 등이 평면적으로 배치(이차원의 집적화)된 것만으로서 이것들을 서로 배선하여 전원전압 V_{cc} 및 접지선 E를 접속하여 클럭신호를 입력하면 된다. 여기까지 집적화 공정을

크게 나누면 다음과 같다.

i) 시스템의 아키텍쳐
ii) 논리회로 및 전자회로 설계
iii) 포토 마스크 패턴의 설계
iv) 포토 마스크의 제작
v) 웨이퍼 프로세스
vi) 테스트 및 해석

광검출 1비트 마이크로프로세서의 블록도를 그림 2에 나타내었다. 광센서로 빛 모양의 P^+n포토다이오드를 사용하고 있다. 다이오드는 부하저항을 개입시켜 역바이어스되어 있으며 광스위치로 동작한다. 광이 닿았을 때의 출력이 「0」(low), 광이 차단된 상태의 출력이 「1」(high)이다. 가산기는 광스위치의 출력데이터와 레지스터 B의 데이터인 AND와 EXOR을 구하여 각각 출력한다.

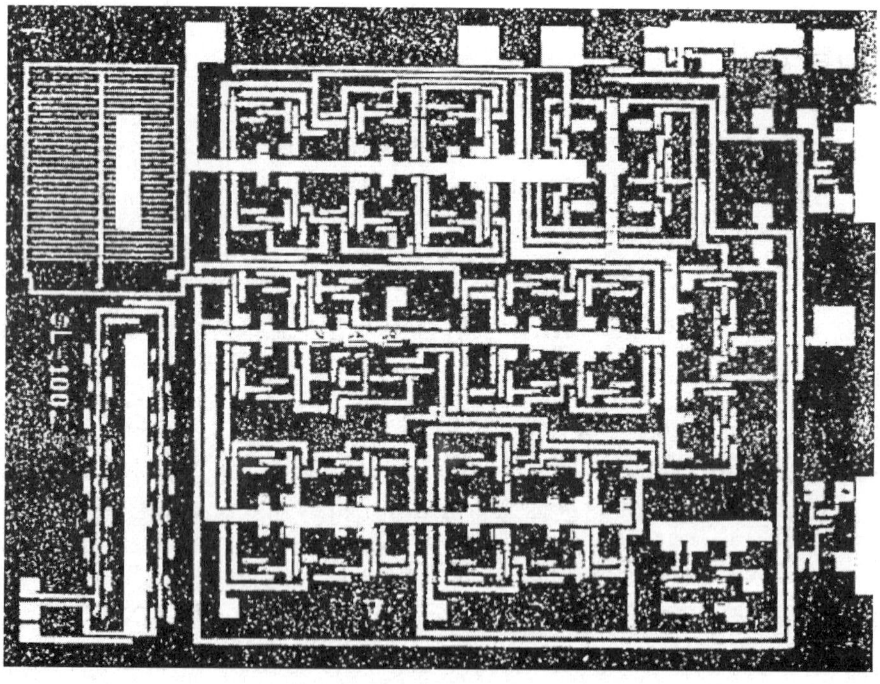

그림 3.1 광검출 1비트 마이크로프로세서(바이폴러) 칩의 크기 3.4mm×4.4mm 포토다이오드

EXOR연산의 결과는 레지스터 A로 AND연산의 결과는 레지스터 C로 일단 들어간 후, 외부로 출력된다. 다음의 블록사이클에 의해 EXOR연산결과인 레지스터 A의 데이터가 레지스터 B로 전송된다. 다음의 연산 사이클로 다시금 레지스터B의 데이터와 광스위치의 출력데이터인 AND, EXOR연산이 일어난다. 이와 같이 이 머신에서는 2클럭으로

1회의 일련의 동작을 완료한다.

타이밍회로에서는 입력된 클럭신호를 1회분으로 겹쳐짐이 없는 두 개의 블록, 클럭1 및 2를 만든다. 클럭1에 동기하여 가산기가 AND와 EXOR의 연산을 하여, 그 결과가 레지스터C 및 A로 들어간다. 클럭2로 동기되어 레지스터 B가 레지스터A의 내용을 출력한다.

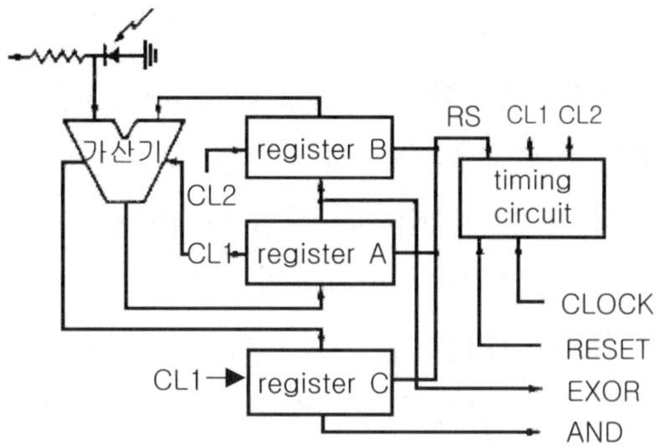

그림 3.2 광출력1비트 마이크로프로세서의 블록도

외부에서 리세트신호가 들어오면, 모든 레지스터의 내용은 클리어 되어 이 프로세서는 대기상태로 된다. 리세트가 해제되면 다음의 클럭1로 동기되어 연산을 재개한다.

2 논리회로 설계와 시뮬레이션

NAND게이트를 기본으로 하여 필요에 따라서 NOT 및 NOR게이트를 사용하여 광검출 1비트 마이크로프로세서의 논리회로를 그림 3.3에 보인다. 바이폴러IC에서의 패턴 디자인을 염두에 두고 있다.

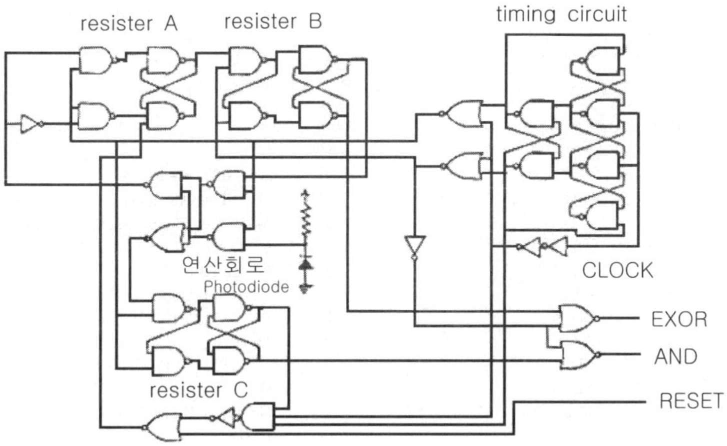

그림 3.3 광검출 1비트 마이크로프로세서의 논리회로(바이폴러용)

타이밍회로는 T플립플롭(T-FF)과 두 개의 NOR 및 두 개의 NOT게이트로 구성되어 있다. 입력된 외부 클럭신호는 T-FF에서 분주된다. 그 출력Q 및 $\overline{Q}$와 외부 클럭신호와의 NOR연산을 행하여, 겹쳐짐이 없는 두 개의 클럭, 클럭1 및 클럭2를 얻게 된다. 외부 클럭입력과 NOR게이트가 들어가 있으나, 이것은 T-FF 의 출력신호의 지연에 의해 NOR게이트 출력에 헤저드(수염모양의 짧은 펄스)가 발생하는 것을 막기 위한 지연회로이다.

연산회로는 3개의 NAND게이트와 NOR게이트로 구성되어 있다. 광스위치와 레지스터B의 출력을 NAND게이트를 사용하여 클럭1에 동기시켜서 AND 및 OR 연산을 행한다. 이 때 NAND게이트의 출력이 OR연산의 결과이며, NOR게이트의 출력이 AND연산의 결과인 것에 주의해야 한다.

각 레지스터는 D플립플롭(D-FF)이다. 레지스터B, 레지스터C의 D-FF은 네 개의 2입력 NAND게이트로 구성되어 있다. 레지스터A의 D-FF은 리세트기능을 필요로 하므로 3개의 2입력 NAND게이트와 한 개의 3입력 NAND게이트 및 하나의 NOT게이트로 구성되어 있다. 이러한 레지스터는 어느 것이든 클럭신호가 1에서 0으로 변화하는 직전의 데이터를 보존한다.

레지스터A에는 OR연산의 결과가 격납되고 레지스터C에는 AND연산의 결과가 격납된다. AND연산의 결과가 1일 때에는 레지스터A의 내용을 지우고, EXOR연산의 결과가 레지스터B에 들어가도록 리세트회로가 구성되어 있다. 레지스터B 및 레지스터C의 내용은 클럭2에 동기하여 출력된다.

```
360                    <논리계산>
370
380     C1=1-(A1 AND B1)
390     F1=1-(D1 AND E1)
400     I1=1-(G1 AND H1)
410     L1=1-(J1 AND K1)
420     C2=1-(A2 AND B2)
430     F2=1-(D2 AND E2)
435     N2=1-M2
440     I2=1-(G2 AND H2)
450     L2=1-(J2 AND K2 AND R2)
460     A3=1-B3
470     C3=1-(D3 AND E3)
480     C4=1-(A4 AND B4)
490     F4=1-(D4 AND E4)
500     L4=1-(G4 AND H4)
510     I4=1-(J4 AND K4)
520     C5=1-(A5 AND B5)
530     F5=1-(D5 AND E5)
540     I5=1-(G5 AND N5)
550     L5=1-(J5 AND K5)
560     O5=1-(M5 AND N5)
570     O5=1-ρ5
580     C6=1-(A6 AND B6)
590     G6=1-(D6 AND E6 AND F6)
600     K6=1-(H6 AND I6 AND J6)
610     N6=1-(L6 AND M6)
620     O6=1-(O6 AND P6)
630     I6=1-(R6 AND S6 AND RR)
640     O7=1-(B7 OR C7)
650     A7=1-(E7 OR F7)
670     J7=1-I7
675     ·
680     ·                      <접속관계>
690     ·
700     A6=O6:B6=G6:F7=I6
710     O6=C6:F6=K6:H6=G6:J6=N6:L6=K6
720     M6=I6:O6=G6:S6=K6:P6=I6:R6=D6
730     C7=D6:D3=J7:B3=C3:R2=A3:K2=F2
740     G2=C2:J2=I2:H2=L2:B2=A7:D2=A7
750     E2=N2:M2=I4:A2=I4:E1=I2:A1=D7
760     D1=D7:B1=F1:G1=C1:H1=L1:K1=F1
770     J1=I1:A4=L1:B4=A7:D4=A7:E4=I
780     G4=C4:J4=C4:H4=F4:K4=F4:A5=L4
790     B5=A7:E5=A7:D5=C5:G5=C5:K5=F5
800     H5=L5:J5=I5:H5=I5:N5=D7:E3=D5
810     P5=D5
820     RETURN
```

그림 3.4 시뮬레이션의 논리계산과 접속관계

논리회로에 논리적으로 모순이 없는가, 헤저 등에 의한 회로의 오동작이 발생하지 않았는가를 체크하기 위해서는 논리회로 시뮬레이션을 한다. 여기서는 게이트 한단에 대한 신호의 전반지연시간이 모든 게이트에 관하여 같다고 가정한 간단한 논리시뮬레이션을 소개한다. 플립플롭을 중심으로 한 스타틱 논리회로의 시뮬레이션은 이 정도의 간단한 것으로 충분하다. 큰 메모리 공간을 필요로 하지 않으므로 프로그램 계산기나 마이크로 컴퓨터로 쉽게 실행가능하다.

```
100 :    FOR Y=1 TO 40
110 :    C=0
120 :    FOR Z=1 TO 20
130 :    GOSUB 360
140 :    NEXT Z
150 :    C=1
160 :    FOR Z=1 TO 10
170 :    GOSUB 360
180 :    NEXT Z
190 :    NEXT Y
```

그림 3.5 논리계산과 데이터 전송의 실행 프로그램

지정된 논리의 계산과 논리게이트 사이의 데이터의 주고받음을 기계적으로 반복하는 것만으로, 각 블록의 출력단자의 상태를 프린트 아웃하여, 논리회로의 동작상황을 확인한다. 먼저 논리회로를 아래의 요령으로 신호화한다.

i) 각 게이트회로의 입력 및 출력단자에 번호를 붙인다.
이 때 접속되어 있는 두 개 이상의 단자를 동일 번호로 기입해서는 안 된다.

ii) 각 게이트회로의 논리를 입출력 단자의 번호로 기입한다.

iii) 각 단자간의 접속관계를 입출력 단자의 번호로 기입한다.

이 요령으로 그림 3.3의 논리회로도에 대하여 입출력 단자에 번호를 붙인 예를 그림 3.4에 보였다 행번호 380에서 670까지 논리계산을 위한 데이터로 700에서 810까지가 배선에 의한 접속의 데이터이다.*

외부입력의 클럭신호에 따라서 논리계산과 데이터의 전송이 실행된다. 그림 3.5의 프로그램이 그를 위한 것으로 서브루틴(subroutine)360이 실행부분이다. C는 클럭을 의미하고 있다. 클럭$C=0$로서 서브루틴 360을 20회 실시하고 계속하여 $C=1$로서 10회 반복하여 실행한다. 이것이 클럭의 1사이클에 상당한다. 서브루틴을 1회 실행하는 것을 게이트 1단분의 신호전반지연으로 보고 있다.

이 프로그램은 클럭을 40사이클 반복하도록 지정하고 있다. 회로의 동작상황을 확인하기 위해 필요한 단자번호를 지정하고 서브루틴을 1회 실행할 때마다 단자 데이터를 프린트 아웃시킨다. 이렇게 얻어진 타이밍도가 그림 6이다. 빛이 차단되어 있으므로 그림 3.4에 보인 접속관계의 프로그램의 770행에 연산회로로 향한 입력단자를 $EA=1$

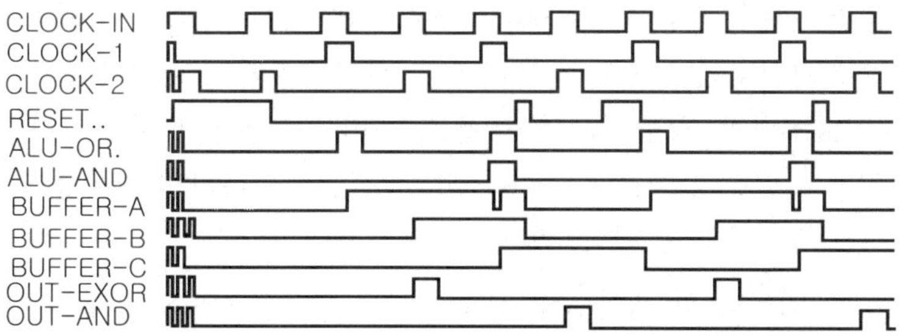

그림 3.6 광검출 1비트 마이크로프로세서의 논리회로 시뮬레이션 (바이폴라IC용 그림 3)

* 그림 3.2에서는 레지스터 A의 내용을 출력할 수 있도록 설계되어 있으나, 그림 3.3의 논리회로도에서는 리세트의 관계상 레지스터 B의 내용을 출력하도록 설계되어 있다. 결과는 같다.

로 정의하고 있다.

그림 3.6의 타이밍도에서는, 최초의 20서브루틴 사이클사이는 리세트 신호가 1로 되어 있고 모든 레지스터의 내용이 지워져 있다. 리세트 신호가 1로 되어 있고 모든 레지스터의 내용이 지워져 있다. 리세트가 해제되면 클럭 1에 동기되어 연산회로가 연산을 실행한다. 광 스위치의 출력이 1, 레지스터*B*의 출력이 0이므로 OR연산의 결과는 1이 되며 AND연산의 결과는 0으로 된다. 레지스터*A*에는 1이, 레지스터*C*에는 0이 들어간다. 클럭2에 동기하여 레지스터*B*에 1이 쓰여짐과 동시에 레지스터*B*에서는 EXOR=1이 출력되고, 레지스터*C*에서는 AND=0이 출력된다. 다음의 클럭 1에 동기되어 연산회로는 레지스터*B*의 1과 광 스위치의 출력 1의 연산을 행한다.

AND 및OR은 함께 1로 되며 레지스터*A* 및 레지스터*C*에는 각각 1이 들어간다. 외부 클럭입력 및 클럭 1이 함께 0으로 레지스터*C*가 1일 때에 리세트가 1로 되므로 클럭이 1에서 0으로 변한 순간에 레지스터*A*가 지워진다. 다음의 클럭 2에 동기하여 레지스터*B*에는 0이 읽혀지고 출력은 EXOR=0, AND=1이 된다. 각 신호간의 시간적 차는 게이트의 전반지연에 의한 신호의 지연을 나타내고 있다.

시스템의 논리설계를 할 경우에는 이 시뮬레이션의 단계에서 필요한 수정을 해 둔다. 예를 들어 그림 3.3의 타이밍회로에서 사용되는 두 개의 NOT게이트는 헤저드를 없애기 위하여 부가한 것이다. 게이트 1단분의 지연에 상당하는 신호의 지연에 의해 발생되는 헤저드는 문제가 되지 않으나 2단분 이상의 지연에 의해 생기는 헤저드는 완전히 제거해야만 한다.

MOS IC용으로 설계된 광검출 1비트 마이크로프로세서의 논리회로를 그림 3.7에 보인다. MOS IC 의 기본 게이트는 AND-NOR이 되고 있다. 필요에 따라서 NOT, NOR 및 NAND게이트를 섞어서 사용하고 있다.

타이밍회로는 마스터 슬레이브형 T-FF와 두 개의 NOR 게이트에 의해 구성되어 있다. T-FF의 슬레이브측은 클럭신호에 동기되어 동작한다. 클럭신호의 NOT의 연산결과와 T-FF의 출력에서 NOR를 취할 경우 양 쪽의 차는 게이트 1단분의 지연이다. 이것에 의해 생기는 헤저드는 그 다음의 회로에 영향을 미치지 않는다. 따라서 바이폴러 IC(그림 3.3)의 경우와 같은 지연회로를 만들 필요는 없다.

연산회로는 두 개의 NAND게이트와 한 개의 AND-NOR게이트 및 한 개의 NOR게이트로 되어 있다. NOR게이트의 출력이 AND연산의 결과를, AND-NOR게이트의 출력이 EXOR연산의 결과를 나타낸다.

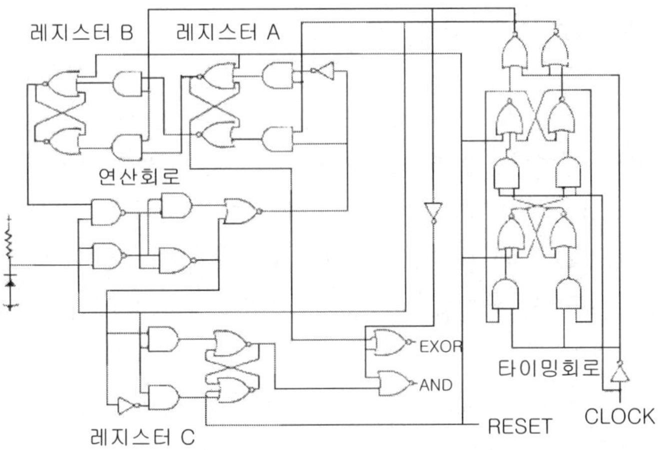

그림 3.7 광검출 1비트 마이크로프로세서의 논리회로(MOS 용)

레지스터는 모두 리세트 부착 D-FF이다. 한 개의 NOT 게이트와 두 개의 AND-NOR게이트로 되어 있다. 레지스터*B*는 레지스터*A*의 출력을 그대로 받아들이므로 NOT게이트를 필요로 하지 않는다. 레지스터*A* 및 레지스터*C*의 출력과 클럭2와의 NOR를 취함으로써 클럭2에 동기되어 EXOR 및 AND연산의 결과를 출력한다. 연산회로가 EXOR연산을 행하므로 바이폴러IC(그림 3.3)와 같은 특별한 리세트회로를 만들 필요가 없다.

논리회로 시뮬레이션의 결과를 그림 3.8에 보였다. 바이폴러IC(그림 3.6)와 경우와 비교하면 단순함을 알 수 있다. 스타틱논리회로의 경우는 이렇게 간단한 시뮬레이션으로 논리적인 잘못이나 모순, 헤저드에 의한 오 동작등, 시스템에 동작을 막게 되는 요소를 검출하여 수정할 수 있다. 타이밍 논리회로에 이 수단을 적용하기 위해서는 패스 트랜지스터나 다이나막 스트레지의 취급방법을 연구해야만 한다.

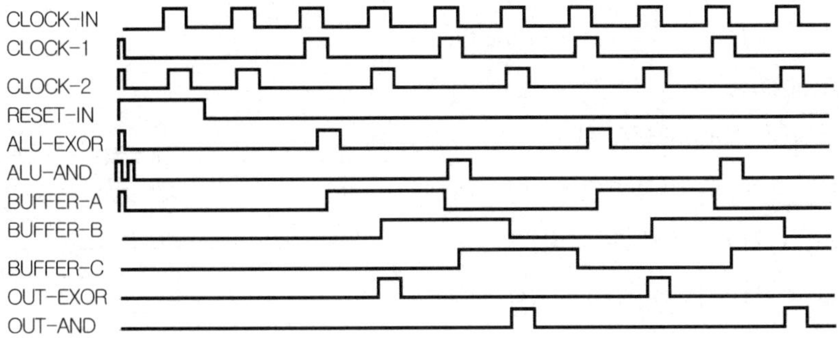

그림 3.8 광검출 1비트 마이크로프로세서의 논리회로 시뮬레이션 (MOS IC용 그림 7)

3. 바이폴러 및 MOS프로세스

공업적으로 최고의 성능과 최고의 수율(yield)을 기대할 때에는, 모든 프로세스를 전부 구사하게 되며 사진석판공정 회수도 10회 이상으로 복잡한 것이 된다. 한편 교육이나 연구의 수단으로 IC 프로세스를 생각할 때에는 원리적으로 간단한 것이 좋다.

그림 3.9에 보인 바이폴러 IC 프로세스는 열처리의 회수를 가장 적게 하여 프로세스를 완성한 일례이다. 에피텍셜 성장을 이용하나, 삽입층은 사용하지 않는다. 베이스 및 분리확산은 1회의 열처리로 한다. 컨택구멍은 1회의 사진석판공정으로 끝낸다.

프로세스 흐름도를 인버터 1개분의 단면도로 보이고 있다. 부하소자로서 베이스와 기판간의 핀치저항을 이용하고 있다. 동작소자는 종형 NPN 트랜지스터이다.

프로세스를 흐름도에 맞추어서 설명하여 본다.

i) 경면연마의 p형 Si(111)웨이퍼가 출발재료이다. 저항율은 2~3[Ωcm]이다. 1020[℃]에서 SiH_4(Silane)의 열분해로, PH_3(phosphine)을 도핑가스로 사용하여 n형 실리콘의 에피텍셜 성장층을 형성한다. 저항율은 0.1~0.3[Ωcm]로써 성장층의 두께는 5.5[μm]이다.

ii) 이 웨이퍼를 1100[℃]산소분위기에서 가열하여 200nm의 SiO_2막을 키운다. 첫 번째의 사진석판공정에서 SiO_2를 선택적으로 제거하여 베이스 확산창을 만든다. 웨이퍼 전면에 붕소과승의 BN(Boron Nitride)을 B_2H_6, NH_3의 CVD(chemical vapor deposition, 화학적 기상 석출법)로 750[℃]에서 20[nm]석출하여 그 위를 30[nm]의 Si_3N_4로 피복한다. 그림 3.9에서는 Si_3N_4가 생략되어 있다.

iii) 두 번째의 사진석판공정에서 BN, Si_3N_4를 CF_4, O_2(2%)플라스머로, SiO_2를 HF-NH_4혼액으로 에칭하여 소자분리 확산의 영역을 만든다. 440[℃]에서 붕소과

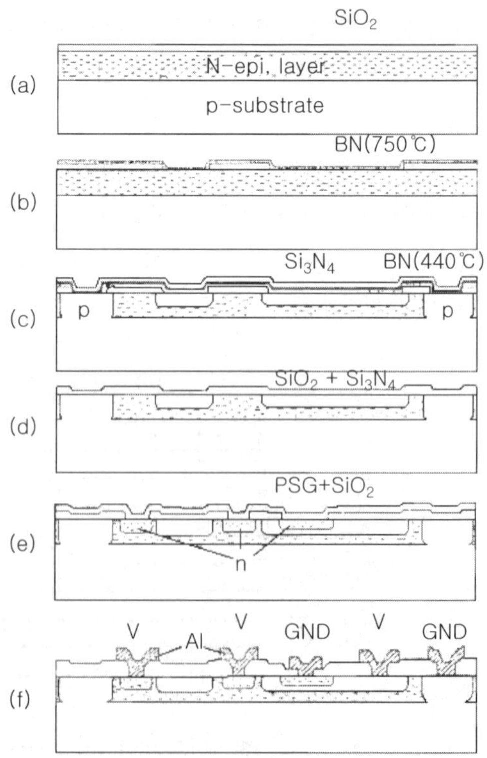

그림 3.9 간단화시킨 바이폴러 IC 프로세스

승의 BN을 20[nm]만 석출시켜 그 위를 Si_3N_4로 덮는다. 1200[℃]의 N_2분위기 속에서 웨이퍼를 열처리하여 소자분리와 베이스 형성을 위해 붕소확산을 동시에 행한다.

iv) 붕소확산 열처리후, BN, Si_3N_4를 CF_4, H_2(17%)플라스머로 에칭 제거한다. 다시 웨이퍼를 열산화하여 100[nm]의 SiO_2를 성장시켜서 30[nm]의 Si_3N_4로 피복한다.

v) 세 번째의 사진석판공정에서 에미터 확산 및 콜렉터 영역에 옴접촉(ohmic contact)형성을 위한 창을 만든다. PSG(phosphosilicate glass)를 20[nm]만을 석출하여 그 위를 300[nm]의 CVD-SiO_2로 피복한다. 1150[℃] N_2 분위기속에서 웨이퍼를 열처리하여 고농도인 확산층을 형성하여 소자는 완성된다.

vi) 네 번째 사진석판공정에서 컨택 구멍을 만든다. 진공증착법으로 전면에 알미늄을 0.7[μm]증착한다. 다섯 번째의 사진공정에서 인산질초산혼액(H_3PO_4 80%, 5%, CH_3COOH 5%, DI 10%)을 사용하여 알루미늄을 가공하여, 소자간의 상호배선을 한다.

이 바이폴러 IC프로세스의 특징은 붕소과승의 CVD-BN을 붕소확산원으로 사용하고 있다는 점이다. BN-Si 경계면에서의 붕소편석계수가 BN막의 석출온도에 의해 결정되므로 BN 속의 과승인 붕소가 일정의 붕소표면농도를 결정하고 있다. 그림 3.10에 확산 열처리 시간에 대에 대한 붕소의 확산 깊이 x_j와 붕소표면농도 C_s를 보이고 있다. 붕소과승의 BN을 440[℃]에서 석출시켰을 $C_s = 2.1\times10^{20}[cm^{-3}]$으로 일정하다. BN을 750[℃]에서 석출하였을 때에는 $C_s = 5.7\times10^{18}[cm^{-3}]$으로 일정하다.

베이스 확산영역에서나, 분리확산영역에서는 붕소의 표면농도가 확산열처리 중에 일정하게 유지되고 있으므로 확산 깊이의 제어가 용이하며 재현성도 좋다. 확산 깊이는 확산 열처리 시간의 1/2승에 비례하여 증가한다. 분리

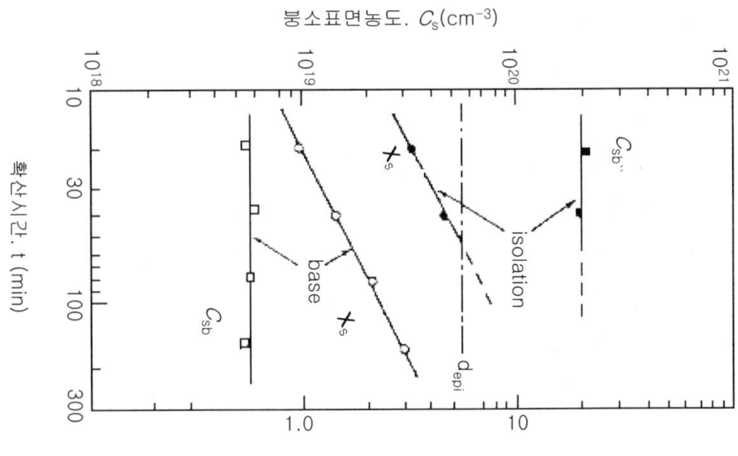

그림 3.10 붕소과승의 CVD-BN에서 얻어진 베이스 및 분리확산

확산 깊이 x_j가 베이스 확산 깊이 x_b보다 3.3배 빠르다. 확산시간은 분리확산 깊이 x_j가 에피택셜 성장층의 두께와 같아지는 시간으로 한다.

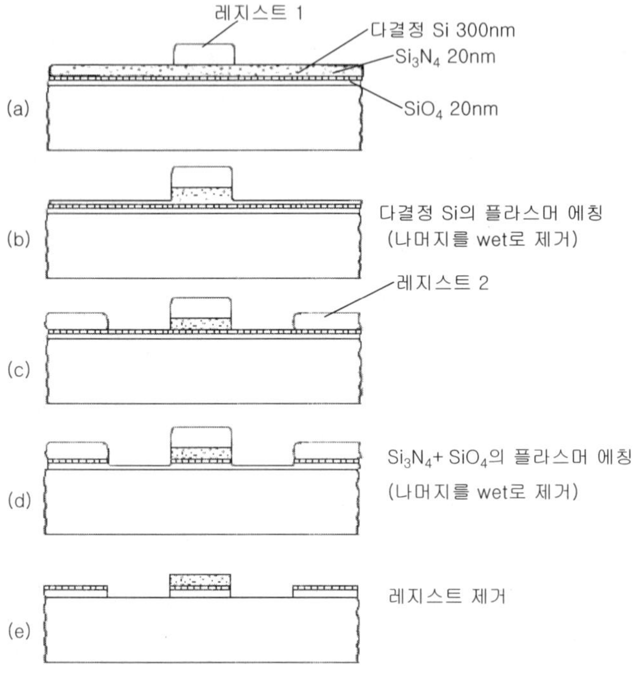

그림 3.11 다결정Si게이트와 소오스-드레인을 자기 정합형으로 형성하는 방법

MOS IC의 제작에는 그림 3.11과 같은 간단한 프로세스를 이용하였다. 프로세스의 어려움은 재현성에 있다. 누가 어떠한 장치로 프로세스를 하더라도 확실하게 동작하는 소자를 얻기 위해서는 여러 가지 면에서 연구함이 필요하다. 프로세스 체크 기술에서 $p-$ MOS IC 와 n-MOS를 실리콘 웨이퍼의 타입과 소오스·드레인 확산층 형성의 확산원을 선택하는 것만으로 실현되는 간단한 프로세스를 보였으나 간단한 프로세스의 최초 가공 공정부분만을 다음과 같이 하여 재현성을 좋도록 하기 위해 노력하고 있다.

SiO_2와 Si_3N_4를 게이트 절연막으로 한 다결정 Si게이트를 소오스·드레인에 대하여 자기 정합형으로 형성하는 가공공정을 그림 3.11에 보였다.

i) Si(100)웨이퍼에 열산화로 40[nm]의 SiO_2를 형성하고 CVD법으로 30[nm]의 Si_3N_4와 300[nm]의 다결정 Si를 석출한 웨이퍼가 프로세스의 출발재료이다. Si에 최초로 형성된 SiO_2와 Si_3N_4가 소자의 게이트 절연막으로 사용된다.

ii) 첫 번째의 사진석판 공정에서 포토 레지스터를 마스크로 다결정Si의 플라스머 에칭을 한다. 웨이퍼의 변두리가 에칭 종료된 시점에서 멈춘다.

iii) 중심부에 남아 있는 다결정 Si를 HF-HNO_3혼액으로 에칭 제거한다. 에칭은 Si_3N_4에서 자동적으로 멈춘다. 두 번째의 레지스터를 바르고 소오스-드레인 영역에 노광, 현상, 린스를 행한다. 여기서 게이트와 소오스, 드레인은 자기 정합형으로 형성된다.

iv) 플라스머 에칭으로 Si_3N_4 및 SiO_2를 에칭한다. 웨이퍼 변두리의 SiO_2가 에칭된 시점에서 플라스마 에칭을 멈춘다.

v) 중심부에 남은 SiO_2를 HF-NH_4F혼액으로 에칭 제거한다. 플라스마 에칭으로 다결정 Si의 사이드 에칭을 한다. 레지스터를 에칭 제거한다.

플라스마 에칭을 주 무기로서 거의 모든 가공을 하지만, 어떠한 고급 플라스마 에칭장치를 사용하였다 할지라도 웨이퍼 변두리부와 중심부의 에칭속도에 대한 차이를 없앨 수는 없다. 변두리 부분에서 에칭속도가 빠르므로 변두리 부분의 가공이 끝났을 때를 엔드포인트로하여 중심부의 나머지 부분을 에칭(wet etching)하여 패턴의 흩어짐을 막는다.

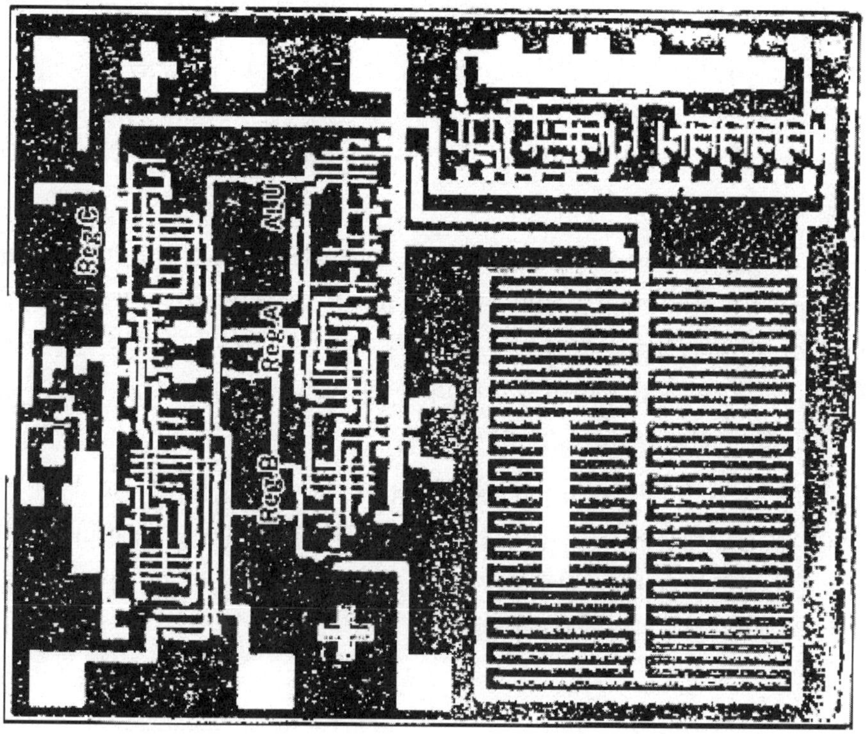

그림 3.12 광검출 1비트 마이크로프로세서(MOS), 칩크기 2.8mm×3.6mm, 포토다이오드 1.5mm×2.0mm

앞의 그림 3.1 칩은 그림 3.9의 바이폴러 IC프로세스로 제작한 것이다. 그림 3.7의 MOS용 논리회로를 그림 3.1의 MOS용 프로세스와 그림 3.11의 가공방법을 사용하여 실현된 칩사진이 그림 3.12이다.

4 포토 마스크 패턴 설계

논리회로의 설계가 완성되면 다음은 전자회로로 고쳐서 전자회로설계와 시뮬레이션을 한다. 전자회로를 바탕으로 포토 마스크의 패턴설계로 옮겨 가는 것이 통례이다. 그러나 스타틱회로일 경우에는 논리회로에서 포토 마스크 패턴을 직접 설계하는 것이 쉽다. 힘들여 전자회로로 바꿀 필요는 없다. 전자회로 시뮬레이션의 주되는 목적은 전원전압, 소비전력, 동작속도 등에 대한 시스템의 요구가 만족되도록, 소자 파라미터를 결정하는 것이다. 최적설계를 필히 필요로 하지 않는 본서나 목적하는 초보적인 교육연구용일 경우에는 프로세스 흐름도에 따라서 관습적으로 소자 파라미터를 설정하여 포토 마스크의 설계를 한다.

포토 마스크 설계가 목적하는 것은 될 수 있는 한 큰 규모의 시스템을 원칩에 집적화하고 싶다는 요구와 불량결함밀도에 영향을 받지 않고 동작되는 소자를 얻는다는 프로세스의 현실을 만족시키는 것이다. 따라서 한 개 한 개의 트랜지스터를 될 수 있는 한 작게 만든다.

사진석판 공정에서의 최소가공치수(최소선폭)와 마스크를 겹쳤을 때의 정합여유 등이 트랜지스터의 최소치수가 된다. 이러한 값들은 가공기술이나 장치의 정밀도에 의해 제한되나, 기술의 진보와 함께 날로 그 값은 작아지고 있다. 공업적으로는 서브마이크론(1㎛ 이하)이라는 영역에 들어가고 있다. 통상 양자의 값에는 차가 있으나 설명을 간단히 알기 쉽게 하기 위하여 같다고 하자.

그림 3.13에 MOS트랜지스터(c) 및 바이폴러 트랜지스터(d)를 염두에 두고 플레너 다이오드(a)와 상호배선에서의 접속방법(b)로 기본적인 방법을 보였다. 평면도와 $A-A'$에서의 단면도가 비교 검토되고 있다. 최소치수가 컨택홀의 패턴에 이용되며 포토 마스크 패턴 설계의 출발점이 된다.

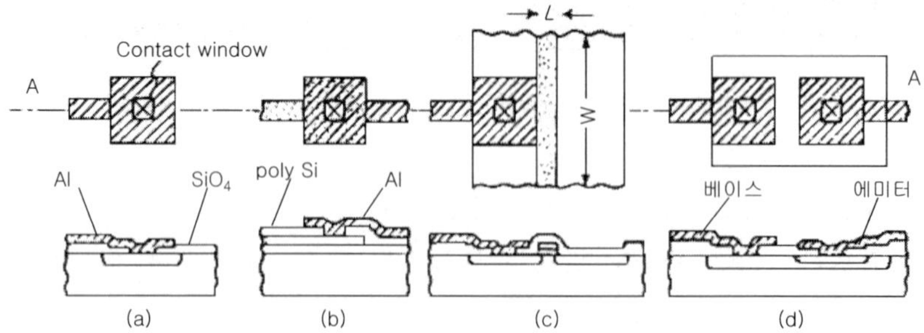

그림 3.13 최소가공치수와 마스크 정합여유를 같이 선택한 포토 마스크 설계, (a) 플레너 다이오드, (b) 접속, (c) MOS트랜지스터, (d) 바이폴러 트랜지스터

i) 최소치수와 최소치수로 주어진 정사각형(☒로 명시)을 중심으로 그린다.

ii) 그 주위에는 마스크 정합여유를 사방에서 조사하여 컨택 홀의 직전공정, 플레너 다이오드(a)의 경우에는 확산할 영역을 형성시키는 마스크가 그려진다.

iii) 컨택 홀을 뚫은 다음의 공정에서 사용되는 알루미늄 상호배선용 마스크는 컨택 홀과 마스크 정합여유를 갖도록 겹쳐서 맞추어야 하므로 결과적으로는 확산영역과 같은 위치에 같은 크기로 겹쳐지는 패드로 된다.

다결정 Si와 알루미늄이 첫 번 층과 두 번째 층의 상호배선에 사용될 때 그들을 상호접속하기 위해서는 그림 3.13(b)와 같이 접속을 위한 컨택 홀의 치수를 최소치수의 정사각형으로 하여 그 주위에 마스크 정합여유를 취하므로, 다결정 실리콘 패드와 알루미늄의 패드가 겹쳐지는 관계가 된다.

MOS트랜지스터의 게이트 길이 L은 당연히 최소치수로 택한다. 소오스-드레인의 확산층도 컨택 홀을 치수로 설계한다. 게이트 폭 W는 부하용 트랜지스터이든, 동작트랜지스터이든 요구되는 성능(역할)에 따라서 W/L의 비가 결정되므로 임의적으로 결정된다. 인버터의 출력을 좌우하는 PN접합과 같이 신호의 전달에 응하여 전위가 상하승할 경우는 결함으로 나타나기 힘들고, 표류용량을 감소하기 위하여 불필요한 부분을 될 수 있는 한 추려서 면적을 작게 설계한다. 한편 이미 접지 전위에 있을 경우, 접지전위에서 떨어지지 않도록 될 수 있는 한 큰 면적으로 하여 저항의 분포를 적게 하도록 노력한다.

바이폴러 트랜지스터도 컨택 홀을 중심으로 최소치수로 형성하여 에미터 접합, 베이스 접합, 콜렉터 접합과 프로세스 흐름도는 역의 순으로 각각에 컨택 홀을 만들어 설계한다. 베이스 저항이나 콜렉터 저항을 작게 하여 성능을 향상시키지 않으면 안 될 때에는 저항분을 적게 하는 노력이 이 단계에서 요구된다.

그림 3.1의 광검출 1비트 마이크로프로세서(바이폴러IC)의 포토 마스크 설계에서는 최소선폭을 10[㎛], 최소 컨택홀 치수를 10[㎛]×20[㎛], 마스크 정합여유를 10[㎛]로 하고 있다.

NPN 트랜지스터는 에미터의 컨택 홀을 10[㎛]×20[㎛]으로 하고 마스크 정합여유 및 불순물 확산의 옆 방향으로 벌어짐을 고려하여 설계된다. 콜렉터 저항을 작게 하기 위하여 콜렉터 영역에 10[㎛]폭의 N^+확산층이 베이스영역을 둘러싸고 있는 것과 같이 형성된다. 실리콘 기판에 이온주입 확산을 하면 이러한 배려는 필요 없게 되고 트랜지스터 1개분의 종횡의 치수를 각각 40[㎛]씩 축소할 수 있다.

N^+확산층(에미터)의 표면농도를 $C_s = 1\times10^{20}[\mathrm{cm}^{-3}]$, P형 확산층 (베이스)의 표면농도를 $C_s = 5\times10^{18}[\mathrm{cm}^{-3}]$으로 하여 각각의 불순물 분포가 상자모양이라고 가정하면 에바스·몰·모델에 따라서 트랜지스터의 증폭률을 계산할 수 있다. 순방향 증폭률 $\beta_f > 50$

로 역방향 증폭을 β_r을 무시할 수 있을 정도로 작게 하고 싶다는 조건을 만족시키므로 베이스폭을 1[㎛]정도가 되도록 에미터 확산조건을 택하면 된다.

부하소자로 사용되는 핀치저항은 게이트를 접지한 접합형 전계효과 트랜지스터와 등가이다. 핀치전압 V_p 및 핀치전류 I_p는 접합형 전계효과 트랜지스터의 전압전류 특성에서

$$V_p = \frac{q\,N_D d^2}{2\epsilon_0 \epsilon_{si}} \tag{1}$$

$$I_p = \frac{q\,N_d\,Wd^3}{3\epsilon_0 \epsilon_{si}\,\rho e\,L} \tag{2}$$

으로 구해진다. 여기서 ε_{si}은 Si의 비유전율, N_D는 에피텍셜 성장층의 도우너농도, ρ_e는 에피텍셜 성장층의 저항율, W는 핀치저항의 폭, L은 핀치저항의 길이, d는 핀치저항의 두께이다. d는 에피텍셜 성장층의 두께와 베이스 확산층의 깊이의 차와 같다. 전원전압 V_{cc}가 핀치전압 V_p이상일 때 핀치저항의 등가저항

$$R = \frac{3pe\,L\,V_{cc}}{2d\,WV_p} \tag{3}$$

로 된다. 전원전압 V_{cc}가 핀치전압 V_p이하일 경우에는 비포화 영역의 전압전류식에서 등가저항(R)을 구해야만 한다. 실제로는 $V_{cc} = V_p$로 구한 등가저항(R)을 이용하여 설계하지 않을 수 없다. 여기서는 W=20[㎛], L=200[㎛], d=2[㎛]로 하였다.

IC의 수율은 각각의 구성요소에 대한 수율의 적으로 표현되며 각각의 구성요소에 대한 수율은 면적에 반비례하고 있다 그림 3.1의 바이폴러 IC에서는 포토다이오드가 최대의 면적을 차지하고 있다. 따라서 포토다이오드의 수율이 IC의 수율을 결정한다. 포토다이오드를 설계할 경우에는 광전류를 얻을 수 있는 효율을 될 수 있는 한 높여서 면적을 될 수 있는 한 작게 하도록 노력한다. 여기서는 N형 분리영역 내에 빗모양 P형 확산층(베이스확산과 동시에 만든다)을 형성하여 포토다이오드로 하였다. 빗모양의 폭 및 간격은 30[㎛]이다. 최소선폭 10[㎛]인 알루미늄의 빗모양으로 전면적이 8×10^{-3}[cm]인 것에 대하여 P형영역의 면적은 3×10^{-3}[cm^2]이다.

그림 3.12의 광검출 1비트 마이크로프로세서(MOS IC)의 포토 마스크 설계는 포토 마스크위에서 마스크 정합여유를 6[㎛], 최소선폭을 12[㎛], 컨택 홀의 크기를 12[㎛]× 12[㎛]로 하였다. MAPPS-II의 데이터 공간의 1점분을 마스크 정합여유로 하여 최소선폭을 2점분으로 하고, 포토 마스크의 패턴설계를 하였다.

회로형식은 인버터를 부하 MOS 트랜지스터와 동작 MOS 트랜지스터로 구성하여 양자 모두 인헌스먼트형(normal-off)으로 하였다. 부하 MOS 트랜지스터의 드레인과 게이트가 공통으로 접속된 가장 간단한 구성이다.

포토 마스크 위에서 동작 MOS 트랜지스터의 채널 폭W와 채널 길이L의 비를, W/L=60[㎛]/12[㎛]=5로하여 부하 MOS 트랜지스터 그것을 $W/L=24[\mu m]$로 하였다.

실제의 트랜지스터에서는 소오스, 드레인의 옆 방향 확산 $x_i=1.5[\mu m]$이므로 실효채널의 길이는 3[㎛] 짧게 된다. 따라서 동작 MOS 트랜지스터와 부하 MOS 트랜지스터의 채널컨덕턴스 비는 $\beta_R=16$으로 된다. NOT게이트 또는 AND-NOR게이트의 AND부분에서는 동작 MOS 트랜지스터가 직렬로 접속되어 있으므로 2입력의 경우에 동작 MOS 트랜지스터의 채널 폭 $W=120[\mu m]$로 하고 β_R이 16이하로 내려가지 않도록 주의한다. 3입력의 경우도 같다.

그림 3.1의 바이폴러 IC에서는 제어부(프로세서)가 차지하는 면적이 센서(포토다이오드)보다 훨씬 크게 되어 있다. 그림 3.12의 다이나믹 테스트 소자는 그러한 목적을 위해 설계된 것이다.

5 센서와 기본 게이트의 특성

조광도를 변화시켜 측정한 포토다이오의 광단락 전류특성을 그림 3.14에 보였다. 광검출 마이크로프로세서는 빛을 칩의 전면에 비추어 스위치를 개폐하는 것을 염두에 두고 있다. 300[*Lux*]이하의 약한 빛에서는 광전류는 흐르지 않고 스위치는 오프상태이다. 실내 등에 의한 잡음레벨은 500[*Lux*]이하이므로 이 IC칩을 실내등 정도의 밝은 곳에서 갖고 다녀도 스위치는 온이 되지 않는다. 대단히 강한 광, 예를 들어 6000[*Lux*]를 비추어 그림 3.14에 부하선으로 보인 것과 같이 부하저항을 20[$K\Omega$]으로 하였을 경우 광스위치가 온이 된다.

실리콘 칩의 표면은 필드 산화막으로 덮혀 있으나, 8000[*Lux*]이상의 강한 빛을 비추면 바이폴러 트랜지스터의 경우 베이스-에미터 접합에 광전류가 흘러 콜렉터 전위가 저하한다. 제어부에서 오동작을 일으키는 원인이 된다.

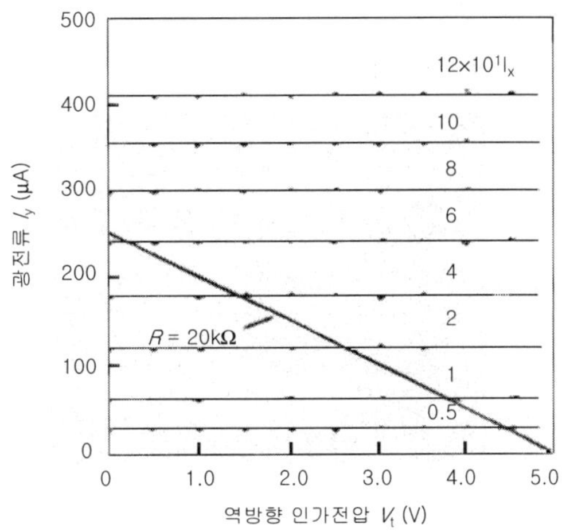

그림 3.14 광을 접촉시켰을 때의 포토다이오드의 특성

광스위치의 부하저항을 크게 하면, 약한 광이라도 광스위치가 온이 되며 감도를 올릴 수 있으나, 잡음이득도 작아져서 실내등 정도에서 오동작하게 된다. 한편 부하저항을 작은 곳으로 택하면 잡음이득은 높아지나 강하게 졸인 광을 비추지 않으면 스위치가 온이 되지 않게 된다. 소자 파라미터 내에서 유리한 조건을 골라서 확실하게 동작되는 소자를 설계한다.

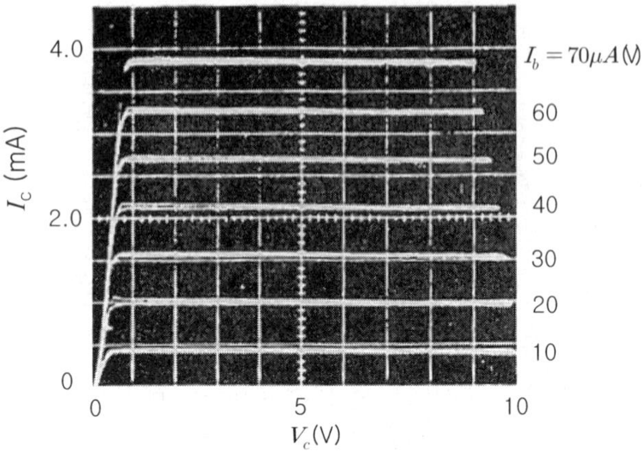

그림 3.15 npn 트랜지스터의 전압-전류 특성

단일 트랜지스터나 기본 게이트회로는 IC칩의 주변에 테스트소자로 설계되어 있다. 먼저 그들의 특성을 측정하여 설계 파라미터가 적당한가를 판단한다.

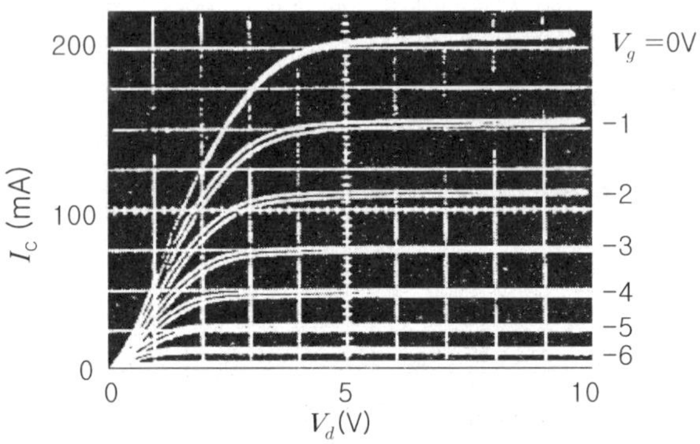

그림 3.16 핀치저항의 전압-전류특성

그림 3.1의 바이폴러 IC의 기본회로는 NAND게이트이다. NAND게이트를 구성하는 NPN트랜지스터의 전압-전류특성을 그림 3.15에 핀치저항의 전압-전류특성을 그림 3.16에, NAND게이트의 펄스응답을 그림 3.17에 보였다.

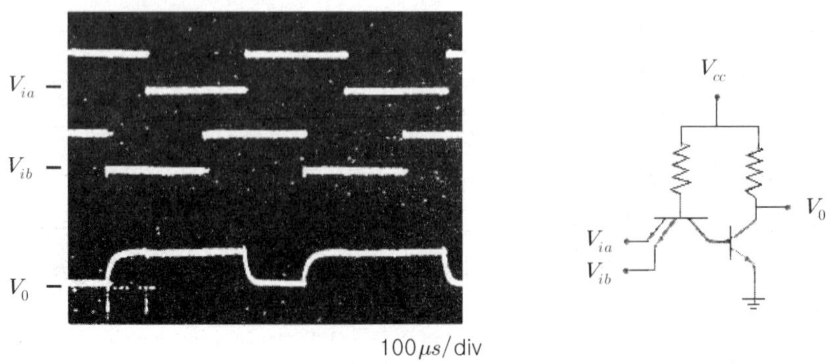

그림 3.17 2입력NAND게이트의 펄스응답과 측정회로

*npn*트랜지스터는 직류전류증폭을 β_f =55로 에바스·폴·모델에서 예측되는 값에 가까운 값이 얻어지고 있다. 콜렉터 저항의 영향이 온저항으로 나타나 있다. 그 값은 약 200[Ω]이다.

온전압이 베이스-에미터 사이의 내부전위보다 대단히 작도록 부하저항이나 증폭률을 조정하지 않으면 안 된다. 핀치저항의 특성은 기판바이어스를 파라미터로 하여 접합형 전계효과 트랜지스터로 표현된다. $V_{DD} = V_{CC} = 5$[V]에서 핀치오프 되며 이때의 전류치는 200[μA]이다.

$V_{cc} = 5$[V]로 하였을 때 등가저항치 R=25[$K\Omega$]이다. NAND게이트의 펄스응답 특성은 전원전압 $V_{DD} = 5$[V]로 입력펄스의 진폭5[V], 펄스폭2.5[μs]의 쌍펄스를 겹쳐서 턴온 및 턴오프 특성을 관찰하였다. 턴온 시간 및 턴오프 시간은 모두 0.2[μs]정도이다.

그림 3.12의 MOS IC의 기본 게이트는 NOR게이트이다. NOR게이트를 구성하고 있는 동작 MOS 트랜지스터의 전압-전류특성이 그림 3.19에 부하MOS 트랜지스터의 것이 그림 3.18에, NOR게이트를 구성하고 있는 동작 MOS 트랜지스터의 전압-전류특성이 그림 3.19에 부하 MOS 트랜지스터의 것이 그림 3.18에, NOR 게이트의 펄스응답 특성이 그림 3.20에 각각 보이고 있다. 이것은 $p-$MOS프로세스로 제작한 경우이다. 동작 MOS트랜지스터의 문턱전압(threshold voltage)은 $V_{TD} =-1.8$ $V_{TD} =-$ 1.8[V], 채널 정공이동도는 μ_ρ=205[cm^2/V · s]이다. 소오스-드레인 접합의 역방향 절연파괴전압은 $V_B =-50$[V]로 이 MOS IC를 동작시키는 전원전압보다 대단히 큰 값으로 나타나 있다. 부하 MOS 트랜지스터의 문턱전압은 $V_{TL} =-1.8$[V]채널 정공이동도는 μ_ρ=220[cm^2/V · s]로, 동작 MOS 트랜지스터의 소자 파라미터와 일치하고 있다. NOR게이트의 펄스응답특성은 단채널 회로형식의 특징을 잘 나타내고 있다.

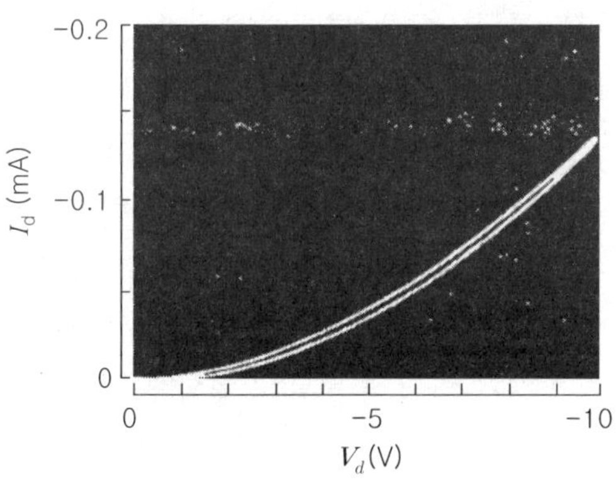

그림 3.18 부하 MOS 트랜지스터의 전압-전류특성

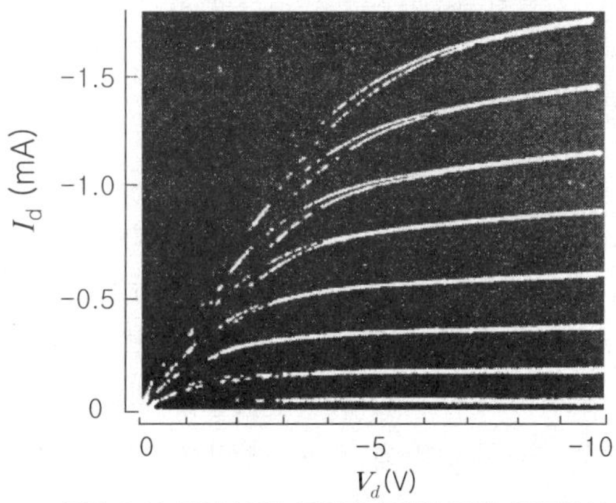

그림 3.19 동작 MOS 트랜지스터의 전압-전류특성

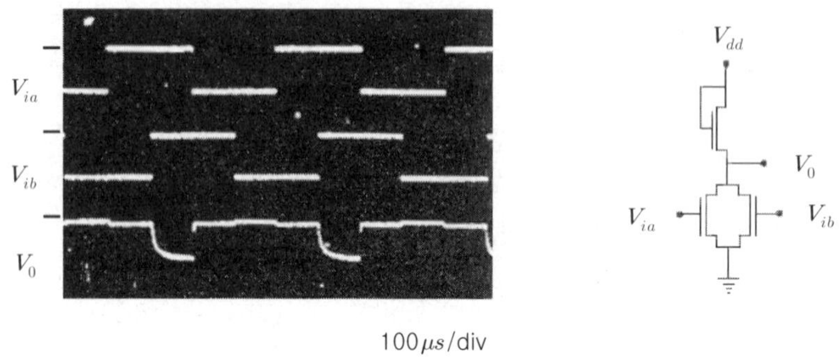

그림 3.20 NOR게이트의 펄스응답과 측정회로

바이폴러 NAND게이트의 펄스응답에서 턴온시간과 턴오프시간이 거의 같은 것에 대하여 전원전압 $V_{DD}=-15$[V]입력펄스 진폭 -10[V]를 인가하였을 때 턴온시간은 1[$[\mu s]$정도로 빠른 것에 대하여 턴오프시간은 2$[\mu s]$로 늦어지고 있다.

턴온시간은 충분히 충전된 부하용량(다음 단의 게이트 및 배선용량)의 전하를, 동작 MOS 트랜지스터를 통하여 방전하는 시간으로서 이 시간은 충분히 짧다. 턴오프 시간은 동작 MOS 트랜지스터가 온에서 오프로 바뀌었을 때 부하 MOS 트랜지스터를 통하여 부하용량의 전하를 충전하는 시간이다. 인헌스먼트형 구성의 MOS 인버터에서는 부하용량의 충전에 긴 시간을 필요로 하여 신호의 전송속도를 제한하고 있다.

6. 시스템의 동작

물론, 집적회로의 칩은 제작된 칩의 모두가 완전하게 동작하지는 않는다. 측정하였을 때 전원과 접지선을 접속하여 클럭을 입력하였다 하더라도 설계한 대로 출력이 얻어지는 것은 아니다. 역으로 어느 부분도 전혀 동작하지 않는 집적회로도 드물다. 대개는 어느 한 곳까지는 신호가 들어와 있는 데 어느 부분 다음부터는 신호가 전달되지 않는 고장형이 많다.

집적회로의 설계에 임할 때에는 그 집적회로를 어떻게 측정할 것인가를 잘 생각하여 설계해야만 한다. 그림 3.1이나 그림 3.12와 같이 플립플롭을 중심으로 한 스타틱회로일 경우에는 상호배선의 알루미늄(알루미늄선의 폭이 10$[\mu m]$이다)위에 측정용 프로버를 내려서 신호를 측정할 수 있다. 한편 전하를 부하용량에 적극적으로 축적하여 게이트를 오프시켜서 전위를 유지하는 다이나믹회로인 경우에는 측정용 회로를 원칩에 설계하지 않는 한 프로버에 의한 측정은 할 수 없다.

그림 3.21에 광검출 1비트 마이크로프로세서를 바이폴러 IC로 그림 3.1과 같이 제작하였을 때 관측한 동작파형을 보인다. 그림 3.6의 타이밍 챠트와 비교될 수 있도록 측정되어

있다. 외부로부터의 입력클럭을 분주하여 3개의 레지스터와 연산회로의 게이트를 개폐한다. 위3단은 외부입력 클럭과 겹쳐지지 않도록 만들어진 내부클럭1과 2의 파형이다. 포토다이오드의 출력이 연산회로에 들어가 그 출력이 레지스터 A 및 레지스터 C에 들어간다. 레지스터 A의 출력은 레지스터 B에 전송되어 다음의 타이밍에 의해 다시 연산회로로 보내어 진다. 아래의 2단은 EXOR 및 AND의 출력파형이다. 외부 클럭 신호의 진폭은 5[V]주기는 1[ms]이다. 전원전압 $V_{cc}=5$[V]일 때 최소동작 클럭주기는 2 [μs] 이다.

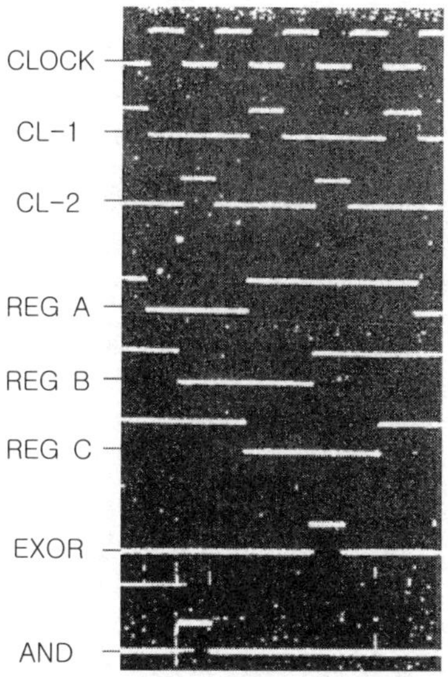

그림 3.21 광검출 1비트 마이크로프로세서의 동작파형 프로세서의 동작파형(바이폴러(IC))

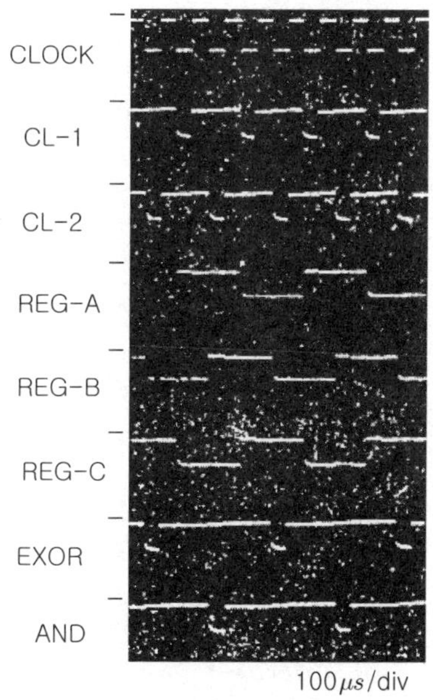

그림 3.22 광검출 1비트 마이크로프로세서의 동작파형(MOS IC)

그림 3.22에 광감출 1비트 마이크로프로세서를 $p-$MOS IC로 그림 3.12와 같이 제작하였을 때의 동작하형을 보인다. 그림 3.8의 시뮬레이션 타이밍 차트와 비교 가능하도록 되어 있다. 기본적으로는 같은 동작을 하는 회로를 바이폴러 형식과 MOS형식에서 같은 최소선폭을 사용한 설계에서 실현해 보면 바이폴러 형식(TTL ; transistor transistor logic)쪽이 신호의 전달이 훨씬 빠른 것을 그림 3.21의 파형과 비교하여 보면 알 수 있다. 그림 3.22에서는 전원전압 $V_{DD}=-15$[V]로 하여 입력클럭 신호의 진폭을 10[V]로 하였을 때, 주기는 1[ms]이다. 이 경우의 최소동작 클럭주기는 15 [μs] 이다.

바이폴러 IC의 동작속도는 $p-$MOS IC에 비해 10배 정도 빠르다. $n-$MOS IC를

$p-$MOS IC와 같은 설계법으로 실현해 볼 수 있다(그림 3.1). $n-$MOS IC에 비해 2~3배 빠르다. 정공의 채널 이동도(약 200[cm^2/V · s])에 비하여 전자는(약 500[cm^2/V · s]) 2배 이상 빠르기 때문이다. 전자나 정공을 전계로 움직이게 하는 다수 캐리어 소자인 MOS IC에 비하여 PN접합에서의 소수캐리어 주입재결합을 이용하는 바이폴러 IC가 반도체다운 동작을 하고 있다고 할 수 있다.

Chapter 4

5핀 5비트 스타틱 마이크로프로세서

1. 트랜지스터의 특성과 분포

오늘날의 집적회로는 시스템이 원칩으로 동작하는 것을 요구하고 있다. 시스템의 동작을 염두에 두고서 트랜지스터를 재검토하여 보자.

시스템이 동작하기 위해서는 논리회로의 설계가 틀림이 없으면 그 다음은 개개의 트랜지스터가 계산한 대로 동작하여 주기만 하면 된다.

트랜지스터가 바르게 동작하기 위해서는 트랜지스터의 구성요소인 소오스-드레인의 플레너 다이오드와 MOS다이오드(게이트)의 특성이 좋아야 한다. 따라서 시스템의 수율은 구성요소의 수율에 환원된다.

(1) 플레너 다이오드

MOS IC에서는, 특히 플립플롭을 중심으로 한 스타틱 구성에서는, 필히 PN접합의 모든 것이 완전한 특성을 보일 필요는 없다.

MOS 트랜지스터에서는 PN접합은 접지전위에 떨어져 있든지, 역방향으로 바이어스 되어 있든지의 어느 쪽이다. 순 방향의 특성은 요구되지 않는다. 따라서 순 방향에서의 소수캐리어 주입 재결합이 완전하지 않다 할지라도 집적회로의 동작을 완전히 막는 일은 없다. 무엇보다도 순 방향의 특성에 저항분이 포함되어 있는 가를 조사해 두는 것이 중요하다. 저항분을 포함한 PN접합의 경우는 대개 P형 또는, N형 영역과 알루미늄배선 사이에 접촉저항이 있든지, 접촉하는 방법이 불충분하든지, 접지되어야 할 영역이 완전하게 접지되지 않아 뜬 상태가 되어 신호의 전달을 막거나 늦어지게 한다.

또한, 순 방향의 주입특성이 좋지 않을 때, 즉 PN접합의 공핍층 내에 서의 재결합 중심에서 재결합 전류가 많을 때에는 당연히 역방향의 누설전류인 생성전류도 증가하여 역방향특성이 나빠지지 않으나 역방향 절연 내압이 낮아지게 된다. PN접합의 순 방향특성이 나쁜 것도 역시 기대에 어긋난다. 그러나 MOS IC에서는 PN접합의 순 방향특성을 직접 필요로 하지 않는다는 것은 MOS IC의 실현이 손쉬어 지고 취급하기에 대단히 간단한 것으로 하여 준다.

플레너 다이오드의 역방향 절연파괴전압 V_B는 표면을 SIO_2등으로 입히지 않은 접합의 내압에 비하면 1/3～1/5로 낮다. 그래도 플레너 프로세스가 집적회로의 주류로 되어 있는 원인의 하나는 수율의 재현성이다. 플래너 다이오드의 내압은 SiO_2를 마스크로 한 선택확산을 했을 때의 최대곡률을 가진 코너에 전계가 집중됨에 따른 Si결정 내부에서의 항복이다. 결정내부에서 전류의 증가는 그 전계를 제거하면 다시 원래의 열평형상태로 되돌아간다. 재현성이 완전하게 보증되어 있다는 점에서 최대의 공업상의 메리트가 있다. 즉 완전한 가역적이다.

결정내부에서 전자눈사태 항복이라는 플래너 다이오드의 장점을 발휘하지 못하게 되는 원인은 몇 가지라도 발견된다. 그것들은 당연히 플레너 다이오드의 역방향 내압 V_B가 전원전압 V_{DD}이상이 되지 않으면 안 된다는 것이 MOS IC가 시스템으로서 동작하기 위한 절대조건을 만족시키지 못하는 원인이 된다. 예를 들어 최대곡률을 나타내는 플레너 접합의 구석 쪽 공핍층에 결정 결함이 존재하고 있어서, 그것이 재결합 생성중심으로서 역할을 하면 누설전류의 원인이 될 뿐만 아니라 공핍층의 벌어짐을 막으므로 전계가 집중되어 절연내압을 낮게 해버린다. 또한 $Si\text{-}SiO_2$경계면에 얼굴을 내밀고 있는 PN접합의 끝 부분의 공핍층의 벌어짐을 경계면 전하나 SiO_2위에 놓인 알루미늄 배선의 전위에 대해서도 큰 영향을 받는다.

스타틱인 회로구성일 때, PN접합은 그 역할에 따라서 3종류로 나누어진다.

i) 이미 전원전압 V_{DD}로 역방향에 바이어스 되어 있는 접합
ii) 신호의 전달에 따라서 변하는 접합
iii) 이미 접지전위에 있을 때

이미 전원전압 V_{DD}로 역방향에 바이어스 되어 있는 경우 i)은 전원전압 V_{DD}이상의 내압이 있어야 한다. 보통 전원전압 V_{DD}의 3배정도의 내압에 맞도록 플레너 확산의 깊이 x_j를 선택한다. 집적회로에서 가장 중요한 접합은 신호의 전달에 관여하는 접합 ii)이다. 접합용량과 선간용량의 합이 하나의 접합에서의 신호전달 속도를 결정한다.

설계에 여유를 갖게 하기 위해서도 될 수 있는 한 작은 접합면적이 되도록 설계한다. 10~50[개/cm^2] 정도의 결함밀도는 피할 수 없다. 시스템의 동작에 결정적인 접합 ii)가 결함에 접하는 확률을 줄이기 위해서라도 접합의 면적은 될 수 있는 한 작게 하는 것이 좋다.

한편 이미 접지전위에 있는 접합 iii)은 PN접합으로서의 순 방향특성도 역방향특성도 요구되지 않는다. Si기판에 대하여 P형 또는 N형의 영역이 분리되어 있으면 된다. 완전히 접지전위에 떨어져 있는 것이 필요하므로 될 수 있는 한 면적을 크게 하여 접지저항을 접속하는 것보다는 확산층에서 공통의 영역이 되도록 형성하여 알루미늄 배선과의 접촉면적도 될 수 있는 한 크게 길도록 한다.

스타틱 MOS IC에서 결정적으로 중요한 신호를 전하는 접합 ii)가 전 소자수의 1/3정도밖에 되지 않는 것은 MOS IC를 성공시키기에 좋은 조건이다. 바이폴러 IC보다 단채널 MOS IC쪽이 설계, 프로세스, 평가의 어느 쪽을 보더라도 유리하다. 다이나믹 회로로 하면 적은 소자수로 집적회로가 실현되지만, 그 대신 신호전달에 관여하는 접합 ii)의 확률이 늘어난다. 또한 수율에 대한 요구도 까다롭게 된다.

(2) MOS 다이오드

Si웨이퍼 속에서의 산소의 역할이 이해됨과 병행하여 경면연마 및 세척기술이 급속 진보하였다. 그 결과 열산화에 의해 형성된 SiO_2 막의 절연파괴강도 $E_B = 1\times10^7$[V/cm] =10[MV/cm]에 달하고 있다.

그림 4.1에 다결정 Si을 게이트 전극으로 하여 만든 MOS 다이오드의 절연파괴강도 분로를 보인다. 64k RAM용의 사양으로 경면연마 및 세척을 한 웨이퍼를 열산화 전의 약품에 의한 사전처리를 하지 않고 1050[℃]에서 30분간 건조 O_2산화로써 SiO_2막을 형성한다. CVD법으로 인(phosphorus)을 도핑한 다결정 Si를 석출한 후, 알

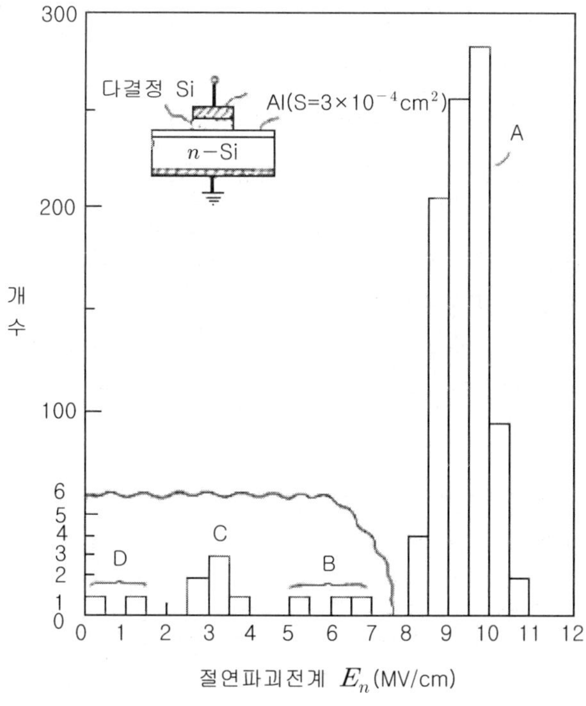

그림 4.1 MOS 다이오드의 절연파괴 도수분포

루미늄을 진공증착시킨 후 사진석판공정으로 직경 200[㎛]의 전극을 형성하여 삽입도와 같은 MOS 다이오드를 형성한다.

이러한 실험에서 심한 차의 분포는 피할 수 없으나, 64[k]RAM용 웨이퍼의 특징이 가장 잘 나타나 있다고 생각되는 결과가 그림 4.1이다. 이 그림 에서는 4개의 특징적인 경향(*A, B, C, D*군)이 인정된다. 1000개중에서 약 10개(1%)를 제하고 그림 에서 *A*로 보였다. 절연파괴강도 $E_B = 10$[MV/cm] 부근에 집중된 결정치가 있다. *A*군의 MOS다이오드를 양호품으로 보면 불량결함밀도는 50[개/ cm^2]정도가 된다. *A*군 내에서의 차이가 큰 점에 주의해야만 한다. 또한 전기로의 석영관 속에 Si웨이퍼를 삽입하여 산화하는 방법에서는 꽤 큰 산화막의 불균등성이 있는 것으로 알려져 있다.

절연파괴강도의 불균등성 원인이 모두가 막 두께의 차이에 의한 것으로 보고 막 두께를 살펴보면 72±15[nm](±20%)가 된다. 실제로 에립소메터를 사용하여 막 두께를 측정하면 그토록 큰 차는 발견할 수 없다. 이 Si웨이퍼에 관한 에립소를 사용한 측정결과는 70±4[nm](±5.5%)였다. 이것은 원인이 다른 것에도 있는 것을 의미하고 있다.

*A*군 이외의 절연파괴 강도가 낮은 11개의 MOS 다이오드 모두가 MOS트랜지스터를 불량으로 하고 있다고만 할 수 없다. MOS IC의 전원전압 V_{DD}보다 아주 작은 *D*군의 2개(그중 1개는 쇼트되어 있다)는 틀림없이 MOS트랜지스터를 불량으로 만든다. 이 2개를 MOS 게이트의 불량으로 생각하면 불량결함 밀도는 10[개/ cm^2]가 된다. 이 정도의 값이 64[k]RAM의 불량결함밀도라 하겠다.

*B, C, D*에 측정후 알루미늄을 인산(H_3PO_4)으로 제거하고 다결정 Si를 플라스머 에칭으로 신중히 제거하여, 나타난 SiO_2의 표면을 광학현미경으로 관찰하여 봐도 눈에 보일 정도의 결함은 찾아볼 수 없다. SiO_2를 불산(HF)으로 제거하여 Si의 표면을 관찰해 봐도 마찬가지이다. 때에 따라서는, *D*군속에서도 완전히 쇼트되어 있는 다이오드에서 국부적으로 간섭색이 다른 점모양의 현상이 보이거나, SiO_2에 결함이 있는 것을 발견할 때도 있다. 웨이퍼 자체가 오염되어 있든가, 또는 산화시에 웨이퍼가 2차적으로 오염된 것으로 추정된다.

절연내압이 저하하는 원인은, 거의 명확치 않고는 모르는 상태이나, C군의 불량은 때때로 발견되는 분포를 가진 불량이다. 절정점의 절연파괴내압은 $E_B = 10$[MV/cm]의 1/3정도인 곳에서 작은 값이나마 명확히 절정 값을 가진다. 웨이퍼에 따라서 나타나는 경우도 있다. 산화에 원인이 있는건지, 웨이퍼에 원인이 있는지는 현재로서는 명확히 구별도 되지 않는다. 그러나 MOS 게이트로서 집적회로의 동작을 막는 것은 아니나, 장기적인 신뢰성을 생각할 때에는 불안한 재료이다.

Si메이커가 공급하는 웨이퍼에 관해서는 소자의 특성이라는 점에서 그림 4.1과 같은 평가에 견딜 수 있는 곳까지 진보되고 있다. 본서에서 예를 들고 있는 그림 4.1과 같이 간단화된 프로세스에서 그것도 처음 공정이 게이트 산화막의 형성인 프로세스에서는 이러한 데이터를 신뢰하여 불량결함밀도 10[개/cm^2]에 될 수 있는 한 영향을 미치지 않을 게이트 면적에 소자를 설계하면 된다.

오늘날 공업적으로 확립되어 있는 웨이퍼 프로세스에서는 소오스-드레인 형성이 끝난 후에 게이트 영역의 SiO_2를 제거하여 다시금 게이트 산화를 하고 있다. 프로세스의 중도에 Si표면을 들어내어 산화를 할 때에는 Si표면에 요철을 발생시키기 쉽고 어떠한 약품으로 사전처리를 하지 않을 수 없다. 암모니아수, 질산, 유산, 이러한 혼액 등 여러 가지 약품과 증류수(*D.I.*)로 경험적인 처리를 하고 있으나 처리방법과 그림 4.1의 내압분포와의 관계는 일부를 제하고 전혀 무관하다. 어느 약품에 의한 처리가 *C*군의 분포와 관계가 있을 것 같다라는 결과가 얻어질 때도 있으나 아직 명확하지는 않다.

내압분포와의 관계에서 주목해야 할 요소는 Si웨이퍼 속의 산소농도와 그 분포이다. 산소농도가 많을 경우(3×10^{18}[cm^{-3}])에 *C*군의 분포가 나타날 것 같으나, 경향은 반대로 산소농도가 1×10^{18}[cm^{-3}]으로 적은 쪽의 웨이퍼에서 *C*군의 분포가 늘어나는 경우가 있다. Si 속의 산소의 석출을 적극적으로 이용하는 인트린식 게터링(intrinsic gettering)의 실용화와 함께 주목해야 할 때이다.

Si웨이퍼는 오늘날의 집적회로, 즉 일렉트로닉스를 지배하는 기반재료이지만 소자의 특성이나 신뢰성의 관계에서 Si웨이퍼를 논의하려고 하면 말자체가 어느 듯 알송달송하게 되어 버린다. 그 정도로 아직까지 무엇이 문제인가는 명확치 않고 계속하여 연구의 대상이 되고 있다. 그러나 한편으로는 Si웨이퍼에 메이커가 공급하는 웨이퍼의 경면연마 및 세척의 기술은 64[k] RAM등 10만 소자의 집적화를 가능케 하는 곳까지 진보되었다고 평가할 수 있다. 소자에서의 실험을 세밀히 반복하여 경향을 알아내는 것과 소용이 없다 하더라도 고배율 광학현미경으로 관찰하여 눈에 보이는 이상현상을 빠뜨리지 않게 함으로써 일보일보 높은 수율을 보증하는 Si웨이퍼로 진보하여 갈 수 있으리라 생각된다.

(3) MOS트랜지스터

MOS집적회로에서 능동적 역할을 하는 소자에 MOS트랜지스터를 사용할 뿐만 아니라 수동적 역할을 하는 소자에도 MOS트랜지스터를 사용한다. 예를 들면 인버터 회로는 동작 MOS트랜지스터(능동소자)에 부하저항(수동소자)을 접속하여 구성하나 부하저항을 플레너 프로세스의 확산층으로 만들며 큰 면적을 필요로 하기 때문에 MOS트랜지스터의 소오스와 게이트를 공통으로 하여 2단자소자의 부하로써 동작시킨다. W/L비가 서로 다른 2개의 MOS트랜지스터로 인버터를 구성하여 스타틱 MOS집적회로의 기본단위로 한다.

단일 트랜지스터 시대의 전자회로, 그전의 진공관 시대의 전자회로에서는 L, C, R이라는 수동부품을 될 수 있는 한 많이 사용하여 트랜지스터나 진공관 등의 능동소자를 될 수 있는 한 적게 하여, 그것으로 될 수 있는 한 기능이 높은 시스템을 실현하는 노력이 활발하였다. 집적회로 시대에서는 이 견해가 모두 역전되어 능동소자만으로 기본적으로는 모든 회로를 구성한다. 수동소자를 필요로 하는 곳에서는 트랜지스터를 수동적으로 동작시킨다. 당연한 결과로서 집적도가 높을수록, 큰 시스템을 원칩에 집적화할수록, 회로구성은 스타틱에서 다이나믹으로 옮겨진다.

많은 MOS트랜지스터를 집적화하여 마이크로컴퓨터와 같은 시스템을 구성하여야 할 때 논리회로나 전자회로의 설계단계에서는 특성이 갖추어진 트랜지스터를 전제로 하고 있다. 그러나 실제로는 트랜지스터의 특성차가 전원전압의 상한이나 하한, 동작주파수의 상한을 결정한다. 시스템을 설계하기 전에 트랜지스터의 특성이 어느 정도의 차를 갖고 있는가를 알아둘 필요가 있다.

MOS트랜지스터의 특성은 채널을 형성하기 위한 문턱전압(threshold voltage) V_T와 채널 속의 캐리어를 전계에 의해 움직여 주는 채널이동도 μ(정공에 대해서는 μ_p, 전자에 대하여 μ_n)로 결정한다.

먼저 문턱전압 V_T의 분포에 대하여 전형적인 예를 검토하여 보자. 그림 4.2는 1000개의 $p-$MOS트랜지스터를 그림 4.1의 프로세스로 제작한 결과이다. 꽤 큰 불균형의 차를 보이고 있다. 공업적으로 기술이 확립된 오늘날의 프로세스에서는 문턱전압 V_T를 결정하고 있는 요소 중에서 채널부분의 불순물 농도 N_b를 이온주입법으로 정확히 제어할 수 있어서 계면전하밀도 Q_{ss}가 어느 레벨이하로 고정되어 있으면 문턱전압 V_T의 불균일의 차를 $\Delta V_T \leq \pm 0.1$[V]로 제어가능하다. 이온주입 기술을 도입하지 않는 한 그림 4.2와

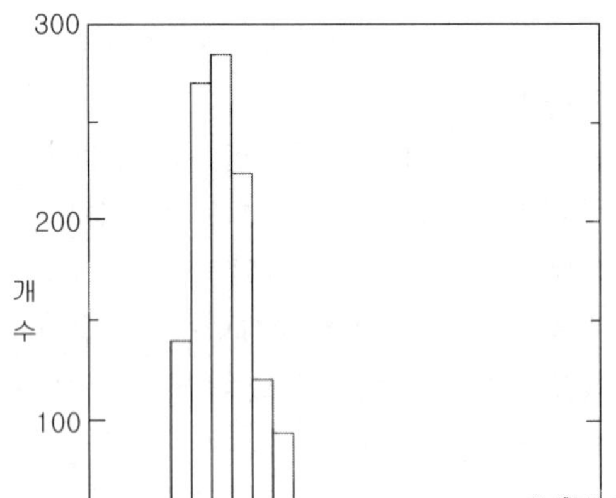

그림 4.2 $p-$MOS트랜지스터의 문턱전압 V_T의 분포

같은 불균일은 피할 수 없다. 시스템의 설계에서 그림 4.2의 불균일성을 고려하였다 하더라도 더욱 시스템의 동작이 가능한 노력이 요구된다.

문턱전압의 절정점 A는 약 -1.6[V]이다. 이 값은 게이트 절연막의 두께 d_{ox} 및 평균한 계면전하밀도 Q_{ss}에서 예상되는 값에 거의 일치하고 있다. 그러나 높은 쪽은 -3[V]로 평균치의 약 2배정도의 문턱전압에서 겨우 채널이 연결되는 것이 있다. 낮은 쪽은 -0.2[V]로, 인헌스먼트형과 디플레이션형의 턱걸이 되는 것도 있어서 큰 불균일성을 보이고 있다. 더욱 좋지 않은 것은 절점B에 보인 문턱전압 V_T가 양의 값을 보이고 있는 것이 4개가 있다. 인헌스먼트형(normally off)으로 설계된 MOS트랜지스터 가운데 디플레이션형(normally on)인 것이 있다는 것으로써, 이것은 회로설계상으로는 대단히 곤란한 것이 되고 만다.

단 시스템의 동작을 생각하였을 때 필히 절망적이라는 것은 아니다. 기판 바이어스를 가하여 채널을 잘라 줄 수가 있다. 시스템을 동작시켰을 때 신호가 있는 곳까지 전달하여 그곳에서 다음 부분에는 전달되지 않을 때 신호가 있는 곳까지 전달하여 그곳에서 다음 부분에는 전달되지 않을 때 기판 바이어스를 가하여 신호를 통과시키는 방법은 종종 경험하는 일이다. 그러한 때에는 문턱전압 V_T가 너무 낮다든가, 설계에 없는 형의 MOS트랜지스터가 있다는 것을 의미하고 있다. 스타틱에서 다이내믹으로 진보하려고 할 때에는 절점B와 같은 형은 없애야만 한다.

신호의 전달속도를 고려하였을 대 결정적인 역할을 하는 값이 계면이동도 μ_p의 분포이다. 그림 4.3에 $p-$MOS트랜지스터의 전형적인 예를 보였다. 이동도 μ_p의 절점은 약 200[cm^2/V · s]이다. P형 Si기판(억셉터농도 $N_A = 1\times10^{15}$[cm^{-3}]의 정공이동도가 약 550[cm^2/V · s]인 것에 비하면 1/2이하의 작은 값으로 되어 있다. 채널 내에서는 정공은 기판정도 만큼은 가속되지 않는 것을 의미하고 있다. 그림 4.3의 분포를 보면 이동도가 큰 쪽의 불균일성은 측정의 정밀도를 고려하면 거의 없는 것으로 생각해도 좋다. 그 반면에 이동도가 확실히 작은 쪽은 거의 차가 없는 분포를 하고 있다. 측정에 사용된 $p-$MOS 트랜지스터는 인버터의 동작 MOS트랜지스터로서 채널폭 W에 대하여 채널길이 L을 아주 짧게 설계하여 채널내의 캐리어의 흐름이 불균일

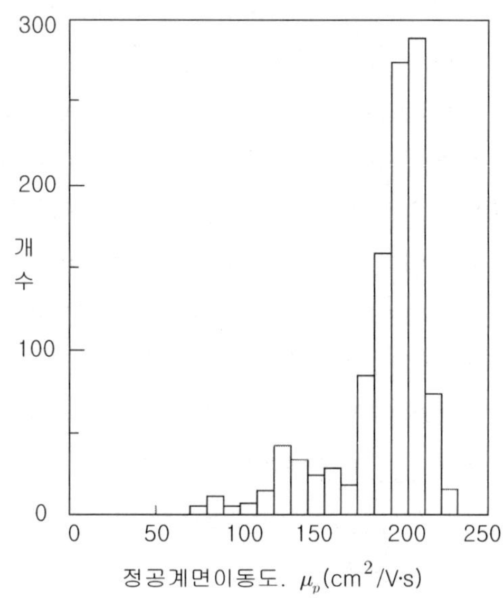

그림 4.3 $p-$MOS트랜지스터의 정공계면이동도 μ_p의 분포

하지 않도록 배려한 것인데도, 이 정도의 불균일을 보이고 있다.

채널폭 W에 대하여 채널길이 L을 설계한 부하 MOS트랜지스터에서는 더욱 큰 불균일성을 각오하지 않으면 안 된다. 전류-전압 특성에서는 더욱 큰 불균일성을 각오하지 않으면 안 된다. 전류-전압 특성에서 측정되는 채널이동도는 캐리어의 흐름에 대한 불균일성이 작은 이동도로서 측정되므로 그 결과만으로는 채널내의 정공이동도가 작은 것인지, 그렇지 않으면 채널의 형성이 불균일한 것인지를 분리하여 판단 할 수 없다.

채널이동도의 불균일은 채널컨덕턴스의 불균일과 등가이다. 부하 MOS 트랜지스터의 채널컨덕턴스가 작으면 인버터에서 부하용량을 높이는데 긴 시간을 필요로 하고 시스템의 동작을 늦게 한다. 또한 동작MOS트랜지스터의 채널 컨덕턴스가 작으면 오프상태에서 온상태로의 출력전위에 대한 떨어짐이 급격하지 않게 되어 높은 입력전압을 필요로 하며, 따라서 높은 전원전압을 필요로 하게 된다. 균일한 채널의 형성과 그 결과에서 얻어진 큰 이동도는 집적회로의 성능을 정량적으로 결정하는 요인이다.

2. 시스템에서의 신호전달조건

마이크로컴퓨터와 같은 시스템을 Si위에 원칩으로 집적화했을 때 시스템내의 신호전달은 각 게이트회로와 등가인 인버터의 입출력 전달 특성에 의해, 기본적으로는 이해할 수 있다. 각 MOS트랜지스터의 문턱전압 V_T와 전달계수 β에는 필히 불균일이 있다. 이러한 불균일을 고려한 인버터의 전달특성을 생각한다.

전달특성곡선위에 그림 4.4에 보인 것과 같이 기울기가 −1이 되는 점 A, B를 정의한다. $A-B$간을 천이영역이라 부른다면, 동작점이 천이영역 속에 오면 입력신호의 높은 준위(high level)와 낮은 준위(low level)를 잘못 전달하는 오동작이 일어난다. 동작점이 천이영역밖에 오면 인버터의 신호는 바로 전달된다.

불균일성을 고려한 전달특성의 경우를 그림 4.5에 두 개의 곡선으로 보였다. 모든 인버터의 전달특성곡선은 a, b로 싸인 사선 내에 들어간다고 하자. 따라서 전달특성곡선 a, b에서 시스템내의 신호전달에 관한 조건식을 얻을 수 있다.

전달특성곡선 a는 전달계수가 최소치 V_{Tlmin} 부하 MOS트랜지스터의 문턱전압이최소치V_{Tdmax}, 동작 MOS 트랜지스터의 문턱전압이 최대치 V_{Tdmax}일 때이다. 한편, 전달특성곡선 b는 전달계수가 최대치 β_{ax} 부하 MOS 트랜지스터의 문턱전압이 최대치 V_{Tlmax}, 동작 MOS 트랜지스터의 문턱전압이 최소치V_{Tdmin}일 때이다.

전단의 인버터의 출력V_{out}가 높은 준위(high level)일 때, 그것이 입력 V_{in}이 되어

다음 단의 인버터를 낮은 준위(low level)로 내릴 수 있게 하기 위해서는

$$V_4 \geqq V_2 \tag{1}$$

이 만족되어 있으면 된다. 출력전압 V_4는 기판효과를 무시했을 때 이므로

$$V_4 = V_{out\,\max} = V_{DD} - V_{Tl\,\max} \tag{2}$$

$$V_{DD} - V_{Tl\,\max} \geqq V_2 \tag{3}$$

의 조건으로 주어진다.

한편 전단의 인버터의 출력 V_{out}가 낮은 준위(low level)일 때, 그것이 입력 V_{in}이 되어 다음 단의 인버터를 높은 준위로 올려놓기 위해서는

$$V_1 \geqq V_3 \tag{4}$$

가 되어야 한다.

$$V_1 = V_{Td\,\min} \tag{5}$$

이므로,

$$V_{Td\,\min} \geqq V_3 \tag{6}$$

으로 된다.

시스템에서 신호전달의 조건을 구하는 것은 식(3) 및 식(6)을 만족시켜 준다. 전원전압 V_{DD}의 허용범위를 구하는 것과 같은 문제이다.

식(3) 및 식(6)의 V_2, V_3즉 그림 4.5 B점에서는 부하 MOS 트랜지스터는 포화영역에서 동작되고 있으며 그 드레인 전류 I_l은

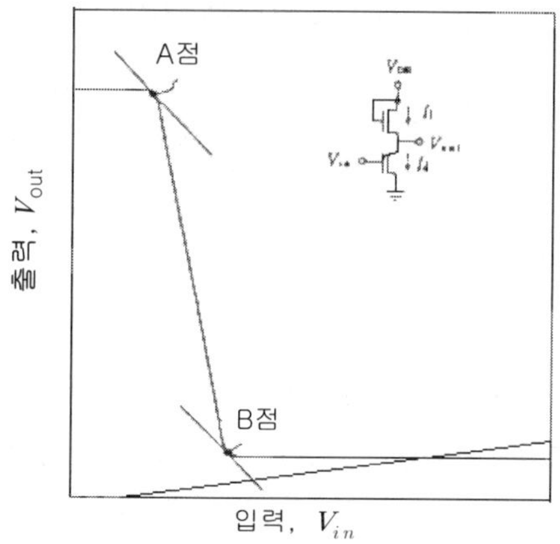

그림 4-4 인버터의 전달특성

$$I_l = \frac{\beta_l}{2}(V_{DD} - V_{out} - V_{Tl})^2 \tag{7}$$

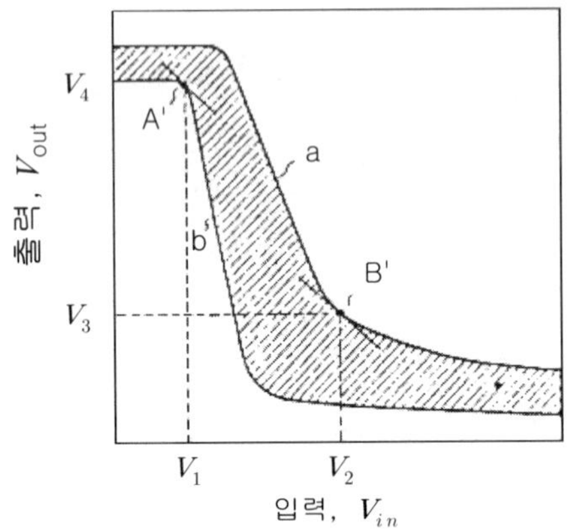

그림 4.5 불균일성을 고려한 인버터의 전달특성

으로써 동작 MOS 트랜지스터는 비포화영역에서 동작되고 있으며 그 드레인 전류 I_d는

$$I_d = \beta_d\left[(V_{in} - V_{Td})V_{out} - \frac{1}{2}V_{out}^2\right] \tag{8}$$

이다. 각 전류성분은 같다. 즉,

$$I_l = I_d \tag{9}$$

이므로 회로 방정식은 전달계수 $\beta_R = \beta_d/\beta_l$로 하면,

$$(1+\beta_R)V_{out}^2 - 2(V_{DD} - V_{Ti}) + \beta_R(V_{in} - V_{Td})V_{out}$$

$$+(V_{DD} - V_{Tl})^2 = 0 \tag{10}$$

으로 된다. B' 점에서 $V_{in}(=V_2)$와 $V_{out}(=V_3)$의 관계는 식(10)을 V_{in}에 관하여 미분하여 $dV_{out}/dV_{in} = -1$로 놓음으로써 다음과 같이 구해진다.

$$(1+2\beta_R)V_{out} - \beta_R(V_{in} - V_{Td}) - (V_{DD} - V_{Tl}) = 0 \tag{11}$$

식(10)과 식(11)에서 V_2 및 V_3는 다음과 같이 구해진다.

$$V_2 = V_{Td\max} + \frac{V_{DD} - V_{Tl\min}}{\beta_{R\min}}\left(\frac{1+2\beta_{R\min}}{\sqrt{1+3\beta_{R\min}}} - 1\right) \tag{12}$$

$$V_3 = \frac{V_{DD} - V_{Tl\min}}{\sqrt{1+3\beta_{R\min}}} \tag{13}$$

식(3)의 조건이 전원전압 V_{DD}의 최소치를 정해준다.

$$V_{DD} \geqq$$

$$\frac{(V_{Tl\max} + V_{Td\max})\beta_{R\min}\sqrt{1+3\beta_{R\min}} - V_{Tl\min}(2\beta_{R\min} + 1 - \sqrt{1+3\beta_{R\min}}}{(1+\beta_{R\min})\sqrt{1+3\beta_{R\min}} - (2\beta_{R\min}+1)} \tag{14}$$

식(6)의 조건이 전원전압 V_{DD}의 최대치를 정해준다.

$$V_{DD} \leqq V_{Tl\,min} + V_{Td\,\min}\sqrt{1+3\beta_{R\,min}} \tag{15}$$

실제로 제작된 인버터 회로의 경우에 대하여 검토하여 두자. 전달계수 $\beta_R = \beta_d/\beta_l$은 20정도가 되도록 설계되나 주로 채널이동도의 불균일 때문에 $\beta_{R\,min}$은 12 정도의 것이 눈에 뜨인다. 한편 문터전압 V_T의 불균일성은 $V_{Tlmax} = V_{Tdmax} = V_{Tmax}$, $V_{Tlmin} = V_{Td\min} = V_{T\min}$ 의 경향을 가진다. 더욱이 $V_{T\,max} \leqq 3V_{T\,min}$ 정도의 범위 내에는 충분하게 수납되어 있는 것으로 생각하므로

$$2V_{T\,max} \leqq V_{DD} \leqq 7V_{T\,min} \tag{16}$$

즉, 전원전압 V_{DD}를 문턱전압의 최소치에 7배정도로 택하게 된다.

식(14) 및 식(15)에서 정하는 시스템에서 신호전달이 가능한 조건은 전달계수 β_R이 나쁜(값이 작다)인버터가 있는 것을 극단적으로 싫어하고 있다. 전달계수가 나쁜 인버터가 들어 있으면 신호는 확실히 그곳에서 정지하여 버리는 것을 의미하고 있다. 전달계수

는 채널이 균일하게 형성되어 이동도가 일정하면 MOS트랜지스터의 W/L비에 의해, 즉 채널의 기하학적 치수비만으로써 일의적으로 결정된다. 치수만으로 성능이 결정된다는 것은 집적회로의 설계를 극히 용이하게 한다.

그러나 채널의 형성이 불균일하든지, 이동도에 불균일을 가져오면 전원전압의 설정을 대단히 어렵게 해 버린다. 채널이동도에 불균일이 없도록 Si웨이퍼 프로세스 기술을 확립하는 것이 집적회로를 가능케 하는 하나의 중요한 포인트이다.

문턱전압의 불균일도 마찬가지로 시스템의 동작을 곤란하게 한다. 문턱전압의 불균일을 없애기 위하여 오늘날에는 이온 주입기술이 도입되어 이 곤란을 극복하고 있다. 1개의 트랜지스터의 문턱전압의 이상이 시스템 전체의 동작을 불가능으로 만들어 버린다. 모든 트랜지스터 및 인버터의 동작이 완전하고 허용범위에 있어야만 하는 것이 집적회로기술의 어려움이다.

3. 아키텍쳐

연구나 공부를 위해 가장 간단한 원칩 마이크로컴퓨터의 모델을 만들어 보는 것은 오늘날의 일렉트로닉스 교육의 하나의 과제라고 말할 수 있을 것이다.

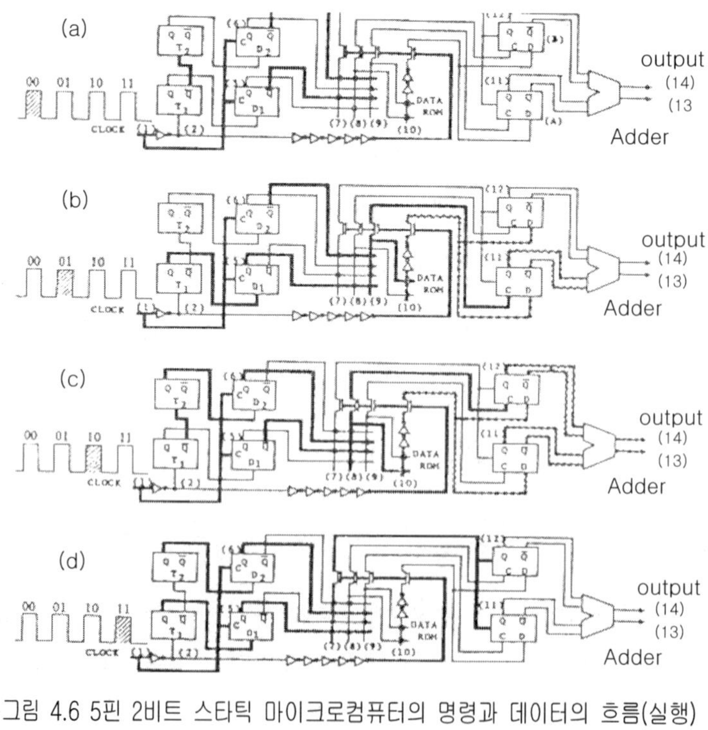

그림 4.6 5핀 2비트 스타틱 마이크로컴퓨터의 명령과 데이터의 흐름(실행)

von Neumann에 의해 제안된 오늘날의 컴퓨터는 전기 신호의 high, low에 대응하는 2진수 0, 1(high, low)의 어느 것에 대응해도 좋다)을 사용하여 명령도 데이터도 기술한다.

「명령을 해독하고 데이터를 전송하여 연산처리를 한다」 라는 일련의 동작이 오늘날의 컴퓨터의 기본개념이다. 필요하다면 명령을 많이 갖도록 명령공간을 확장하여 주면 된다. 많은 데이터에 가감승제를 조합한 복잡한 연산을 하게 되면 데이터 공간을 넓혀서 연산처리 기능을 고도로 구성하면 된다. 원리를 배우기 위해서는 생각되는 최소의 명령과 최소의 데이터에서 컴퓨터의 모델을 만들어 보면 된다.

그림 4.6에 보인 5핀 2비트 스타틱 마이크로컴퓨터는 이러한 목적을 위하여 설계된 일예이다. 5핀이란, 이 IC가 전원, 접지, 클럭입펵, 출력(2단자)의 5개의 외부접속 패드를 갖고 있다. 즉, 5개의 바늘을 준비하면 동작의 확인이 가능한 것을 의미하고 있다. 2비트의 의미는 명령이 2^2=4 즉, 4개의 명령을 가진 머신이다. 스타틱은 회로가 부하용량에 일시기억을 시키는 다이나믹형이 아니고 플립플롭과 같이 전원을 가하고 있는 한 언제까지나 상태가 변하지 않는 회로방식이 택하여 지고 있다는 것을 의미하고 있다. 아무리 천천히라도 움직일 수 있으므로 측정에는 편리하다. 마이크로컴퓨터의 정의는 어려우나, 「명령을 해독하고 데이터를 전송하여 연산을 한다」 라는 기본기능을 가지고 있으므로 컴퓨터라고 부르기도 한다.

전기신호로 동작하는 컴퓨터는 기본클럭이라는 방형파의 펄스신호에 따라서 하나하나의 동작을 행한다. 이 머신의 경우에는 그림 4.6의 좌측에 보이고 있는 것과 같이 4개의 클럭으로 1회의 일련의 동작을 완성한다. 원래 컴퓨터의 동작은 1회만의 동작으로 반복은 하지 않으나, 오실로스코프로 각 부의 동작파형을 쉽게 관측되도록 반복하여 동작시킨다. 최후의 신호를 리세트신호로 하고 있다.

명령 2비트이므로, 0, 1의 4개의 조합(00, 01, 10, 11)을 명령코드로서 이용할 수 있다. 표4.1에 4개의 코드가 컴퓨터에 어떠한 동작을 요구하는가, 그 대응를 보이고 있다.

첫 번째의 클럭 1의 신호로 버퍼 D_1, D_2는 명령레지스터인 2비트 카운터 T_1, T_2에서 명령코드 00을 취한다. 이 값은 다음의 클럭의 신호가 올 때까지 버퍼내에 보존된다. 여기서 이 머신은 결코 유효한 동작은 하지 않는다. 2진수 2개의 조합으로 4개의 코드를 만들 수 있으나 나머지 3개로 기본적 동작이 가능하므로 명령 00에서 이 머신은 어떠한 동작도 하지 않는다. 놀고 있다고 하여도 좋다.

다음의 클럭2의 신호로 버퍼 D_1, D_2는 명령코드 01을 취한다. 이 명령은 이코우더에서 해독되어 ROM(read only memory, 포토 마스크로 입력디어진 기억소자, 실제로는 MOS트랜지스터의 게이트에 배선이 접속되어 있는가의 여부로 0, 1을 쓴다)의 데이터 1의 내용을 레지스터 A에 전송하여 그곳에 데이터를 축적한다.

표 4.1 5핀 2비트 스타틱 마이크로컴퓨터에 이용된 명령코드와 그 내용

코드	내용
0 0	무동작
0 1	데이타 1을 레지스터 A에 전송
1 0	데이터 2를 레지스터 B에 전송하고, A, B의 가산을 행하여 출력에 접속한다.
1 1	모든 레지스터의 내용을 0으로 한다.

다음의 클럭3의 신호로 버퍼 D_1, D_2는 명령코드 10을 취한다. 이 명령이 디코우더에서 해독되면 ROM의 데이터2를 레지스터 B에 전송하여 데이터를 일시 축적함과 동시에 가산기로, A, B의 데이터를 가산하여 출력단자에 접속한다. 이 두 개의 명령으로 2개의 데이터를 가산하는 이 머신의 기본동작은 완료하고 있다고 말해도 좋다.

클럭4의 신호에서 버퍼 D_1, D_2는 명령코드 11을 취한다. 레시스터 A, B에는 리세트신호가 운반되어 그 내용이 지워진다. 이 머신은 초기상태로 되돌아간다. 다음의 클럭부터 다시 같은 동작을 반복하여 행한다.

이러한 일련의 기능을 동작시키기 위해서 그림 4.6의 머신은 T_1, T_2로 나타낸 프로그램 카운터 D_1, D_2의 버퍼, 그 내용을 해독하는 디코우더, 가산을 위해 쓰여진 비트의 데이터 ROM, 전송된 데이터를 축적하는 레지스터 A, B, 그리고 가산기로 구성된다. 그림 4.6에는 이 순서로 각 클럭이 배치되어 있다. 프로그램 카운터 T_1, T_2은 T형 플립플롭으로 구성되어 쓰기 클럭펄스 C의 입력시의 데이터신호 D를 다음의 클럭펄스가 입력될 때까지 일시 기억 보존한다.

그림 4.6에서는 굵은 선 및 점선으로 각각 명령의 해독 및 데이터의 전송(실행)이 4개의 클럭에 나누어 보이고 있다. 이 머신은 프로그램을 축적하는 공간을 갖지 않고(프로그램 비축적형), 클럭의 순서(시퀀셜)로 카운터에서 카운트 업된 명령이 순차 해독되어 실행에 옮겨진다. 굵은 선과 가는 선, 점선과 가는 선이 전기신호의 high, low 또는 1, 0에 각각 대응하고 있다.

4. 논리회로 설계

그림 4.6의 블록도에서 보인 시스템을 Si의 원칩 위에 실현하기 위한 다음의 과정은 논리회로도의 설계이다. 실현해야 할 논리식은 블록도에 따라서 결정되지만 그것을 어떠한 논리게이트의 조합에 의해 실현할까는 일의적으로 결정하지 않아도 된다.

바이폴러 IC로 이 시스템을 실현할 경우에는 기본 게이트를NAND로 하여 필요에

따라서 NOT 및 NOR 게이트를 조합하여 간다. $p-$MOS 혹은 $n-$MOS와 같은 단채널의 MOS 트랜지스터의 프로세스로 IC를 실현하려 할 때에는 기본 게이트를 AND-NOR로하여 필요에 따라서 NOT, NOR 및 NAND 게이트를 조합한다. 이 장에서는 $p-$MOS 또는 $n-$MOS 프로세스를 염두에 두고 있으므로 AND-NOR의 조합을 기본 게이트로 한다. $c-$MOS IC에서는 전송게이트와 NOR-NOT와의 조합을 기본 회로로서 레지스터나 카운터를 구성할 수 있다.

그림 4.6의 시스템은 T형 플립플롭을 프로그램 카운터에, D형 플립플롭을 버퍼나 레지스터에 사용하고 있으므로 이러한 설계가 논리회로 설계의 기본이 된다. 그림 4.7에 AND-NOR를 기본 게이트로 한 플립플롭의 논리회로를 보였다.

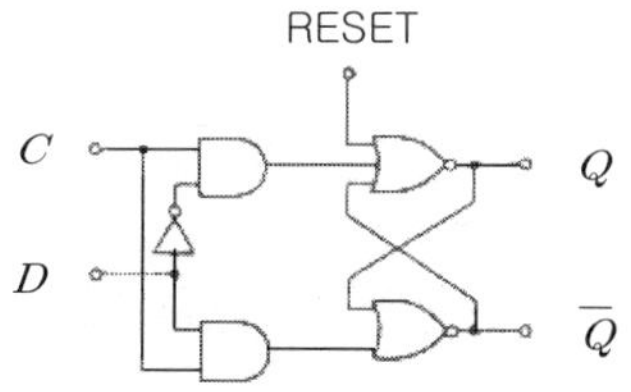

(a) D 형 플립플롭

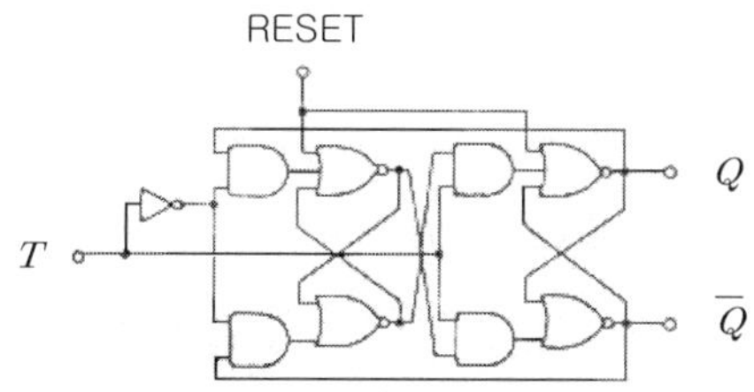

(b) T 형 플립플롭

그림 4.7 D형 및 T형 플립플롭의 논리회로도

명령을 해독하는 디코우더는 2입력 NOR게이트 3개분으로 구성되어 있다. 버퍼가 D형 플립플롭이므로 각각의 출력 $Q, \overline{Q}$를 이용한 4개의 출력 $D_1, Q, D_1, \overline{Q}, D_2, Q, D_2, \overline{Q}$ 의 전기신호의 조합에 따라서 3개의 출력선에서 하나를 선택한다. 출력신호는 타이밍을 취하기 위하여 클럭신호를 인버터 6단분 지연시켜 열며 패스트랜지스터를 통하여 레지스터 A, B를 제어하고 ROM의 데이터를 레지스터 A, B에 넣는다.

D형 플립플롭으로 구성되어 있는 레지스터는 각각 $Q, \overline{Q}$ 의 출력을 가지므로 레지스터 A, B의 출력, $AQ, A\overline{Q}, BQ, B\overline{Q}$의 전기신호를 받아서 가산을 하는 가산기를 설계한다.

입력 A, B에 대하여 캐리(C) 및 가산($ADD-D$)을 얻는 반가산기의 논리식은

$$D = A \oplus B = A \cdot \overline{B} + \overline{A} \cdot B \tag{17}$$

$$C = A \cdot B \tag{18}$$

이다.(논리적(AND)을 · 로, 논리합(OR)을 +, 배타적 논리합(EXOR)을 ⊕로 보였다.). 식(17) 및 식(18)을 충실하게 논리회로로 바꾸어 놓은 것이 그림 4.8(a)이다. MOS트랜지스터 12소자를 필요로 한다. 이 장의 포토마스크 패턴설계는 이러한 논리식에 따라서 진행되고 있다.

논리연산을 공부하여 보면 트랜지스터의 수를 줄여서 상호배선을 쉽게 하여, 같은 기능을 실현할 수 있다. 배타적 논리합(EXOR)은

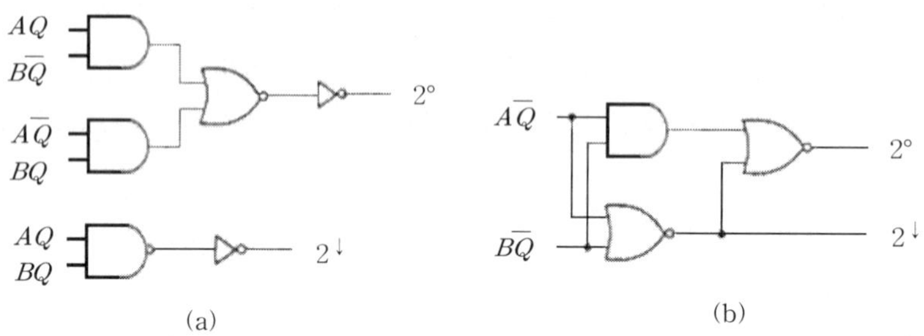

그림 4.8 반산기의 논리회로도, (a)논리에 따라서 설계한 경우(12트랜지스터), (b)MOS트랜지스터 7소자로 구성되는 예

$$D = (\overline{A} + \overline{B})\cdot(A + B) = \overline{A\cdot B}\cdot(A + B) = A\cdot B + (\overline{A + B}) \tag{19}$$

로도 표현할 수 있다. 식(19)를 충실하게 논리회로로 바꾸면 그림 8(b)로 된다. 식(17)에서나 식(19)에서도 배타적 논리합(EXOR)연산에 필요한 소자수는 7트랜지스터로 변함없다. 배타적 논리합(EXOR)의 특징은,

$$A \oplus B = \overline{A} \oplus \overline{B} \tag{20}$$

라는 점이다. 만약 입력신호를 A, B에서 $\overline{A}, \overline{B}$로 바꿀 수 있다면 그림 4.8(b)의 NOR게이트의 출력은

$$\overline{\overline{A} + \overline{B}} = A\cdot B = C \tag{21}$$

로 된다. 따라서 그림 4.8(b)의 배타적 논리합(EXOR)을 반가산기로써 사용할 수 있다. 실제로 제4장의 광검출 1비트 마이크로프로세서(그림 4.7 MOS용)에서는 이 반가산기가 사용되고 있다.

일반적으로 식(17)과 같은 논리식이 OR형식이 되거나, 또는 AND형식일 경우에는 그것을 그대로 회로화하면 본질적으로는 필요치 않는 경우에는 NOT 회로를 사용해야 한다. MOS트랜지스터로 집적화를 시도할 경우에는 NOT-NAND 혹은 AND-NOR, OR-NAND 회로를 사용하므로 논리식은 NOR 혹은 NAND형식이 바람직하다.

이 예에서 보는 것과 같이 합리적인 논리회로의 설계를 하기 위해서는 단순히 논리식을 만족하고 있는 것만이 아니라 필요한 소자 수나 상호배선의 용이함, 포토 마스크의 설계나 프로세스의 가능성을 염두에 두고 진행해야 한다. 여기에 집적회로 설계의 특수성이 있다. 시스템의 설계에서 프로세스 및 특성의 해석까지의 전체를 통한 경험이 강하게 요구된다.

5. 논리회로 시뮬레이션

논리회로도로 설계된 시스템이 설계대로 기능을 발휘할 수 있는가를 컴퓨터을 이용하여 논리 시뮬레이션을 한다.

플립플롭과 같은 순서논리회로에서 회로에 귀환이 포함되어 있을 경우에는, 신호가 지나는 길이 다름에 따르는 지연을 고려할 필요가 있다. 넓은 의미에서 잡음(헤저드 등)에 의해 플립플롭에 잘못된 상태변화가 일어나지 않도록 여유를 갖게 한다. 논리회로 시뮬레이션이라 하면 시각 테이블을 갖는 수법의 도입이 필요하다.

마이크로컴퓨터를 이용한 작은 메모리공간에서 처리 가능한 시뮬레이션의 예를 제3장에 기술하였다. 기본적으로는 그 곳에서 기술한 방법을 적용하면 된다. 그림 4.8의 시스템에 대하여 적용할 경우에는 약간의 고려를 해야 할 점은 패스트랜지스터의 취급이다.

C-MOS IC에서 전송게이트를 다용할 수 있음으로써, 회로의 설계가 쉬어짐과 같이 MOS IC에서 패스트랜지스터를 이용하면 회로의 제어가 대단히 원활하게 된다.

그림 4.9(a)의 예는 배선 A에서 입력신호가 들어왔을 때 게이트 1단분의 지연을 갖는 신호가 배선 B로 전하여지고 있다. 배선 B는 A에 비하여 게이트 1단분이 지연되고 있다. 페스트랜지스터도 그 게이트 용량을 축적하지 않으면 안 되므로 배선 B와 같은 지연이 생겨서 오픈이 된다. 따라서 배선 C는 배선 B로 출력이 나옴과 동시에 패스트랜지스터도 열려있다. 보기에는 패스트랜지스터가 없는 것과 같다. 프로그램위에서는

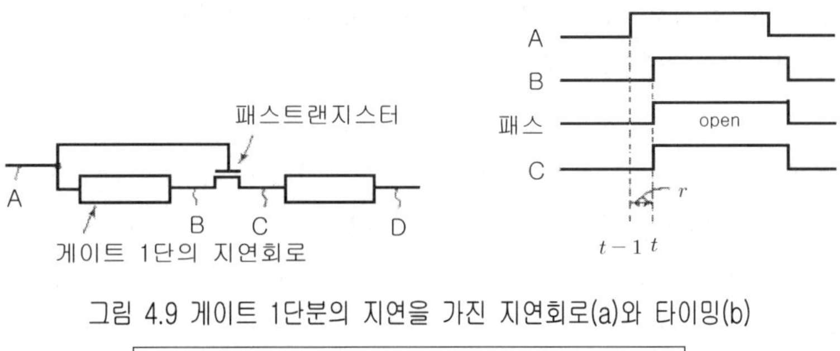

그림 4.9 게이트 1단분의 지연을 가진 지연회로(a)와 타이밍(b)

if $A_{t-1} = 1$ *then* $C_t = B_t$ $\quad\quad\quad\quad 0 \quad\quad\quad C_t = 0$

로 처리하면 된다.

그림 4.10의 예는 배선 A에서 입력신호가 들어갔을 때 배선 B, C에는 각각 게이트 1단분의 지연을 동반하여, 같은 타이밍으로 출력이 나온다. 그것을 받아서 게이트 1단분만큼 지연되어 패스트랜지스터는 열린다. 배선 D에 B의 출력이 나오는 것은 배선 A에 입력신호가 들어가서 게이트 2단분 지연되기 때문이다. 이와 같이 온이 될 때에 게이트 2단분이 지연되나 그림 4.10(b)와 같이 오프 될 때에는 1단분의 지연으로 끝나고 있다. 프로그램위에서 취급은 그림 4.9의 경우와 같다.

패스트랜지스터는 MOS트랜지스터 자체가 스위치로 쓰이는 것을 이용하고 있다. 패스트랜지스터의 소오스 쪽의 타이밍이 여러 가지로 다른 경우에도, 시뮬레이션에서의 패스트랜지스터의 처리는 패스가 시간 t에서 열릴까 닫힐까의 스위치로 취급하는 것으로 충분하다.

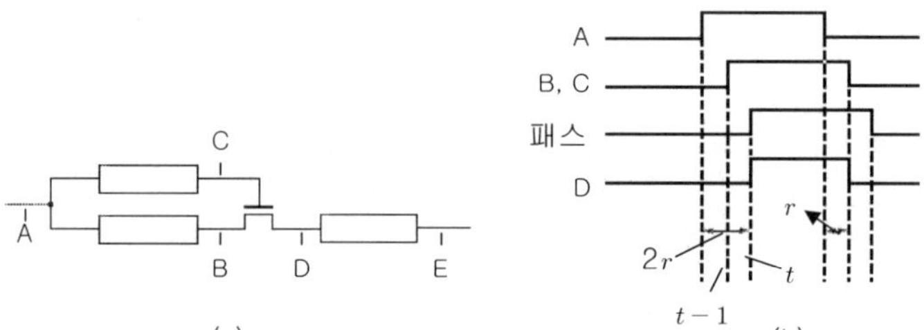

그림 4.10 온 상태로 될 때 2단, 오프 될 때 1단의 지연을 가진 지연회로(a)와 타이밍(b)

6. 웨이퍼 프로세스

그림 4.6의 시스템을 IC로 실현하기 위하여 염두에 둔 프로세스는 간단한 프로세스이다. MOS프로세스의 장점은 문턱전압이 안정된 게이트를 자기정합형(Self align type)으로 형성하며 또한 소오스-드레인과 게이트사이의 절연이 완전한 것으로 발전시켜 가야만 한다.

$n-$MOS트랜지스터 1개분의 단면도로 보인 그림 4.11의 프로세스는 간단화시킨 $p-$MOS IC 혹은 $n-$MOS프로세스이나, 게이트의 문턱전압을 보다 안정되도록 고안한 프로세스이다. 포토마스크의 사용 순서를 생각하는 것만으로도 특출한 웨이퍼 프로세스가 실현된다는 것을 보인다.

일반적으로 알려져 있는 것은 Si웨이퍼를 아주 얇게 (≒10[nm])산화했을 때의 Si-SiO_2 계면의 전하밀도는 두껍게(>200[nm])산화하였을 경우보다 크다. 두껍게 산화한 산화막 쪽이 MOS 트랜지스터의 게이트로서는 안정하다. 소오스-드레인용의 마스크를 두 번 사용하므로 사진석판공정의 회수는 5번이 된다.

프로세스는 p·Si(100)2~3[Ωcm]를 열산화하는 것에서 출발한다. 계면전하밀도가 충분히 낮은 SiO_2의 막두께, 예를 들어 300[nm]의 열산화를 한다. 건조산소 분위기에서 1050[℃]로 10시간정도의 열산화를 한다. 웨이퍼를 들어내기 전에 질소분위기에서 충분히 열처리하여 계면을 안정시킨 다음 서서히 냉각시켜 밖으로 들어낸다(1).

첫 번째의 사진석판공정에서 게이트를 포함한 소오스-드레인 영역의 SiO_2막을 선택적으로 에칭하여 그 부분의 SiO_2막두께를 70[nm]로 한다. 에칭에 의해 얇게 된 막 두께가 게이트 절연막 두께로 된다(2).

전면에 다결정 Si를 석출하여 게이트영역을 규정하는 마스크를 사용하여 게이트영역 이외의 다결정 Si를 플라스머 에칭으로 제거한다. 다결정 Si의 사이드 에칭을 이용하여 소오스-드레인과 게이트와의 단락이나 누설을 방지한다(3).

다결정 Si게이트위에 레지스트를 남겨둔 채 전면에 레지스트를 바르고 다시 소오스-드레인용 마스크 1을 사용하여 소오스-드레인 영역을 결정한다. 레지스트를 마스크로 하여 SiO_2를 에칭 제거함으로써 소오스-드레인을 게이트 다결정 Si에 대하여 자기정합형(Self aling type)으로 창을 뚫는다. 이 때 같은 마스크를 두 번 사용함에 따른 마스크 정합에 차를 가져올 염려가 있으나 그곳에서의 차는 소자의 동작에 영향을 미치는 것은 아니다(4).

그림 4.11(5)에 보이고 있는 소오스-드레인 확산은 $n-$MOS IC용이다. 인확산원으로 PSG(phospho-silicate glass)를 약 30[nm]석출한 후 non-dope SiO_2를 300[nm]석출한다. 이 CDV-SiO_2는 열산화 SiO_2와 함께 필드절연막이 된다. 산소분위기에서 열처리함으로써 소오스-드레인 확산층을 형성한다(5)

세 번째의 사진석판공정은 알루미늄 상호배선을 위한 컨택창을 만드는 것이다. 그 후 알루미늄을 전면에 진공증착하여 네 번째의 사진석판공정에서 알루미늄을 가공하여 상호배선을 완성한다. Si기판에 이면에서 옴접촉을 형성하기 위하여 이면을 연마한 후 알루미늄의 진공증착을 한다(6).

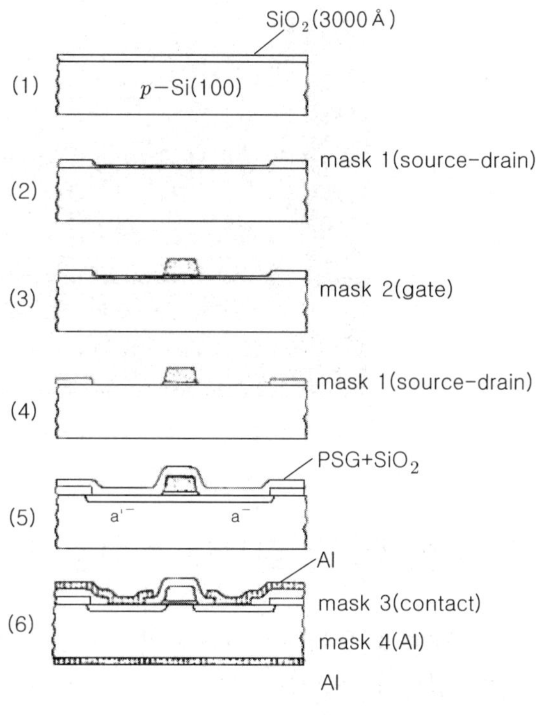

그림 4.11 개량된 $n-$MOS프로세스

같은 포토마스크를 사용하여 $p-$MOS IC를 실현하여 $n-$MOS IC와 성능을 비교하여 보려고 할 때에는Si기판으로 $n-$Si(100)5~6[Ωcm]를 사용하고 확산원으로서 BSG (boro-silicate glass) 또는 붕소과승의 BN(boron nitride)을 사용하면 된다. BSG일 때는 CVD-SiO_2, BN일 때는 CVD-Si_3N_4를 열산화 SiO_2위에 석출하여 필드절연막으로 한다.

상호배선에 교차가 필요할 때에는 필드위에 다결정 Si을 남겨서 하층배선으로 하여 알루미늄과의 사이에서 한 번의 교차가 가능하게 된다.

그림 4.11의 프로세스를 사용하여 그림 4.6의 마이크로컴퓨터를 실현한 칩사진을 그림 4.12에 보였다. 변두리에 다수의 측정용 패드가 놓여있으나 이 컴퓨터를 동작시키기 위하여 필요한 전원 V_{DD}, 접지 E, 클럭 C, 출력 O_1, O_2의 5개이며 다른 것은 내부동작을 측정하기 위한 것이다. 측정용 단자는 모두 인버터를 삽입시켜 만들어져 있다. 패드의 숫자는 그림 6의 각 부분에 대한 수치에 대응하고 있다.

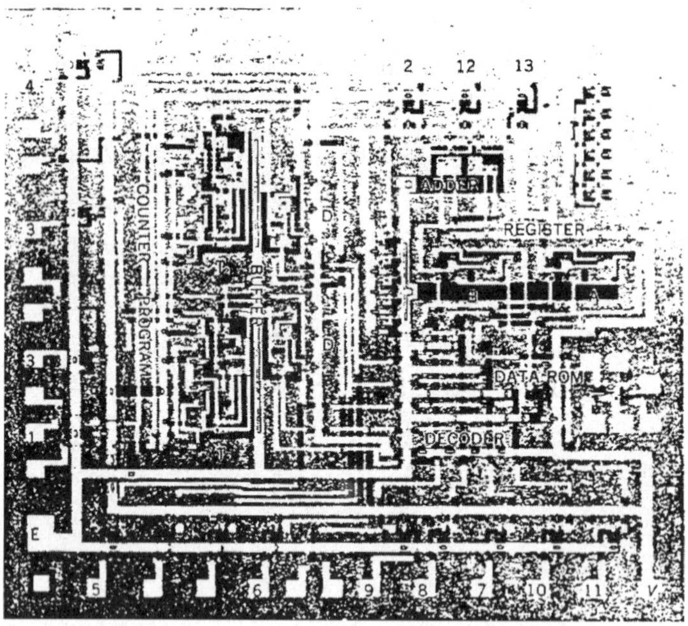

그림 4.12 명령 2비트 데이터 1비트 스타틱 마이크로컴퓨터의 칩사진
($p-$MOS또는 $n-$MOS트랜지스터 150소자)

7. 기본게이트 회로의 패턴설계와 동작

$p-$MOS IC 또는 $n-$MOS IC의 기본논리 게이트회로로AND-NOR의 조합을 이용하면 플립플롭이나 가산기를 포토마스크 패턴으로서 실현해 갈 때에 유리하다. 논리기호에서

는 그림 4.13(a)와 같이 접속되어 입력 A, B, C와 입력D의 관계를 나타내는 논리식은

$$\overline{A \cdot B + C} = D \quad (22)$$

로 주어진다. 즉, 입력 A와 입력 B와의 AND를 취해 그 결과와 입력 C의 OR연산을 하여, 반전시켜 출력 D를 얻는다.

이 연산을 MOS트랜지스터를 사용하여 전자회로로 실현시키기 위해서는 그림 4.13(b)와 같이 접속시키면 된다. 전원 V_{DD}에 접속되는 부하 MOS트랜지스터가 1개에 3개의 동작 MOS트랜지스터가 달려있다. A, B는 직렬로 A, B와 C는 병렬로 배치되어 있다. 두 개의 직렬에 배치된 트랜지스터가 모두 온상태로 되었을 때의 출력 D의 전위와 1개의 동작 트랜지스터가 C가 온상태로 되었을 때의 출력 D의 전위가 같은 값이 되어 신호의 전달을 하도록 동작 MOS트랜지스터의 치수비 W(폭)/L(길이)를 택한다.

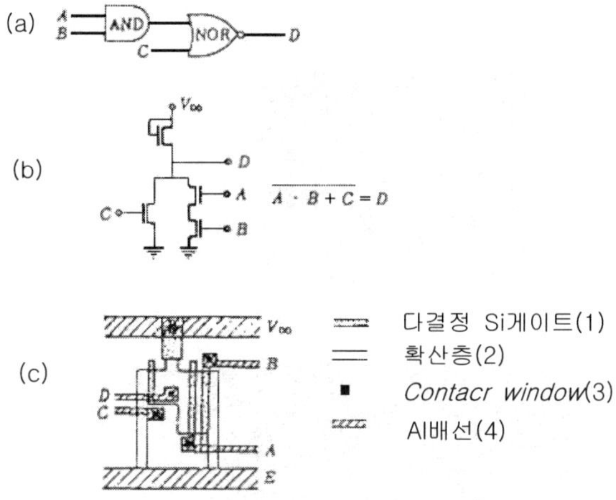

그림 4.13 AND- NOR기본 게이트 회로의 패턴설계

그림 4.13(c)와 이들을 $p-$MOS 또는 $n-$MOS 프로세스(4장 마스크)의 포토마스크를 겹쳐서 설계한 예를 보인다. 입력 A 및 B의 다결정 Si게이트 영역의 폭 W를 최소가공치수 (이 절에서는 설계상에서 0.5[mm]포토마스크상에서 10[μm]로 정하므로 A, B의 길이 L이 C의 두 배로 되어있다. 신호의 전달이불균등하게 되지 않도록 배려한 것이다.

전원V_{DD}선의 알루미늄배선은 신호선의 알루미늄배선보다 폭이 넓은 알루미늄을 사용하여 전위의 저하를 막는다. 전원 선에서 접속된 부하MOS트랜지스터의 드레인 접합은 될 수 있는 한 작은 면적으로 설계하여 결함에 걸려서 단락이나 누설전류가 발행하지 않도록 한다.

동작 MOS트랜지스터의 소오스 접합에 접속되어 있는 접지 E의 확산층은 전면이 알루미늄배선으로 덮여있다. 알루미늄의 면저항에 비하여 접지전위에 대하여 뜨지 않도록 확산층위에 알루미늄을 될 수 있는 한 폭넓게 덮어서 접지전위에 확고히 떨어뜨려 준다.

논리기호에서 전자회로로 바꾸어 그것을 포토마스크 패턴으로 설계하는 것이 통상수법이다. 그러나 플립플롭을 중심으로 한 스타틱회로 구성에서 전자회로 레벨에서의 시뮬레이션을 생략하여도 될 경우에는 논리회로에서 포토마스크 패턴으로 직접 설계하

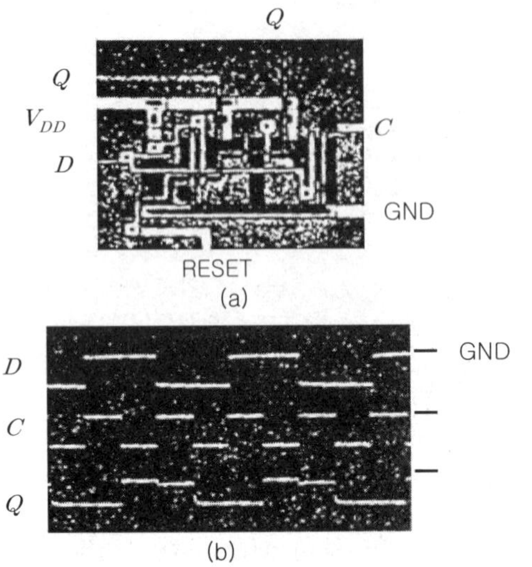

그림 4.14 D형 플립플롭의 칩사진(a)와 동작파형(b).
(V_{DD}= −15V, X_{div}= 0 · 1ms, Y_{div}= 10V)

는 것도 용이하다. IC, LSI의 설계에서는 설계의 과정을 될 수 있는 한 간단하게 하는 것이 잘못을 범할 여지가 적어지므로 원리적으로는 간단하게 하는 곳에서는 될 수 있는 한 하는 것이 좋다.

이러한 방법으로 명령 2비트, 데이터 1비트의 마이크로컴퓨터(그림 4.12)의 D형 플립프롭과 T형 플립플롭을 설계하여 그 동작파형을 관측한 예를 그림 4.14 및 그림 4.16에 보였다. 소자는 p−MOS 트랜지스터오 제작되어 있다. 그림 4.7의 논리회로와 비교하여 대응관계를 살펴보자. 세로방향으로 나열되어 있는 최소선폭으로 배열된 동작 MOS 트랜지스터의 다결정 실리콘 게이트와 전원 V_{DD}에 접속되어 있는 부하 MOS트랜지스터의 다결정 실리콘 게이트로부터 대응 관계를 살펴보면 된다. 시스템 설계에서 논리회로, 전자회로를 걸쳐서 포토마스크 패턴을 설계하는 순서와는 역으로 IC칩에서 트랜지스터를 택하여 그것들의 배치에서 역으로 논리를 알아내는 반대의 과정도 IC의 연구, 개발에 있어서는 중요한 기술이다. 최종적으로는 포토마스크 패턴에서 논리를 시뮬레이션하는 포토마스크 검사 시스템의 기본기술이기도 하다.

그림 4.14에서 D형 플립플롭은 데이터 신호 D가 주어졌을 때 클럭 C의 온상태에서 데이터 신호를 입력하여 다음의 클럭펄스의 온상태까지 입력된 데이터를 일시 기억하고 있다. 쓰기가 가능한 클럭펄스의 최소폭 W와 최소클럭 전압 V_C가 전원전압 V_{DD}를 파라미터로 측정하였다. 그 결과를 그림 4.15에 보인다. 또한

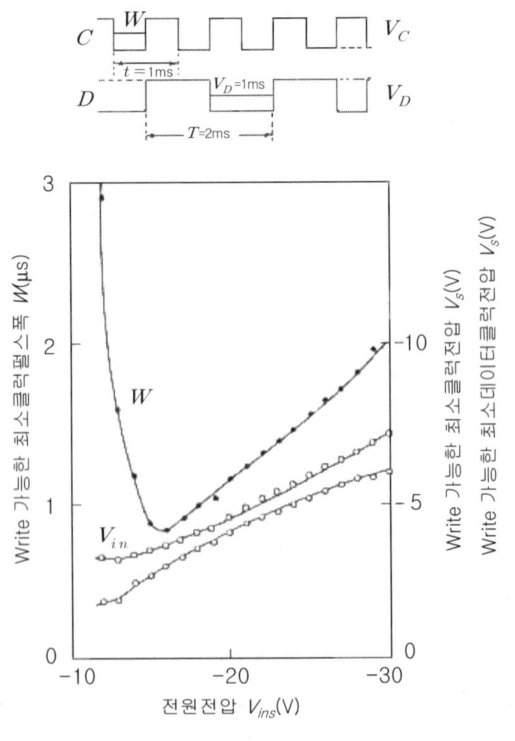

그림 4.15 D형 플립플롭의 특성

1로서 쓰기가 가능한 데이터 펄스 전압 V_D의 최소치도 측정되어 있다. 이들 값으로부터 이 D형 플립플롭의 쓰기 오동작의 한계를 알 수 있다.

예를 들면 $V_{DD}=-20$[V]일 경우 폭 1·2[μs], 진폭 4[V]이상의 헤저드가 클럭선에 발생하였을 때 D형 플립플롭의 내용은 그 때의 데이터선의 상태로 바뀌어 쓰여져 버린다. 통상의 게이트회로는 V_{DD}가 높을수록 신호의 전달속도가 빨라져서 그림 4.15의 쓰기 가능한 최소클럭폭 W는 작아진다. 이 실험의 결과는 $|V_{DD}|>16$[V]로 V_{DD}가 증가함에 따라서 스피드가 늦어지고 있다. V_D, V_C의 기울기를 비교하여 생각해 보면 V_{DD}를 높여감에 따라서 인버터의 출력을 충분하게 낮추는데 필요한 입력전압 V_{in}이 커지며 속도도 저하되고 있다고 생각된다. V_{DD}를 높이는 것은 일반적으로 속도를 빠르게 만드나, 이 경우 $|V_{DD}|>20$[V]에서는 헤저드 등에 의한 오동작을 일으키기 쉽게 한다.

T형 플립플롭의 그림 4.16(b)의 동작파형에서는 클럭펄스 T의 2분주가 출력 Q에 카운트되어 있다. 전원전압 V_{DD}에 대하여 카운트 가능한 최소펄스폭 T를 측정하면 그림 4.17과 같이 전원전압 V_{DD}의 증가와 함께 작아진다. 분주 가능한 전원전압의 최저치는 -6[V]로 이 값은 시스템 전체의 동작에 대한 최저의 값을 결정하고 있다.

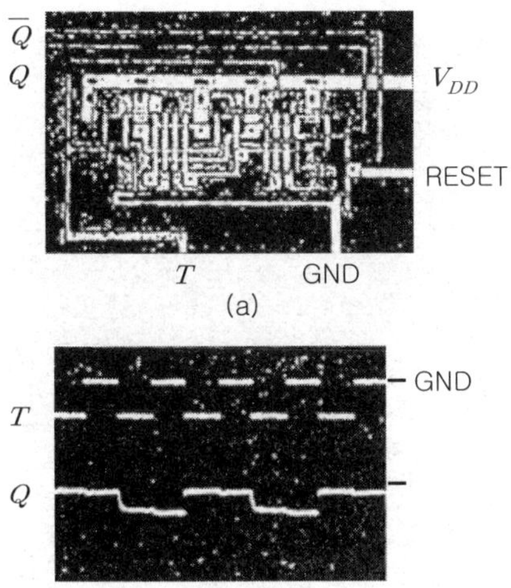

그림 4.16 T 형 플립플롭의 칩사진(a)와 동작파형(b).
($V_{DD}=-15$V, $X_{div}=0\cdot2ms$, $Y_{div}=10$V)

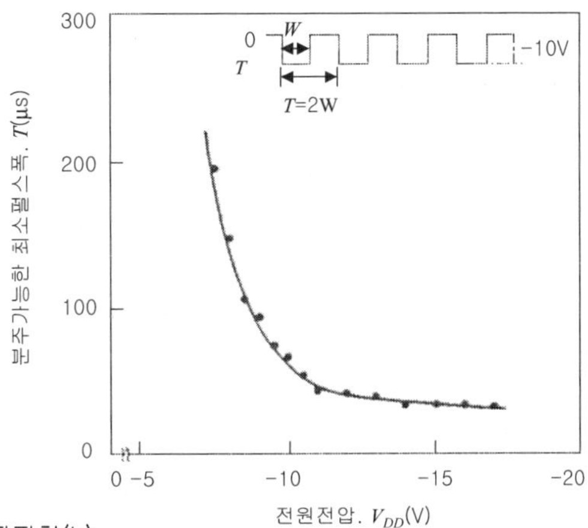

그림 4.17 T 형 플립플롭의 특성

8. 시스템의 동작

제작된 2비트 마이크로컴퓨터의 각 부에 대한 동작상황을 그림 4.18에 보인다. $n-$MOS 프로세스에 실현된 동작파형이 나타나 있으나, $p-$MOS 프로세스로 제작한 시스템에서도 같은 파형이 관측된다. 단, 전자의 이동도가 정공에 비해 2배 이상 크므로 동작속도는 $n-$MOS 쪽이 빠르다. 프로세스의 안정성이나 재현성이 시스템으로서의 동작이나 성능에 영향을 미치게 된다. 동작의 상황을 해석함으로써 프로세스의 안전성이나 패턴설계의 적부를 역으로 알 수 있다.

시스템 전체의 동작을 생각할 때에는 먼저 동작 전원전압의 범위에 주목한다. 이 범위는 넓을수록 좋으며 잡음 등에 대하여 충분히 여유가 있는 것이 바람직하다. 낮은 쪽의 한계를 결정하고 있는 것은 무엇인가, 역으로 높은 쪽의 한계를 결정하고 있는 것은 무엇인가에 대하여 검토하여 본다.

전원전압이 낮은 쪽의 한계는 인버터 회로의 전달특성에 의하여 일반적으로 결정되어 버린다. 동작용 MOS 트랜지스터 모두를 온으로 할 수 있는 최저전원전압이 한계가 된다. 전달특성에는 차이가 있으므로 어딘가에 전달특성이 나쁜 인버터가 있으면 전원전압을 내려 갈 때 그곳에서 신호의 전달이 정지해 버린다.

이 시스템의 경우 카운터나 레지스터에 T형 플립플롭이나 D형 플립플롭이 사용되고 있으며 그 입력단에는 2입력 NAND 게이트가 사용되고 있다. 2입력 NAND게이트는 동작 MOS 트랜지스터의 2개를 직렬로 접속하고 있다. 하나의 동작 MOS 트랜지스터의 채널길이 L, 채널폭 W에 대하여 통상전달특성이 등가가 되도록 채널길이 L을 같은 최소가공 치수로 한 채 채널폭 W는 2 W로 설계되어 있다(예를 들어 그림 4.13 참조). 접지전위에서 떨어져 있는 쪽의 동작 MOS 트랜지스터가 온상태로 될 때 소오스접합이 들어 올려져 바이어스

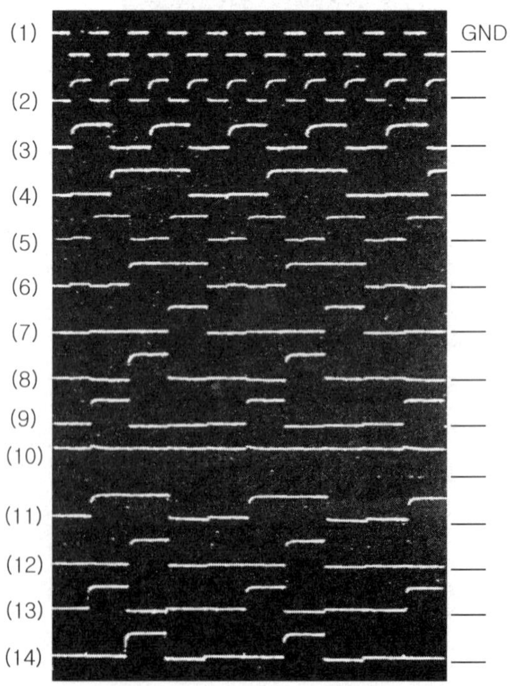

그림 4.18 2비트 스타틱 마이크로컴퓨터의 동작파형
($n-$MOS 프로세스, V_{DD}= 25V, X_{div}= 100μs, Y_{div}= 10V)

가 가해지며 그 트랜지스터의 문턱전압 V_T가 기판효과를 받아서 증대한다. 전달특성이 등가로 되기 위해서는 이 기판효과가 무시될 정도라야만 한다. 구체적으로는 사용되는 실리콘 기판의 불순물 농도를 될 수 있는 한 낮추는 것이다.

MOS 집적회로를 설계하는 어려움은 기판효과만을 고려하여 실리콘기판의 불순물 농도를 택하면 필히 그로 인한 다른 부적합이 발생하는 점이다. 실제로 채널도우프를 하지 않는 간단한 프로세스의 경우 실리콘 기판의 불순물 농도를 낮추면 게이트 문턱전압 V_T가 서로 다른 게 되기 쉬우며, 특히 $n-$MOS디플레이션이 되기 쉽다. 성능을 결정하고 있는 요소사이에서 어느 정도의 여유를 갖게 할 것인가의 관계를 바르게 결정하는 것이 중요하며 일종의 밸런스감각이 요구된다. 프로세스 흐름도, 포토마스크 패턴, 논리회로도를 보았을 때 밸런스가 바로 잡힌 것이 시스템으로서도 좋은 동작을 한다.

기판효과를 받기 쉬운 요소의 하나는 패스트랜지스터이다. 이 시스템에 있어서도 패스트랜지스터를 명령 디코우더의 출력부에 사용하여 타이밍을 맞추는 것에 편리하게 이용하고 있다. 기판효과가 현저하게 나타나 패스가 열리지 않아 신호의 흐름을 정지시켜 버린다. 패스트랜지스터의 소오스접합은 언제나 바이어스가 걸린 채로 문턱전압이 높아져 채널의 도통을 나쁘게 하고 있다. 패스가 열리지 않아 신호가 정지되었을 경우에는 다른 전원으로 패스를 열어주면 신호가 흐르게 됨을 자주 경험한다. 또한 역으로 패스트랜지스터가 빨리 닫혀버려서 곤란을 겪는 일도 일어난다.

차단 인버터의 MOS 용량에 충전된 전하를 패스와 전단의 동작 MOS 트랜지스터에서 방전시키려고 할 때 충분한 방전이 되지 않은 채 패스가 닫혀 버린다. 따라서 인버터의 출력을 하이레벨로 올릴 수 없게 되며 신호가 정지한다. 패스를 개폐하는 타이밍에 여유를 주는 것도 시스템을 원활히 동작시키기 위한 중요한 요소이다.

전원전압의 최대치를 결정하는 요소는 소오스-드레인 플레너 접합의 역내압이다. 플립플롭만이 아니라 논리게이트 회로의 동작에 있어서도 전원전압의 최대치를 정하고 있다. 플레너 접합의 역내압은 소오스-드레인 불순물 확산시의 확산깊이 x_j에 의해 정해진다. 실제로는 SiO_2로 보호되어 있는 플레너 접합부분을 알루미늄배선이나 다결정 실리콘이 가로지르고 있을 때 그곳에 주어지는 전위에 따라서는, 더욱이 표면에서의 전계집중으로 인해 전자눈사태항복을 빠르게 하여 내압을 저하시킨다. 예정되어 있는 전원전압에 대하여 여유를 보아 2배 이상의 내압을 갖도록 설계한다. 그림 4.18의 예에서는 전원전압의 최소치는 +6[V], 최대치는 +38[V]였다.

시스템의 동작을 생각할 때 전원을 단일전원으로 할 것인지, 3전원 방식으로 할 것인지의 선택의 문제가 있다. IC의 사용간편이란 점이나, 칩의 핀수를 적게 하고 싶다는 요구에 대해서는 될 수 있는 한 단일 전원으로 하는 것이 바람직하다. 한편 확실한 동작을 보증한다는 설계자의 입장에서는 부하 트랜지스터에 공급하는 기본전압 외에는 부하 MOS 트랜지스터나 패스트랜지스터의 게이트에 공급하는 전원과 기판 바이어스를 준비하는 것이 훨씬 시스템의 동작을 용이하게 한다.

소비전류를 낮추고 싶을 때에는 문턱전압 V_T를 될 수 있는 한 낮춘 설계로 하지만 인헌스먼트형으로 설계한 MOS 게이트가 디플레이션형으로 되거나 혹은 역의 경우가 나타나는 현상이 발생한다. 문턱전압의 불안정에 의한 트랜지스터의 형에 대한 작은 반전은 기판바이어스(실리콘 웨이퍼를 접지전위에서 뜨도록 하기 위한 전위를 가한다)를 가함으로써 정상의 형으로 되돌릴 수 있다.

시스템의 동작속도는 기본적으로 소자의 치수, 채널 이동도, 표류(부하)용량에 의해 결정된다. 명령의 해독과 데이터의 전송에는 많은 트랜지스터의 상태변화를 필요로 한다. 각각의 트랜지스터의 상태변화는 채널을 통한 전류의 흐름에 따라서 부하용량의 충방전을 일으킨다. 결국은 이러한 반복이 신호의 전달속도를 정하여 버린다. 여기서 예로 든 마이크로컴퓨터 시스템과 같은 경우에는 입력클럭의 주파수를 높여갈 때 시스템의 동작이 어디까지 추종될 수 있을까를 전원전압과의 관계로 측정하면 된다.

같은 포토마스크를 사용하여 시스템을 $n-$MOS와 $p-$MOS로 실현하여 비교해 볼 수 있다. 최소치수 10[μm]가 동작 MOS 트랜지스터의 채널길이 L이다. 여기서 예를 드는 포토마스크 설계에서는 각각의 트랜지스터의 치수는 공업적 수준(최소선 폭 2~3[μm])에 비하면 큰 값이다. 인버터의 구성을 인헌스먼트형으로 하고 있으므로 부하 MOS 트랜지스터를 디플레이션, 동작 MOS트랜지스터를 인헌스먼트로 한 ED구성에 비하면 부하용량의 충전시간이 보다 긴 것을 필요로 한다.

실제로 $p-$MOS프로세스로 시스템을 실현했을 경우에는 10~20[MH_2]가 동작한계인 것에 대하여 $n-$MOS프로세스로 시스템을 실현했을 경우에는 100~300[MH_2]가 동작한계로 되어 있다. 오늘날 공업적 수준에서는 수만 트랜지스터를 집적화한 프로세스가 30[MH_z] 라는 클럭 주파수에서 동작하고 있다.

물론 이 시스템은 회로가 플립플롭을 중심으로 한 스타틱구성이므로 늦은 쪽은 아무리 천천히라도 동작시킬 수 있다. 소자수를 적게하여 동작속도를 높여서 연산처리 성능을 향상시키기 위해서는 회로를 다이나믹화시켜가게 된다. 부하용량에 전하가 충전되어 그 방전에 의한 전위의 강하가 충분히 늦은 것을 이용하는 것으로써 부하용량으로서 차단 인버터의 동작 MOS 트랜지스터의 MOS 용량을 이용한다. 다이나믹 회로수준으로 집적회로를 취급해 나가기 위해서는 전자회로 수준에서의 시뮬레이션을 본격적으로 도입해 나갈 필요가 있다.

9. 조금 발전된 시스템의 예

그림 4.12에 보인 마이크로컴퓨터는 p−MOS 또는 n−MOS 트랜지스터를 약 150소자로 구성한, 컴퓨터로서의 기본적 요소의 몇 개는 갖고 있으나 별로 재미없는 페이퍼 머신이다. 컴퓨터다운 동작이라는 점에서는 결여된 곳이 많다. 그림 4.19에 블록도와 명령 코드를 보인 마이크로컴퓨터는 400소자정도까지 소자수를 늘여서 조금 더 컴퓨터 답게 설계한 것이다. 명령 2비트, 데이터 2비트를 두 개의 RAN영역에, 명령과 데이터를 프로그램될 수 있도록 하여싸. 그들 신호는 공통버스를 통하여 전송된다.

프로그램 카운터(PC)는 T형 플립프롭으로 구성되어 어큐뮬레이터(AC),레지스터, 버퍼, 래치는 D형 플립플롭으로 구성된다. RAM영역은 RS플립플롭으로 구성되어 있다. 2비트의 버스라인을 갖고 있어서 명령이나 데이터의 전송은 버스라인에서 직접 출력하여 버린다. 명령이나 데이터를 RAM의 내부에 입력되도록 하여 범용성을 갖게 하려면 타이밍의 제어가 복잡하게 되므로 명령전용 RAM과 데이터전용 RAM을 별도로 만들어 내부에서의 쓰기만을 받기 때문에, 내부에서는 읽음만을 한다.

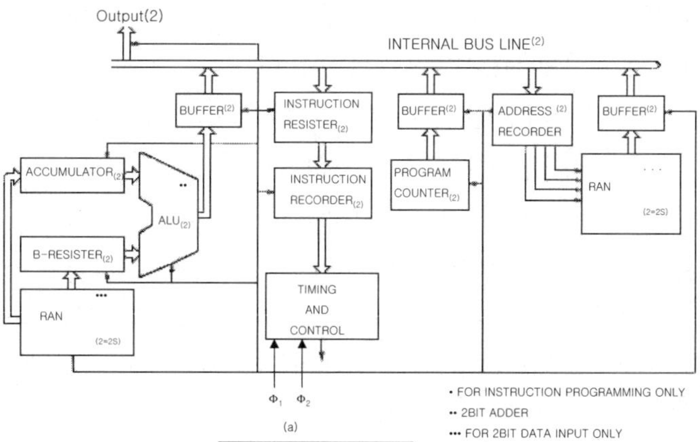

(a)

CODE	INSTRUCTION
0 0	LOAD A
0 1	LOAD A B ADD (A+B)
1 0	OUT
1 1	STOP

(b)

그림 4.19 RAM영역을 가진 2비트 마이크로컴퓨터의 블록도(a)와 명령코드(b)

이 머신에서는 프로그램 카운트가 최초의 리세트(0,0)에서 출발하여 (0,1), (1,0)로 카운트 업하여, (1,1)에 카운트 업 했을 때 다음의 카운트 신호에서 (1,0)로 카운트 다운되도록 하였다. 그 결과 명령전용 RAM의 (1,0), (1,1)번지에 쓰여진 명령이 반복하여 실행되어 동작파형을 오실로스코프로 관측이 가능하게 된다.

그림 4.19의 블록도를 기초로 설계한 논리회로도가 그림 4.20이다. 게이트 1단분의 지연을 시간축으로 갖는 논리 시뮬레이터(MALCS-1)로 시뮬레이션을 반복하여 미소지연의 영향을 받지 않도록 여유를 갖게 한 지연회로를 넣어 놓는다. 명령전용RAM에 그림 4.21(b), (c)의 내용을 입력시켰을 때의 시뮬레이션 결과가 그림 4.21(d)에 보여지고 있다.

시스템은 클럭1 (ϕ_1)과 (ϕ_1)의 2배인 클럭폭과 주기를 갖는 클럭2(ϕ_2)의 2상클럭으로 동작한다. 1머신사이클은 그림 4.21(a) 에 보인 것과 같이 클럭2의 1주기 분이다. 1머신사이클은 4개의 점선으로 나누어진다.

제1점선에서는 프로그램 카운터(PC)의 버퍼내용을 어드레스디코우더(AD)가 해독하여 그것에 응한 명령전용 RAM의 어드레스가 액세스되어 명령이 읽혀 내어진다. 읽혀진 명령코드는 RAM레치에 일시 기억된다.

제2점선에는 RAM래치의 내용이 명령레지스터 (IR)로 전송되어 기억된다.

제3점선과 제4점선에서 명령레지스터의 내용이 명령디코우더 (ID)에서 해독되어 명령의 실행이 행해진다. 먼저 제3점선에는 LOAD(A), OUT, STOP명령의 실행, PC의 카운트 업, PC버퍼의 읽음을 행한다. LOAD(B)명령의 실행도 제3점선에서 행해진다. 제4점선에서는 ADD(A+B)가산명령이 실행된다. 그림 4.21(d)의 시뮬레이션 결과는 이러한 일련의 동작이 타이밍에 따라서 실행되어지는 것을 보이고 있다.

프로세스는 $p-$MOS프로세스가 사용되었다. 상호배선에는 포토니스(감광성 포리미이드 : polymide)를 이용한 알루미늄의 2층 배선을 사용하고 있다. 논리회로도에 따른 소자의 기하학적 배치를 그대로 놓은 상태에서 상호배선을 자유롭게 하기 위해서이다. 첫 번째 층에서는 전원배선이나 접지선에 관계되는 주되는 배선을 하여, 배선의 교차를 필요로 하는 신호선을 두 번째 층에 배치하였다.

48개의 외부패드가 설치되어 있으나 이 머신의 동작을 위해 필요한 패드는 19개이다. 그 이외의 패드는 내부에서의 신호전달을 오실로스 코프상에서 관측하기 위하여 버퍼(인버터)를 개입시켜 설계된 측정용 단자이다.

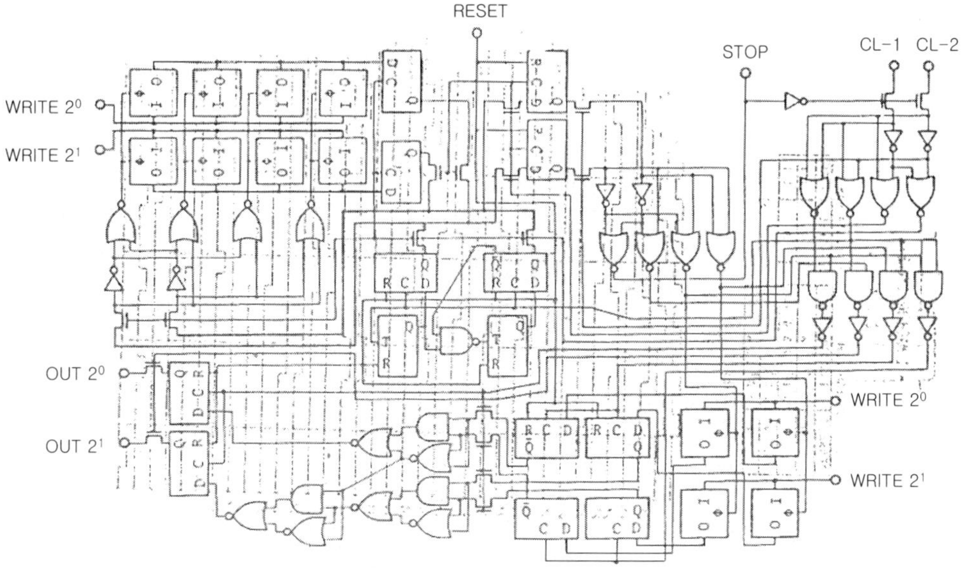

그림 4.20 RAM영역을 가진 2비트 마이크로컴퓨터의 논리회로

그림 4.22에 칩의 현미경사진을 보였다. 그림 4.12의 칩사진과 비교하였을 때 전체적으로 초점이 희미하게 보인다. 사진기술 외에 필드절연막 (≒1[μm])위에 층간 절연막 포토니스가 약 1[μm]피복되어 있기 때문에 실리콘 웨이퍼 표면의 소자가 선명하게 나타나지 않는다. 간단한 네 장 마스크인 알루미늄 한 층 배선의 경우에 비하여 컨택창과 알루미늄가공의 2회의 사진석판공정을 추가할 필요가 있다. 스핀코팅을 하여 포토니스에서 핀홀이 발생하는 것만큼 웨이퍼 표면이 오염되어 있다. 결과적으로 수율을 나쁘게 하고 있다.

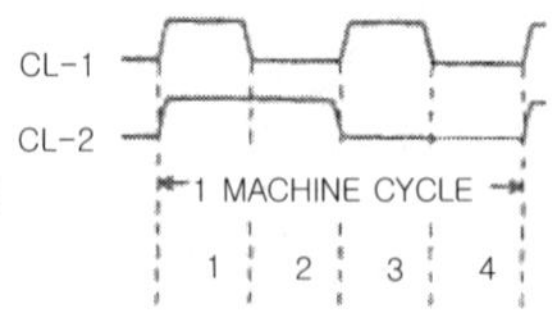

(a)

INSTRUCTION RAM

ADDRESS	INSTRUCTION	
0 0	0 0	LD A
0 1	0 1	LA B & ADD
I 0	I 0	OUT
I 1	I 1	LD A

(b)

DATA RAM

ADDRESS	DATA
A	I 1
B	I 1

(c)

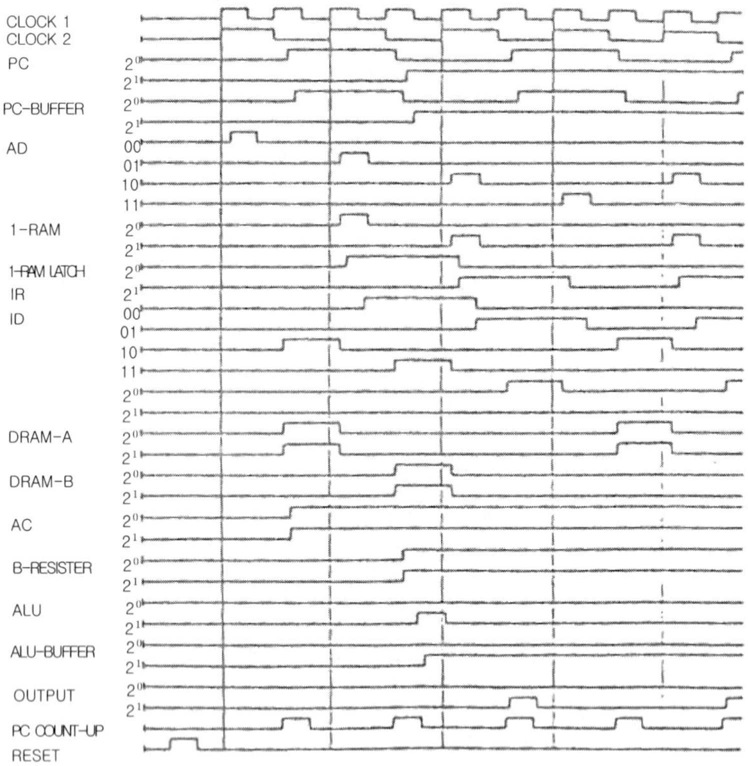

(d)

그림 4.21 RAM영역을 가진 2비트 마이크로컴퓨터의 동작 시뮬레이션

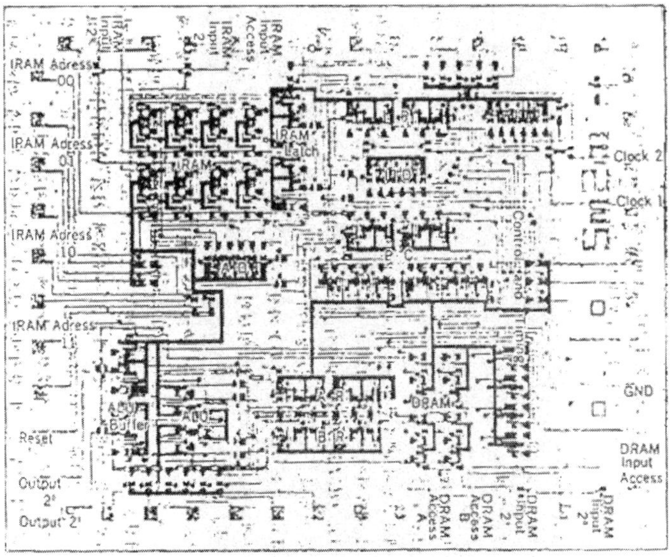

그림 4.22 RAM영역을 가진 2비트 마이크로컴퓨터의 칩사진
(p－MOS 또는 n－MOS트랜지스터 400소자)

이 머신의 동작파형 일부를 그림 4.23에 보이고 있다. 명령전용 RAM의 데이터를 읽혀서 명령 디코우더에서 해독을 하는 곳까지의 신호의 흐름이 오실로스코프에서 관찰된다. 명령 실행부의 파형도 논리 시뮬레이션(그림 4.21(d)의 후반)과 같은 것이 얻어짐을 알 수 있다. 그림 4.23의 동작파형 가운데 래치 2° 파형의 단이 붙어 있는 것으로 나타나 있다. 즉 상태가 온, 오프의 상태를 보이고 있는 점선이 있으나, 그럼에도 불구하고 신호는 전달되어 올바른 논리를 나타내고 있다. 타이밍에 여유가 있는 것을 보이고 있는 반면에 이러한 파형은 바람직하지 못하다.

D형 플립플롭을 구성하는 10개의 MOS트랜지스터 가운데 소오스-드레인과 게이트와의 사이에서 누설을 발생하고 있는 것이 있어서, 인버터의 전달특성에 불안정을 초래하고 있는 결과로도 생각할 수 있다. 이와 같이 내부의 동작파형을 주의하여 관측하여 보면 프로세스, 포토마스크, 논리설계에 대하여 여러 가지를 알 수 있으며, 개량하여 나감이 가능하게 된다.

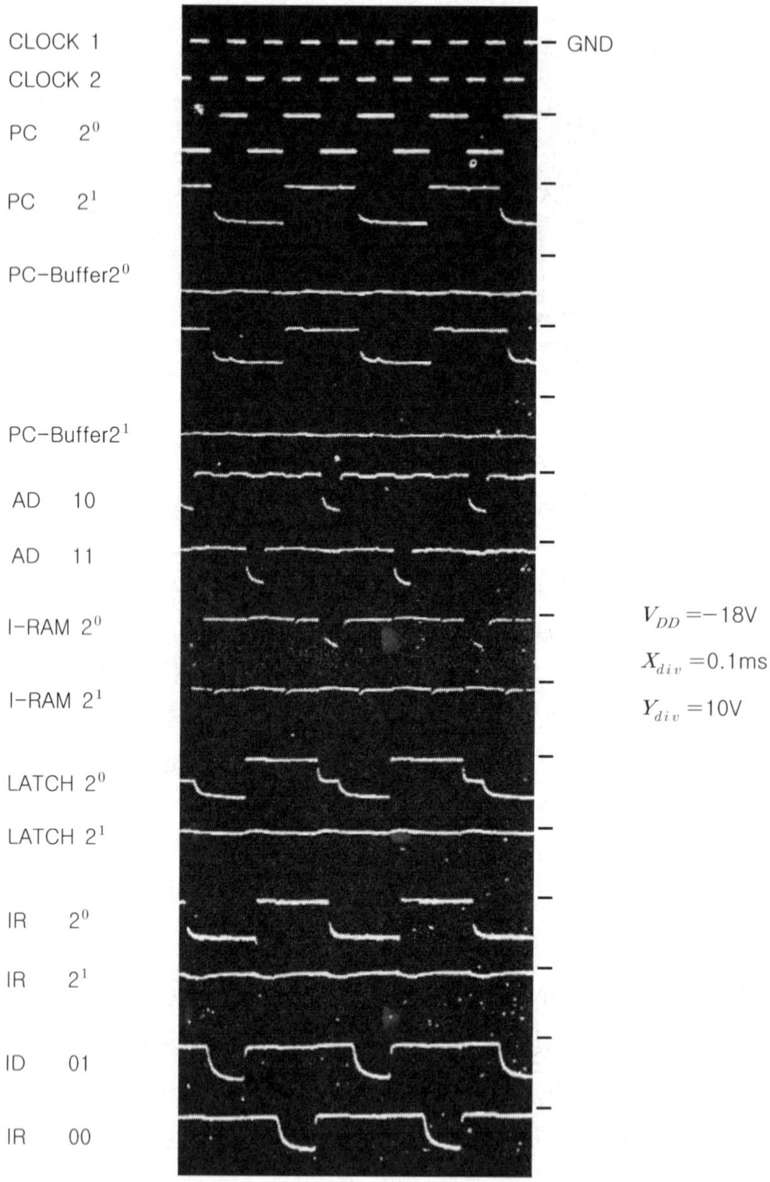

그림 4.23 RAM영역을 가진 2비트 마이크로컴퓨터의 동작파형
($P-$MOS 프로세스, $V_{DD}=-18V$, $X_{div}=0.1ms$, $Y_{div}=10V$)

Chapter 5

3차원 집적회로를 향한 전망

1. 2차원에서 3차원으로

실리콘웨이퍼의 표면에 플래너프로세스로 트랜지스터를 형성하여 2차원 평면 위에 배열된 소자를 상호 배선하여 집적회로를 실현하는 오늘날의 집적회로 기술은 2차원의 집적화로 위치하고 있다. 소자의 치수를 작게 설계함으로써 집적도를 올리고 동작속도를 빠르게 하여 시스템이 대규모인 집적화에 성공하고 있다. 이 방향에서의 연구개발이 현재도 활발하게 진행되고 있다. 아무리 미세한 가공이 가능하게 되었다고 하더라도 2차원의 집적화에는 당연히 기술적으로 물리적으로 제한을 받게 되며 한계점에 이르게 된다. 그러나 그 이후라도 일렉트로닉스는 시스템을 3차원으로 집적화 하는 방향을 향하여 발전을 계속하게 될 것이다.

벌써 3차원 집적화의 제일보라 일컬어지는 2층 구조는 스타틱 64K RAM에 실용화되고 있다. 첫 번째 층에 동작 MOS 트랜지스터가 배치되고 그 위에 부하저항이 다결정 실리콘으로 형성된 구조로 되어 있다. *SOI(Si on Insulator)*의 연구도 3차원 집적화로의 제일보이다.

본격적인 3차원 집적화가 목표로 하는 것은 좌우에 배치된 프로세서 사이에서 신호의 수신을 주고 받음을 하는 분산-병렬형 컴퓨터일 것이다. 2차원의 화상처리를 윗 방향에 시간축을 갖도록 하는 3차원 구조로 함으로써 쉽게 실현이 가능하게 될 것이다.

본서에서 목적으로 하는 것은 오늘날의 집적회로 원리를 구체적인 경험을 바탕으로 기술하는 점에 있으므로 금후의 연구과제인 3차원 집적화도 자체 내에서 경험한 것을 구체적인 예로서 서술한다.

오늘날의 2차원 집적화 기술은 실리콘에서 거의 완성되었다고 하여도 과언이 아니다. 능동소자를 배치하는 재료로서 실리콘을 택하는 것은 당연한 일이다. 소자를 3차원으로 집적화하는 것을 최종의 목표로 하고 있으므로 실리콘을 절연재료로 적층하려는 것이다. 실리콘은 단결정이므로 절연재료도 단결정으로 한다. 절연물로서 캐리어 농도를 낮게 하여 고저항의 절연물로서의 역할을 하게 된다. 반도체재료를 취급하는 자에게는 절연재료보다 반도체 결정이 취급하기 쉬우므로 반도체 결정끼리 결합을 생각한다.

실리콘웨이퍼에 *BP(born monophosphide)*를 에피텍셜 성장시킬 수가 있으며 그 역도 또한 가능하다. *BP*는 금지대폭이 2.0[*eV*]의 반도체이나 실리콘의 1.1[*eV*]에 비하면 충분히 넓으며 *BP*의 화학양론(Stoichiometry)의 편차를 조정하여 고저항화($\rho \fallingdotseq 10^2[\Omega \cdot cm]$) 할 수 있다.

물론 3차원 집적화의 연구를 진행함에 있어서 구체적인 재료로서 BP-Si의 구조결합에는 여러 가지 결점도 있으나 연구를 구체적으로 전개하는 재료로서는 충분한 특징을 갖고 있다. 결정성장 및 소자의 집적화라는 점에서 최적의 재료선택은 무엇인가라는 문의에 대한 답을 준비함에는 여러 연구자에 의한 여러 가지 구조결합에 때한 경험을 집적하여 정리하지 않으면 안 된다.

2. Hetero Epitaxial

어느 결정 위에 다른 결정이 에피텍셜 성장할 것인가의 여부에 대해서는 명확한 판정기준은 없다. 일반적으로 격자정수의 일치나 열팽창계수의 일치가 유리한 조건이라고 생각되고 있으나 필히 그렇지 않은 예도 많다. *BP*와 *Si*의 결합은 격자정수($a_{si} = 0.543$ [nm], $a_{BP} = 0.453$[nm])나 열팽창계수($\triangle l_{Si} = 3 \times 10^{-6}/℃$, $\triangle l_{BP} = 6 \times 10^{-6}/℃$)의 일치라는 점에서 보면 유리한 조건이라고는 말할 수 없으나 반응가스, 반응관, 온도, 유량 성장막두께 등의 실험조건을 여러 가지로 바꾸어서 에피텍셜 성장에 가장 적합한 조건을 택하였을 때 어느 정도의 경정이 얻어지는가가 흥미 있다.

*BP*와 *Si*의 상대성이 좋다고 할 수 없는 것은 그림 5.1에 *표로 보이고 있는 것과 같이 *Si*(100) 위에 *BP*가 성장할 때에는 언제나 특징적인 격자결함을 동반한다. $\{111\}twin$, $\{211\}twin$, $\{111\}$면상결함의 존재가 확인되어 있다. 다행히 이러한 초기 성장에서 나타나는 격자결함은 40[nm] 정도까지 성장이 진행됨에 따라서 거의 소멸되어 그 이상 두껍게 성장시키면 전자선 반사 회절 패턴에 $c(2 \times 2)$표면 장주기구조(Surface

Structure)의 스트리크 라인이 나타난다.

그림 5.2에서 *BP*(100) 거의 평행으로 전자선을 입사시켜서 그 방향이 [011] 이나 [$0\bar{1}\bar{1}$] 일 때에 정규의 스트리크 라인의 ½의 위치에 새로운 스트리크 라인이 나타나며, 시료를 45° 회전시킨 [001] 방향에서는 나타나지 않는다. 역격자 공간에서 관측되는 이 조건을 해석함으로써 $c(2\times2)$ 표면장 주기 구조로 결정하였다.

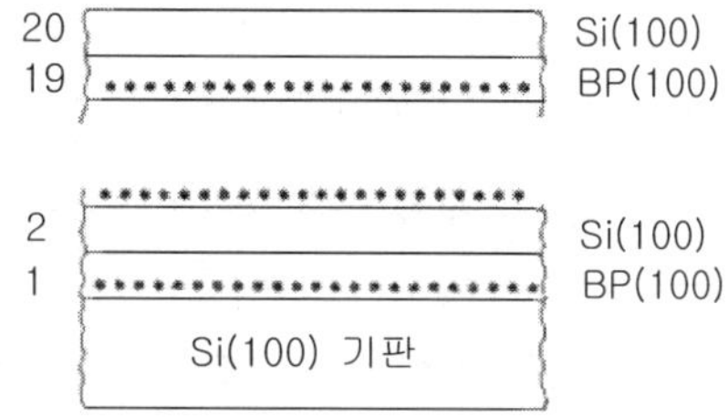

그림 5.1 *Si*(100) 기판위에 *BP*(100) 및 *Si*(100)을 각각 10층 에피텍시 한 *BP-Si* 구조의 단면도

*는 *BP*의 성장초기에 결정결함이 있는 것을 나타낸다.

*BP*표면이 원자적인 레벨에서 거의 평평한 상태라고 말해도 좋을 정도의 에피텍셜 성장을 하고 있다. 그러한 *BP*위에 *Si*를 에피텍셜 성장시키면 *Si*층에는 *twin*이나 면상결함 등의 발생은 전자선 반사 회절이나 전자선 투과 회절로 관찰하는 한 나타나지 않는다. 각 *Si*층의 결정 완전성을 간편하게 관찰하기 위해서는 성장된 *Si*면을 Sirtl이나 Secco에칭을 하여 적층 결함(Stacking Fault)의 발생상황을 조사한다.

실제로 *Si*층에는 적층 결함이 존재하고 있다. 적층 결함이 관찰되는 것은 성장층의 결정성이 꽤 완전하다고 생각하여도 좋다. 적층결함 밀도는 평균 100/cm^{2}이하이다. 다층성장을 시켰을 때 각 층의 적층결함 밀도에 차는 없다. 겨자 정수가 큰 결정(*Si*)위에 에피텍셜 성장을 시키면 성장 초기에 특유한 격자결함이 발생하나 역으로 하였을 때의 에피텍셜 성장에서는 격자결함의 발생은 보이지 않는다. 이것이 헤테로 에피텍셜 성장에 관한 하나의 원칙이 되는지의 여부가 흥미 있다. 실험적으로 실증하기 위해서는 격자정수가 다른 타의 결정과의 결합에 대한 성공 예와 실패 예를 검토해 볼 필요가 있다.

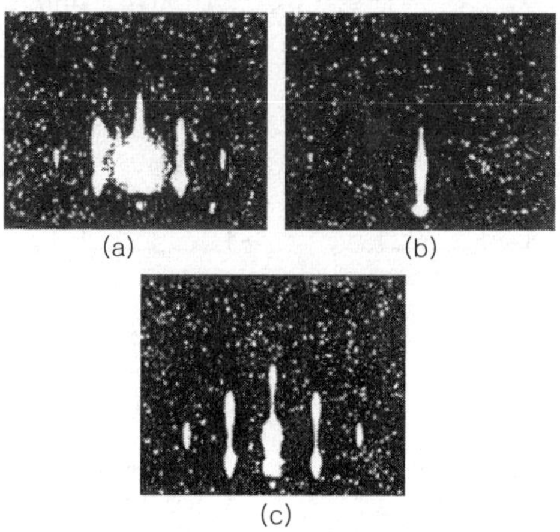

그림 5.2 *Si*(100) 위에 에피텍시된 *BP*(100)의 전자선 반사회절 패턴, 입사직전의 방향 (a)[011], (b)[001]. (c)[011]

Si(100) 위에 *BP*(100)이 자라면 그 역의 경우도 에피텍시가 원리적으로 가능하다. 이것을 충실히 반복하여 가면 그림 1에 보인 것과 같이 다층 에피텍셜 성장이 가능하다. 성장된 면이 기판과 같을 정도로 평평한 것은 필요조건으로 *BP*에 관해서는 $c(2\times2)$ 표면장 주기 구조가 전자선 반사 회절에서 확인되면 충분하다.

*Si*의 비커스 경질이 1150[kg/mm^2]인 것에 대하여 BP는 4700[kg/mm^2]이다. 선팽창계수

는 Si가 3×10^{-6}/℃인 것에 대하여 *BP*는 6×10^{-6}/℃이다. *BP*를 *Si* 위에 에피텍셜 성장시켜서 실온까지 냉각하면 *BP*를 위로하여 오목면상으로 된다. *BP*의 막두께가 4[μm]를 초월하여 두껍게 되면 *BP*에 클랙이 발생한다. 수백 [mm]의 *BP*와 수백[nm]의 *Si*를 다층으로 에피텍셜 성장을 시켰을 때에는 결함들을 서로 가완화하여 실험에 사용되고 있는 웨이퍼의 크기(20[mm]×25[mm]×250[μm])에서는 사진석판 공정에 영향을 주는 문제는 걱정할 필요가 없다.

Si(110) 또는 *Si*(111) 위에 *BP*의 에피텍셜 성장도 시도하였다. *BP* 성장초기의 특징적인 격자결함이 (100)면에서와 같이 소멸하지 않고 성장을 계속하여 가면 표면에 현저한 오목블록이 생긴다. 그러한 *BP* 위에 *Si*를 성장시키면 다결정 *Si*가 석출되며 다층 에피텍시는 불가능하다.

3. *BP*의 화학 양론으로부터의 편차

Si(100)웨이퍼 위에 BP(100)을 에피텍시 한다. 950℃에서 표면장 주기 구조가 관측되는 BP가 성장되면 그 전도형은 n형이다. 과승의 인이 붕소원자의 위치를 정하여 2가의 도우너 불순물 원자로서 역할을 한다. 한편 1080[℃]에서 같은 방법으로 표면장주기 구조가 관측되는 BP를 성장시키면 그 전도형은 p형이다. 과승의 붕소가 인원자의 위치를 정하여 2가의 억셉터로 되어 있다.

에피텍시된 BP를 Si_3N_4로 피복하여 BP의 분해를 막으면서 열처리함으로써, 과승의 인과 붕소를 Si 쪽으로 내보내어 절연물이라 할 수 있을 정도의 고저항($\rho = 10^{12}[\Omega\cdot\text{cm}]$)의 BP를 얻을 수 있다.

BP의 분해를 막고 열처리를 하여 얻어진 정성적 변화를 그림 5.3에 보였다. 열처리에 의한 변화의 방향이 화살표로 나타나 있다.

950℃에서 에피텍시된 $n-BP$를 열처리한 경우에 대하여 설명해 보자. 에피텍시 되었을 때의 과승 인원자농도를 N_p라 하면 전도전자농도 n은 $n = 2N_p = 3\times10^{19}[\text{cm}^{-3}]$이다. $n-BP$는 $p-BP$로 바뀐다. $p-BP$에서는 붕소베컨시(Vacancy)가 억셉터로 역할 한다. 즉 $n-BP$는 Si기판에 대한 인의 확산원이며, $p-BP$는 붕소확산원이다.

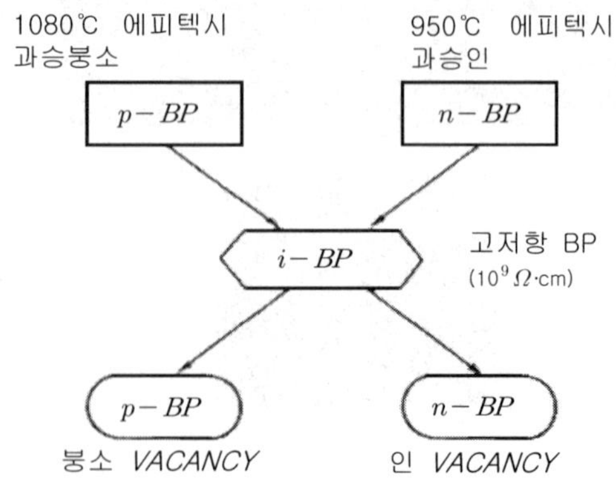

그림 5.3 Si_3N_4로 된 overcoat된 BP의 열처리에 의한 변화(화학 양론은 편차)

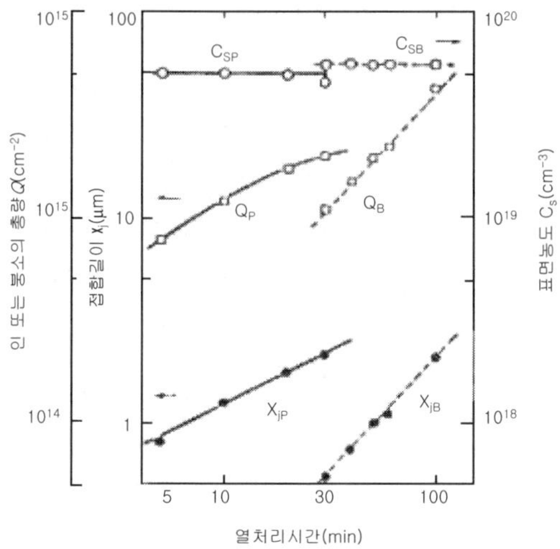

그림 5.4 열처리온도 1100[℃]에서 BP로부터 Si기판으로 인 또는 붕소확산, BP표면은 Si_3N_4로 덮여 있다.

열처리온도를 1100℃로 하면 약 30분에서 $n-BP$는 $p-BP$로 바뀐다. 1100℃에서 인확산 및 붕소확산의 현상을 그림 5.4에 보인다. 인확산은 표면농도 $C_s = 5\times10^{19}$[cm^{-3}]이 열처리시간 t에 의존치 않고 일정함을 보인다. 고저항 BP로 되는 30분까지 Si쪽으로 확산된 인의 총량 Q_p는 보오차함수분포를 가장하면,

$$Q_p = C_{sP}\frac{x_{jp}}{\sqrt{\pi}\,erfc^{-1}(C_0/C_{sP})} \quad (식\ 1)$$

로 주어진다. 여기서 x_{jp}는 인확산층의 확산 깊이, C_0는 기판 Si의 억셉터 불순물 농도이다. BP의 막두께가 $d_{BP} = 1[\mu m]$일 때, 30분간 열처리를 함으로써,

$$N_p d_{BP} = Q_P \quad (식\ 2)$$

의 과승인이 모두 Si측으로 확산되어 BP는 화학 양론적인 분배상태로 된다.

1100[℃], 30분인 점에서 $Q_P = 2\times10^{15}$[cm^{-2}]으로 에피텍셜 성장이 이루어졌을 때에 존재한 인농도 N_P에서 예상되는 값과 일치하고 있다. 30분 이상의 열처리에서는 BP에 붕소베컨시가 형성되어 BP는 P형으로 된다. n형 확산층의 표면에 붕소의 p형 확산층이 나타난다. 열처리시간 40분에서 Si기판에 들어간 붕소에 인 확산의 상황을 그림 5.5에 보였다. n형 확산층의 표면농도보다 p형 확산층의 표면농도가 크다.

정확한 온도를 확정하는 곳까지는 이르지 않았으나, 1050[℃]에서 3~5시간의 열처리를 하면 저항률 $\rho = 10^{12}[\Omega\cdot cm]$의 고저항 BP가 얻어진다. 1050[℃]보다 낮은 온도, 예를 들어 1020[℃]에서 열처리하면

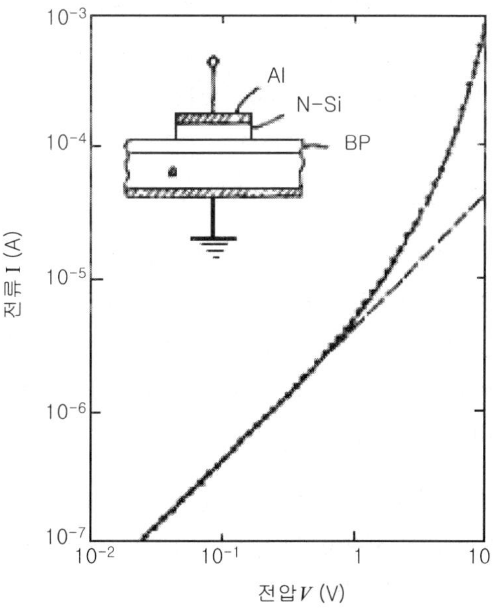

그림 5.5 $n-$Si/BP/$n-$Si 다오드의 전압-전류 특성

$n-BP$는 n형인 채로, 열처리시간과 함께 BP의 저항률은 커지면 열처리온도에 고유의 값으로 포화된다.

1080[℃]에서 에피텍셜 성장된 $n-BP$는 붕소과승이 되어 있다. 과승의 붕소는 인원자의 위치를 정하여 쌍 억셉터로 역할 한다. 이 $n-BP$에서 고저항 BP를 얻기 위해서는 BP의 표면을 Si_3N_4로 씌우고 1050[℃]에서 3~5시간 열처리를 하면 된다. 과승의 붕소가 Si기판에 확산되어 $n-$Si기판을 사용하면 p형 확산층이 형성된다. 일단 고저항 BP로 된 시료를 1050[℃] 이하의 온도에서 열처리 하면 인베컨시가 생성되어 $n-BP$로 된다. 1050[℃] 이상의 온도에서 열처리 하면 붕소베컨시가 생겨서 쉽게 $n-BP$로 된다.

4. BP-Si 구조의 전기적 특성

BP-Si 다층 에피텍셜 기종의 가장 간단한 소자는 그림 5.6에 삽입된 그림의 다이오드이다. $n-$Si(100) 기판위에 950[℃]에서 $n-$BP(100)을 에피텍시하여 그 위에 Si(100)을 에피텍시 한다. BP의 막두께는 50[nm]이며 에피텍시 Si 막두께는 300[nm]이다. BP표면을 Si_3N_4로 씌운 후 BP를 고저항으로 하기 위해 1050[℃]에서 3시간 이상의 열처리를 한다. 이때 $n-$BP의 과승인이 양쪽 Si 측으로 확산되어 낮은 저항치의 확산층이 형성된다.

Si_3N_4를 불산으로 에칭 제거하고 알루미늄을 증착한 후 알루미늄 및 에피텍셜 Si 층을 가공한다. 알루미늄의 가공에는 레지스터를 마스크로 하여 인산으로 에칭하며, Si 층은 알루미늄을 마스크로 하여 플라스머 에칭을 한다. 알루미늄 및 에피텍셜 Si 층의 면적은 0.25[mm^2]이다.

이 다이오드의 전압-전류특성을 그림 5.5에 보인다. 극성에는 전혀 관계없는 특성이 얻어진다. 인가전압 1[V] 이하의 넓은 전압-전류 범위에서 40°의 직선성이 확인되었다. 이 영역의 저항치에서 BP의 저항률을 구하면 이 시료에서 $\rho_{BP} = 10^9\,[\Omega cm]$가 구해진다. BP의 금지대폭은 2.0[eV]로 열처리를 한 고저항 BP에서는 페르미 준위는 금지대의 중앙 부근에 와 있다. $n-$Si의 페르미 준위는 전도대의 끝부분에 와 있다. BP의 전자친화력을 약 3.5[eV]로서 에너지밴드를 그려보면 인가전압 1[V] 이상에서의 전류성분을 다음과 같이 설명할 수 있다.

$n-$Si/BP/$n-$Si 구조에서 $n-i$의 전도전자에 대해 BP가 만드는 전위장벽(potential barrier)은 0.4~0.6[eV]이다. 1[V] 이상의 인가전압에 대한 열전자 방출에 의한 전자의 흐름은 전자가 $n-$Si를 더 날 때에 받는 경상력에 의해 전위장벽이 저하하며 인가전압의 함수로 된다. 전류의 대수는 인가전압의 1/2승에 비례한다($In\,I \infty \sqrt{V}$). 그림 5.5의

인가전압 1 [V] 이상의 범위에서의 전류는 이 관계를 만족하며 인가전압을 가하지 않을 때의 전위장벽을 구하면 $V_0 = 0.6\,V$가 구해진다.

5. 소자의 제작과 금후의 과제

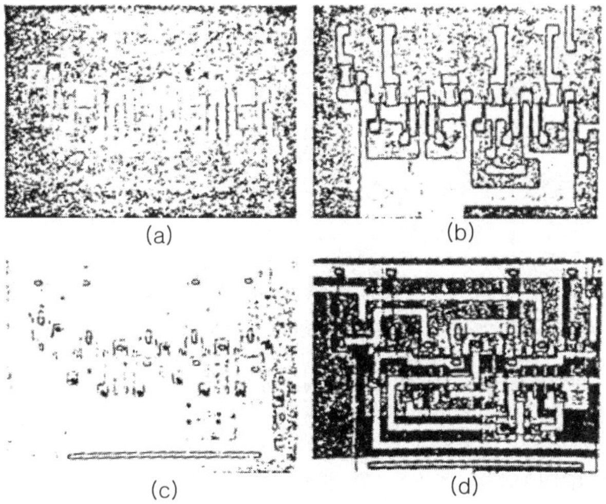

그림 5.6 BP 위의 Si에 제작한 소자의 프로세스

(a) 다결정 Si

(b) 소자영역

(c) 컨택홀

(d) 알루미늄 상호배선

에피택셜 Si 층에 붕소의 선택확산을 하여 플래너 다이오드를 만들 수 있다. 또한 Si 표면을 열산화하여 MOS 다이오드를 만들 수도 있다. 따라서 고저항 BP를 절연 분리에 이용한 SOS(Si on Sapphire or Spinel)구조의 $p-$MOS IC를 제작할 수도 있다.

$p-$MOS IC를 제작한 예로서, D형 풀립플롭 1개분에 대하여, 프로세스를 추적하여 그림 5.6에 보였다. 그림 5.6(a)에서 다결정 Si의 게이트 영역이 가공되어 있다. 그림 5.6(b)는 소오스-드레인의 Si 영역 이외의 불필요한 에피택셜 Si 층이 에칭 제거 된 곳을 나타내었다. 다결정 Si 게이트, 소오스-드레인 Si 이외의 영역은 고저항 BP표면이다.

이 프로세스에서는 포토니스(Photoneece : 감광성을 가진 포리미드 수지)가 상호배선을 위한 층간 절연막으로 사용되었다. 그림 5.6(c)는 포토니스에 컨택 홀을 형성한 것이다. 그림 5.6(d)에 보인 것과 같이 알루미늄 상호배선을 하여 프로세스는 완성된다. 최소선폭은 01[μm]이다. 이 정도까지의 집적화에는 어떠한 문제도 없다. $p-$MOS 트랜지스터의 계면이동도도 230[cm^2/V · s]로 기판 Si의 값과 거의 변화는 없다.

기술적으로 BP를 Si_3N_4로 피목하여 고저항화를 위해 열처리를 하여 Si_3N_4를 제거한 후 Si의 에피택시를 하였을 때 에피택셜 성장된 표면이 흐려지는 것에 문제가 있다. 표면에 (   )이 발생하고 있다. 심할 때에는 다결정화 되어 버린다. 이러한 때에는 전도형이나 캐리어농도도 제어할 수 없다. 그림 5.6의 프로세스에 사용된 Si 에피택셜 층의 도우너 불순물 농도 $N_p = 5 \times 10^{17}$[cm^{-3}]도 자연 도핑의 결과로 의식적인 불순물 도핑의 제어는 금후 남아 있는 문제들이다. 단결정위에 단결정의 헤테로 에피텍셜 성장을 시켜서 다층구조를 얻는다. 하나의 단결정은 금지대 폭이 Si 보다 넓은 화합물 반도체를 택하여, 화학양론의 편차를 제어하여 절연물에서 도체까지의 성질을 갖게 한다. Si와 화합물 반도체의 장벽은 적당한 인가전압을 가함으로써 캐리어의 열전자 방출을 가능케 한다.

BP-Si 다층 에피텍셜 성장을 하나의 구체적인 예로서 3차원의 집적화를 생각하였을 때 전자선을 사용한 구조해석이나 적층결함에서 평가하는 한 결정 완전성이 높은 다층 구조가 실현되었다고 할 수 있다. Si 층 사이의 신호전달 수단으로써 열전자 방출을 이용할 수 있다. 그러나 한편으로는 다음과 같은 본질적인 문제점이 있는 것도 알아 들 필요가 있다.

BP가 화학양론에서 벗어나 에피텍셜 성장을 하므로, 열처리에 의해 고저항화 하면, Si 측에 고농도의 확산층이 필히 형성된다. 이 점을 개선하기 위해 BP가 화학양론이 되는 온도, 1050[℃]에서 에피텍셜 성장을 성공시킬 필요가 있다.

Si 위에 BP가 에피텍셜 성장할 때에는 고유의 결정저항이 BP 측에 발생하고 있다. BP의 고저항화에 한계를 초래하는 누설전류의 원인으로도 생각된다. BP-Si 이외에 다른 결함에 대한 실험결과가 기다려진다.

현재 시점에서 3차원 집적회로에 대한 가능성을 보이는 연구가 세계적으로 봐서 진전되고 있는 상황이라고는 말할 수 없다. Si 웨이퍼 위의 3차원적 집적회로를 VLSI 수준에서 공업화하는 기술의 구축이 우리 인류에게는 너무나도 미경험의 기술 분야이기 때문일 것이다. 적어도 10년이나 20년은 역시 Si 웨이퍼 위에서 2차원 집적회로의 물리적 한계를 향하여 기술은 집중될 것이다. 3차원의 집적화는 그 후의 문제일 뿐이다. 그곳에 달하는 중심 기술은 결정성장, 특히 단결정 위에 단결정을 결정성장 시키는 에피텍셜 성장의 기술이다.

용어설명 (Glossary)

ACCEPYOR, 억셉터 : 배런스(valance)전자를 받아들여 밸런스 대에 정공을 남김으로써 반도체 P-형으로 만드는 불순물 정공은 양성전하의 운반체 역할을 한다.

ALLOY, 얼로이 : 반도체 공정에서 얼로이 스텝은 반도체와 그 상층 물질을 서로 확산시켜 그 사이에 저항성 콘텐트를 형성한다.

ALUMINUM(Al), 알루미늄 : 반도체 소자에서 칩의 각 소자를 연결하는 데 가장 많이 쓰이는 금속, 보통 증착으로 적층된다.

ANGLE LAP, 앵글랩 : 수직에서 어떤 각도를 잘라(lapping), 접합의 깊이를 확대하는 방법.

ANGESTOM, 옹스트롬 : 길이의 단위, 1옹스트롬은 만 분의 1마이크론이다.

ANNEAL, 어닐 : 웨이퍼의 응력을 풀거나 어닐함으로써 소자에의 표면영향이 줄도록(마지막으로) 하는 고온처리.

ANTIMONY(Sb) 안티몬 : 반도체에서 N형 도펀트인 5족 원소 버리드(buried)층의 도펀트로도 쓰인다.

ARSENI(As), 비소 : 버리드층 형성의 디포지션에 쓰이는 N형 도펀트.

BASE, 베이스 : 1. NPN 혹은 PNP트랜지스터의 콘트롤 부분. 2. N-PN트랜지스터의 베이스(1)나 수평 PNP트랜지스터의 에미터 및 콜렉터, 저항 등을 형성하는 보론을 쓰는 P형 확산.

BEAM LEAD(집적회로의), 빔 리드 : 반도체 칩 가장자리 바깥으로의 보통 금으로 만든 적층 금속리드, 칩의 기계적, 전기적 콘텍트를 형성하는데 쓰인다.

BIPOLAR TRANSISTOR, 바이폴라 트랜지스터 : 에미터 , 베이스, 콜렉터로 구성되며 에미터에 의해 베이스로 들어오는 소수 반송자의 투입과 콜렉터에 의한 소수 반송자의 접속에 의해 동작하는 트랜지스터, 그 층 구조를 나타내기 위해 NPN 혹은 PNP트랜지스터라고도 불린다.

BOAT, 보트 : 1. 고온 고정에서 웨이퍼를 지지하는 구조로 형성된 수정조각 2. 습식공정에서 웨이퍼를 붙잡는데 쓰이는 테플론 혹은 플라스틱 구조물

BOAT PULLER, 보트 예인기 : 일정한 속도로 보트를 웨이퍼와 함께 로에 넣거나 빼는 기계장치

BONDING PAD, 본딩 패드 : 소자나 회로를 외부로 연결할 때 쓰이는 금속의 사각형

BORON(B), 보론, 붕소 : 보통의 바이폴라 직접회로 공정에서 격리나 베이스 확산에 주로 쓰이는 P^-형 도펀트

BORON TRICHLORIDE(BIC3), 삼염화 붕소 : 실리콘 도핑에서 보론의 원로로 쓰이는 가스

BURIED LAYER, 버리드 층 : 에피층을 키우기 직전에 P형 기판에 N^+ 확산을 하는 것. 소자 전류 경로에 저저항을 제공한다. 보통의 버리드 층 도펀트는 안티몬이나 비소다.

CCD(Charge Coupled Device), CDD : 전극의 전압을 조절해서 전하를 다른 전극으로 움직일 수 있는 표면의 절연 전극에 의한 반도체 내의 전하의 저장에 의해 동작하는 반도체 소자

CHANNEL, 채널 : 전도를 허용하는 반도체 내의 얇은 지역. 채널은 표면이나 벌크에 형성된다. 이는 오염이나 불완정한 격리를 나타내기도 하나, MOSFET나 SIGFET동작에 필수적이다.

CHARGE CARRIER, 전하운반체 : 전자나 홀 등의 반도체 소자 결정에서의 전하의 운반체

CHIP, 칩 : 웨이퍼상의 개개 회로의 한

CHROME, 크롬 : 마스크 제작에 쓰이는 금속, 크롬은 이멀전처럼 쉽게 헤어지지 않으므로 크롬마스크는 수명이 길다.

COLLECTOR, 콜렉터 : 에미터, 베이스와 함께 바이폴라 트랜지스터를 이루는 세지역의 하나

CONTACT, 콘택트 : 소자의 전기적 연결을 위해 금속 공정에 덮이는 노출된 실리콘 지역

CONTAMINATION, 오염 : 반도체 웨이퍼의 물리적, 화학적 특성에 악영향을 주는 원치 않은 물질의 총칭

CURRENT, 전류 : 단위 시간당 어떤 지점을 지나는 하전입자의 양

CIRVE TRACTER, 커브 트레이서 : 소자의 특성을 스크린에 나타내는 전기테스트 장치

DEPLETION LAYER, 고갈층 : 그곳에 존재하는 전장으로 인해, 전하 운반체가 없어진 반도체 내의 지역

DEVELOPMENT, 현상 : 마스킹과 노출 스텝으로 정의되지 않은 부분을 PR을 제거하는 PR공정

DIBORANE(B2H6), 다이보렌 : 실리콘 도핑에서 보론의 원료로 쓰이는 가스

DIE : "chip"을 보시오

DIELECTRIC, 유전체 : 전압이 걸렸을 때 전류를 흘리지 않는 물질. 반도체 동정에 쓰이는 두 가지 유전체는 실리콘 산화막과 실리콘 질화막이다.

DIFFUSION, 확산 : 반도체 생산에서 실리콘이나 게르마늄 등의 기판에 약간의 불순물을 넣어 기판 속으로 확산되도록 하는 공정. 이 공정은 온도와 시간에 밀접한 관련이 있다.

DIODE, 다이모드 : 전류를 한쪽 방향으로 흐르게 하는 두 단자 소자. 다이오드는 반도체의 P형과 N형 지역의 교점에서 생긴다.

DIP(Dual In-Line Package), 딮 : 리드가 소켓에 맞도록 긴 변에서 나와서 휘어져 있는 사각형

회로 패키지

DONOR, 도너 : 전도대에 과잉 자유전자를 냄으로써 반도체를 N형으로 만드는 불순물. 자유전자는 음성전하 반송체다.

DOPANTS, 도펀트 : 전기적 특성을 바꾸기 위해 반도체 결정에 불순물(도펀트)을 넣은 공정. -예를 들어, 실리콘에 보론을 넣어서 더욱 P형을 만든다.

DRAIN, 드레인 : 소오스 게이트와 함께 유니폴라나 전계효과 트랜지스터(FET)를 구성하는 한 지역

DRY OXIDE, 건식산화막 : 산소를 써서 키운 실리콘 열 산화막

ELECTRON, 전자 : 원자의 핵 주위를 회전하는 하전입자. 다른 원자와 결합하거나 빠져나와 원자를 이온으로 만든다.

ELECTRON-BEAM(E-beam), 전자빔 : 초점이 맞는 전자빔의 에너지로 필요한 에너지를 공급하는 증착의 일종

EMITTER, 에미터 : 1. 반송자의 원천이나 끝이 되는 트랜지스터의 지역 2. NPN트랜지스터의 에미터, PNP트랜지스터의 베이스콘택트, NPN트랜지스터의 N^+ 콘택트 및 저저항을 형성하는 인을 쓴 N^+ 확산

EPI : “Epitaxial”을 보시오

EPITAXIAL(Greek for “arrarged upon”), 에피탁시 : 단결정 기판위에 형성한 단결정 반도체막. 에피층은 기판과 같은 결정 형태이다. 기판이나 버리드층에 적층된 N형 실리콘 층을 에피탁시 실리콘이다.

ETCH, 에치 : 화학 반응을 통해 특정한 지역의 물질을 제거하는 공정

EVAPRATION, 증착 : 열을 써서 소승의 물질을 증착시켜 웨이퍼에 적층하는 공정. 반도체 공정에서는 E-빔이나 필라멘트 증착을 쓰는 것이 보통이다.

FAB : “Wafer fab”을 보시오

FET(Field-Effect Transistor), 존계효과 트랜지스터 : 다수 반송자가 게이트를 거쳐 소오스에서 드레인으로 흐르는, 게이트, 트레인으로 구성된 트랜지스터. 흐름은 게이트 밑의 수직 전장으로 조절된다. (“Umipolar Transistor”를 보시오)

FILAMENT, 필라멘트 : 증착할 재료 옆에 있으면 전기로 가열되는 코일

FOUR-POINT PROBE, 4탐침법 : 웨이퍼의 쉬트 저항을 재는데 쓰는 전기장치

FURANCE, 로 : 저항 가열장치와 온도 조절기를 갖춘 장비, 반도체 공정을 위해 기압과 일정한 온도를 유지하는 데 쓰인다.

GATE, 게이트 : 소오스, 드레인과 함께 유니폴타나 전계효과 트랜지스터 (FET)의 세 지역을 이루는 하나

GROW JUNCTION, 성장접합 : 응용 상태에서 성장되면서 단결정의 불순의 형태를 조절해서 만드는 P/N 접합

HYBRID INTERGRATED CIRCUITS, 하이브리드 IC : 세라믹 등의 기판에 하나 이상의 반도체 소자와 박막으로 직접해 조립한 구조.

HOLE, 정공 : 반도체 결정의 벨런스 대에 전자가 없는 자리, 정공의 움직임은 양전하의 움직임과 같다.

HYDROFLUORIC ACID(HF), 불한 : 실리콘 산화막을 에치하는 강산, 쓰기 전에 희석하거나 버퍼(buifer)한다.

HYDROGEN(H2), 수소 : 에피탁시 실리콘 성장 등의 고온 반응에 운반가스로 쓰는 기체.

INTEGRATED CIROUITS(IC), 집적회로 : 반도체로 하나의 칩에 몇 개에서 수천 개의 소자로 구성된 전기회로

INGOT, 인곳 : 용융상태에서 고형화된 물질.

INTEGRATED CIRCUIT, 집적회로 : 반도체 물질의 단일 칩 위의 단일 공정으로 제조되고 연결된 수많은 요소의 회로. 트랜지스터, 다이오드, 저항 등이 별도로 제조되어 조립된 "Nonintegrated"의 반대 개념이다.

ION, 이온 : 전자를 잃거나 얻어서 전하를 가진 입자가 된 원자 (음, 양이 있다)

ION IMPLANTATION, 이온 주입` : 원하는 전기적 특성을 얻기 위해 고전압 이온 포격을 써서 반도체의 조절된 지역에 선별된 불순물을 넣은 공정.

ISOLATION MASK, 격리 마스크 : 표준 바이폴라 회로 제조의 두 번째 마스크, 격리 PR공정에서 에치된 지역의 실리콘에 보론을 확산시켜 전기적으로 분리되거나 고립된 지역을 만든다.

ISOTROPYL ALCOHOL, 이소프로필알코올 : 반도체 공정에서 최종린스나 드라이어에 쓰이는 용제.

JUNCTION, 접합 : 물질의 전도 형태가 N형에서 P형 형태로 혹은 그 반대로 바뀌는 접면.

JUNCTION DEPTH, 접합깊이 : 웨이퍼 아래쪽으로의 접합의 깊이.

JUNCTION TRANSISTOR, 접합 트랜지스터 : PIN접합으로 형성된 바이폴라 트랜지스터, 이는 FET나 점접촉 트랜지스터와 구분하는데 쓰는 말이다.

LASER(Light Amplification by Stimnlated Emission of Radiation), 레이저 : 레이저에서, 통과하는 빛이 에너지를 얻기 위해 빛이 지나가면서 여기된 전자가 여기를 잃는다. 어떤 레이저는 극히 순수한 색, 매우 좁은 빔, 때로는 매우 높은 강도를 발생하거나 증폭한다.

LEAKY, 누설 : 두 점에 전압이 걸렸을 때 원치 않는 전류가 흐르는 것을 많이 쓰이는 용어.

LED(Light Amplification), LED : 소수 반송자가 정공과 결합하는 에너지가 빛으로 바뀌는 반도체 소자, 보통 PN접합 소자이다.

MAJORITY CARRIER, 다수반송자 : 반도체 물질에서 주가 되는 이동성 전하 운반체(전자 혹은 정공), 예를 들어 N영역의 전자다.

MASK, 마스크 : 포로마스킹 공정에서 쓰이는 패턴 어레이가 업혀진 유리판, 각 패턴을 빛을 막는 불투명지역과 통과시키는 투명지역이 있다. 마스크는 실리콘웨이퍼에 있는 패턴과 얼라인 되어서 실리콘 산화막이나 금속을 에치하기 전에 PR을 노출시킨다. 마스크는 이멀션, 크롬, 산화절, 실리콘, 혹은 다른 물질로 만든다.

MESA, 메자 : 인접한 지역의 위에서 투사해서 원표면("meas")의 평면 부분만 남기는 선택적 에치로 만든 소자구조. 메자 기술은 전기적 활성 물질이 메자 지역으로 확장되는 것을 막는데 쓰인다.

MICRON, 마이크론 : 길이의 단위. 1마이크론은 $\frac{1}{1,000,000}$ m(10^{-6}m)

MINORTY CARRIER, 소수반송자 : P영역의 전자 등, 반도체의 비주류 이동성 전하 운반체.

MOSFET, 모스펫 : 실리콘위의 얇은 산화막 위의 금속 게이트를 가진 전계효과 트랜지스터

NEGATIVE RESIST, 음성PR : 빛을 쬔 지역은 남아있고 빛이 안 쪼인 지역이 현상 공정에서 제거되는 PR, 현상 공정에서 마스크의 음화가 형성된다. Waycoar Microneg가 음성 PR이다.

NITRIC ACID(HNO3), 질산 : 실리콘 웨이퍼를 세척하거나 금속을 에치하는데 쓰는 강산.

NITROGE(N2) : 다른 물질과 반응하지 않은 가스. 반도체 공정애서 약품의 운반 가스로 쓰인다.

NPN TRANSISTOR, NPN 트랜지스터 : 에미터와 콜렉터의 N영역사이에 베이스의 P영역이 들어있는 트랜지스터

N-TYPE, N형 : 다수 반송자가 전자이어서 음성인 반도체 물질, 실리콘의 N형 도펀트는 V족 원소다. 이는 다섯 번째 외곽 전자가 전류를 흘린다.

OXIDE : "Silicon oxide"를 보시오

OXIDE MASKING, 산화막 마스킹 : 불순물이 확산되거나 주입되는 패턴을 반도체 위의 형성하는 산화막을 쓰는 공정

OXYGEN, 산소 : 반도체에서 실리콘을 산화하고, 증착 산화막을 형성하고, 다른 공정스텝을 하는 데 쓰이는 가스

PASSIVATION, 보호 : 화학작용이나 부식으로 전기적으로 퇴화되는 것을 막는 처리. 보통 보호는 습기나 오염을 막는다. 산화층이나 질화층이 쓰인다.

PHOSPHINE, 포스핀 : 실리콘을 인으로 도핑할 때 원료로 쓰이는 가스

PHOSPHORUS(P), 인 : 표준 바이폴라 IC기술에서 보통 에미터 확산에 쓰이는 N형 도펀트

PHOSPHORUS OXYCHORIDE($POCL_3$), 포클 : 실리콘을 인으로 도핑할 때 원료로 쓰이는 액체

PHOTORESIST, PR : 웨이퍼에 칠해서, 마스크를 통해 강도 높은 빛에 노출시키는 감광막. 노출된 PR은 어떤 지역을 에치하도록 PR패턴을 현상공정에 남긴다.

P/N JUNCTION, P/N접합 : 결정 내에서, 주로 정공으로 전도하는 P지역과 주로 전자로 전도하는 N지역과의 접면

PNP, PNP : 보통 바이폴라 트랜지스터에 쓰이는, 두 개의 P지역에 N영역이 끼어있는 반도체 결정구조

POSITIVE RESIST, 양성PR : 빛을 안 받은 부분은 남기고, 빛을 받은 부분은 현상에서 제거되는 PR. 마스크의 양화가 현상 공정에서 현성된다. AZ-1350이 양성PR이다.

POLYCRYSTALLING SILICON(poly), 다결정 실리콘 : 많은 결정으로 구성된 실리콘. 결정 실리콘은 원래 다결정 실리콘으로 만든다. 폴리는 에피를 너무 빨리, 너무 저온으로 적층하면 만들어지고(의도적이건 우연이건), 산화층이 적층해도 만들어진다.

PREDEPOSITION(predep), 프리디포지션 : 정해진 양의 도펀트가 반도체 결정에 들어가는 공정

P-TYPE, P-형 : 다수 반송자가 정공이어서 양성인 반도체물질. 실리콘에서의 P-형 도펀트, 4번째 외곽 전자가 없어서 양으로 하전된 정공으로 전도하는 Ⅲ-A족 원소가 된다.

PVX(DOPED SILOX) : 화학적으로 적층된 인이 많은 실리콘 산화막. PVX(phosphorus-doped vapor deposited silicon의 준말)는 긁힘 방지용으로 쓰지만, 보통 vapox층을 쓴다.

QUARTZ, 수정 : 실리콘 산화물의 다른 이름. 높은 내열성 때문에, 수정은 집적회로 공정에 많이 쓰인다.

REACTOR, 반응기 : 반도체 공정에 쓰이는 물질을 적층하는 장치. 보통 에피 반응기, vapox반응기, 질화막 반응기가 있다.

SCHOTTKY BARRIER, 쇼트키 장벽 : 어떤 물질과 반도체 사이에 형성된 전위방벽. P/N접합 정류기의 전하 주입으로 인한 속소 감소 요소를 제외한 정류기로서의 높고 두터운 장벽을 가리킨다.

SEMICONDUCTOR, 반도체 : 전도는 정공과 전자에 의해 이루어지며, 전도도로는 도체와 절연체의 중간인, 실리콘이나 게르마늄 등의 원소

SHEET RESISTANCE, 쉬트저항 : 반도체의 P형 또는 N형 도펀트의 수를 말하는 옴/ cm^2 단위의 수

SIC(Silicon Intergrated Circuit), 실리콘IC : 트랜지스터, 다이오드, 저항 및 커패시터가 실리콘에 형성되고 배선되는 집적회로

SILICON(Si), 실리콘 : 다이오드, 트랜지스터, 집적회로를 만드는데 쓰는 Ⅳ족 원조

SILICON DIOXIDE(SiO_2), 이산화실리콘 : 실리콘 웨이퍼에 열적으로 키우거나 적층할 수 있는 보호막. 열산화막은 산소(O_2)나 수증기(H_2O)를 써서 900℃이상에서 형성한다.

SILICON NITRIDE(Si_3N_4), 질화실리콘 : 600℃~900℃의 온도에서 웨이퍼에 화학적으로 적층되는

보호막. 이는 소자를 오염으로부터 보호한다.

SLUG : "Buried layer"를 보시오

SOLAR CELL, 태양전지 : 표면 가까이에 형성된 P/N접합이 빛을 받아 전기에너지를 내는 넓은 면적의 다이오드

SOLID STATE, 고체 : 기체 및 액체와 함께 물질 상태의 하나

SOLID STATE ELECTRONICS, 고체전자공학 : 전자관 기술에 상대되는 말로서, 반도체, 자화철, 막 등의 고체물질로 만든 소자나 회로를 일컫는 말

SOURCE, 소오스 : 게이트 및 드레인과 함께 FET나 유니폴라의 세지역의 하나

SPUTTERING, 스퍼터링 : 원하는 물체에 막을 적층하는 방법. 원하는 물질의 타켓에 RF이온을 때려, 타켓으로부터 원자를 때어내 코팅할 물체에 적층한다.

STEM OXIDE, 습식 산화막 : 가스(산소나 질소)를 98-100℃의 물에 버블시켜 키우는 열 산화막

SUBCOLLECTOR : "Buried layer"를 보시오

SUBSTRATE, 기판 : 위에 소자, 회로 및 에피층이 만들어지는 원판

SULFURIC ACID(H_2SO_4), 황산 : 실리콘 웨이퍼를 세척하고 PR을 제거하는 강산

집적회로 공정기술

2007년 12월 5일 초판 인쇄
2007년 12월 10일 초판 발행

저자 / 연규호
발행인 / 고종식
발행처 / 우용출판사
등록일 / 1997년 11월 25일
출판등록 / 제 2001-1호
주소 / 서울특별시 마포구 망원1동 338-53
전화번호 / 02)324-6577
팩시밀리 / 02)324-6177

정가 / 20,000원

ISBN / 978-89-87951-84-3 93360